Touch!

Olaf Hartmann, Sebastian Haupt

Touch!

Der Haptik-Effekt im multisensorischen Marketing

2., erweiterte und überarbeitete Auflage

2016
Haufe Gruppe
Freiburg · München · Stuttgart

Bibliografische Information der Deutschen Nationalbibliothek

Die Deutsche Nationalbibliothek verzeichnet diese Publikation in der Deutschen Nationalbibliografie; detaillierte bibliografische Daten sind im Internet über http://dnb.dnb.de abrufbar.

Print: ISBN 978-3-648-07938-6 Bestell-Nr. 10402-0002
ePub: ISBN 978-3-648-07939-3 Bestell-Nr. 10402-0101
ePDF: ISBN 978-3-648-07940-9 Bestell-Nr. 10402-0151

Olaf Hartmann, Sebastian Haupt
Touch!
2. erweiterte und überarbeitete Auflage 2016

© 2016 Haufe-Lexware GmbH & Co. KG, Freiburg
www.haufe.de
info@haufe.de
Produktmanagement: Jutta Thyssen

Lektorat: Lektoratsbüro Peter Böke, Berlin
Satz: kühn & weyh Software GmbH, Satz und Medien, Freiburg
Umschlag: RED GmbH, Krailling
Umschlagveredelung: Werner Achilles GmbH & Co. KG
Druck: BELTZ Bad Langensalza GmbH, Bad Langensalza

Alle Angaben/Daten nach bestem Wissen, jedoch ohne Gewähr für Vollständigkeit und Richtigkeit. Alle Rechte, auch die des auszugsweisen Nachdrucks, der fotomechanischen Wiedergabe (einschließlich Mikrokopie) sowie der Auswertung durch Datenbanken oder ähnliche Einrichtungen, vorbehalten.

Inhaltsverzeichnis

Geleitwort zur zweiten Auflage 9

Geleitwort zur ersten Auflage 11

Vorwort 13

1 Haptik: Die schlummernde Kraft 21
1.1 Der Haptik-Effekt 22
    1.1.1 Der Wahrheitssinn 25
    1.1.2 Von der Hand zur Haptik 27
    1.1.3 Haptik im Marketing 27
1.2 Marketing neu begreifen 29
    1.2.1 Die Wissensexplosion 29
    1.2.2 Implizit vor explizit 31
1.3 Multisensorik: Sinnvolles Marketing 37
    1.3.1 Multisensorische Verstärkung: Die Wirk-Explosion 38
    1.3.2 Mehr Sinne, mehr Erfolg 41
    1.3.3 Haptik: Der Wirkverstärker 46

2 ARIVA: Die Wirkdimensionen des Haptik-Effekts 49
2.1 Einführung: Das ARIVA-Modell 50
2.2 Attention: Mehr Aufmerksamkeit 53
    2.2.1 Anderssein fällt auf 54
    2.2.2 Interaktion involviert 57
    2.2.3 Fazit 59
2.3 Recall: Mehr Erinnerung 59
    2.3.1 Langer Kontakt, mehr Erinnerung 60
    2.3.2 Mehr Sinne, mehr Erinnerung 61
    2.3.3 Fazit 62
2.4 Integrity: Mehr Vertrauen 63
    2.4.1 Spürbare Produktversprechen 63
    2.4.2 Glaubwürdigkeit strahlt ab 65
    2.4.3 Fazit 67
2.5 Value: Mehr Wertschätzung 67
    2.5.1 Sicherheit und Ausstrahlungskraft 68
    2.5.2 Berührung weckt das Besitzgefühl 68
    2.5.3 Haptisches Priming 70
    2.5.4 Fazit 70

2.6		Action: Mehr Handlungs- und Kaufbereitschaft	70
	2.6.1	Berührung animiert zum Handeln	71
	2.6.2	Bewegung steigert den Konsum	72
	2.6.3	Fazit	74
3		**Die Psychologie des Haptik-Effekts**	**75**
3.1		Der Midas-Effekt: Von Mensch zu Mensch	76
	3.1.1	Berühren macht spendabel	76
	3.1.2	Berühren steigert die Kaufbereitschaft	76
	3.1.3	Berühren weckt Altruismus	77
	3.1.4	Berühren macht glücklich	78
	3.1.5	Berührungsgrenzen	80
	3.1.6	Fazit: Berührt werden macht großzügig	81
3.2		Endowment: Was mir lieb und teuer ist	82
	3.2.1	Besitzgefühl steigert den Wert	83
	3.2.2	Berühren wertet auf	85
	3.2.3	Touch-Ersatz: Kopfkino und Touchscreens	88
	3.2.4	Fazit: Kurz berührt ist halb gekauft	90
3.3		Need for Touch: Gut ist, was sich gut anfühlt	91
	3.3.1	Die zwei Dimensionen des NFT	91
	3.3.2	Berühren macht den Unterschied	93
	3.3.3	Angenehme Haptik, die zur Botschaft passt	97
	3.3.4	Produkte digital berührbar machen	99
	3.3.5	Fazit: Bessere Haptik, mehr Umsatz	102
3.4		Haptisches Priming: Der Trichter im Kopf	104
	3.4.1	Verhalten folgt Form	106
	3.4.2	Schwer ist wichtig	107
	3.4.3	Glatt ist nett, rau macht nett	109
	3.4.4	Hart macht hartnäckig	110
	3.4.5	Warm wertet auf	111
	3.4.6	Fazit: Kleine Dinge bewegen Großes	113
3.5		Der Tu-Effekt: Bewegen, erinnern, kaufen	114
	3.5.1	Das Gedächtnis ankurbeln	115
	3.5.2	Einstellungen ändern	117
	3.5.3	Kaufanreiz steigern	121
	3.5.4	Mental simulieren	126
	3.5.5	Fazit: Der Körper prägt den Geist	129
3.6		Reziprozität: Wie du mir, umso mehr ich dir	131
	3.6.1	Die kosmische Schuld	131
	3.6.2	Mehr Gefälligkeit, mehr Umsatz	132
	3.6.3	Hapticals sind Superkommunikatoren	133
	3.6.4	Fazit: Haptische Schuld verschenken	134

4	**ARIVA im sensorischen Marketing entfalten**	137
4.1	Bitte Berühren: Zum Anfassen animieren	138
	4.1.1 Objekte für die Hände gemacht	138
	4.1.2 Fühlbare Bilder	142
	4.1.3 Haptische Texte und Sprache	148
	4.1.4 Klänge und Geräusche spüren	151
	4.1.5 Berührende Düfte	154
4.2	Sensorische Codes finden, entwickeln und managen	156
	4.2.1 Von den Zielen zur Positionierung	159
	4.2.2 Ziele sind nicht sensorisch	163
	4.2.3 Über Resonanzfelder zu sensorischen Codes	165
	4.2.4 In fünf Schritten zum Haptik-Effekt	169

5	**Der Haptik-Effekt in der Praxis**	177
5.1	Produkte	178
5.2	Verpackungen	183
5.3	Verkaufsorte	190
5.4	Hapticals: Kommunikationsobjekte	195
5.5	Verkaufshilfen	205
5.6	Direct Mailings	210
5.7	Merchandising	214
5.8	Außenwerbung	219
5.9	Online und Mobile Media	222
5.10	Printwerbung	227
5.11	Fernsehwerbung	232
5.12	Radiowerbung	235
5.13	Messen und Veranstaltungen	236
5.14	Ganzheitliche Kommunikation	240

Exkurs: Ethik und multisensorisches Marketing ... 247

6	**Anhang**	251
6.1	Werbe-Status-Quo: Die überkommunizierte Gesellschaft	252
	6.1.1 Sinkende Werbeeffizienz	252
	6.1.2 Immer mehr vom Gleichen	253
	6.1.3 Verkauf unter Druck	255
	6.1.4 Wahrnehmung im Geschwindigkeitsrausch	257
6.2	Haptik: Ein Lebenselixier	259
	6.2.1 Der erste und letzte Sinn	259
	6.2.2 Berührung macht fit fürs Leben	260
	6.2.3 Die Welt begreifen	262

	6.2.4	Ohne Haptik kein Leben	264
	6.2.5	Haptik ist Kommunikation	266
6.3	Die Hand: Alles im Griff		270
	6.3.1	Ein einzigartiger Evolutionsturbo	271
	6.3.2	Wie die Hand die Welt erforscht	272
	6.3.3	Die verschiedenen Griffarten	276
6.4	Die Haut: Zwei Quadratmeter Fühl-Fläche		279
	6.4.1	Die drei Hautschichten	281
	6.4.2	Die Haptik-Rezeptoren	282
	6.4.3	Von der Haut ins Hirn	290

Nachwort und Danksagung 295

Die Autoren 299

Abbildungsverzeichnis 301

Literaturverzeichnis 307

Stichwortverzeichnis 333

Geleitwort zur zweiten Auflage

Der Arzt und Nobelpreisträger Albert Szent-Györgyi sagte einst: »Entdecken besteht darin, die gleichen Dinge zu betrachten wie alle anderen, sich aber etwas anderes dabei zu denken.« Das ist Olaf Hartmann und Sebastian Haupt mit dem vorliegenden Werk gelungen. Die beiden Autoren werfen einen ganzheitlichen Blick auf die Haptik und den Tastsinn und beschreiben deren bedeutende Rolle für das Marketing. Man muss vielleicht sagen: »Endlich« — denn die im 19. Jahrhundert durch Theodor Fechner begründete Psychophysik, die den Einfluss physikalischer Reize auf mentales Erleben untersucht, gehört zu den ältesten psychologischen Forschungsgebieten. Dennoch wurde das Potenzial der Sensorik für das Marketing lange unterschätzt und erst in den letzten Jahren nahm das Forschungsinteresse dafür rapide zu. Hartmann und Haupt übersetzen diesen Wissensschatz in erfolgversprechendes Marketing im digitalen Zeitalter.

Es ist zum Beispiel ein Irrtum, wenn man glaubt, durch das Internet und die damit veränderten Kaufgewohnheiten sei der Tastsinn im Marketing unwichtig geworden. Zum einen kann der Computerbildschirm ja auch ein Bedürfnis nach Berührung frustrieren — dies ist wissenschaftlich bereits nachgewiesen, und das ist für das Marketing sehr wohl relevant. Zum anderen spielen Vorstellungen darüber, wie sich ein Produkt anfühlt, wie es in der Hand liegt, welche angenehme oder unangenehme Oberfläche es hat, ob es schwer ist oder leicht, in den Köpfen der Konsumenten immer mit — auch wenn das Anfassen erst möglich wird, wenn der Postbote das Paket gebracht hat. Dass die bloße Vorstellung von Bewegungen und Berührungen nicht so verschieden ist von der tatsächlichen Ausführung, wurde schon von William James 1890 in seinen *Principles of Psychology* formuliert. Empirische Belege hierzu greifen Hartmann und Haupt ebenfalls auf und wenden sie auf das heutige Marketing an.

Kommen wir zu einem zweiten psychologischen Grundprinzip, dem die Autoren folgen: Das Ganze ist mehr als die Summe seiner Teile. Dieser aristotelische Satz war das Motto der Gestaltpsychologie. Im sensorischen Marketing bedeutet er, dass erst das Zusammenspiel der Sinne entscheidet, wie Marketing wirkt. Erwarten Sie also keine allzu einfachen Empfehlungen wie etwa: »Durch eine weiche Oberfläche verkaufen Sie gleich doppelt so viel.« Sinne wirken immer kontextabhängig. Dass dies so ist und wie Sie es für Ihr Marketing erfolgreich nutzen, können Sie bei Hartmann und Haupt lernen.

Denn auch wenn es hier vor allem um »Touch« geht, um Berührung und Tastsinn: Weder diesen noch die anderen Sinnen sollten Sie isoliert betrachten. Derselbe Sinneseindruck kann sehr unterschiedlich wirken, je nachdem welcher andere Eindruck hinzukommt. Dasselbe Wasser schmeckt aus einem stabilen Plastikbecher eben anders als aus einem dünnwandigen und löscht den Durst stärker, wenn der Becher blau ist statt weiß. Hartmann und Haupt behalten diese Tatsachen stets im Auge, daher reicht ihr Buch über die Berührung hinaus: Es geht um multisensorisches Marketing. Was das konkret bedeutet, erfahren Sie hier in hervorragender Aufbereitung.

Ich gebe es zu, ich weise hier nicht ungern darauf hin, woher einige der zentralen Gedanken des Buches — historisch — eigentlich kommen. Aber das bedeutet keineswegs, dass Sie bei Hartmann und Haupt Dinge erfahren werden, die man schon seit Langem wusste. Im Gegenteil: Auf ein Buch wie »Touch!« hat die Welt gewartet — die Marketingwelt wenigstens. Es gibt nichts Vergleichbares.

Das fängt schon bei den vielen Forschungserkenntnissen an, auf welche die Autoren ihre Argumentation fußen: Topaktuell, vielfältig, interdisziplinär, praxisrelevant dargestellt und für jeden, der es noch genauer wissen will, hervorragend dokumentiert. Es setzt sich fort bei den theoretischen Modellen im Buch, zum Beispiel beim griffigen ARIVA-Modell oder dem Prozessmodell des multisensorischen Marketings. Hartmann und Haupt legen damit wohl den ersten Ansatz überhaupt vor, der für das sensorische Marketing eine systematische Steuerung und Analyse ermöglicht.

Es ist nicht überflüssig zu betonen, dass die Modell-Ideen von Hartmann und Haupt zu vielen anderen marktpsychologischen Modellvorstellungen kompatibel sind. Und das bedeutet: Sie müssen nicht alles, was Sie bisher geglaubt haben, über den Haufen werfen (außer natürlich, Sie glauben noch an den Homo oeconomicus, aber wer tut das heute schon ...). Sie gewinnen aber trotzdem einen neuen, sehr bereichernden Blick auf die Dinge und vor allem eine klare Orientierung für die Implementierung des Gelernten.

Schließlich werden Sie von den zahlreichen Praxisbeispielen und -tipps beeindruckt sein: Hier können Sie sich Anregungen in Fülle holen. Wem das nicht reicht, der muss sich wohl an die Autoren selbst wenden — dabei werden ganz sicher weitere Ideen und Anregungen sprudeln.

Ich freue mich, die Autoren zur zweiten Auflage ihres Werkes beglückwünschen zu können. Eine zweite Auflage innerhalb einer beeindruckend kurzen Zeit, wohlgemerkt. Ich bin sicher, mit der aktualisierten und erweiterten Ausgabe wird sich der Erfolg der ersten Auflage fortsetzen.

Prof. Dr. Georg Felser
Wirtschaftspsychologie, Hochschule Harz

Wernigerode, im Dezember 2015

Geleitwort zur ersten Auflage

In Zeiten von Twitter, Facebook, Google und Co erscheint es auf den ersten Blick überraschend, die Haptik im Marketing in den Fokus zu rücken — also Interaktionen von Kunden in der realen Welt mit physischen, berührbaren Werbemitteln, Produkten und Schnittstellen. Ein genauerer Blick zeigt jedoch: Die Zeit ist überreif für haptisches Marketing und Verkaufen. Übergeordnet reiht sich das haptische Marketing in Bestrebungen ein, den impliziten und intuitiven Autopiloten im Kopf der Kunden anzusprechen. Spätestens seit dem Nobelpreis von Daniel Kahneman wissen wir: (Kauf-)Entscheidungen werden wesentlich durch diesen mächtigen Autopiloten bestimmt — und die Sinne sind der Königsweg, um mit diesem impliziten System zu kommunizieren. Während sich eine Reihe von Publikationen um multisensorisches Marketing kümmert, fehlte bislang eine dezidierte Auseinandersetzung mit der Haptik.

Man muss aber nicht einen Nobelpreisträger bemühen, um die Relevanz von Haptik für das Marketing zu begründen. Der Tastsinn hat für das Erleben und Verstehen von Produkten und Botschaften eine herausragende, wenngleich bislang unterschätzte Bedeutung. Alle Lebewesen besitzen einen Tastsinn. Berührung spielt auch und gerade für die menschliche Entwicklung und Gesundheit eine zentrale Rolle. Durch Berührungen begreifen wir die Welt um uns herum. Es überrascht daher kaum, dass es parallel zur Digitalisierung unserer Gesellschaft (»High Tech«) zunehmend auch den Wunsch nach realen Begegnungen und Erlebnissen mit Produkten und Marken gibt (»High Touch«). Je mehr wir twittern und whatsappen, desto mehr wünschen wir uns überdauernde Botschaften und Markierungen — vielleicht ein Grund für den Trend hin zu immer mehr und breitflächigeren Tätowierungen (nicht nur bei Fußballprofis!). Dieses Spannungsfeld zu verstehen und für das eigene Marketing umzusetzen, birgt für Unternehmen ein riesiges Potenzial, um Produkte und Marken noch relevanter, differenzierender und glaubwürdiger zu vermarkten.

Aber auch aus einer eher taktischen Perspektive heraus zeigt sich die hohe Bedeutung von Haptik für das Verkaufen. Erleben Kunden beispielsweise ein Produkt über einen Touchscreen, ist ihnen dieses Produkt signifikant mehr wert, als wenn sie es über die Computermaus nur indirekt anklicken. Ein direkter haptischer Kontakt ist wirksamer als ein indirekter über den Mauszeiger. Es macht einen Unterschied, über welche Schnittstelle die Kunden mit Produkten und Marken in Kontakt treten — und welche haptischen Erfahrungen die Schnittstelle ermöglicht. Und gerade hier erleben wir aktuell hoch spannende Entwicklungen: So hat sich der bekannte Interface-Designer Ivan Poupyrev darauf spezialisiert, die Mensch-Computer-Interaktion um haptische Erfahrungen zu bereichern. Über seine Innovationen kann man ein Schmetterlingsbild berühren und das Flattern der Flügel auf der Haut fühlen oder auch ganze Filme mit dem Körper fühlen; Türen durch Klopfzeichen öffnen, anstatt mit einem Schlüssel oder die Lautstärke der Stereoanlage durch Berührungen bestimmter Körperstellen verändern. Alles wird zu einer Schnittstelle und dient der Kommunikation zwischen Mensch und Computer. Und der Schlüssel zu dieser Tür ist unser Tastsinn.

Mit ihrem Buch zeigen Olaf Hartmann und Sebastian Haupt umfassend und sehr praxisnah auf, wie man das Potenzial des haptischen Marketings heben kann, um den Verkauf von Produkten anzukurbeln. Die Autoren beschränken sich dabei nicht auf die scheinbar neuesten Erkenntnisse oder aktuelle Schlagworte, die es in der schnelllebigen Kommunikationsbranche zuhauf gibt. Sie spannen den Bogen von den wissenschaftlichen Grundlagen hin zu aktuellen Themen und Herausforderungen im Marketing. Eine der zentralen Erkenntnisse: In der audiovisuell überreizten Welt erzeugen haptische Medien Aufmerksamkeit, sie steigern die Erinnerung an den Kontakt, vermitteln Glaubwürdigkeit, schaffen Wertschätzung und Kaufbereitschaft.

In jeder Zeile spürt der Leser die Begeisterung der Autoren für ihr Thema. Es macht einfach Spaß, von Hartmann und Haupt an die Hand (sic!) genommen zu werden und in die Welt des haptischen Marketings einzutauchen. Man merkt beim Lesen schnell, dass die Autoren aus der Praxis kommen. Dabei bringen sie ihr Wissen und ihre Perspektiven aus den unterschiedlichen Erfahrungen als Strategen und Berater in der führenden Agentur für haptische Verkaufsförderung mit ein. Es finden sich für Praktiker zahlreiche Anregungen und Tipps, die sich unmittelbar im eigenen Marketing umsetzen lassen. Und das geschieht erfreulich pragmatisch und undogmatisch. Der Haptik-Effekt wird nicht gegen die anderen Sinne ausgespielt, sondern als das dargestellt, was er am Ende des Tages ist: ein Wirkverstärker. Eine Botschaft erzeugt über den Haptik-Effekt mehr Wirkung, ein Produkt wird über den Haptik-Effekt attraktiver und gerade bei komplexen Produkten auch schneller und intuitiver verstehbar, eine Marke kann sich besser und nachhaltiger differenzieren. Aber auch Strategen kommen nicht zu kurz: Hartmann und Haupt machen die herausragende Bedeutung des Haptik-Effektes in ihrem ARIVA-Modell fassbar. Sie ordnen die Haptik darüber hinaus in das multisensorische Marketing ein und erläutern anschaulich den Prozess der praktischen Umsetzung.

Die Autoren nehmen ihre Leser mit auf eine Reise zu den hoch spannenden und top aktuellen Entwicklungen im Bereich haptischer Schnittstellen. Insoweit ist das Buch eine Pflichtlektüre für jeden, der mit Marketing und Verkauf professionell zu tun hat.

Dr. Christian Scheier
decode Marketingberatung

Hamburg, im August 2014

Vorwort

Es ist Mittagszeit an einem sonnigen Tag im Mai 1991: Ein wenig nervös stehe ich [Olaf Hartmann] auf dem »Place de la Monnaie«, dem Platz der Münzen, in einem Geschäftsviertel von Brüssel. Banker[1], Manager und Angestellte eilen aus ihren Büros, zielstrebig auf dem Weg zu umliegenden Restaurants. Ein halbes Jahr habe ich für diesen Moment geübt. Ich bin bereit. Der Hut liegt auf dem Boden, in meiner Hand halte ich fünf Jonglierbälle und den Startknopf meines Ghettoblasters habe ich gedrückt: »One, two, three o'clock, four o'clock, rock«, dröhnt es aus den Boxen. Die Bälle kreisen im Rhythmus der Musik vor dem Körper, hinter dem Körper, über die Schultern, auf die Stirn, über dem Arm und unter dem Bein. Dann das fulminante Finale: Ich zünde drei Feuerkeulen an. Mit den fauchenden Fackeln male ich Flammenbilder in die Luft und in einem hohen Bogen landen sie am Ende sicher in meinen Händen. Das Üben hat sich gelohnt, die Show ging reibungslos über die Bühne. Verschwitzt und glücklich freue ich mich auf meine Belohnung und werfe erwartungsvoll einen Blick in den Hut: Doch der Kassensturz lässt meine Illusionen platzen. Jämmerliche 40 Belgische Franken gähnen mich an, das sind umgerechnet nicht einmal zwei Deutsche Mark. Ich bin enttäuscht. Was habe ich falsch gemacht? An meiner Jonglage liegt es nicht, da bin ich mir sicher. Geld haben die vorbeieilenden Manager auch in der Tasche. Warum landet das nicht in meinem Hut?

Zwei Tage später, am Samstagabend: Ich stehe nur 400 Meter vom Place de la Monnaie entfernt in einer Seitenstraße des Grand Place, dem touristischen Zentrum Brüssels. Touristen schlendern an mir vorbei, händchenhaltende Pärchen und sicher auch der eine oder andere Büroangestellte vom Donnerstag. Ich lasse wieder Bälle und Fackeln fliegen. Doch diesmal bildet sich schnell eine Menschentraube um mich herum — sie staunen, jubeln und applaudieren. Ich verneige mich stolz, schaue in meinen Hut und bin sprachlos: Die gleiche Jonglierschau ist jetzt nicht mehr zwei, sondern 160 Mark wert. Wie kann das sein?

Schon damals, lange bevor der Psychologe Daniel Kahneman den Homo oeconomicus für tot erklärte, dämmerte es mir: Der Preis, den Menschen zu zahlen bereit sind, hängt nicht vom objektiven Wert einer Leistung ab, sondern von ihrem wahrgenommenen Wert. Doch was genau prägt diese Wahrnehmung? Unter welchen Bedingungen empfinden Menschen einen Mehrwert? Was macht ein Produkt oder eine Dienstleistung relevant und damit wertvoll für Menschen?

---

1 Wir lieben den zweiten Absatz des dritten Artikels unseres Grundgesetzes; ebenso lieben wir einfache und verständliche Texte. Darum verwenden wir die männliche Sprachform, wenn wir beide Geschlechter meinen. In diesem Fall: Bankerinnen und Banker.

Antworten auf meine Fragen offenbarten sich erst nach und nach ...

Die Hierarchie der Sinne
Meine ersten Berufsjahre verbrachte ich in der Abteilung für internationale Werbung eines Chemiekonzerns. Dort lernte ich, wie Werbung Marken und Produkte mit Wert auflädt. Mir fiel eine unausgesprochene Hierarchie der Werbe-Sinne auf: Ganz oben stand die Fernsehwerbung, gefolgt von Print- und Radiowerbung, und ganz unten fristeten Werbeartikel ein staubiges Dasein. Niemand wollte sich mit den öden Stiften, Haftnotizen und Kalendern beschäftigen, das war Aufgabe des Einkaufs. Bis eine Messe oder Vertriebstagung bevorstand — dann landete eine Auswahl der haptischen Werbemittel auf dem Konferenztisch und die Augen meiner Kollegen leuchteten. Jeder hatte eine Meinung zu den Objekten und auch eigene Ideen, beispielsweise: Zum neuen Rundumschutzmittel für Saatgut würde doch ein transparenter Flummi passen, in den wir ein paar Saatkörner eingießen? In diesen Momenten spürte ich Emotionen und Energie, ausgelöst von den Werbeartikeln. Leider blieb das kommunikative Potenzial meist im Konferenzraum zurück. Niemand wollte sich des Themas intensiver annehmen. Also verteilten wir — wie gewohnt — Kugelschreiber, Tassen und Kalender.

Verhalten ändert Einstellungen
Am Institut für Betriebswirtschaft der Universität St. Gallen brachte ich später als Referent meine Jonglierkünste erneut ein. Die Teilnehmer von Seminaren zur Managementmethode des vernetzten Denkens sollten Jonglieren lernen. So etwas erwarteten sie nicht und entsprechend groß war ihre Skepsis. Dabei jonglierten die Manager im übertragenen Sinne bereits täglich: mit Terminen, Ressourcen und Aufgaben. Beim Jonglieren mit den Bällen lernten die Teilnehmer, wie sie komplexe Situationen erfolgreich meistern — indem sie Wirkzusammenhänge erkennen und nutzen, die richtigen Prioritäten zur richtigen Zeit setzen und Zielkonflikte vorhersehen. Mit Wissen, Ausdauer und Mut zur Veränderung bekamen sie die Komplexität erstaunlich schnell in den Griff. Nach einer Stunde jonglierten alle Seminarteilnehmer mit drei Bällen. Dabei waren sie hoch konzentriert, schärften ihre Wahrnehmung, hatten Spaß und waren am Ende stolz und energiegeladen. Die weiteren Seminarinhalte verfolgten sie hoch motiviert. Das Hantieren mit den Bällen hatte ihre geistige Haltung verändert. Das war auch für Unternehmen interessant: Auf Veranstaltungen, die beispielsweise Veränderungsprozesse einläuteten, brachte ich bis zu 1.000 Mitarbeitern gleichzeitig das Jonglieren bei (siehe Abb. 1). Freude und Enthusiasmus erfüllten die Atmosphäre. Und die frisch gebackenen Jongleure waren sowohl offener als auch empfänglicher für die anschließenden, nicht immer freudigen, Botschaften. Meine Auftraggeber und ich beobachteten immer wieder, wie das Jonglieren die Einstellungen der Teilnehmer veränderte — mehr als jede beschwörende Rhetorik.

Abb. 1: Jonglieren macht Spaß — Bewegung verändert die innere Haltung (Quelle: The Companies).

Ich spürte: In Bewegungen und Objekten steckt eine kommunikative und überzeugende Kraft. Da nicht jeder Verkäufer seine Kunden mit Jonglierbällen beraten kann, gründete ich 1995 eine Agentur für haptische Verkaufsförderung. Der Erfolg, den unsere Kunden mit unseren Verkaufshilfen, Werbemedien und Mailingverstärkern hatten, bestätigte meine Erfahrungen: Richtig angewandt, wirken haptische Medien wie eine Brausetablette: Sie erhöhen die Effizienz jeder Marketingmaßnahme, in deren Kontext sie zum Einsatz kommen. Sie verstärken und verankern Botschaften, Argumente und Produktversprechen. Sie erhöhen deren Glaubwürdigkeit, wecken Emotionen, machen Spaß und motivieren zum Handeln.

Haptik und die Wissenschaft
Die Wissensexplosion, welche in den folgenden Jahren die Marketingwelt erhellte, ließ mich meine Brüsseler Erfahrungen und die Wirkung haptischer Medien immer besser verstehen: Es ist eine Illusion, dass Menschen stets rational und bewusst handeln — Menschen handeln vielmehr automatisch, durch ihr Unterbewusstsein angetrieben. Implizite Motive und Ziele sind die wahren Kauftreiber — diese muss Werbung zur richtigen Zeit im richtigen Kontext mit den richtigen Reizen ansprechen. Mir wurde klar, was ich damals auf dem Place de la Monnaie falsch gemacht hatte: Meine Jongliershow war nicht anschlussfähig an die Ziele der hungrigen Büroangestellten zur Mittagszeit — ich glitt durch ihren

unbewussten Wahrnehmungsfilter. Am Samstagabend dagegen war meine Jonglage für die schlendernden Passanten attraktiv und relevant.

Die Neuropsychologie zeigte mir, wie kleine Sinnesreize an der bewussten Wahrnehmung vorbei in unsere Gehirne dringen und dort mentale Konzepte aktivieren, die unsere Wahrnehmung und unser Verhalten maßgeblich prägen. Forschungsarbeiten zum Tastsinn sowie zur Wirkung der Haptik im Kontext von Werbung und Verkauf waren allerdings eher rar. Mein Wissenshunger blieb häufig ungestillt.

Meine Leidenschaft für die Haptik führte mich zum multisensorischen Marketing. Schließlich ist der Tastsinn nur einer unserer fünf Sinne, mit denen wir Marken und Produkte wahrnehmen, und selten wirkt er für sich allein. Doch ist das multisensorische Marketing in einer überkommunizierten Gesellschaft ein Erfolgsmodell? Wie implementiert man multisensorisches Marketing in die Praxis? Diese Fragen stellte ich mir nicht als Einziger. 2009 gründete ich daher mit Klaus Stallbaum das Multisense Institut. Mit den Multisense-Kongressen schufen wir die erste Plattform für multisensorisches Marketing in Deutschland. Wir brachten führende Praktiker und Wissenschaftler zusammen. Zahlreiche inspirierende Gespräche mit Gehirnforschern wie Manfred Spitzer, Neuropsychologen wie Christian Scheier und Marketingexperten wie Oliver Nickel schärften meinen Blick.

2009 stellte ich meine Agentur für haptische Verkaufsförderung auf dem »Creativ Verpacken Dialog« vor – der Marketingkonferenz des Fachmagazins Creativ Verpacken. Dort traf ich den Konsumentenpsychologen Sebastian Haupt, der sich als Marktforscher und Wissenschaftsjournalist unter anderem mit den psychologischen Aspekten von Verpackungen beschäftigte. Die Chemie stimmte sofort: Wir plauderten über den Einfluss von Verpackung auf Kaufentscheidungen, über die Rolle von Werbeartikeln und Dialogmedien. Wir diskutierten über den Need for Touch und uns wurde klar: Die Haptik verbindet uns. Aus dem netten Plausch wurde ein inspirierender Austausch, eine fruchtbare Zusammenarbeit und enge Freundschaft.

Die Bedeutung der Haptik im Marketing
Sebastian Haupt und ich erkannten mehr und mehr die große Relevanz der Haptik für Werbe- und Produkterfolge in vielen Bereichen: Bei jedem Produkt, in Werbefilmen, Radiospots, in jedem Verkaufsgespräch, bei jedem Mailing, jedem Messestand und sogar beim Betrachten von Bildern in Anzeigen sowie in Onlineshops ist der Tastsinn involviert. Gerade in unserer hoch technisierten Welt ist das Bedürfnis nach Berührung ungebrochen, wie John Naisbitt bereits 1982 mit seinem Megatrend »High Tech – High Touch« voraussagte: Je digitaler, virtueller

und dadurch sensorisch ärmer die Welt wird, desto mehr sehnen sich Menschen nach realen Erfahrungen und echtem Erleben. Das ist ein Grund, warum selbst digitale Powerplayer wie Google, Facebook, Zalando oder Onlinebanken immer noch massiv in Offline-Werbeformen wie Events, Werbeartikel, Printmails und Kundenmagazine investieren. Amazon eröffnete 2015 sogar einen Buchladen in Seattle, dort stehen in Holzregalen echte Büchern zum Anfassen und Hineinschmökern. Die Zukunft des Marketings ist eben nicht rein digital – der Königsweg liegt in der Verzahnung der Kommunikationskanäle.

Die Bedeutung der Haptik im Marketing dürfte eigentlich nicht überraschen, denn Berühren ist essenziell für uns Menschen: Wir drücken unsere Liebe durch Berühren aus. Paare, die sich viel streicheln und liebkosen, sind glücklicher als Menschen in berührungsarmen Beziehungen. Babys entwickeln sich schneller, sind gesünder sowie intellektuell leistungsfähiger, wenn ihre Eltern sie viel berühren. Ein Leben lang begleitet uns der Tastsinn – er ist der erste Sinn, der sich im Mutterleib entwickelt, und der letzte, der uns im Alter verlässt. Kein anderer Sinn ist so eng mit unserer emotionalen und kognitiven Entwicklung verbunden wie der Tastsinn. Mit den Händen entdecken wir unsere Umwelt und lernen sie kennen. Was wir berühren können, begreifen wir schneller und wir erinnern uns besser daran. Wir können uns verhören und versehen, aber nicht verfühlen – der Tastsinn ist unser Wahrheitssinn, er gibt uns Sicherheit. Matrosen klopften einst auf die hölzernen Segelmasten und überprüften damit deren Stabilität für eine sichere Reise. Die Ureinwohner Amerikas betasteten die sonderbaren Wassergefährte hingegen, weil sie ihren Augen nicht trauten. Berührungen transportieren ebenso tiefe Bedeutungen. Bischöfe salbten Könige und übertrugen ihnen durch das Berühren die Gnade Gottes. Ihre Macht demonstrierten die auf den Thron Erhobenen mit prunkvollen Insignien der Macht: die goldene Krone auf dem Kopf, in der Hand das schwere Zepter. Die Objekte machten ihre Autorität wahrhaftig, greifbar und damit glaubwürdig.

Die enorme soziale, emotionale und kognitive Bedeutung der Haptik für den Menschen zeigt sich auch im Marketing: Viele erfolgreiche Marken wie Ritter Sport, Apple oder Coca-Cola haben eine haptische Identität, mit der sie sich vom Wettbewerb differenzieren. Ebenso sind haptische Kampagnen deutlich effizienter als Kampagnen, die den Tastsinn ignorieren – das zeigt beispielsweise der oft gefeierte Hornbach-Hammer. Erfolgreiche Verkäufer überzeugen ihre Kunden ebenfalls sehr häufig durch haptisches Erleben.

Haptik: The Next Big Thing
In diesem Augenblick halten Sie die zweite Auflage unseres Werkes in Ihren Händen; die erste war bereits nach einem Jahr ausverkauft. Diese enorme Resonanz bestätigt unser Denken: Multisensorisches Marketing – und insbesondere die

Haptik — ist gerade im digitalen Zeitalter hoch relevant. Das Interesse an der Haptik im Marketing wächst, denn immer mehr Unternehmen entdecken das Potenzial für sich. Onlineshops wollen die fehlenden Berührungsmöglichkeiten in ihren Angeboten kompensieren. Unternehmer und Marketers erkennen, dass Marketing und Produktdesign überzeugen, wenn sie den Tastsinn gezielt ansprechen. Haptische Kampagnen, Produkte und Verkaufsprozesse stechen aus dem Marketing-Einerlei heraus und sind eine Erfolg versprechende Antwort auf den Effizienzverlust von Werbung, die steigende Austauschbarkeit und sinkende Glaubwürdigkeit von Marken.

Wir wollen wir das haptische Marketing aus seinem Dornröschenschlaf wachküssen. Wir machen das Wissen über den Wirkverstärker »Haptik« für all jene verfügbar, die erfolgreicher werben, verkaufen, kommunizieren und motivieren wollen. Die erste Auflage haben wir ergänzt: um einige neue Praxisbeispiele, wissenschaftliche Erkenntnisse und im Kapitel 4.2 erläutern wir unser Betrachtungsmodell für multisensorisches Marketing nun anhand einer anschaulichen Fallstudie. Wir glauben immer noch fest daran: In unserer optisch und akustisch überreizten Welt ist die gezielt genutzte Haptik und mit ihr das multisensorische Marketing »The Next Big Thing«.

Für wen wir das Buch geschrieben haben
Der Haptik-Effekt bereichert sämtliche Branchen und Kommunikationsdisziplinen: Unternehmen im B-to-B-Bereich genauso wie Konsumgüterhersteller, Pharmaunternehmen, Finanzdienstleister, Maschinenbauer oder den Einzelhandel. Er steigert den Erfolg von Dialogmarketing, von klassischer Werbung und digitaler Kommunikation, von Messen und Events sowie von Verkaufsgesprächen.

Wir wollen Sie von den Potenzialen der Haptik begeistern. Nach der Lektüre dieses Buches verstehen Sie die Relevanz des Tastsinns und der Haptik für die menschliche Wahrnehmung. Sie kennen die Überzeugungskraft der Haptik und werden sie im Marketingalltag einsetzen können. Zwanzig Jahre praktische Erfahrung im haptischen Marketing kombiniert mit aktuellen Erkenntnissen der Sensorikforschung, der Neurowissenschaft und der Psychologie fließen in diesem Buch zusammen — destilliert zu einem praxistauglichen Ansatz: dem **ARIVA-Modell**. Das ist keine neue Marketingtheorie, sondern eine frische und praktische Perspektive, mit der Sie Ihr Marketing, Ihre Werbung, Ihre Verkaufsprozesse sensorisch optimieren können. Wir zeigen, wie sich ARIVA in das multisensorische Marketing einfügt, und geben Ihnen eine verständliche Anleitung an die Hand, mit der Sie ARIVA in Ihrem Berufsalltag umsetzen können. ARIVA ist kompatibel mit allen gängigen Marketingmodellen und Kundensegmentierungsansätzen. Wir werden Ihnen nicht raten, Ihr Marketing umzukrempeln. Wir laden Sie ein: Setzen Sie die ARIVA-Brille auf und schärfen Sie Ihren Blick für die

Haptik, damit Sie brachliegende Potenziale in Ihrem Unternehmen erkennen und nutzen können.

Wir nehmen Sie mit auf eine Reise durch die Welt der Haptik. Im ersten Kapitel zeigen wir Ihnen die generelle Relevanz der Multisensorik für das Marketing und erläutern den Haptik-Effekt. Im zweiten Kapitel widmen wir uns den ARIVA-Wirkdimensionen der Haptik. Die zugrunde liegenden psychologischen Prinzipien lernen Sie im dritten Kapitel kennen. Wie Sie das ARIVA-Modell in Ihrer täglichen Marketingpraxis anwenden, das erfahren Sie dann im vierten Kapitel, gefolgt von inspirierenden Praxisbeispielen aus unterschiedlichen Marketingdisziplinen. Zu guter Letzt diskutieren wir ethische Fragen, die multisensorisches Marketing aufwirft.

Wenn Sie das Thema komplett ergriffen hat: In den Anhangkapiteln 6.1 bis 6.4 finden Sie weiteres Grundlagenwissen zum Haptik-Effekt. Dort warten auf Sie spannende Fakten über das gegenwärtige Werbeumfeld sowie wissenschaftliche Forschungserkenntnisse zu Haut, Händen, Motorik und Tastsinn. Aber auch ohne letzteres Detailwissen können Sie mit dem ARIVA-Modell problemlos arbeiten. Deswegen haben wir die wissenschaftlichen Grundlagen, die keinen direkten Marketingbezug haben, in den Anhang gepackt.

Apropos gepackt: Packen wir es an und tauchen ein in die faszinierende Welt des haptischen Marketings. Wir wünschen Ihnen handfeste Erkenntnisse, jede Menge Inspiration und viel Spaß beim Lesen.

Olaf Hartmann & Sebastian Haupt

im Dezember 2015

1 Haptik: Die schlummernde Kraft

Da lag es und war so schön, dass er die Augen nicht abwenden konnte,
und er bückte sich und gab ihm einen Kuss.
Brüder Grimm, Dornröschen

Zusammenfassung
- Die Forschungsergebnisse aus der Psychologie, der Wahrnehmungsforschung und der Neurowissenschaft bündeln sich unter dem Begriff »Neuromarketing«.
- Die Wissensexplosion führt zu einem Paradigmenwechsel. Das neue Credo lautet: Explizit verkaufen ist out, implizit *kaufen lassen* ist in.
- Drei wesentliche Erkenntnisse leiten diese Trendwende im Marketing ein:
  1. Es gibt keine Qualität außer die wahrgenommene.
  2. Der Bauch entscheidet, der Kopf rechtfertigt.
  3. Der große Erfolg steckt in den kleinen Details.
- Das multisensorische Marketing implementiert die Erkenntnisse der Psychologie sowie der Neurowissenschaften und nutzt das Prinzip der multisensorischen Verstärkung: Jeder zusätzliche, semantisch kongruente Sinnesreiz erhöht die Gehirnaktivität um 1.000 Prozent.
- Drei Viertel aller multisensorisch kommunizierenden Marken gehören zu den sogenannten Powerbrands.
- Die Haptik spielt im multisensorischen Marketing eine besondere Rolle: Mit unseren Händen begreifen wir unsere Umwelt. Wir vertrauen dem, was wir fühlen, und überprüfen mit unseren Händen unbewusst visuell wahrgewonnene Eindrücke. Die haptische Wahrnehmung ist subjektiv gleichbedeutend mit Wahrheit und übt einen starken Einfluss auf unsere Wahrnehmung, Wertschätzung und Kaufbereitschaft aus.
- Der Haptik-Effekt ist ein Wirkverstärker: Er verstärkt das Markenversprechen, die wahrgenommene Qualität von Produkten, die Effizienz der Werbung und die Überzeugungskraft von Verkäufern.

Haptik: Die schlummernde Kraft

1.1 Der Haptik-Effekt

Mit einem Fingertipp auf Maus oder Multi-Touch-Bildschirm hätten Sie im im Dezember 2015 einen Heimwerker-Hammer bei Ebay kaufen können — für 398 Euro, verpackt in einer weißen Karton-Box. Angenommen, die stünde jetzt auf Ihrem Tisch: Sie heben den schweren Deckel, langsam gleitet er über die Kartonwände. Im ausgestanzten Inlay glänzt Sie der helle Stahl des Hornbach-Hammers an (siehe Abb. 2). »Geboren aus Panzerstahl. Gemacht für die Ewigkeit« lesen Sie auf dem beiliegendem Leinenposter und erfahren die kraftstrotzende Geschichte des Hammers: Die Baumarktkette kaufte Ende 2012 einen 13 Tonnen schweren tschechischen BMP-1-Schützenpanzer. In Deutschland zerlegten Spezialisten den ausgedienten Panzer mit 3.030 Grad Celsius heißen Schweißbrennern in seine Einzelteile, schmolzen diese zu achteinhalb Tonnen Rohstahl ein und pressten daraus mit einem 1.080 Kilogramm schweren Schmiedehammer 7.000 Hammer-Rohlinge. Jeden der 500 Gramm schweren Hammerköpfe bestückten die Profis mit einem besonders robusten Stiel aus dunklem Hickory-Holz. 25 Euro kostete so ein Panzerstahl-Hammer bei Hornbach. Nach drei Tagen war das Sammlerstück komplett ausverkauft — doch innerhalb dieser Tage verdoppelte Hornbach auch seinen Jahresabsatz im gesamten Hammer-Sortiment. Auf der Facebook-Seite von Hornbach verfolgten immer mehr neugierige Fans den sechsmonatigen Entstehungsprozess der Panzerstahl-Hämmer. Die Anzahl der Hornbach-Fans auf Facebook wuchs in diesem Zeitraum um 15 Prozent. Wer keinen Panzerstahl-Hammer ergatterte, konnte ihn noch online ersteigern — zu horrenden Preisen. All jene, denen ein Hammer keine hunderte Euro wert war, bestaunten den Hammer in einer 3-D-Ansicht auf seiner Internetseite. Sie sahen die spiegelnde, gebürstete Stahloberfläche des Hammerkopfes und strichen womöglich in Gedanken mit den Fingern über die geschliffenen Kanten. Der glatte, dunkelbraun gemaserte Stiel ließ sie das Gefühl des warmen Hickory-Holzes in der Hand erahnen. Die gute Nachricht für leer ausgegangene Hammer-Fans: Im Vergleich zum Panzerstahl-Hammer kostet Schlosserhammer im Hornbach-Onlineshop nur 11,95 Euro. Er hat die gleiche Form, ist ebenfalls 500 Gramm schwer, hat einen Hickory-Stiel, entspricht der deutschen Industrienorm und kommt von einem Markenhersteller. Einmal abgesehen von der limitierten Auflage: Warum geben Menschen 13 Euro mehr aus für den Panzerstahl-Hammer — für ein objektiv gleichwertiges Produkt? Und wieso ist er einige Zeit später manchen gar 398 Euro wert?

Der Haptik-Effekt 1

Abb. 2: Hornbachs Hammer — geboren aus Panzerstahl, gemacht für die Ewigkeit (Quelle: Heimat).

QR-Code: Die Video-Dokumentation von Hornbachs Hammer-Kampagne
http://www.dandad.org/awards/professional/2014/bound-method-entryget_jury_title-of-entry-the-hornbach-hammer/23049/the-hornbach-hammer/

Mit Gummibändern Interesse wecken

Das »Singapore Raffles Music College« galt als eingestaubt, elitär und schwer zugänglich. Für die Anfängerkurse warb bislang eine Musik-CD mit Hörproben von Absolventen, doch die Anfängerkurse füllten sich nur schleppend. Ein neues Mailing drehte den Spieß um: Die Post brachte den Interessenten wieder eine CD-Hülle — doch statt einer CD enthielt sie dieses Mal einen Plastikeinleger. In dessen vorgebohrte Löcher steckten die Musik-Neulinge die beigelegten Pinnadeln, um die sie wiederum ein straffes Gummiband spannten. Fertig war das pfiffige Musikinstrument. Die farblich codierte Anleitung zeigte den Mailing-Empfängern, in welcher Abfolge sie die Gummisaiten zupften sollten. Sie spielten beispielsweise Dun-dun-duuun-dun-dun-da-duuun-dun-dun-duuun-da-dun — das berühmte »Smoke on the Water«-Gitarrenriff (siehe Abb. 3). Die potenziellen Studenten erlebten mit ihren eigenen Händen, wie einfach und vergnüglich es ist, am Singapore Raffles Music College ein Instrument spielen zu lernen. Der Talent-Selbsttest kam an: Das musikalische Gummiband generierte eine 43-prozentige Rücklaufquote des Mailings und versechsfachte die Nachfragen für den Anfängerkurs — innerhalb von fünf Tagen war er ausgebucht. Es war das erfolgreichste Direct Mailing in der Geschichte des Raffles Music College und entstaubte nebenbei noch dessen Image. Wieso begeisterte das Direct Mailing so viele Musikstudenten für das Raffles Music College, obwohl das Angebot der Musikschule unverändert blieb?

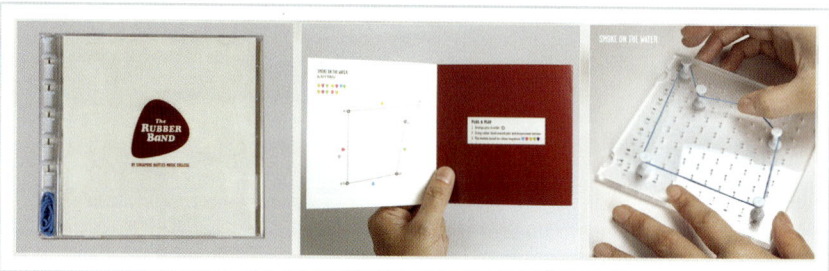

Abb. 3: Die Botschaft: Musik spielen ist einfach und macht Spaß (Quelle: DDB Singapore).

 QR-Code: Das Video über das Gummibandinstrument-Mailing mit einigen Hörproben.
http://www.youtube.com/watch?v=tCmexGuMqVQ

Kauflust entfalten

Nur jeder fünfte Kunde, der bei der Berliner Sparkasse ein Girokonto eröffnete, entschied sich auch für eine Kreditkarte. Eine neue Beratungshilfe machte die Kreditkartenvorteile auf andere Weise begreiflich. Auf ihre Tische stellten die Finanzberater eine edle schwarze Kartenbox. Im aufgeklappten Deckel der Box steckten die drei erhältlichen Kreditkartenvarianten: gold, schwarz und rot. Die Kreditkarten funkelten die Kunden an — es waren sogenannte Lenticular-Karten. Auf den modernen Wackelbildern entdeckten die Kunden je nach Blickwinkel drei unterschiedliche Motive, die Verwendungssituationen der Karte zeigten: beispielsweise ein in den Urlaub startendes Flugzeug, ein Pärchen beim romantischen Abendessen oder Freundinnen im Shopping-Fieber. Die Wackelbilder faszinierten die Kunden — viele sprachen die Berater plötzlich von ganz alleine auf die Kreditkarten an und die Berater schenkten ihren Kunden eine der Wackel-Karten. Die jeweilige Kreditkartenvariante erklärten die Finanzberater danach mithilfe einer separaten Logoloop-Endlosfaltkarte (siehe Abb. 4). Die Kunden entdeckten die Vorteile der Kreditkarte nun selbst, indem sie diese auf den vier Seiten der Karte entfalteten und entfalteten und entfalteten und entfalteten … Der Kreditkartenabsatz schnellte in die Höhe: Innerhalb von drei Monaten verkauften die Berliner Sparkassenberater so viele Kreditkarten wie sonst innerhalb eines ganzen Jahres. Die monatliche Absatzsteigerung betrug über 50 Prozent. Warum entfalten Wackelbilder und Endlosfaltkarten eine derart große Überzeugungskraft?

Der Haptik-Effekt 1

Abb. 4: Mehr Umsatz mit Wackelbildern und Endlosfaltkarten (Quelle: Touchmore).

QR-Code: Im Video erfahren Sie, wie die Kreditkartenbox Kunden und Berater gleichermaßen begeistert.
http://vimeo.com/65879261

Ein magischer Trick ist nicht das Erfolgsrezept der Unternehmen aus den Eingangsbeispielen. Ein Zauberer schafft seine Magie jedoch mit dem gleichen Mittel: Er setzt seine Hände ein. Fasziniert Sie ein Zauberer, wenn er Abrakadabra murmelt und seine Hände dabei tief in den Hosentaschen vergräbt? Oder ist sein Auftritt dramatischer, wenn er simultan zur Zauberformel mit seinen gespreizten Händen das weiße Häschen umkreist und es durch die geheimnisvolle Kraft seiner Hände spurlos verschwindet? Echte magische Kräfte haben unsere Hände jedoch nicht — im Gegenteil: Mit unseren Händen entzaubern wir, was uns täuschen will.

1.1.1 Der Wahrheitssinn

Unsere Augen können uns dagegen täuschen: Wir sehen Fata Morganen, blinkende Punkte im Hermann-Gitter oder scheinbar schiefe Linien bei der Café-Wall-Illusion (siehe Abb. 5), die ein Mitarbeiter des Neuropsychologen Richard Gregory an einer gekachelten Wand in einem Café in Bristol entdeckte. Unsere Ohren lassen sich ebenfalls leicht austricksen: Wir hören das Meeresrauschen in einer Muschelschale, die wir an unser Ohr halten. Wir hören einen räumlichen Klang aus zwei Stereolautsprechern und wir missverstehen gelegentlich, was andere Menschen zu uns sagen. Was wir hingegen mit unseren Händen fühlen, das ist für uns präzise und verlässlich: Eine Kiwi mag reif aussehen, doch wir drücken mit unseren Fingern auf die Frucht, um gewiss zu sein. Wir streicheln mit unseren Händen über einen Pullover und wissen in Sekundenbruchteilen mehr über seine Qualität. Eine Herdplatte fassen wir nur ein einziges Mal im Leben an, um schmerzhaft festzustellen, dass sie heiß ist. Im Gegensatz zum Hören und Sehen ist der Tastsinn ein Nahsinn und der einzige, mit dem wir die Welt direkt beeinflussen sowie verändern können. Mit unseren Händen erkunden wir unsere Umgebung und überprüfen, was wir sehen:

- die *Geometrie* von Objekten (Form, Größe, Volumen, Flächen, Dicke, Kanten, Spitzen),
- die *Oberfläche* (Textur, Struktur, Rauheit, Reibung),
- das *Material* (Konsistenz, Elastizität, Plastizität, Festigkeit),
- die *Masse* (Gewicht) und
- die *Temperatur*.

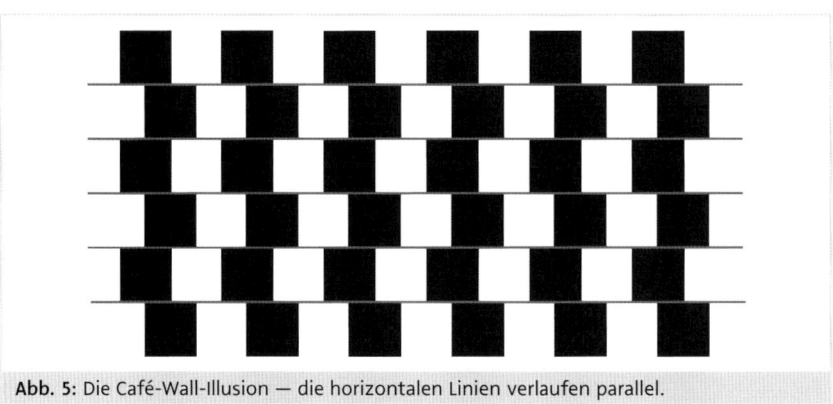

Abb. 5: Die Café-Wall-Illusion — die horizontalen Linien verlaufen parallel.

Eines können wir dabei nicht: uns *verfühlen*. Dieses Verb existiert nicht in unserer Sprache. Zwar gibt es auch haptische Illusionen, doch sind daran meist andere Sinne beteiligt — das Zusammenspiel der Sinne trickst unsere Wahrnehmung aus (siehe Gentaz & Hatwell, 2008). Viele optische Illusionen können wir mithilfe unserer Hände auflösen: Die Café-Wall-Illusion verschwindet, wenn Sie Ihre Zeigefinger auf zwei der horizontalen Linien legen — Ihre Finger liegen dann parallel. Unsere Hände lassen sich eben nur schwer in die Irre führen. Wissenschaftler bezeichnen den Tastsinn daher auch als *Wahrheits-Sinn* (Heller & Clark, 2008). Mit unseren Händen begreifen wir im wahrsten Sinne des Wortes unsere Umwelt. Wir spüren sie und vertrauen dem, was wir fühlen. Die händische Wahrnehmung ist subjektiv gleichbedeutend mit Wahrheit.

Der Haptik-Effekt 1

QR-Code: Das Video erklärt vier haptische Illusionen, die Sie selbst ausprobieren können.
http://www.youtube.com/watch?v=alubBa1s2G0

1.1.2 Von der Hand zur Haptik

In den drei Eingangsbeispielen nimmt die Hand eine zentrale Rolle ein: Hornbachs Panzerstahl-Hammer lädt schon beim Hinschauen zum Zugreifen und kraftvollen Hämmern ein. Aus den Gummibandsaiten kitzeln die Fingerspitzen bekannte Hits heraus und in Berlin entfalten die Kunden eigenhändig die Vorteile ihrer künftigen Kreditkarte. Es steckt eine bedeutende Kraft in unseren Händen. Eine Kraft, die Aufmerksamkeit erregt, Qualität und Produktnutzen konkret spürbar macht, Vertrauen schafft und Kauflust weckt. Lange Zeit fast völlig unbeachtet, spielen unsere Hände heute für den Marketingerfolg vieler Unternehmen eine überraschend wichtige Rolle.

Auch wenn die Hand unser meistgenutztes Werkzeug ist und unsere Fingerspitzen äußerst sensibel sind (vgl. Anhang 6.3 & 6.4): Die Haptik ist weitaus mehr. Der Begriff entstammt den griechischen Wörtern *háptein* (berühren), *haptós* (fühlbar) und *haptikós* (berührbar; lat. *tactilis* = taktil). Unsere zwei Quadratmeter Hautfläche nehmen pausenlos ihre Umwelt wahr und nicht nur, wenn uns irgendetwas berührt oder wir ins Geschehen eingreifen. Das ist der *Tastsinn*. Zur Haptik zählt ebenso der Bewegungssinn (kinästhetischer Sinn) — er gibt uns ein Gefühl für unseren Körper. Dank ihm können wir überhaupt erst aktiv in unsere Umwelt eingreifen. Die Fähigkeit, uns zu bewegen, heißt im Fachjargon *Motorik*.

In den Eingangsbeispielen hatte die Haptik einen positiven Effekt auf die Abverkäufe und Responsequoten. Wir nennen diesen Effekt ganz pragmatisch den **Haptik-Effekt**. Es gibt freilich nicht *den einen* Haptik-Effekt. Die Haptik löst eine Vielzahl von psychologischen Effekten aus, die in fünf für Marketing, Werbung und Verkauf relevante Wirkdimensionen münden: Die Haptik macht aufmerksam, stärkt die Erinnerung und das Vertrauen. Sie erhöht die Wertschätzung und animiert zum Handeln. Im ARIVA-Modell (Kapitel 2) lernen Sie die Dimensionen des Haptik-Effekts genauer kennen.

1.1.3 Haptik im Marketing

In den letzten Jahren rücken die Sinne immer mehr auf den Relevanz-Radar von Marketingentscheidern. Aradhna Krishna, Sensorik-Forscherin und wissenschaftliche Vorreiterin auf diesem Gebiet, definiert sensorisches Marketing als

» … marketing that engages the consumers' senses and affects their behavior« (Krishna 2010, S. 2). Das umfasst alle fünf Sinne: Sehen, Hören, Riechen, Schmecken und Fühlen.

Neu ist das nicht, denn Marketing ist per se sensorisch. Es gibt kein nicht-sensorisches Marketing. Jedes Unternehmen, jede Marke und jedes Produkt sendet permanent Signale auf allen fünf Sinneskanälen. Frei nach Paul Watzlawick: Man kann nicht *nicht* sensorisch kommunizieren. Sensorisches Marketing ist das, was Menschen von einer Marke oder einem Produkt wahrnehmen — mit all ihren Sinnen, die ständig auf Empfang gestellt sind. Obwohl der Mensch fünf Sinne hat, konzentrierten sich Werber und Vermarkter lange Zeit nur auf bi-sensorisches Marketing: auf das, was Menschen sehen und hören können — Bilder, Worte und Musik in Radio- und Fernsehwerbung, auf Anzeigen, Plakaten oder Verpackungen. Die anderen Sinne spielen in der Marketingagenda der meisten Unternehmen nur eine untergeordnete Rolle.

Die Haptik schlummert in ihrem Dornröschenschlaf, doch blinzelt sie immer wieder und immer öfter auf, wie die Eingangsbeispiele und viele noch folgende in diesem Buch zeigen. Starke Marken und erfolgreiche Verkäufer nutzen teils bewusst, meist jedoch intuitiv das Potenzial der Haptik. Coca-Cola beispielsweise konzipierte bereits 1915 seine berühmte Hobbleskirt-Flasche zur Abwehr der vielen Nachahmer: Auch im Dunkeln oder zerbrochen sollte sie noch erkennbar sein. Aus diesem pragmatischen Grund ist die Marke mit ihrem Flaschendesign bis heute unverwechselbar, was einen großen Teil des Markenwerts ausmacht. Auch im digitalen Zeitalter gehört Coca-Cola zu den zehn wertvollsten Marken der Welt.

Andere Unternehmen profitieren eher zufällig vom Haptik-Effekt: Hie und da schicken sie ein ungewöhnliches haptisches Mailing an ihre Kunden oder binden die Haptik in eine Werbekampagne oder in Verkaufsprozesse ein. Keine Frage: Der Haptik-Effekt wirkt auch dann und steigert die Umsätze, aber eben nur im Rahmen der einen Aktion. Meist bleibt der haptische Beitrag zum Erfolg sogar unerkannt. In den seltensten Fällen ist die Haptik Teil der Marken- und Verkaufsstrategie. Doch gerade darin liegt das immense Potenzial des Haptik-Effekts.

> **!** Sicherlich benötigt kein Unternehmen einen »Haptik-Manager«, doch sollte jeder Manager das Potenzial der Haptik in seiner Produkt-, Marken- und Verkaufsstrategie erkennen und nutzen können. Der Haptik-Effekt macht Marketinginvestitionen effizienter und differenziert Marken sowie Produkte vom Wettbewerb.

Wer die Rolle der Haptik im Marketing verstehen möchte, muss zuvor einen grundlegenden Paradigmenwechsel verstehen — einen Paradigmenwechsel, der die Erfolgsfaktoren von Markenführung, Werbung und Verkauf in ein neues Licht rückt.

1.2 Marketing neu begreifen

Jeden Deutschen erreichen täglich zwischen 3.000 und 13.000 Werbebotschaften — im Fernsehen oder im Radio, in Zeitschriften, auf Plakaten, im Internet, auf Verpackungen in den Geschäften oder im heimischen Kühlschrank. Rund 79.000 Marken werben aktiv um die Käufergunst. Im Supermarkt warten durchschnittlich 15.000 Produkte auf den Griff des Kunden. Jährlich drängen 30.000 neue Konsumgüter auf den deutschen Markt, doch mehr als 70 Prozent von ihnen floppen. Konsumenten vertrauen nicht mehr blind einer Marke und ihrem Versprechen, denn aus Kundensicht sind viele Marken austauschbar: Zwei Drittel aller Konsumenten erkennen keine bedeutenden Unterschiede zwischen einer Marke und ihren Wettbewerbern — 40 Prozent der Stammkunden einer Marke kündigen jedes Jahr ihre Treue und holen sich den gleichen Nutzen bei einer anderen Marke. Die Auswahl ist schließlich groß und die Qualität der Produkte »sehr gut« beziehungsweise »gut«. Diese Bewertungen erhält rund die Hälfte der von der Stiftung Warentest geprüften Konsumgüter. In unserer überkommunizierten Welt ist aktive Werbevermeidung zur Kulturtechnik geworden. Der Werbedruck steigt, die Werbeeffizienz sinkt. Unternehmer müssen immer mehr Geld investieren, damit Kunden ihre Marken und Produkte wahrnehmen und kaufen. Im Anhang 6.1 finden Sie eine detaillierte Analyse des derzeitigen Marktumfelds inklusive der Quellennachweise für die hier aufgeführten Fakten.

Klassische Wirtschaftstheorien — wie der Homo oeconomicus oder die AIDA-Werbeformel — stoßen in diesem Marktumfeld an ihre Grenzen. Wer auf sie baut und seine Kunden ausschließlich dadurch überzeugen will, indem er bewusste Aufmerksamkeit erzeugt und sein Nutzenversprechen explizit kommuniziert, der bremst sich selbst aus. Das Unbewusste des Menschen rückt immer mehr in den Fokus des Marketings. Im Wettbewerb hat derjenige einen taktischen Vorteil, der weiß, wie Menschen in der überreizten Werbewelt die vielen Marken und Produkte wahrnehmen und was ihr Kaufverhalten antreibt. Die gute Nachricht ist: Das Wissen darüber existiert.

1.2.1 Die Wissensexplosion

Marketing basiert längst nicht mehr auf rein betriebswirtschaftlichem Wissen. In den letzten 30 Jahren beschäftigten sich immer mehr Forscher aus verschiedensten Disziplinen mit dem menschlichen Kaufverhalten, umgekehrt interessieren sich Marketers für Forschungserkenntnisse aus scheinbar fachfremden Disziplinen wie der Psychologie, der Neurowissenschaft, aber auch die Soziologie sowie Design-, Kommunikations- und Kulturwissenschaften bereichern das Marketing. Die einzelnen Disziplinen sind selten trennscharf und befruchten sich gegenseitig. Dank der Erkenntnisse aus den unterschiedlichen Forschungsdisziplinen verstehen wir heute besser denn je, wie Menschen die vielen Marken, Produkte und deren Kommunikation wahrnehmen, wie sie Informationen und sensorische Reize verarbeiten und wie sich das auf ihr Verhalten auswirkt.

Sammelbecken »Neuromarketing«

Im Zuge der Wissensexplosion entwickelte sich der Begriff des **Neuromarketings**. »Neuro« lässt vermuten, dass sich das moderne Marketing ausschließlich auf Ergebnisse der Hirnforschung stützt und im Gehirn die unbewussten Treiber des Kaufverhaltens freilegt: die »Kaufknöpfe«, die Vermarkter lediglich drücken müssen, damit ihre Kunden fleißig kaufen. Das ist falsch. Es gibt weder Kaufknöpfe in unseren komplexen Gehirnen, noch eignen sich schwer interpretierbare Studien mit Hirnscannern für die tägliche Marketingpraxis. Neurologische Forschungsverfahren messen die Durchblutung von Hirnarealen, die elektrische Aktivität im Gehirn und die Ausschüttung von Neurotransmittern — und das lässt lediglich Rückschlüsse auf physiologische Prozesse im Gehirn und dessen Funktionsweise zu. Mentale Prozesse wie die automatische Informationsverarbeitung, Entscheidungen, Motive oder Emotionen erklären neurologische Daten jedoch nicht. So wundert es kaum, dass das Gros der Methoden des sogenannten Neuromarketings in der psychologischen Forschung zuhause sind — seien es der Implizite Assoziationstest, Eye-Tracking-Verfahren oder solche zum Messen des elektrischen Hautleitwiderstandes, die allesamt keinerlei Neuro-Daten liefern.

Die Hirnforschung wird die Psychologie nicht ersetzen können, denn ohne psychologische Erklärungsmodelle könnten wir neurologische Daten gar nicht interpretieren. Dagegen können wir psychologische Theorien und Modelle, Effekte und Mechanismen ganz ohne neurologische Methoden untersuchen und erklären. Oder wie der Psychologe John Kihlstrom (2010, S. 762) schreibt: »Psychology without neuroscience is still the science of mental life, but neuroscience without psychology is just the science of neurons.« Letztlich ist »Neuromarketing« nur ein neues Etikett für modernes Marketing, unter dem die »Erkenntnisse und Verfahren vieler Disziplinen, von der Hirnforschung bis zur Kulturwissenschaft« subsumiert wurden (Scheier & Held, 2012a, S. 27; für eine erfrischend kritische Auseinandersetzung siehe auch Felser, 2015, S. 24 ff.).

Einmal abgesehen von der Begrifflichkeit: Von der Wissensexplosion profitieren Marketers, denn die Erkenntnisse aus den verschiedenen Forschungsdisziplinen rücken den Kunden in ein neues Licht — seine Wahrnehmung, seine Kauftreiber und wie Werbung auf ihn wirkt. Dieses Wissen setzen Marketers in der Markenführung um: Sie entwickeln effektivere Markenstrategien und identifizieren die

Resonanzfelder der Markenpositionierung sowie die impliziten Signale, welche die Kaufentscheidungen beeinflussen.

> **Psychologie und Hirnforschung: Hand in Hand**
>
> **Neurowissenschaftler** untersuchen das menschliche Nervensystem, zu dem auch das Gehirn gehört, seine Anatomie, Physiologie und Funktionsweise. Durch den Einsatz bildgebender Verfahren wie der funktionalen Magnetresonanztomografie erhoffen sich die Forscher ein besseres Verständnis für die Prozesse im menschlichen Gehirn. Die bildgebenden Verfahren zeigen, welche Hirnareale involviert sind, wenn Menschen Reize verarbeiten: Beispielsweise ist der Motorcortex aktiv, wenn wir eine Werbeanzeige mit einer Tasse sehen, deren Henkel sich auf der Seite unserer dominanten Hand befindet. Doch was bedeutet das für das Marketing?
>
> **Psychologen** beobachten und erklären Verhalten und Erleben hingegen und zeigen Wege auf, es zu ändern. Die Forscher untersuchen experimentell, wie Werbung wirkt, welche Motive eine Kaufentscheidung antreiben und welche mentalen Prozesse dahinter stecken. Im Experiment bewerteten die Studienteilnehmer die Werbeanzeige einer Tasse besser, wenn deren Henkel zur Seite der dominanten Hand ausgerichtet war; die Zahlungsbereitschaft für die Tasse stieg ebenso. Die Erklärung: Wir simulieren mental und unbewusst das Zugreifen. Die so beworbene Tasse wirkt dadurch attraktiver und wir sind gewillt, mehr Geld für sie zu zahlen. In der Werbung sollten Produkte wann immer möglich zum Greifen nahe dargestellt werden. Die neurologischen Daten (= die Aktivität im Motorcortex beim Betrachten einer solchen Anzeige) stützen das psychologische Erklärungsmodell.
>
> Das Beispiel zeigt: In der Marketingforschung können sich psychologische und neurowissenschaftliche Methoden hervorragend ergänzen. Marketing kommt dennoch gut ohne das irreleitende »Neuro«-Präfix aus.

1.2.2 Implizit vor explizit

Früher ging man davon aus, dass rationale Einsicht und bewusste Überzeugung das Verhalten von Menschen ändern. Heute wissen wir, dass die unbewussten — impliziten — Ziele der Menschen die wahren Kauftreiber sind und dass die Situation, in der eine Kaufentscheidung fällt, diese stark beeinflusst. Das führte zu einem **Paradigmenwechsel** im Marketing. Das neue Credo lautet:

»Explizit verkaufen ist out, implizit kaufen lassen ist in.«

Drei grundlegende Erkenntnisse leiten die Trendwende im Marketing ein und verändern die Sicht auf die Wahrnehmung des kaufenden Menschen:
1. Es gibt keine Qualität außer die wahrgenommene.
2. Der Bauch entscheidet, der Kopf rechtfertigt.
3. Der große Erfolg steckt in den kleinen Details.

Es gibt keine Qualität außer die wahrgenommene
Konsumenten erwarten von Produkten eine gute Qualität, ohne diese wäre jede Marketinganstrengung verschenkte Mühe. Seinen Basisnutzen sollte jedes Produkt erfüllen — das ist ein Hygienefaktor. 84 Prozent der von der Stiftung Warentest getesteten Konsumgüter erhalten mindestens das Prädikat »befriedigend« — demnach trumpfen so gut wie alle Produkte mit Qualität. Wenn jedoch alle Produkte innerhalb einer Kategorie dem Qualitätsanspruch der Konsumenten gerecht werden, ist Qualität kein differenzierendes Merkmal mehr — die Marktanteile sollten dann gleich verteilt sein. Das sind sie jedoch nicht: In jeder Produktkategorie sind einzelne Marken und Produkte erfolgreicher als ihre qualitativ ebenbürtigen Konkurrenten.

Indizien für die Gründe liefern Konsumforscher: Im Blindtest wählten Studienteilnehmer aus mehreren Erdnusscremes diejenige aus, die ihnen am besten schmeckte; sie verließen sich auf ihr Geschmacksurteil. Waren die Erdnussbuttergläser jedoch mit Markennamen versehen, schmeckten den Teilnehmern plötzlich diejenige Erdnussbutter besser, die mit dem Logo einer ihnen bekannten und damit vertrauten Marke versehen war. Selbst dann, wenn das vertraute Markenlogo auf dem Glas der Erdnussbutter klebte, die im Blindtest nicht zur ersten Wahl gehörte. Die Erdnussbutter einer unbekannten Marke schmeckte ihnen dagegen nicht — selbst dann, wenn diese Erdnussbutter im Blindtest zuvor erste Wahl war. Die Teilnehmer verließen sich nicht mehr auf ihr objektives Geschmacksurteil. Die vertraute Marke färbte das Geschmacksurteil (Hoyer & Brown, 1990; siehe auch MacDonald & Sharp, 2000).

In einer anderen Studie beobachteten die Forscher die Kraft der Marke live am Monitor: Die Teilnehmer lagen im Hirnscanner und verkosteten zwei Colas — Pepsi-Cola und Coca-Cola. Im Blindtest bevorzugten die Teilnehmer diejenige Cola, die ihnen besser schmeckte — dabei war ein belohnungssensitives Hirnareal aktiv. Sahen die Teilnehmer jedoch den Markennamen, beeinflusste dieser ihr Geschmacksempfinden: Coca-Cola schmeckte ihnen besser, selbst dann, wenn sie als Coca-Cola getarnte Pepsi tranken. Hirnareale waren dabei aktiv, die beim Abruf von Emotionen und kulturellen Informationen beteiligt sind. Die Pepsi-Marke aktivierte diese Hirnregionen hingegen nicht (McClure et al., 2004).

Starke Marken wie Coca-Cola sind komplexe Wissenseinheiten — sie sind mit verschiedensten Assoziationen und Emotionen aufgeladen, in der Kultur verankert, mit Erinnerungen und Ereignissen verknüpft. Menschen verbinden mit den ihnen vertrauten Marken bestimmte Eigenschaften sowie sensorische Ausprägungen. Ein Markenreiz wie das Logo aktiviert dieses Schemawissen. Das ist daraufhin leicht verfügbar, wir können es schnell aus unserem Gedächtnis abrufen und wenden es automatisch an. Je reichhaltiger ein Markenschema ist, desto stärker beeinflusst es unsere Wahrnehmung. All unsere positiven Assoziationen mit Coca-Cola färben das Produkterlebnis — wir »schmecken« die Marke quasi mit. Marke und Kommunikation sind Teil des Produkts. Für die Kunden gibt es keine objektive Qualität, sondern stets nur die *wahrgenommene* Qualität.

> Der Wettbewerb um die bessere objektive Qualität hat sich zu einem Wettbewerb um die subjektive Wahrnehmung von Qualität gewandelt. Die Väter des Positionierungsgedankens, Al Ries und Jack Trout, postulierten das bereits im letzten Jahrtausend: »Marketing is not a battle of products, it is a battle of perceptions« (Ries & Trout, 1993, S. 26).

Der Bauch entscheidet, der Kopf rechtfertigt

Lange Zeit galt der Mensch als rational handelndes Wesen, als Homo oeconomicus: Vor einem Kauf sammelt er Informationen über ein Produkt, vergleicht das Angebot mit anderen, wägt Kosten und Nutzen ab. Werbung soll die Aufmerksamkeit des Homo oeconomicus auf sich lenken, dem Kunden die Produktvorteile sowie den Nutzen für ihn erklären und ihn mit logischen Argumenten zum Kauf überzeugen. Doch würde einem rational denkenden Menschen stets die gleiche Erdnussbutter oder Cola gut schmecken — ganz gleich, welcher Markenname auf der Verpackung steht. Eine Marke könnte sein Produkterlebnis und damit sein Urteil nicht beeinflussen.

Zwar treffen Menschen meist vernünftige Entscheidungen, doch sind diese nicht immer rational und vor allen Dingen nicht bewusst durchdacht. Unser Gehirn macht gerade einmal zwei Prozent unseres Körpergewichts aus, verbraucht aber 20 Prozent unserer Körperenergie. Deshalb überlassen wir möglichst viel Denkarbeit unserem energiesparenden Unterbewusstsein.

> Der Mensch ist ein kognitiver Geizhals und vermeidet jegliche unnötige bewusste Anstrengung. Das Gros unserer Entscheidungen fällen wir deshalb unbewusst. Der Homo oeconomicus hat als Erklärungsmodell ausgedient.

»Besswutisen ist lideglcih enie PR-Atkoin uenrses Gheinrs, dmait wir dneekn, wir htäetn acuh ncoh ewats zu sgaen«, scherzt der australische Hirnforscher Allan Snyder in einer Fernsehdokumentation (Arte, 2011). Snyder weiß, wovon er spricht: Etwa 40 Bits pro Sekunde an Informationen verarbeitet wir explizit — also bewusst. Während Sie diese Zeilen lesen, nehmen Sie bewusst nur drei oder vier Wörter wahr, dennoch verstehen Sie den ganzen Satz. Dabei hilft Ihnen Ihr **Autopilot**, der implizit — unbewusst — in der gleichen Zeit rund 11 Millionen Bits wahrnimmt und die Bedeutung der Wörter automatisch entschlüsselt (vgl. Scheier & Held, 2012a, S. 65 ff.). Snyders Aussage können Sie sicher relativ mühelos lesen, obwohl nur der erste und letzte Buchstabe der Worte an der richtigen Stelle steht — Ihr Autopilot entschlüsselt die Wörter für sie, indem er den Buchstabensalat automatisch mit der Statistik Ihrer Leseerfahrung abgleicht und die chaotische Reihenfolge der Buchstaben korrigiert.

Der Autopilot arbeitet intuitiv und automatisch, ohne bewusste Steuerung — es ist unser implizites Denksystem. Permanent scannt der Autopilot alle auf uns eintreffenden Umweltreize — er dekodiert die Bedeutung der eingegangenen Signale und bewertet sie danach, ob sie uns eine Belohnung bieten (vgl. Scheier & Held, 2012b, S. 57 f.). Durch den Wahrnehmungsfilter des Autopiloten gelangt somit nur das in unser Bewusstsein, was für uns relevant ist und uns einen Nutzen bietet. Die spontanen Eindrücke und Emotionen, die dabei entstehen, sind die wichtigsten Quellen der expliziten Überzeugungen und bewussten Entscheidungen unseres **Piloten** — dem expliziten Denksystem. Der Pilot steuert alle bewussten Vorgänge, er analysiert und versteht. Zudem ist er für Nachdenkaufgaben zuständig, zum Beispiel sucht er die Antwort auf Fragen wie: Wie viele Buchstaben hat das Wort Pilot eigentlich? Der Pilot überwacht, kontrolliert und begründet die vom Autopiloten angestoßenen Gedanken und Handlungen (vgl. Kahneman, 2011). Wissen Sie, warum Sie die Produkte gekauft haben, die in Ihrem Kühlschrank stehen? Nach einigen Sekunden können Sie sicher Gründe nennen — vielleicht weil der Pudding schmeckt oder die Wurst-Verpackung wiederverschließbar ist. Das ist die Stimme Ihres Piloten, er rationalisiert die unbewussten Entscheidungen. Häufig bleiben dem Piloten jedoch die wahren Gründe für die Kaufentscheidung verborgen. Der Bauch entscheidet, der Kopf rechtfertigt. Der Blick in den Kühlschrank zeigt aber auch, dass Sie trotzdem mit Ihrer Auswahl zufrieden sind. Der Autopilot steuert uns nicht fern — er entlastet den Piloten, der sich auf die relevanten Dinge konzentriert und beispielsweise das Haltbarkeitsdatum überprüft. Sollte sich eine Kaufentscheidung einmal als falsch herausstellen und durch eine negative Erfahrung ins Bewusstsein rücken, dann legt der Pilot sein Veto ein: Der Kunde macht den Kauf rückgängig oder kauft das Produkt kein zweites Mal.

> **Achtung: Autopilot und Pilot sind System 1 und 2**
>
> In der akademischen Forschung verwenden Psychologen eine andere Bezeichnung für Pilot und Autopilot: Den implizit arbeitenden Autopilot nennen sie das *System 1* und den explizit arbeitenden Pilot das *System 2* (siehe z. B. Kahneman, 2011).

Forscher schätzen, dass etwa 95 Prozent unserer Kaufentscheidungen vom Unterbewusstsein — also unserem Autopiloten — gefällt werden (siehe z. B. Zaltman, 2003). An der bewussten Wahrnehmung vorbei verarbeiten wir das Gros aller Reize und Informationen um uns herum. Unbewusst interpretieren wir blitzschnell eingehende Signale. Darum können wir meist gar nicht genau sagen, warum uns ein Produkt oder eine Werbung gefällt, warum wir einem Verkäufer vertrauen oder warum wir einer Botschaft Glauben schenken. Beim Einkaufen sitzt der Autopilot am Steuer, denn in den meisten Konsumsituationen stehen wir unter Zeitdruck, die Auswahl ist meist riesig und die vielen Informationen überlasten uns. Wir sind oft gering involviert beziehungsweise wenig interessiert und erkennen selten, welches Produkt objektiv das für uns bessere ist (vgl. Scheier & Held, 2012b, S. 52 f.).

Werbung und Marketingaktivitäten müssen deshalb beide Denksysteme ansprechen. Dem Piloten geben sie rationale Gründe an die Hand, mit denen er die Entscheidungen des Autopiloten rechtfertigen kann. Der Autopilot ist der eigentliche Entscheider und für implizite Signale empfänglich: Das können Sprache, Geschichten, Symbole oder sensorische Signale sein (Scheier & Held, 2012a, S. 76 ff). Als Codes müssen die Signale implizite Botschaften transportieren und Assoziationen wecken, die das Produkt oder die Marke anschlussfähig machen an die impliziten Ziele, Motive, Emotionen und Werte der Kunden. Ein Cookie muss dem Keksliebhaber schmecken — das ist das explizite Basisziel des Kunden und ein Hygienefaktor für ihn. Das Basisziel befriedigen jedoch auch viele andere Cookie-Anbieter auf dem Markt. Implizite Codes können ein Produkt allerdings differenzieren und attraktiv machen, indem sie ans Produkterlebnis anschlussfähige Motive und Werte ansprechen. Bei Lebensmitteln sind Authentizität und Regionalität für viele Menschen attraktive und implizite Werte. Eine lokale Bäckerei kann diese Werte bedienen, doch auch ein großes Markenunternehmen?

DeBeukelaer zeigt mit seinen Cookies, wie es geht: Die luftdichte Verpackung der einzelnen Kekse sieht aus wie Zeitungspapier und fühlt sich ebenso an (siehe Abb. 6). Der Kunde kann sogar Nachrichten darauf lesen: Er erfährt beispielsweise geschichtliche Fakten über Cookies. Der Keks wirkt durch seine Verpackung wie just in einer kleinen Kiezbäckerei eingewickelt — das ist ein impliziter Code für Authentizität und Regionalität. Die Umverpackung spiegelt das ebenso wider: Rundherum zeigt sie das Innenleben einer alten New Yorker Bäckerei, in schwarz-weiß fotografiert. Der Kunde steht quasi vor der Theke, in der Heimatstadt des Cookies.

Abb. 6: Zeitungspapier als impliziter Code für Authentizität (Quelle: Griesson – de Beukelaer).

Erfolgreiche Marken und Produkte sprechen den Piloten mit möglichst wenigen, klaren expliziten Botschaften an; sie senden ihre Kernbotschaft dafür stärker über implizite Codes, die in der Kommunikation, im Produktdesign und im Verkaufsprozess die bewussten und unbewussten Motive und Ziele der Menschen ansprechen. Wer nur auf explizite Verkaufsargumente setzt, ohne auf die impliziten Signale seiner Kommunikation zu achten, argumentiert am Bauch und damit am eigentlichen Entscheider vorbei. Der Autopilot der Kunden ist der wichtigste Adressat für das Marketing.

Der große Erfolg steckt in den kleinen Details
Der Autopilot nimmt nur wahr, was für unsere impliziten Ziele, Motive und Werte relevant ist. Ob und wie stark er jedoch das Relevante wahrnimmt, hängt von der Reichhaltigkeit und Qualität der impliziten Codes ab.

Viele scheinbare Kleinigkeiten beeinflussen in ihrer Summe die Wahrnehmung und Entscheidungen der Kunden und führen zu nachhaltigem Erfolg. Kunden müssen die Botschaften, den Produktnutzen und die Markenwerte konsequent und in jedem noch so kleinen Detail spüren können: Das Gummibandinstrument muss sich leicht zusammenbauen lassen, die Anleitung muss verständlich sein und die gezupfte Musik nach dem originalen Lied klingen. Die Gestaltung der Klassenräume und die Lehrer müssen die Leichtigkeit und den Spaß ebenso vermitteln wie die freundliche Stimme am Telefon des Sekretariats. Auf allen medialen Kanälen und bei jedem Kontaktpunkt mit dem Kunden muss die Botschaft implizit glaubwürdig sein. Wenn die Details auf allen Ebenen der Kommunikation das explizite Versprechen implizit spürbar machen, dann können aus Kunden treue Fans werden und nur dann differenzieren sich Marken erfolgreich von ihren Mitbewerbern. Rory Sutherland von der Werbeagentur Ogilvy empfiehlt in seinem TED-Talk *Sweat the Small Stuff*: »Jede Firma braucht einen Detail-Manager, denn gerade die kleinen Dinge ... können zu überproportionalem Erfolg führen« (Sutherland, 2010).

> QR-Code: In seinem Vortrag erklärt Rory Sutherland unterhaltsam, dass große Probleme oft mit einfachen Ideen und kleinen Budgets gelöst werden können.
>
> http://www.ted.com/talks/rory_sutherland_sweat_the_small_stuff

Das konsequente Managen von in sich stimmigen Details unterscheidet starke Marken und erfolgreiche Verkäufer von den weniger erfolgreichen. Bereits ein falscher, nicht kongruenter Code kann die Glaubwürdigkeit aller anderen Signale untergraben. Ein Verkäufer mag noch so kompetent und sympathisch auf uns wirken — seine schmutzigen Fingernägel flüstern unserem Autopiloten zu: »Vertraue ihm lieber nicht!« Implizit wahrgenommene Details rufen auch am effizientesten gespeichertes Wissen ab: Der satte Klang beim Zuschlagen der Autotür überzeugt uns von der Sicherheit des gesamten Autos. Eine elegante Verpackung suggeriert hochwertigen Inhalt. Eine schwere, geprägte Visitenkarte strahlt Kompetenz aus. Nur wenn alle (sensorischen) Details der Botschaft auf impliziter Ebene stimmig sind, glaubt der Kunde den expliziten Argumenten eines Verkäufers oder einem Werbeversprechen.

Die Psychologie zeigt uns die für die Menschen relevanten expliziten und impliziten Konsumziele. Daraus können Vermarkter den passenden Positionierungsrahmen der Marke und die für die Kommunikation effektivsten Resonanzfelder ableiten. Das multisensorische Marketing übersetzt diese Erkenntnisse in konkrete sensorische Details, die das Kundenerlebnis prägen und die der Kunde an den Marken-Kontaktpunkten (Touchpoints) mit all seinen Sinnen wahrnimmt.

1.3   Multisensorik: Sinnvolles Marketing

Multisensorisches Marketing setzt die Erkenntnisse der Wissensexplosion in erfolgreiche Marketingpraxis um. Produkte, Dienstleistungen und Marken müssen den Kunden »berühren«, damit er sich zum Kauf entscheidet. Dazu sollten Vermarkter die als relevant erkannte Markenpositionierung sowie die als Kauftreiber identifizierten impliziten Ziele der Kunden glaubwürdig und effizient in real erlebbare Touchpoints verwandeln.

Die sensorische Wahrnehmung steht dabei im Mittelpunkt — denn alles, was uns in den Sinn kommt, war vorher in unseren Sinnen. Die erfolgreichsten Marken der Welt wissen und nutzen das. Drei Viertel aller multisensorisch kommunizierenden Marken weltweit sind Powerbrands und bei einem Viertel von ihnen ist die Kommunikation haptisch geprägt (Nickel, 2010).

Multisensorisches Marketing steuert die expliziten und impliziten sensorischen Codes in Werbung, Kommunikation und Verkauf — und schafft damit überzeugende Produkterlebnisse, stark differenzierte Marken, wirksame Werbung sowie effektive Verkaufsprozesse.

Übrigens: Jedes Marketing ist per se multisensorisch, denn Menschen nehmen Marken mit ihren fünf Sinnen wahr. Erfolgreiche Marketers und Werber betreiben demnach seit jeher multisensorisches Marketing und kommunizieren multisensorisch mit ihren Kunden — nur bezeichneten sie es nicht als solches.

Wenn Marketers früher intuitiv aus dem Bauch heraus entschieden haben, dann können sie heute mithilfe des Betrachtungsrahmens des multisensorischen Marketings ihre Ideen systematisch und wissenschaftlich fundiert begründen. Nachvollziehbar und verständlich für Kollegen und Vorgesetzte setzen Marketers gute Ideen damit auch leichter in der Organisation oder gegenüber ihren Auftraggebern durch. Es geht nicht mehr nur um guten Geschmack in der Konzeption von Marketingmaßnahmen, sondern um berechtigte Erfolgserwartungen auf Basis überprüfbaren Wissens. In Kapitel 4.2 erläutern wir den Betrachtungsrahmen und den Prozess des multisensorischen Marketings.

Wer erfolgreich multisensorisch vermarkten möchte, der sollte die eigene Marken- oder Produktbotschaft sinnlich erfahrbar machen. Eine hohe sinnliche Kongruenz ist dabei unverzichtbar, da nur ganzheitliche Marken- und Produkterlebnisse zum Erfolg führen. Das Zusammenspiel der Sinne macht Marken erfolgreich und die Haptik spielt hierbei eine zentrale Rolle.

1.3.1 Multisensorische Verstärkung: Die Wirk-Explosion

Was kommt Ihnen spontan in den Sinn, wenn Sie *Schokolade* lesen? Wahrscheinlich denken Sie an einen Riegel oder ein Stück Schokolade. Vielleicht auch an Ihre Lieblings-Schokoladenmarke. Die Frage dürfte jeder unterschiedlich beantworten, zu generisch ist der Begriff der Schokolade.

Neue Frage: Erkennen Sie die folgende Schokoladenmarke? Sie öffnen die goldgelbe, dreieckig geformte Kartonschachtel. Sie zerreißen das silberne Alupapier und sehen die kleinen Schokoladenberge. Sie brechen ein Stück ab, schieben es genüsslich in Ihren Mund. Die zart schmelzende Schokolade zergeht langsam auf Ihrer Zunge. Nach kurzer Zeit spüren Sie kleine Flocken, die nach Honig, Mandel und Nugat schmecken. Jetzt beißen Sie auf das Schokoladenstück in Ihrem Mund — das Nugat bleibt an Ihren Zähnen kleben, Sie kauen genießerisch weiter.

Wahrscheinlich hatten Sie bereits bei der dreieckig geformten Kartonschachtel die Marke »Toblerone« vor Ihren Augen. Dann haben Sie gerade die Aktivierung einer multisensorischen Erinnerung erlebt. Sie lasen zwar nur den Text, doch währenddessen rief ihr Autopilot die verschiedenen Sinneseindrücke aus dem Gedächtnis ab: die Form der Verpackung, das Geräusch beim Aufreißen des Kartons, das Gewicht des kleinen dreieckigen Schokobergs, das Beißgefühl im Mund, den süßen Geschmack des Nugats. Aufgrund der vielen, klar mit der Marke verknüpften Sinnesassoziationen kam Ihnen Toblerone in den Sinn.

Unser Gehirn reagiert besonders stark, wenn wir mit mehreren Sinnen ein Produkt oder eine Marke erleben. Der Autopilot verknüpft die einzelnen Sinneseindrücke zu einem Bedeutungsmuster — im Sinne von »what fires together wires together« (vgl. Scheier, Held, Schneider & Bayas-Linke, 2012, S. 63). Neue Sinneseindrücke gleicht der Autopilot mit dem Bedeutungsmuster des bereits gespeicherten Wissens ab. Wir erhalten ein vollständiges, multisensorisches Bild unserer Umwelt. Durch diese sogenannte **multisensorische Integration** aller Sinne können wir schnell reagieren, lassen uns weniger durch einzelne Sinne täuschen und nehmen unsere Umwelt präziser wahr (Helbig & Ernst, 2008; Spence & Bremner, 2011).

Multisensorische Integration kann überlebenswichtig sein: Angenommen, Sie hören im Nebenraum ein Knistern. Das mag vielleicht eine Plastiktüte sein, die im Wind raschelt. Dieses Knistern ist nicht relevant. Dann pustet der Wind eine Brise Rauch unter Ihre Nase. Da qualmt doch bestimmt der Nachbar wieder eine Zigarette auf seinem Balkon. Plötzlich fangen Sie an zu schwitzen. Ist das Buch in Ihren Händen wirklich so aufregend? Es wird immer heißer … Oh nein, es brennt! Bloß raus hier! Zusammen bedeuten Knistern, Rauch und Hitze: Feuer und Gefahr — zumindest, wenn es in der Wohnung brennt. Schon vor einigen tausend Jahren konstruierten die Menschen aus dem Knacken eines Zweigs, einer schnellen Bewegung im Augenwinkel und Raubtiergeruch blitzschnell eine Bedeutung: Ein wildes Tier. Wer nicht schnell genug die lauernde Gefahr erkannte und adäquat reagierte, der gehörte nicht zu Ihren Vorfahren.

Wir sind folglich ein genetisches Destillat multisensorisch aufmerksamer Menschen. Darum sind multisensorische Signalmuster auch heute noch in der Werbung hochrelevant — auf sie reagieren wir stärker, wir verarbeiten sie schneller und erinnern uns leichter an sie.

Das Phänomen der multisensorischen Verstärkung
Der Psychologe Allan Paivio (1971) stellte bereits in den 1970er-Jahren ein Modell auf, das den Vorteil von mehr-sinnigen Informationen beschreibt. Seine Theorie der dualen Codierung besagt, dass wir verbale und nicht-verbale Informationen mit zwei unterschiedlichen Codierungssystemen verarbeiten. Informationen, die wir mental in mehreren Codes abspeichern, haben dadurch Vorteile gegenüber Informationen, die nur in einem Code vorliegen. Wir merken uns Inhalte beispielsweise leichter, wenn wir sie zusammen mit einem Bild lernen. Die Bildinformation verknüpfen wir mit dem verbalen Begriff. Dadurch ist er schneller verfügbar und wir können ihn mühelos abrufen. Die duale Codierung macht Begriffe gewissermaßen konkreter — und Werbung wirkungsvoller: »Wir kümmern uns um jeden Dreck« bleibt besser haften als »Wir bieten komplette Abfallentsorgungslösungen«, weil ersteres frech formuliert ist und vor allem konkrete Bilder im Kopf erzeugt.

Non-verbale Information sind nicht nur Bilder, sondern sämtliche sensorische Informationen. Lwin, Morrin und Krishna (2010) zeigen, wie verschiedene Sinneseindrücke zusammenarbeiten: In den Experimenten der Konsumforscher lasen die Studienteilnehmer die Werbeanzeige für eine pflanzliche Hautcreme. Die Anzeige zeigte die Cremetube. Einige der Anzeigen waren ergänzend mit Blumenbildern geschmückt und einige dufteten zusätzlich nach Sandelholz. Nach einer sowie nach zwei Wochen sollten sich die Teilnehmer an so viele Produkteigenschaften aus der Werbeanzeige wie nur möglich erinnern. Unabhängig davon, ob die Teilnehmer sich frei erinnern sollten oder sie als Hilfe das Blumenbild aus der Anzeige sahen oder den Sandelholzduft rochen: Enthielt die Werbeanzeige zuvor lediglich verbale Informationen, erinnerten sich die Teilnehmer kaum an Eigenschaften der Creme. Bilder hingegen steigerten die Erinnerungsrate und der Duft potenzierte die Erinnerungswirkung der Bilder nochmals. Die Teilnehmer konnten sich sogar leichter vorstellen, wie die Cremetube aussah, wenn sie den Duft während des Erinnerns rochen.

Verbale und non-verbale Informationen werden in unterschiedlichen Gehirnarealen verarbeitet (Childers & Jiang, 2008). Die beiden Codierungssysteme funktionieren entsprechend unabhängig voneinander, doch interagieren sie lebhaft miteinander. Wenn die ursprüngliche Markenerfahrung mit einem Sinneseindruck verknüpft ist, dann potenziert jeder zusätzlich angesprochene Sinn die Gehirnaktivität. Wissenschaftler bezeichnen diesen Effekt als Superadditivität oder auch multisensuale beziehungsweise **multisensorische Verstärkung** (siehe Abb. 7).

1 Multisensorik: Sinnvolles Marketing

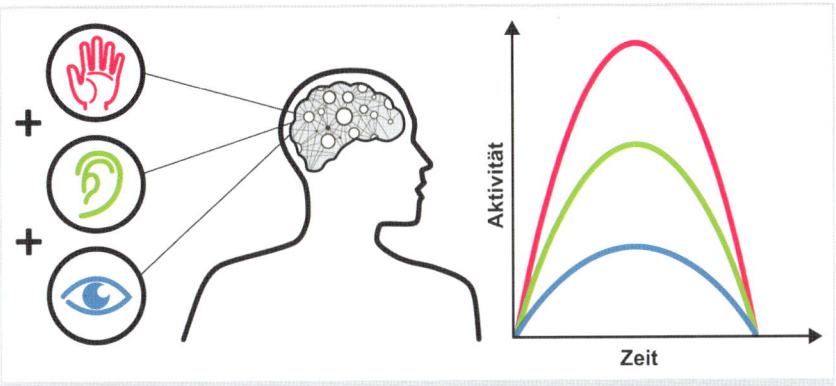

Abb. 7: Multisensuale Verstärkung: Exponentielle Steigerung der Gehirnaktivität mit jedem zusätzlichen Sinneseindruck (nach Scheier & Held, 2012a, S. 90).

Mehrere Sinne wirken zusammen stärker als jeder Sinn einzeln. Mit jedem zusätzlichen kongruent angesprochenenSinn feuern die Nervenzellen im Gehirn zehnmal stärker — die Gehirnaktivität steigt mit jedem zusätzlichen Sinn um das Zehnfache, um 1.000 Prozent. Eine Botschaft, die uns über mehrere Sinneskanäle erreicht, ist deshalb immer stärker als eine Botschaft, die uns nur über einen Sinn erreicht (siehe Häusel, 2009; Scheier & Held, 2012a). Hat der Kunde ein multisensorisches Muster einmal gelernt, aktiviert bereits ein einzelnes sensorisches Signal alle mit ihm verknüpften sensorischen Erinnerungen und Bedeutungen. Ein Bild, ein Klang, ein Duft oder eine Form genügt und die gesamte Markenwelt wird im Kopf lebendig.

1.3.2 Mehr Sinne, mehr Erfolg

Was bedeutet die multisensorische Verstärkung für Werbung, Kommunikation und Verkauf? Lwin et al. (2010) zeigen, dass mehrere Sinne die Erinnerung an Produktinformationen in einer Werbeanzeige erhöhen. Botschaften gewinnen an Relevanz, wenn wir sie auf mehreren Sinneskanälen senden. Multisensorische Botschaften setzen sich schneller durch und bleiben besser haften. Die Werbekonkurrenz ist riesig, doch multisensorisches Marketing hebt die Botschaften und Marken aus dem Werbenebel hervor.

Die Marktforscher von Millward Brown demonstrierten das Phänomen der multisensorischen Verstärkung in ihrer internationalen Brand-Sense-Studie: Für sechs von zehn Befragten war eine verwendete Marke stets die erste Wahl, wenn sie vier oder fünf Sinneseindrücke mit dieser Marke verbanden — die Markenloyalität betrug fast 60 Prozent. Erinnerten sich die Befragten an weniger Sinneseindrücke in Bezug auf eine Marke, dann gehörte diese weniger wahrscheinlich zu den individuellen Favoriten: Die Loyalität sank auf 43 Prozent bei zwei oder drei sinnlichen Erinnerungen und auf 28 Prozent, wenn den Befragten nur ein oder gar kein markenspezifischer Sinn einfiel (Hollis, 2007; N. Hollis, E-Mail, 09.04.2014).

> **!** Die Wiederkaufsrate verdoppelt sich, wenn eine Marke auf dem Fundament mehrerer Sinne steht. Verkäufer, die es schaffen, Nutzen über mehrere Sinne zu vermitteln, bleiben ebenfalls in Erinnerung, gewinnen an Relevanz, erhalten mehr Aufmerksamkeit und genießen größeres Vertrauen.

Ebenso steigern Werbetexte oder Produktbeschreibungen sogar das Geschmackserlebnis, wenn diese mehrere Sinne statt nur einen einzelnen ansprechen. Das demonstrierten die Forscher Ryan Elder und Aradhna Krishna (2010) an einem alltäglichen Beispiel. Die Studienteilnehmer kauten einen Kaugummi und lasen dessen Werbeversprechen: entweder »lang anhaltender Geschmack« oder »stimuliert deine Sinne«. Alle Teilnehmer kauten allerdings den gleichen Kaugummi, dabei notierten sie ihre spontanen Gedanken und bewerteten seinen Geschmack. Wer den multisensorischen Slogan zuvor las, schrieb wesentlich mehr sensorische Eindrücke auf (z. B. »Ich mag die Konsistenz«) und bewertete den Geschmack des Kaugummis weitaus besser im Vergleich zu den Teilnehmern, die auf lang anhaltendem Geschmack herumkauten (Elder & Krishna, 2010). Der Schlüssel zu größerem Markenerfolg liegt in der Multisensorik — Marken mit multisensorischer Identität sind präsenter und loyalisieren stärker. Produkte, die multisensorisch optimiert sind, intensivieren das Konsumerlebnis und steigern die Zufriedenheit der Kunden.

Soviel wie nötig, nicht soviel wie möglich

Auch wenn wir »mehr Sinne, mehr Erfolg« schreiben: Viele Sinne ansprechen bedeutet nicht, dass alles permanent und auf Teufel komm raus laut sein, blinken, duften oder sich speziell anfühlen muss. Die sensorischen Codes sollten für die Marke konstituierend sein — sie sind charakteristische Merkmale der Marke und differenzieren sie. Das geht auch mit weniger als fünf Sinnen: Welche Melodie kommt Ihnen beispielsweise in den Sinn, wenn Sie ▪T▪▪▪ lesen, und welche Farbe sehen Sie dabei? An welche Biermarke denken Sie, wenn Sie ein Plopp beim Öffnen der Bügelflasche hören? Welcher Smartphone-Hersteller hat uns als erster beigebracht, unsere Telefone zu streicheln, und zeigt das konsequent in seiner Kommunikation? Welche Bewegung machen Ihre Hände in Gedanken, wenn Sie die rechteckige Schokoladentafel von Ritter Sport sehen?

Die obigen Marken sind sehr eng mit spezifischen sensorischen Codes und motorischen Handlungen verbunden — allein das Logo, die Farbe, ein Geräusch oder eine Bewegung weckt sämtliche Markenassoziationen. Ein zusätzlicher Markenduft würde Flensburger Pilsner wahrscheinlich keinen größeren, zusätzlichen

Nutzen bescheren. Weniger ist meist mehr, solange die sensorischen Codes konstituierend für die Marke sind und die Menschen sie mit der Marke assoziieren.

Marken können in ihrer Kommunikation verschiedene Sinne ansprechen und damit ihre Botschaft verstärken — beispielsweise den Messestand sinnhaft gestalten oder Ihre Werbung zu einem sensorischen Erlebnis machen. Das gelingt, selbst wenn die Werbung lediglich Assoziationen zu bereits gemachten sensorischen Erfahrungen im semantischen Gedächtnis des Betrachter weckt. Hornbach zum Beispiel nutzt in einem Fernsehspot eine haptische Erfahrung, obgleich der Betrachter nur zuschaut: Ein Hobbyhandwerker haut mit dem Hammer neben den Nagel. Ein zweiter Versuch in Zeitlupe: Der Handwerker hebt mit konzentriertem Gesicht seinen Arm und schlägt zu. Süße Engelchen schauen von oben gespannt zu, eine Menschenmasse gebannt von unten. Nahaufnahme: Der Hammerkopf nähert sich dem Nagel. Wird er ihn treffen? Ja, perfekt auf den Kopf: Der Nagel gleitet ins Holz. Die Menschenmasse jubelt. Der Handwerker ist stolz. Yippiejaja Yippie Yippie Yeah! Diesen kleinen Widerstand, wenn der Hammerkopf auf den Nagel trifft und ihn versenkt, den hat jeder von uns schon einmal gefühlt. So fühlt sich Erfolg an — und genau das zeigt der Fernsehspot.

QR-Code: Spüren Sie Hornbachs Nagel
selbst.https://www.youtube.com/watch?v=QuuaYs3kw9w

Passende Sinnesreize, besseres Produkt

Jeder zusätzlich angesprochene Sinn steigert die Relevanz einer Werbebotschaft, doch wirkt die multisensorische Verstärkung nur, wenn alle Sinneskanäle die gleiche Botschaft empfangen. Erst dann aktiviert die Multisensualität das Gehirn stärker und hinterlässt tiefe Gedächtnisspuren. Die Kongruenz der Sinne ist der Schlüssel zum Erfolg (vgl. Scheier & Held, 2012a, S. 90 f.).

Psychologen wiesen in diversen Studien nach, wie wichtig die Sinneskongruenz ist. Die Studienteilnehmer von Krishna, Lwin und Morrin (2010) beispielsweise begutachteten einen Holzbleistift und lasen dazu eine Liste mit seinen Eigenschaften. Duftete der Bleistift währenddessen produktkongruent nach Kiefernholz, erinnerten sich die Teilnehmer noch zwei Wochen später an signifikant mehr Eigenschaften, als wenn der Bleistift unpassend nach Teebaumöl duftete. Ohne jeglichen Duft sank die Erinnerungsleistung ganz in den Keller.

In einer anderen Studie beträufelten Forscher heiße und kalte Gel-Pads entweder mit einem Zimt-Duftöl, das warme Assoziationen weckt, oder einem kühlen Meeresduft. Die Studienteilnehmer empfanden das heiße Gel-Pad als wärmer, wenn es nach Zimt duftete, sowie kühler, wenn es nach Meeresfrische duftete — und umgekehrt. Bei Kongruenz von Temperatur und Duft schrieben die Teilnehmer dem Gel-Pad auch einen größeren schmerzlindernden Effekt zu. Ebenso bewerteten die Teilnehmer weiches Papier positiver, wenn es mit Frauenparfüm statt mit einem Männerparfüm beträufelt war. Raues Papier favorisierten die Teilnehmer dagegen mehr, wenn es nach Männerparfüm duftete (Krishna, Elder & Caldara, 2010).

Peck und Wiggins (2006) präsentierten ihren Studienteilnehmern eine Broschüre, die um Spenden für einen Nationalpark warb. War die Broschüre mit einem zur Botschaft passenden haptischen Element bestückt, beispielsweise mit einem Stück Baumrinde oder einer Feder, bewerteten die Teilnehmer die Broschüre besser und spendeten mehr Geld im Vergleich zu Broschüren, die ein inkongruentes Touch-Element enthielten — wie beispielsweise Stahlwolle oder Seide.

Multisensorisches Zusammenspiel

In Abbildung 8 sehen Sie zwei Formen — eine runde und eine kantige. Beantworten Sie bitte, ohne lange zu überlegen, folgende Fragen: Welche der beiden Formen passt zu spritzigem Mineralwasser? Welche Form passt zu süßer Milchschokolade? Welche Form zu knusprigen Chips, welche zu cremigem Joghurt? Welche zu einer Körperlotion? Welche der beiden Formen hat den Namen Maluma und welche den Namen Takete?

Abb. 8: Runde Formen lösen andere Assoziationen aus als kantige.

Das ist Ihnen sicher leicht gefallen, oder? Hatten Sie ein klares Gefühl dafür, welche Eigenschaft zur Form passte und welche ihr widersprach? Forscher haben in unzähligen Studien belegt, dass die Eigenschaften einer Sinnesmodalität die gleichen Eigenschaften in einer anderen Sinnesmodalität widerspiegeln können. Raue Oberflächen-Texturen wie Sandpapier assoziieren Menschen eher mit scharf-klingenden und schnellen Klängen — zum Beispiel mit den Worten »Kiki« oder »Takete«. Weiche Texturen wie Baumwolle oder Seide dagegen assoziieren Menschen mit rund-klingenden Klängen wie bei den Worten »Maluma«

oder »Bouba« (Etzi, Spence, Zampini & Gallace, 2016). Kantige, spitze Formen assoziieren wir eher mit kohlensäurehaltigen Getränken, mit harter und knuspriger Konsistenz von Lebensmitteln sowie mit bitterem und saurem Geschmack. Runde Formen dagegen verbinden wir eher mit weichen Produkteigenschaften: mit stillem Wasser, cremig-weicher Konsistenz, süßem Geschmack (Spence & Ngo, 2012; für einen Überblick siehe auch Spence, 2012).

Umgekehrt löst auch der Klang von Wörtern sinnliche Assoziationen aus. In zahlreichen Experimenten ordneten die Teilnehmer der runden Form in Abbildung 8 eher den Namen Maluma zu und der kantigen Form den Namen Takete. Der Grund ist einfach: Takete klingt härter, denn das Wort enthält sogenannte Plosive. Das sind Konsonanten wie /t/ und /k/, bei deren Aussprache die Luft explosionsartig aus dem Mund entweicht. Beim Aussprechen der /m/ in Maluma hingehen entweicht die Luft langsam und kontinuierlich aus der Nase — das klingt rund und weich. Entsprechend assoziieren Menschen mit plosiven Lauten eher sauren Geschmack und harte, knusprige Konsistenz sowie weiche Laute mit cremiger Konsistenz und süßem Geschmack. Genauso sanft und süß, doch auch groß, wirken Hinterzungen-Vokale wie /a/ oder /o/, die eine tiefe Tonfrequenz haben. Eine hohe Tonfrequenz haben dagegen Vorderzungen-Vokale wie /e/ oder /i/, was Menschen eher mit bitter, schneller, kälter und kleiner assoziieren. In unserer Sprache finden wir zahlreiche Wörter, deren Bedeutung mit einem kongruenten Klang einhergeht, zum Beispiel: groß versus mini, streicheln versus boxen, Krieg versus Liebe, bitter versus süß (vgl. Spence, 2012). Markennamen, die konnotativ mit dem Klang von bedeutungsgeladenen Worte einhergehen, wecken die gleichen Assoziationen, die mit dem Namen einhergehen. Auch wenn der »Mini« ein relativ großes Auto unter den Kleinwagen ist: Sein Name macht ihn wahrgenommen kleiner.

Unser Autopilot destilliert aus den täglichen Erfahrungen alles, was wiederholt auftritt. Daraus setzt sich die sogenannte Statistik der Umwelt zusammen (siehe Scheier et al., 2012, S. 62 ff.) — und auf die greifen wir zurück, wenn wir Umweltreize enkodieren. Schlagen wir auf eine kleine Trommel, hören wir einen hohen Ton. Dagegen erzeugt ein Schlag auf eine große Trommel einen tieferen Ton. Mit dem großen Kontrabass erzeugen Musiker tiefe Töne, auf der kleinen Geige dagegen hohe. Eine flinke Maus piepst schrill, ein gemütlicher Bär brummt tief. Wenn wir in eine Zitrone beißen, entlockt uns der Säureschock ein scharfes »Iiihhh«, eine süße Orange dagegen ein genüsslich-tiefes »Mmmhhhh«. Tiefe Töne assoziieren wir daher unter anderem eher mit groß und geschmeidig und hohe Töne dagegen mit sauer und scharf. Ebenso sind spitze Gegenstände scharf — und genauso scharf prickelt die Kohlensäure des Wassers in unserem Hals. Wenn wir auf ein Stück Nougat-Schokolade beißen, verformt es sich ebenso sanft wie ein Daunenkissen, in das wir sinken.

Die konkrete sinnliche Erfahrung übertragen Menschen unbewusst auch auf abstrakte Konzepte wie Marken. So symbolisieren Klänge, Formen und selbst Farben bestimmte Produktmerkmale, die Erwartungen in uns wecken und das Produkterlebnis beeinflussen können. Die identische Limonade mit dem Namen B/i/lad schmeckte den Teilnehmern einer Studie beispielsweise bitterer im Gegensatz zur gleichen Limonade namens B/o/lad. Ein eckiger Käse schmeckte anderen Teilnehmern würzig und derselbe Käse in runder Form schmeckte ihnen mild (Spence, 2012). Sogar die Schriftart des Logos oder der Produktbeschreibung beeinflusst die Geschmackswahrnehmung: Eckige Buchstaben wecken Assoziationen zu bitter, salzig und sauer; runde Buchstaben dagegen assoziieren Menschen mit Süße (Velasco, Woods, Hyndman & Spence, 2015).

Marketers, Grafiker, Verkäufer und selbst Webdesigner können die Multisensorik nicht ignorieren. Ob Markenname, Website, Logo, Verpackung, Verkaufstexte, Verkaufshilfen oder das Produkt an sich: Jedes Signal weckt sensorische Assoziationen. Sämtliche Assoziationen sollten dabei semantisch zusammenpassen und sich nicht gegenseitig stören. Multisensorisches Marketing bedeutet deshalb auch: kontraproduktive Sinnessignale zu neutralisieren. Unstimmige sensorische Signale oder solche, die im Widerspruch zu den geweckten Erwartungen, dem Nutzenversprechen sowie der Botschaft stehen, sollten Marketers vermeiden. Das kongruente Zusammenspiel der kleinen Details begeistert die Menschen und macht sie zu Kunden.

1.3.3 Haptik: Der Wirkverstärker

Multisensorisches Marketing bedeutet, die kleinen Sinnesdetails bewusst zu dirigieren und deren implizite Wahrnehmungswirkung zu lenken. Die Haptik ist eines dieser vielen kleinen Details. Sie spielt eine wichtige Rolle im multisensorischen Marketing — denn die Haptik ist omnipräsent. Jedes Produkt sendet haptische Reize, jede Verpackung spricht eine haptische Sprache; Bilder und Texte aktivieren haptische Assoziationen und selbst der warme Kaffee im Verkaufsgespräch hinterlässt taktile Spuren.

Die Haptik beeinflusst unsere Wahrnehmung und Entscheidungen — und wie so vieles auch, stimuliert sie auf bipolare Weise. Grob gesagt: Das haptische Erlebnis empfindet der Kunde als angenehm oder unangenehm — es stupst seine Kaufabsicht an oder sabotiert sie. Da Marken, Produkte und Kommunikationsmittel permanent auf dem haptischen Kanal senden, ist die Haptik eine der wichtigsten Stellschrauben im Marketingmix.

1 Multisensorik: Sinnvolles Marketing

> Der Haptik-Effekt ist ein Wirkverstärker, ähnlich wie eine Brausetablette: Diese bringt Leben in ein Glas Wasser und verleiht dem Wasser eine gewünschte Geschmacksnote, reichert es mit Vitaminen an oder macht es wirksam gegen Kopfschmerzen. Ihre Positionierung, Ihre Marke, Ihr Produktnutzen, Ihre Distributionsstrategie, Ihre Kommunikationsmaßnahmen – das ist das kostbare Wasser im Glas. Wenn Sie diese »Hausaufgaben« erledigt haben, verstärkt der Haptik-Effekt Ihr Markenversprechen und die wahrgenommene Qualität Ihrer Produkte ebenso wie die Effizienz Ihrer Werbung und die Überzeugungskraft Ihrer Verkaufsmannschaft. Der Haptik-Effekt macht stets mehr aus dem, was bereits da ist. Über die Haptik erreichen Sie auf direktem Weg den Autopiloten Ihrer Kunden.

Wie die Haptik den Werbeerfolg steigert und Umsätze ankurbelt, demonstrierten bereits unsere drei Eingangsbeispiele: Der Panzerstahl-Hammer war nach drei Tagen ausverkauft und selbst der Absatz im gesamten Hammer-Sortiment verdoppelte sich in diesem Zeitraum. Die Sparkasse verdoppelte ihren Absatz an Kreditkarten ebenso – mit haptischen Verkaufshilfen. Auf das Gummibandinstrument-Mailing reagierten 43 Prozent der Empfänger und der Anfängerkurs war zügig ausgebucht.

Der Wirkverstärker im Marketingmix
US-Marketingforscher belegten den haptischen Wirkverstärker eindrucksvoll in einer Analyse. Sie schauten sich die Historie des Kundendialogs eines Autohauses an: Wie oft erhielten der Kunden in den letzten 39 Monaten Anrufe, E-Mails oder Werbebriefe des Autohauses und wie viel Geld gaben sie pro Quartal durchschnittlich aus? Physische Mailings hatten den größten Effekt. Nach drei Briefkontakten gaben die Kunden gut 60 Dollar aus, dem stehen nur 40 Dollar bei identischer Anzahl von Kontakten per Anruf oder E-Mail gegenüber. Deutlich größer ist der Unterschied bei zehn Kontakten – hier stehen über 200 Dollar bei Werbebriefen kargen 20 Dollar bei Anrufen und E-Mails gegenüber. Bei Anrufen und E-Mails war die Akzeptanz der Kontaktaufnahme deutlich gesunken, bei Werbebriefen hingegen nicht. Einen Effizienzturbo entdeckten die Forscher, als sie die Kombination von Werbebriefen mit Werbe-E-Mails analysierten: Erhielten die Studienteilnehmer fünf physische Mailings und parallel dazu bis zu zwei E-Mails, gaben sie im Schnitt rund 100 Dollar aus. Mehr als zwei E-Mails ließen die Ausgaben dann langsam wieder sinken (Godfrey, Seiders & Voss, 2011).

Haptische Medien erhöhen demnach besonders im crossmedialen Mix den Marketingerfolg und steigern den Absatz. Zu dieser Erkenntnis gelangte auch die Deutsche Post (2013) in einer Feldstudie. Die Kunden von fotokasten.de – einem Onlineanbieter für Fotodruckprodukte – erhielten entweder eine Werbe-E-Mail oder den Produktkatalog per Mailing oder beides zusammen. Die crossmediale Strategie zahlte sich aus: 35 Prozent mehr Bestellungen brachten 55 Prozent mehr Umsatz, wenn die Kunden eine E-Mail bekamen und den Katalog in den Händen hielten.

In einer anderen Studie untersuchten die Marktforscher von Ebiquity (2013) die Werbewirkung verschiedener Branchen: Beispielsweise hatte die ING-DiBa im Vergleich zu anderen Banken den höchsten Werbewirkungs-Indexwert, sie steigerte ihren Marktanteil in den letzten zwei Jahren um vier Prozent. Im gleichen Zeitraum sanken die Marktanteile der Konkurrenten. Die Erfolgsstrategie der ING-DiBa war: Nicht nur in TV- und Onlinewerbung investieren, sondern auch massiv in haptische Mailings — 52 Prozent der Investitionen in Mailings aller untersuchten Banken fielen auf die ING-DiBa. Pro Jahr verschickt die Direktbank fast 21 Millionen digitale Nachrichten beispielsweise als E-Mailings oder digitale Newsletter, doch fast doppelt so viele Postwurfsendungen und Direct Mailings landeten in den Briefkästen der Kunden (Robatteux, 2012). Mit haptisch veredelten Mailings erreicht die ING-DiBa häufig Kaufquoten von 10 Prozent und macht die Marke damit gleichzeitig berührbar. Das berichtete Kerstin Jourdan, Ressortleiterin Direktwerbung bei der ING-DiBa, auf der Preisverleihung des EDDI-Dialogmarketing-Awards 2012. Eine ähnliche Strategie verfolgt auch die Deutsche Telekom: Von den in der Ebiquity-Studie untersuchten Telekommunikationsunternehmen fielen 77 Prozent der Investitionen in haptische Mailings auf den Magenta-Konzern und brachten ihm fünf Prozent mehr Marktanteile (Ebiquity, 2013).

Haptische Medien machen die Inhalte im wahrsten Sinne des Wortes greifbar. Sie schlagen eine Brücke ins reale Leben. Verbraucher nehmen sie als wertiger wahr als bloße Online-Botschaften (Dahlem, 2011). Der Haptik-Effekt kann jedoch mehr als nur den Umsatz steigern. Wie der Haptik-Effekt genau wirkt, welche expliziten sowie impliziten Signale er sendet und wie Sie die schlummernde Kraft der Haptik freisetzen — das erfahren Sie in den folgenden Kapiteln.

2 ARIVA: Die Wirkdimensionen des Haptik-Effekts

Wer Worte macht, tut wenig: seid versichert,
Die Hände brauchen wir und nicht die Zungen!
William Shakespeare, Richard III.

Zusammenfassung
- Nur wenige Marketers setzen sich bislang mit der Haptik als strategisches Marketinginstrument auseinander und integrieren sie bewusst in den Marketingmix ihres Unternehmens. Diejenigen, die es bereits getan haben, profitieren vom Haptik-Effekt und sind überdurchschnittlich erfolgreich.
- Das ARIVA-Modell fasst die Wirkung des Haptik-Effekts in der Marketingpraxis zusammen. Das Akronym steht für: **A**ttention-**R**ecall-**I**ntegrity-**V**alue-**A**ction.
- Haptisch verstärkte Botschaften fallen auf und machen neugierig. Sie ziehen die Aufmerksamkeit auf sich, wecken Interesse und aktivieren den Spieltrieb.
- Haptische Reize — insbesondere wenn sie mit motorischen Handlungen verknüpft sind — steigern die Erinnerungsrate, da sie die Botschaft sensorisch verstärken und das assoziative Netzwerk im Gedächtnis erweitern.
- Semantisch passende haptische Codes machen eine Werbebotschaft integer: Der Kunde nimmt sie als ganzheitlich, stimmig und glaubwürdig wahr.
- Der Haptik-Effekt macht Eigenschaften und mit ihnen verknüpfte Nutzenaspekte eines Angebotes konkret erlebbar. Er weckt das Besitzgefühl und aktiviert mentale Konzepte, welche die Kauftreiber ansprechen. Das steigert den wahrgenommenen Wert eines Angebotes.
- Durch Berührung entsteht eine höhere Preisbereitschaft und größere Kaufwahrscheinlichkeit. Die Haptik motiviert direkt zum Handeln und beeinflusst unsere Kaufentscheidungen nachhaltig.
- Motorische Handlungen steigern die Aufnahmebereitschaft von Informationen und machen entscheidungsfreudiger — sie differenzieren Marken und stärken die Kundenloyalität.

2.1 Einführung: Das ARIVA-Modell

Nur wenige Marketers setzen sich bislang mit der Haptik als wichtiges Element ihrer Strategie auseinander und integrieren sie bewusst in den Marketingmix ihres Unternehmens. Die Haptik ist der am wenigsten erforschte und bewusst genutzte Sinn im Marketing. Doch das Potenzial der Haptik ist groß: Sie differenziert Marken, schafft Wettbewerbsvorteile und steigert Abverkäufe. Diejenigen, die den Haptik-Effekt bereits bewusst einsetzen oder intuitiv richtig nutzen, sind überdurchschnittlich erfolgreich — denn die Haptik motiviert direkt zum Handeln, prägt unsere Erinnerung und beeinflusst unsere Kaufentscheidungen nachhaltig.

Bereits auf der Ebene des Produktdesigns ist die Haptik hinter der Optik der zweitwichtigste Sinneseindruck für die Kaufentscheidung. Schon eine Woche nach dem Kauf beeinflusst die Haptik sogar am stärksten von allen Sinnen, wie wir das gekaufte Produkt erleben und wie zufrieden wir damit sind (vgl. Barden, 2013, S. 245; siehe Abb. 9)

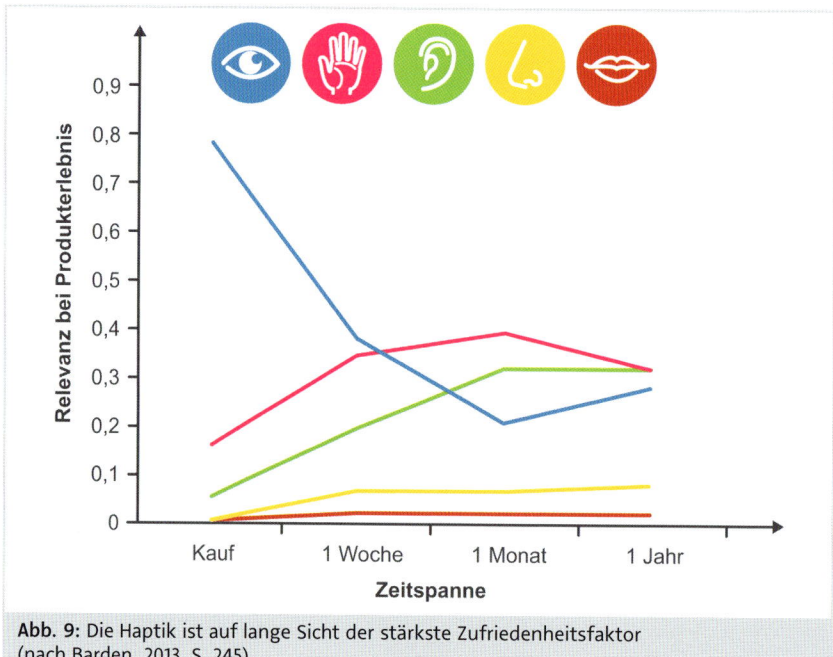

Abb. 9: Die Haptik ist auf lange Sicht der stärkste Zufriedenheitsfaktor (nach Barden, 2013, S. 245).

2 Einführung: Das ARIVA-Modell

Mit unserem haptischen Sinn überprüfen wir optisch gewonnene Eindrücke und erfahren in Sekundenbruchteilen, ob uns der Schein trügt. Im Geschäft nehmen wir Produkte in die Hand, um sie zu begutachten oder auszuprobieren: Wir prüfen den Reifegrad der Kiwi, drücken die Tasten der Hi-Fi-Anlage, streicheln über das Lenkrad des Autos im Showroom oder fühlen die Qualität von Kleidung. Im Onlineshop überzeugt uns die Simulation der Haptik: Wir zoomen per Klick das Produkt heran oder betrachten es von allen Seiten in der 360-Grad-Ansicht. Gefällt uns ein Produkt, legen wir es mit unseren Händen in den Einkaufswagen — oder per Mausklick beziehungsweise Fingertipp auf dem Touchscreen in den digitalen Warenkorb. Und mit einem einzigen schlaffen Händedruck am Ende des Verkaufsgesprächs kann ein Außendienstler das mühsam errungene Vertrauen eines Neukunden wieder verlieren.

Der Haptik-Effekt ist omnipräsent. Er wirkt in der Werbung, der Kommunikation und im Verkauf. Wer seine Produkte oder Dienstleistungen greifbar und spürbar präsentiert, der überzeugt schneller. Die Kunden fühlen schon vor dem Kauf die Qualität, den Nutzen, die Markenwerte sowie das Konsumerlebnis — sie begreifen das Produktversprechen buchstäblich.

Der Haptik-Effekt entsteht dabei *direkt* über den Tast- und Bewegungssinn, aber auch *indirekt* durch andere Sinneseindrücke — beispielsweise durch Bilder, Geräusche oder Texte, die haptische Assoziationen wecken. In beiden Fällen entfaltet der Haptik-Effekt seine Wirkung.

Das ARIVA-Modell
Was genau der Haptik-Effekt im Marketing, in der Kommunikation und im Verkauf leistet, haben wir im ARIVA-Modell zusammengefasst. Abbildung 10 visualisiert die folgenden fünf Dimensionen des Haptik-Effekts:

Die fünf Dimensionen des Haptik-Effekts

 **A**ttention: Aufmerksamkeit, Interesse

 **R**ecall: Erinnerung, Verankerung

 **I**ntegrity: Vertrauenswürdigkeit, Glaubwürdigkeit

 **V**alue: Wertschätzung, Gefallen

 **A**ction: Handeln, Kaufbereitschaft

Der Haptik-Effekt entfaltet je nach Kontext in einen, mehreren oder allen diesen Dimensionen seine Wirkung, jedoch nur mit den richtigen haptischen Codes. Letztere müssen semantisch passen: zur Marke und ihrem Image, zur Werbebotschaft sowie zum Nutzenversprechen des Produkts oder der Dienstleistung.

Wie wir weiter oben bereits geschrieben haben, wirkt der Haptik-Effekt wie eine Brausetablette: Er verstärkt die Wirkung Ihrer Marketingmaßnahmen, indem er für mehr Aufmerksamkeit sorgt, Ihre Botschaft stärker im Gedächtnis verankert, sie glaubwürdiger macht, die Wertschätzung gegenüber Ihrem Angebot steigert und letztendlich eine höhere Kaufbereitschaft erzeugt. Wer die Haptik missachtet, der verschenkt Markenpotenzial, Werbewirkung und Umsatz.

Das ARIVA-Modell lässt sich auch auf alle anderen Sinnesmodalitäten anwenden: Marken können beispielsweise mit Düften ebenso auf den ARIVA-Dimensionen punkten — idealerweise im Zusammenspiel mehrerer Sinne, welche die Botschaft multisensorisch verstärken (siehe Kapitel 1.3.1).

Schauen wir uns nun die einzelnen ARIVA-Wirkdimensionen anhand des Haptik-Effekts genauer an. In Kapitel 3 stellen wir Ihnen dann die dem Haptik-Effekt zugrunde liegenden psychologischen Effekte detailliert vor.

Abb. 10: ARIVA — Die fünf Wirkdimensionen des Haptik-Effekts.

2.2 Attention: Mehr Aufmerksamkeit

Was finden Sie für gewöhnlich in Ihrem Briefkasten? Neben der normalen Post sicherlich auch Werbung wie Flyer, Prospekte, Kataloge oder Briefsendungen. Welche davon schauen Sie sich zuerst an? Welche lesen Sie sich durch? Welche werfen Sie direkt in den Papierkorb?

Die meisten Menschen interessieren sich nicht bewusst für Werbung. In der täglichen Werbeschlacht ist daher nicht die Konkurrenz der größter Gegner, sondern das Desinteresse der Kunden. Sobald wir Werbung als solche erkennen, reagieren wir häufig mit einem automatischen Verhaltensskript: Wenn nicht in Sekundenbruchteilen die Relevanz der Werbung für uns klar ist beziehungsweise sie unsere Aufmerksamkeit weckt, dann schmeißen wir Mailings in den Müll, zappen bei Werbeunterbrechungen im Fernsehen zu einem anderen Sender oder ignorieren den Promoter, der uns locken will, mit »Haben Sie eine Minute Zeit für …?« Den automatischen Ignorier-Prozess kann Werbung allerdings unterdrücken, indem sie Erwartungen durchbricht, ein kognitives Gedächtnisschema oder ein Verhaltensskript nicht bedient (vgl. Felser, 2015, S. 41 ff.; siehe Beispiel »Straßenfeger«).

> **Beispiel: Verkaufsstrategie für den »Straßenfeger«**
>
> In Berliner U- und S-Bahnen verkaufen bedürftige Menschen die Obdachlosen-Zeitung »Straßenfeger«. Für gewöhnlich steigt ein Verkäufer in das Abteil und betet — wie die meisten seiner Kollegen — einen Standardtext herunter: »Guten Tag. Ich bin Bernd und seit acht Jahren obdachlos. Ich verkaufe den Straßenfeger …« Solche Standards sind Gift für die Aufmerksamkeit der Menschen, denn jeder Berliner, der die öffentlichen Verkehrsmittel nutzt, hört mehrmals täglich einen solchen Spruch. Die Folge: Desinteresse. Wir hören nicht zu, was der Verkäufer uns erzählt. Einer der Autoren erlebte einst einen kreativeren Zeitungsverkäufer. In der morgendlich-lethargischen Atmosphäre des S-Bahn-Abteils ertönte plötzlich eine laute, kräftige Stimme: »Ihre Fahrkarten!« Alle Reisenden schauen auf den Mann, der den Satz nun sanft beendete: »… möchte ich nicht sehen, doch ich habe für Sie die neueste Ausgabe des Straßenfegers dabei.« Der Verkäufer brachte die Menschen nicht nur zum Schmunzeln, sondern verkaufte auch mehr Zeitungen als all die Bernds.

2.2.1 Anderssein fällt auf

Ungewöhnliche haptische Medien durchbrechen leicht Erwartungen und fallen auf. Sobald wir ein Objekt berühren, reagiert unser Gehirn blitzschnell und verarbeitet die eingehenden Informationen — das Objekt erhält automatisch hohe Aufmerksamkeit (Müller & Giabbiconi, 2008).

Der Autohersteller Smart überraschte 2013 in der spanischen Hauptstadt Madrid rund 50.000 Bürger. Als diese eines Tages ihren Briefkasten öffneten, staunten sie nicht schlecht: Dort stand ein dreidimensionales Pappmodell eines Smart Fortwo mit der aufgedruckten Botschaft »Kann sogar in deinem Briefkasten parken« (siehe Abb. 11). Die Aufmerksamkeit der Empfänger war garantiert — so etwas hatten sie noch nie in ihren Briefkästen gesehen. Vor allen Dingen stellten sie sich die Frage: Wie kommt der Smart durch den engen Schlitz meines Briefkastens? Der Trick: Ein Gummiband sorgte dafür, dass sich das zusammengefaltete Automodell automatisch wieder aufrichtete, sobald man es losließ — und zusammengefaltet »fuhr« der Smart durch den Briefkastenschlitz. Das Pappmodell machte die Vorteile des Smarts haptisch erlebbar: Der Kleinstwagen trotzt der prekären Parkplatzsituation in den Straßen Madrids. Das Mailing motivierte 8.000 Empfänger dazu, Informationen zum Smart Fortwo über die Website anzufordern. Das entspricht einer Responsequote von 16 Prozent (M. Luzarraga, E-Mail, 10.04.2014).

Abb. 11: Der Haptik-Effekt erregt Aufmerksamkeit im Briefkasten (Quelle: RMG Connect).

Das Medienunternehmen Gruner + Jahr untersuchte 2010 mithilfe von Eye-Tracking und Befragung die Werbewirkung von Ad-Specials in Zeitschriften — darunter war ein Altarfalz-Beihefter von Opel. Das Ad-Special sollte die Wertigkeit des neuen Astras Sports Tourer vermitteln und seinen großzügigen Innenraum erlebbar machen. Auf der Vorderseite weckte ein Foto des Astras die Neugier der Betrachter und eine beginnende Textzeile, die sich auf der nächsten Seite fortsetzte, lockte zum Umblättern. So getan, sahen die Leser das Auto nun auf einer Doppelseite, deren Seitenteile sie nach außen aufklappen konnten: Auf vier Seiten entfalteten sie ein großes Panoramabild des edlen und geräumigen Innenraums in exzellenter Druckqualität auf schwerem Papier (siehe Abb. 12). Auf dem großen Bild sahen die Leser die mit Chrom verzierten Deko-Elemente des Cockpits, die detaillierten Bedienelemente und erlebten das großzügige Platzangebot aufgefaltet in ihren Händen. Die ungewöhnliche Haptik der Anzeige wirkte: Alle 240 Studienteilnehmer nahmen beim Durchblättern der Zeitschrift den neuen Astra wahr und 93 Prozent von ihnen die Marke Opel. Für fast neun Sekunden beschäftigten sie sich durchschnittlich mit der Anzeige — doppelt solange wie mit klassischen Formaten. Einen Grund gaben die Teilnehmer an: Die Werbeform gefiel 70 Prozent von ihn (Gruner + Jahr, 2011).

Abb. 12: Der entfaltete Innenraum lädt zum Hineinsetzen ein (Quelle: Gruner + Jahr).

Der Haptik-Effekt verstärkte die Aufmerksamkeit auch bei anderen Ad-Specials: Den Sliding-Door-Beihefter für die Kaffeevollautomaten von Philips Saeco in Abbildung 13 nahmen ebenfalls 100 Prozent der Studienteilnehmer wahr und 83 Prozent von ihnen gefiel die Anzeige. Der Beihefter zeigte auf der Vorderseite eine in Marmor gemeißelte Espressotasse. Zieht der Betrachter das eingearbeitete Blatt nach oben, erscheint das Modell eines Kaffeevollautomaten, auf der Rückseite erscheinen durch das Ziehen des Blattes weitere Kaffeevollautomaten der Saeco-Reihe. Mit dem Anzeigenelement beschäftigten sich die Studienteilnehmer durchschnittlich über 12 Sekunden; 93 Prozent von ihnen beachteten die Marke und 87 Prozent den Copytext (Gruner + Jahr, 2011).

Abb. 13: Die interaktive Anzeige von Philips Saeco ist besonders aufmerksamkeitsstark (Quelle: Gruner + Jahr).

Wenig überraschend: Insgesamt fiel 71 Prozent der Studienteilnehmer auf, dass sich die Sonderwerbeformen von den gewöhnlichen Anzeigen unterscheiden. Die optische Gestaltung sowie die überraschend andersartige Haptik durch dickeres Papier, mehrseitige Strecken und interaktive Elemente weckten das Interesse der Befragten, die sich daraufhin näher mit der Werbung beschäftigten (Gruner + Jahr, 2011).

Ohne Aufmerksamkeit gelangen Informationen nicht in den sensorischen Speicher unseres Gedächtnisses, doch braucht es mehr als nur Aufmerksamkeit, damit Informationen sich in unserem Gedächtnis verankern und wir sie erinnern können: Wir müssen die Botschaft verstehen und sie muss relevant für uns sein. Ein haptisches Werbemedium sollte daher unbedingt eine für die Kunden bedeutsame Botschaft transportieren und zu dieser passen. Hätte Smart eine Null-Prozent-Finanzierung beworben, dann würde das Pappmodell zwar Aufmerksamkeit erregen, doch null Prozent der Botschaft vermitteln.

2.2.2 Interaktion involviert

Die Haptik schafft Aufmerksamkeit, weil sie Menschen involviert. Optisch und akustisch können wir uns berieseln lassen — wenn wir jedoch unsere Hand ausstrecken, um beispielsweise das Blatt aus der Espressomaschinen-Anzeige zu ziehen, dann geschieht das bewusst. Das normale Bewegungsmuster des Umblätterns ist durchbrochen, unsere Aufmerksamkeit und unser Involvierungsgrad steigen und damit auch die Chance, dass wir handeln. Das klappt sogar digital: Die Abonnenten des SportScheck-Newsletters erhielten Ende 2012 elektronische Post auf ihr Smartphone mit dem Betreff »Sportlich ins neue Jahr«. Das sollte die Empfänger motivieren, ihre sportlichen Vorsätze in die Tat umzusetzen. Mit einem Fingertipp auf einen Link in der Nachricht gelangten die Empfänger auf die Website des »Sporty-Newsletters«. Dort wartete ein 20-Prozent-Rabattgutschein für den Onlineshop auf sie. Doch vor den Gutschein drängte sich ein Bild des personifizierten Weihnachtsspecks. Nur durch Bewegung konnten die Empfänger den Weihnachtsspeck verbannen — sie mussten mit ihrem Smartphone beispielsweise hin und her laufen (siehe Abb. 14). Gegen überflüssige Pfunde hilft eben nur Sport. Die motorische Handlung wirkte: Der Sporty-Newsletter erzielte eine 21-prozentige Responsequote (Ogilvy & Mather, 2012).

Abb. 14: Rabatt gegen Bewegung — der Sporty-Newsletter (Quelle: Ogilvy & Mather).

Der Kosmetikhersteller Dove motivierte potenzielle Kunden mit einer Werbepostkarte zum Handeln. Die Karte zeigte den Rücken einer Frau und forderte den Betrachter mit »Scratch« dazu auf, den Rücken der Dame zu kratzen. Das macht neugierig. Der Betrachter möchte herausfinden, was passiert, wenn er kratzt. Einem Rubbellos ähnlich, verbarg sich unter der zerkratzten Oberfläche die Botschaft neben dem Bild der feuchtigkeitsspendenden Dusch-Lotion: »Das tun Sie Ihrer Haut an, wenn Sie andere Dusch-Lotionen verwenden« (siehe Abb. 15).

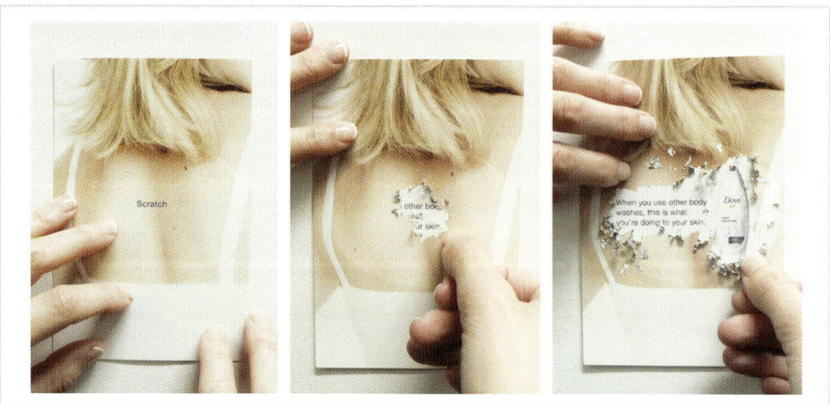

Abb. 15: Der Aufforderung zum Kratzen kann kaum jemand widerstehen (Quelle: gutewerbung.net).

Weckt ein Objekt unseren Spieltrieb, können Menschen gar nicht anders, als sich ihm zuzuwenden. Mit einem Medium interagieren macht Spaß und es versetzt den Kunden in eine positive Stimmung, die wiederum auf sein Verhalten sowie auf die Marke oder das angepriesene Produkt abfärbt. Das demonstrieren auch unsere Eingangsbeispiele: Nicht die Sparkassenberater sprachen die Kunden auf das Kreditkartenangebot an, sondern die Kunden selbst fragten danach — die Kreditkarten-Wackelbilder machten die Kunden neugierig und forderten implizit dazu auf, sie zu berühren. Viele Kunden veränderten sogar ihre Körperhaltung vor der Kartenbox und wandten sich ihr zu, um die wechselnden Motive auf den Karten zu sehen. Das CD-Mailing des Raffle Music Colleges durchbrach Erwartungen, da sich in der CD-Hülle ein bespielbares Instrument befand — neugierig bauten es die Empfänger zusammen und probierten es aus.

Audiovisuelle Werbung kann ebenso involvieren: Schon das Wort »Hammer« oder der Anblick eines solchen aktiviert den Motorcortex — das Gehirnareal, das Bewegungen koordiniert (Bower, 2004; Rizzolatti, Fadiga, Gallese & Fogassi, 2003). Wir simulieren mental die Bewegungen, mit denen wir ein Produkt benutzen würden (Elder & Krishna, 2012). Das spricht dafür, Produkte so greifbar wir nur möglich darzustellen. Wenn der Haptik-Effekt zu (mentaler) Aktivität motiviert, zieht er auch die Aufmerksamkeit auf sich. Der haptisch in Szene gesetzte Hornbach-Hammer begeisterte die Menschen schon während des Herstellungsprozesses. Die kraftvollen haptischen Assoziationen wie der Transport des Panzers, das Zerteilen, das Einschmelzen, das Pressen des Hammerkopfes und das Brandstempeln des Holzstiels wecken die Vorstellungskraft des Betrachters und das Bedürfnis, den Hammer real in der eigenen Hand zu spüren.

2.2.3 Fazit

Haptisch verstärkte Botschaften fallen auf und machen neugierig; sie ziehen die Aufmerksamkeit der Menschen auf sich und wecken ihren Spieltrieb. Haptische Botschaften laden zum Handeln ein und wir wenden uns ihnen gern zu, selbst wenn wir die Interaktion nur mental simulieren.

2.3 Recall: Mehr Erinnerung

Gruner + Jahr (2011) zeigte in seiner Ad-Special-Studie weiterhin, dass sich haptische Werbeformate wesentlich stärker im Gedächtnis verankern als klassische Anzeigen: Auf die Frage, an welche Werbeanzeigen aus der Zeitschrift sie sich erinnern, nannten 30 Prozent der Studienteilnehmer den Altarfalz-Beihefter von Opel. Die klassische Version der Anzeige blieb hingegen nur fünf Prozent der

Teilnehmer in Erinnerung. An den Sliding-Door-Beihefter des Kaffeeautomaten von Philips Saeco erinnerten sich ungestützt 43 Prozent der Studienteilnehmer, an die klassische Anzeigenversion dagegen nur 10 Prozent. Insgesamt erinnerten sich die Studienteilnehmer wesentlich stärker an Marken, die mit haptischen Sonderformaten warben: Die durchschnittlichen ungestützten Erinnerungswerte der Ad-Specials waren sechsmal so hoch wie die der klassischen Anzeigen. Die einmal geweckte Aufmerksamkeit und das haptische Erlebnis der Ad-Specials erhöht die Effizienz der gesamten Kampagne, denn das Prinzip der multisensorischen Verstärkung (vgl. Kapitel 1.3.1) greift auch hier.

2.3.1 Langer Kontakt, mehr Erinnerung

Wieso verankern sich haptische Werbemedien fester in den Köpfen der Kunden als gewöhnliche Werbeformate? Der Schlüssel zum Erfolg liegt auch hier in der Interaktion mit den Medien. Statt sich nur berieseln zu lassen, wenden sich Menschen haptischen Medien zu. Sie nehmen diese in ihre Hände und beschäftigen sich länger mit ihnen als mit gewöhnlicher Werbung. Die oben beschriebenen Ad-Specials durchbrechen die Erwartungshaltung. Im Kontext des Lesens ist Blättern normal, das vertikale Herausziehen einer Lasche oder das Aufblättern eines Altarfalzes jedoch nicht. Dieser Bruch wirkt und macht aufmerksam: 11 Sekunden widmeten sich die Studienteilnehmer den Sonderwerbeformen in der Ad-Special-Studie im Durchschnitt, dagegen beschäftigten sie sich nur rund vier Sekunden mit den klassischen Printanzeigen (Gruner + Jahr, 2011).

Vielleicht kennen Sie es noch aus Ihrer Schulzeit: Damit Informationen den Sprung vom Kurzzeitspeicher in den Langzeitspeicher schaffen, müssen wir sie wiederholen oder sie müssen uns emotional berühren. Je länger ein Kunde mit einer Werbebotschaft agiert, desto häufiger nimmt er sie wahr. Er wiederholt die Informationen und speichert sie im Gedächtnis ab. Wenn dazu noch Bewegungen und haptischen Reize die Werbebotschaft untermauern, dann profitiert die Werbung durch die Sinnesvielfalt von der Superadditivität der multisensorischen Verstärkung (vgl. Kapitel 1.3.1) — wie beim Entfalten der Opel-Anzeige: Das großzügige Format und das wertige Papier vermitteln ein Gefühl für den großzügigen Innenraum des Autos.

Auch ohne Sonderformate ist eine Botschaft auf Papier in den Händen allemal stärker als die gleiche Botschaft auf dem Computerbildschirm. In einer Studie norwegischer Forscher lasen Schüler der zehnten Klasse zwei mehrere Seiten umfassende Texte: eine kurze Geschichte und eine sachliche Nachrichtenmeldung. Die Hälfte der Schüler las die Texte im PDF-Format auf dem Computerbildschirm, die anderen hielten die Texte auf Papier gedruckt in ihren Händen.

Anschließend beantworteten alle Schüler eine Reihe von Verständnis- und Erinnerungsfragen zu den gelesenen Texten. Die Schüler am Bildschirm schnitten bei beiden Texten signifikant schlechter ab. Als Grund nennen die Forscher: Auf dem Papier hat der Betrachter den gesamten Textumfang im Blick und er erhält über das Papier zusätzlich taktiles Feedback — beispielsweise über die Größe und Anzahl der Seiten. Dadurch bekommt der Betrachter einen besseren Überblick über die Länge und die Struktur des Textes. Die Inhalte verortet er mental in einer Art mentalen Landkarte: Vor seinem geistigen Auge sieht er den Text und kann die »Standorte« der Inhalte ohne großen kognitiven Aufwand aus seinem Gedächtnis abrufen. Am Computer hingegen sieht der Betrachter nur eine Textseite oder gar nur einen Ausschnitt. Zum Weiterlesen muss er scrollen, was den Lesefluss unterbricht und das Abspeichern des Textes als kognitive Karte erschwert. Die Inhalte sind nicht mental repräsentiert und entsprechend schwer erinnerbar (Mangen, Walgermo & Brønnick, 2013).

2.3.2   Mehr Sinne, mehr Erinnerung

Die Theorie der dualen Codierung haben Sie in Kapitel 1.3 kennengelernt: Informationen, die wir in mehreren Codes abspeichern, können wir leichter und schneller wieder abrufen als Informationen, die nur in einem Code vorliegen. Mit der Haptik können Sie vielfältige Codes beziehungsweise Signale senden: über die Konsistenz, Elastizität oder die Härte des Materials, über die Oberflächenstruktur und -textur; über die Form, Größe und das Volumen, über das Gewicht, die Temperatur sowie über die Funktion einer Sache. Die Signale können also sowohl sensorischer als auch motorischer Natur sein in Form von Bewegungen.

Forscher zeigten in verschiedenen Studien weiterhin, dass Menschen Informationen bedeutend schneller und effektiver lernen, wenn sie beim Lernen mit den Informationen assoziierte Bewegungen machen oder gestikulieren (Goldin-Meadow, Cook & Mitchell, 2009; Kiefer, Sim, Liebich, Hauk & Tanaka, 2007). Die Effekte des sogenannten Embodiments erläutern wir detailliert in Kapitel 3.

Unser Gedächtnis speichert beides ab — sensorische Signale sowie Bewegungen — und verknüpft es miteinander. Je mehr Assoziationen wir zu einer Information haben, desto desto leichter können wir sie aus dem Gedächtnis abrufen und uns an sie erinnern. Es genügt bereits, dass ein Reiz eine abgespeicherte Assoziation weckt. Wie ein Lauffeuer aktiviert diese wiederum sämtliche mit ihr verknüpften Assoziationen. Das macht eine starke Erinnerung aus. Hier gilt natürlich: Die gesendeten haptischen Signale müssen zur Botschaft und zur Marke passen.

Audiovisuelle Werbung aktiviert ebenso haptische beziehungsweise motorische Codes. Der Thunfisch von Followfish wird ausschließlich traditionell gefischt und nicht mit Schleppnetzen gefangen. Eine Kinderstimme erklärt das im Werbefilm und der Betrachter sieht Kinderhände, die aus einem der beliebten Magnetangel-Kinderspiele einzelne Plastik-Thunfische angeln (siehe Abb. 16). Alle anderen Thunfisch-Vermarkter machen es sich einfacher: Ein riesiger Industriemagnet taucht über dem Magnetspiel auf und zieht blitzschnell alle Thunfische vom Spielbrett sowie aus dem Bildrand noch etliche Delphine, Wale und Tintenfische an — den typischen Beifang. Der Betrachter spürt körperlich den Unterschied zwischen ökologischer und Massenfischerei: Er angelt mental mit und wird sich an diesen Werbefilm eher erinnern als an einen, der die Problematik weniger haptisch involvierend darstellt.

Abb. 16: Das Magnetangelspiel im Fernsehen aktiviert motorische Codes (Quelle: Followfish).

 **QR-Code: Followfishs TV-Spot »Angelspiel«**
https://www.youtube.com/watch?v=Bs7CW4yKGg4

2.3.3 Fazit

Haptische Signale — insbesondere wenn sie mit motorischen Handlungen verknüpft sind — steigern die Erinnerungsrate, da sie die Botschaft sensorisch verstärken und das assoziative Netzwerk im Gedächtnis erweitern. Kunden beschäftigen sich länger mit haptischen Medien, wodurch Informationen wesentlich leichter im Gedächtnis abgespeichert werden. Die mentale haptische Aktivierung kann auch nur über Bild, Ton oder Text erfolgen. Eine haptische Bildsprache macht selbst rein audiovisuelle Werbung wirksamer. Mehr dazu erfahren Sie in Kapitel 4.

2.4 Integrity: Mehr Vertrauen

Der Tastsinn ist unser überzeugendster Sinn: Wir berühren Objekte in unserer Umwelt, um ihre Echtheit zu überprüfen, denn wir spüren mit unseren Händen, ob etwas real ist oder nicht. Der belgische Anthropologe und Filmemacher Jean-Pierre Dutilleux erlebte das im Jahr 1998. Bei einer Expedition auf Neuguinea begegneten Dutilleux und sein Team den Toulambis — einem Volk, das bis dato komplett isoliert lebte. Skeptisch betrachteten die Toulambis den weißen Mann: Ist er echt? Ist er ein Geist, ein Gott, Feind oder Freund? Dutilleux streckte ihnen seine (unbewaffnete) Hand entgegen und langsam vertrauten ihm die Toulambis — neugierig betasteten sie Dutilleux' Hände, Arme und Haare. Dutilleux führte die neuen Freunde in sein Lager, wo sie Objekte sahen, die ihnen unbekannt waren: zum Beispiel Plastikflaschen, Teller und Regenschutzplanen. Die Utensilien beäugten die Toulambis ebenso skeptisch wie anfangs Dutilleux — mit ihren Händen betasteten und erkundeten sie die bunten Dinge zunächst. Dadurch machten sie sich ein Bild von der Wahrhaftigkeit der Objekte; nur so konnten sie sichergehen, dass die ungewöhnlichen Objekte wirklich existieren.

QR-Code: Die faszinierende Dokumentation der Begegnung von Pierre Dutilleux und den Toulambis.

https://www.youtube.com/watch?v=xd0I1xAICOc

2.4.1 Spürbare Produktversprechen

Der Tastsinn ist unser Wahrheitssinn: Was wir spüren und für wahr empfinden, das glauben wir. Wir können uns subjektiv nicht *verfühlen*, weswegen wir uns auf unseren Tastsinn verlassen: Wir drücken die Kiwi im Supermarkt, um ihre Reife festzustellen. Wir streicheln ein Auto bei der Probefahrt, um seine Qualität zu spüren oder wir greifen den Hammer im Baumarkt, um zu wissen, wie er in der Hand liegt. Was wir beim Berühren empfinden, dem vertrauen wir. Dove lässt den Betrachter anhand der Rubbelkarte erleben, wie trocken und schuppig sich Haut anfühlt, die nicht mit Doves Duschmilch gepflegt wird. Selbst Referenzen auf haptische Erlebnisse überzeugen: Followfish lässt uns die schonende Art des traditionellen Fischens nachempfinden, in dem es die haptische Metapher des sanften Magnetangelspiels verwendet und den kraftvollen Sog eines starken Magneten dagegenstellt. Das vermittelt die Botschaft sehr glaubwürdig.

Der Haptik-Effekt macht Markenwerte und Produktvorteile spürbar, selbst wenn deren Nutzen abstrakt ist. Der Versicherer »Alte Leipziger« führte 2006 als einer der ersten eine flexible fondsgebundene Rentenversicherung ein. Der Kunde kann beispielsweise jederzeit seine Beiträge kürzen oder erhöhen, bei

Vertragsende zwischen Renten- und Einmalzahlung wählen oder die Garantiesumme selbst bestimmen. Auf dem Markt war und ist die flexible Fondsrente ein Highlight, denn vergleichbare Produkte der Konkurrenz sind zum Teil relativ starre Modelle. Dem Flexibilitätsversprechen verlieh die Alte Leipziger mit dem Maskottchen ALfonds eine Identität. Als Gummi-Biegefigur ist ALfonds die personifizierte Flexibilität: Vermittler und Kunden können ALfonds in alle Richtungen verbiegen und erleben dabei die versprochene Flexibilität der Altersvorsorge (siehe Abb. 17). Zum Verkaufsstart der flexiblen Fondsrente erhielten Versicherungsvermittler die biegsame Figur. »Die Personifizierung unserer Fondsrente in Form von ALfonds half uns insbesondere bei der Einführung dabei, eine schnelle Bekanntheit im Vermittlermarkt zu erreichen«, resümiert Bettina Axt aus dem Markenmanagement der Alten Leipziger (B. Axt, Interview, 19.05.2014). ALfonds macht die Vorteile der Fondsrente greifbar und gibt ihr ein vertrauensvolles Gesicht.

Abb. 17: Flexibles Maskottchen, flexibles Produkt (Quelle: Promotion One).

Ein konkretes haptisches Erlebnis ist stets glaubwürdiger als eine abstrakte Erklärung. Das erlebten auch Kunden des Werkzeuggeräte-Herstellers Stihl. Auf Bauunternehmen spezialisierte Fachhändler erhielten Ende 2011 ein außergewöhnliches Mailing von Stihl: einen massiven Betonstein, in dem eine Champagnerflasche steckte. Um an den Champagner zu kommen, sollte der Händler den Außendienstmitarbeiter von Stihl zu sich bestellen. Gut, dass dieser den neuen TS 500i mitbrachte — den weltweit ersten handgehaltenen Trennschleifer mit elektronisch gesteuerter Wassereinspritzung. Der Außendienstler drückte dem Händler das Gerät in die Hand, der nun selbst erlebte, wie leicht der Trennschleifer durch den harten Beton gleitet. Kurze Zeit später hielt der Händler seine Champagnerflasche in den Händen (siehe Abb. 18). Dank des Champagner-

Mailings hatte der TS 550i die volle Aufmerksamkeit der Händler, die sich beim Besuch des Stihl-Verkäufers selbst von den Produktvorteilen des Trennschleifers überzeugten. »Sowohl unsere Außendienstkollegen als auch die Fachhändler waren von der Champagner-Aktion begeistert«, berichtet Ilka Hunstock, die bei Stihl das Projekt initiierte. »Das glaubwürdige Produkterlebnis geben die Fachhändler nun ebenso begeistert an ihre Kunden weiter – der TS 500i ist dadurch sehr gut und breit distribuiert« (I. Hunstock, Interview, 14.05.2014).

Abb. 18: Trennschleifer einsetzen, erleben und den Champagner genießen (Quelle: Stihl).

2.4.2 Glaubwürdigkeit strahlt ab

Einzelne Merkmale strahlen auf die Wahrnehmung anderer Merkmale ab. Wir schätzen beispielsweise die Kühlleistung eines Kühlschrankes geringer ein, wenn dieser innen mit der warmen Farbe Rot lackiert ist. Die Klangqualität empfinden wir als besser, wenn wir Musik aus großen Lautsprechern hören. Reinigungsmittel säubern subjektiv stärker, wenn sie duften und schäumen. Ein sattes Geräusch beim Zuschlagen der Autotür ist für uns ein Indiz für die Qualität des gesamten Fahrzeugs. Derartige Irradiationsphänomene beziehungsweise Ausstrahlungseffekte können Sie zuhause selbst ausprobieren: Färben Sie einen Vanillepudding mit schokoladenbrauner Lebensmittelfarbe und lassen Sie ihn eine andere Person kosten – sie wird die Vanille nicht schmecken.

Der Haptik-Effekt löst ebenfalls Irradiationsphänomene aus. Beispielsweise schmeckt einigen Menschen das Wasser aus einem stabilen Plastikbecher besser als das identische Wasser aus einem dünnwandigen Plastikbecher (Krishna & Morrin, 2008) — in Kapitel 3.3 erfahren Sie, was das mit dem sogenannten Need for Touch zu tun hat. Werbung nutzt ebenfalls den haptischen Ausstrahlungseffekt: Mercedes Benz beispielsweise bewarb seinen neuen Baustellen-Truck Arocs mit einem ganz speziellen Zeitschriftenbeileger aus Schmirgelpapier, das jeder Handwerker gut kennt (siehe Abb. 19). Auf der Vorderseite liest der Betrachter das wie durch harte Arbeit ins Schmirgelpapier hineingeritzte »Hart im Nehmen, wo es rau zugeht.« Die Rückseite zeigte das Nutzfahrzeug und seine Vorteile: »Kraftvoll, robust, effizient. Der Arocs. Die neue Kraft am Bau.« Der Copytext aktiviert zusammen mit dem haptischen Reiz des Schmirgelpapiers die Resonanzfelder von »rau« und »Baustelle«: Sandig-raues Gelände, schwere Lasten und laute Geräusche durch die sich der Arocs seinen Weg bahnt. Das fühlbar gemachte Einsatzgebiet des Arocs färbt auf die wahrgenommene Robustheit des Fahrzeugs ab: Das Schmirgelpapier vermittelt das Produktversprechen glaubwürdiger als normales Papier. Nicht umsonst erhielt der aufmerksamkeitsstarke Beileger den Deutschen Mediapreis der Fachzeitschrift »Werben & Verkaufen« in der Kategorie Print (Pauker, 2014).

Abb. 19: Schmirgelpapier als Code für schwere Arbeit, die auf die Leistung des Nutzfahrzeugs abfärbt (Quelle: dieckertschmidt).

Das haptische Erlebnis färbt nicht nur auf das beworbene Produkt ab, sondern auch auf den Absender, die Marke: Mercedes Benz baut robuste Fahrzeuge, lernt der Betrachter der Schmirgelpapier-Anzeige. Die Empfänger des Gummibandinstrumentes vom Raffle Music College spüren, dass es gar nicht so schwer ist, ein Instrument zu spielen. Viel wichtiger ist jedoch die implizite Information über den Absender: Am Raffle Music College kann jeder leicht das Musizieren erlernen und hat viel Spaß dabei. Die Botschaft kam an, schließlich reagierte fast die Hälfte der Empfänger auf das Mailing. Die Glaubwürdigkeit der konkreten Botschaft strahlte auf den Absender ab. Ausstrahlungseffekten können wir uns kaum entziehen, denn ein Urteil über ein Angebot oder eine Marke fällen wir unbewusst in Sekundenbruchteilen.

2.4.3 Fazit

Haptische Erlebnisse, die explizite Argumente implizit unterstützen, machen eine Werbebotschaft integer: Der Kunde nimmt sie ganzheitlich und stimmig wahr. Da wir uns subjektiv nie verfühlen, zweifeln wir haptisch vermittelte Botschaften nicht an. Die gefühlte Wahrheit färbt auf das beworbene Produkt und die gesamte Marke ab. Über konkretes Erleben schafft der Haptik-Effekt so eine hohe Glaubwürdigkeit und baut Vertrauen auf.

2.5 Value: Mehr Wertschätzung

Die verschiedenen Nutzenaspekte eines Produkts oder einer Dienstleistung bestimmen deren subjektiven Wert sowie die Preisbereitschaft des Kunden. Die konkreten Produkteigenschaften müssen natürlich zuerst die expliziten Basisziele der Produktkategorie bedienen — der Bankkunde möchte beispielsweise mit seiner Kreditkarte im Ausland an möglichst vielen Stellen bezahlen können. Darüber hinaus befriedigt die Kreditkarte auch die impliziten, psychologischen Ziele der Kunden: die eigentlichen Kauftreiber. Der eine demonstriert seinen Status mit seiner Kreditkarte, der andere fühlt sich unabhängig mit ihr, einem Dritten bietet sie Sicherheit (vgl. Scheier et al., 2012, S. 91 ff.; vgl. auch Kapitel 4.2.1).

Vermittelt ein Angebot die konkreten und psychologischen Nutzenglaubwürdig, sinkt das wahrgenommene Risiko eines Kaufs. Damit wird das Angebot subjektiv wertvoller als jene Angebote, die zwar das Gleiche explizit versprechen, es aber weniger glaubwürdig vermitteln. Die Qualität der Kommunikation wird Teil des Produktwertes.

Der Haptik-Effekt senkt das wahrgenommene Kaufrisiko und steigert die Wertschätzung gegenüber Produkten, Dienstleistungen und Marken auf vielfältige Weise.

2.5.1 Sicherheit und Ausstrahlungskraft

Wir überprüfen optische Eindrücke, indem wir Dinge berühren — das gibt uns Sicherheit. Nur so erfahren wir, ob der Pullover im Regal wirklich kuschelig oder die Kiwi reif ist, wie der Smart in den Briefkasten kam oder wie biegsam ALfonds ist. Haptische Eindrücke strahlen auf das gesamte Produkt und die Marke aus, was die Wahrnehmung derselbigen sowohl positiv als auch negativ färben kann.

Als kognitive Geizhälse sparen wir »Hirnschmalz«, indem wir eine einfache Faustregel nutzen: Was sich gut anfühlt, ist auch gut. Das Wasser im stabilen Plastikbecher schmeckte den Studienteilnehmern von Krishna und Morrin (2008) nicht nur besser als das identische Wasser im dünnwandigen Plastikbecher — sie schätzten ersteres auch als teurer ein. In der Studie von Peck und Wiggins (2006) bewerteten die Studienteilnehmer das Nationalpark-Prospekt besser und waren bereit, mehr Geld zu spenden, wenn das Prospekt mit einem angenehmen haptischen Element bestückt war — beispielsweise mit einer weichen Feder. Unangenehmes Schmirgelpapier dagegen hatte keinen Einfluss auf die Spendenbereitschaft.

Der Hersteller von Premium-Unterhaltungselektronik Bang & Olufsen setzt den Ausstrahlungseffekt in seiner Beo4-Fernbedienung um: Diese ist leicht zu bedienen, besteht aus kühlem Zink und wiegt mit 298 Gramm fast so viel wie ein Tablet-PC. In der Hand vermittelt die hochwertig verarbeitete, gewichtige Fernbedienung: Stabilität und Qualität — das, was die Kunden von den Produkten der Premiummarke erwarten können. Die Fernbedienung in der Hand macht es spürbar. Aus einem ähnlichen Grund dürfen Kunden in den Media- und Saturn-Märkten alle elektronischen Geräte in die Hände nehmen. Die Interessenten können beispielsweise die Menüführung eines Handys ausprobieren, aber vor allen Dingen sollen sie die Qualität mit ihren Händen spüren und ein Gefühl für das Gerät bekommen.

2.5.2 Berührung weckt das Besitzgefühl

Der Besitztumseffekt — auch Endowment-Effekt genannt — besagt: Was wir besitzen, ist uns stets mehr wert als etwas, das nicht uns gehört. Objekte, die wir besitzen, sind stets auch ein Teil unserer Identität — eine Verlängerung unseres Selbst (vgl. Kapitel 3.2). Wir signalisieren der Außenwelt beispielsweise über unsere Kleidung, unser Auto oder unser Telefon, wer wir sind. Indem wir unsere Besitztümer aufwerten, werten wir auch uns selbst auf. Kein Wunder, dass auf dem Flohmarkt die Kaufangebote für unsere persönlichen Dinge meist jämmerlich niedrig wirken. Verblüffenderweise löst bereits eine Berührung von wenigen Sekunden dieses Besitzgefühl aus, wodurch der subjektive Wert der berührten Sache steigt (Peck & Shu, 2009). Die psychologische Inbesitznahme ist umso stärker, je länger wir ein Objekt in den Händen halten. Studienteilnehmer, die eine Tasse 30 Sekunden in den Händen hielten, verlangten anschließend über 50 Prozent mehr Geld für die Tasse als Teilnehmer, die nur 10 Sekunden die Tasse berührten (Wolf, Arkes & Muhanna, 2008). Selbst ein Fingertipp auf ein Produktbild löst beim Onlineshopping mit einem Touchscreen-Computer das Besitzgefühl aus. In einem Experiment steigerte die virtuelle Berührung den wahrgenommenen Wert eines Pullovers um fast 50 Prozent verglichen mit Mausklick-Shoppern (Brasel & Gips, 2014).

Der Endowment-Effekt spricht dafür, dass Kunden Produkte in die Hand nehmen sollten. Bei abstrakten Produkten oder Dienstleistungen, beispielsweise im Finanzdienstleistungsbereich, machen haptische Medien das Angebot stellvertretend begreifbar. Im Eingangsbeispiel der Berliner Sparkasse übernahmen diese Aufgaben die Wackel- und Endlosfaltkarten in Form der erhältlichen Kreditkarten. Was wir (lange) in unseren Händen halten, empfinden wir als unser Eigentum und schätzen dessen Wert höher ein.

Chanel aktivierte die psychologische Inbesitznahme sogar in einer doppelseitigen Printanzeige: Darauf klebte ein aus stabilem Karton gestanzter Flakon in Originalgröße. Der Betrachte konnte ihn von der Anzeige lösen und hielt daraufhin sinnbildlich den Flakon in seinen Händen – dabei schnupperte er den Duft des Parfüms, den das Ad-Special ausströmte (siehe Abb. 20).

Abb. 20: Ein Ad-Special zum Anfassen und Riechen (Quelle: W&V).

2.5.3 Haptisches Priming

Haptische Informationen aktivieren im Gedächtnis eine Reihe verwandter Informationen. Diese können wir daraufhin leichter aus unserem Gedächtnis abrufen, was wiederum unser Verhalten beeinflussen kann. Psychologen nennen das assoziative Anbahnung oder auch Priming (vgl. z.B. Felser, 2015, S. 78 ff.; siehe auch Kapitel 3.4). Als Prime-Reiz dient beispielsweise das Gewicht: In einem Experiment stieg die wahrgenommene Eignung eines Bewerber, wenn die Bewertenden seinen Lebenslauf auf einem schweren Klemmbrett in den Händen hielten statt auf einem leichten (Ackerman, Nocera & Bargh, 2010). Das schwere Gewicht des Klemmbretts aktivierte das mentale Konzept von Bedeutsamkeit und Kompetenz, denn was schwer ist, ist in der Regel wichtig und hat Wert. Nicht ohne Grund sprechen wir auch von gewichtigen Argumenten.

In einem anderen Experiment zeigen Ackerman et al. (2010), dass auch die Textur mentale Konzepte aktivieren kann: Studienteilnehmer, die weichen Stoff berührten, hielten anschließend eine Unterhaltung zweier Personen für kooperativ. Wenn sie zuvor dagegen raues Schmirgelpapier berührten, empfanden sie dieselbe Unterhaltung eher als aggressiv. Die haptischen Verkaufshilfen der Berliner Sparkasse transportierten den Nutzen des Angebotes ebenfalls über ihr Gewicht, ihre Textur und ihre Konsistenz. Die Wackel- und Endlosfaltkarten waren stabil, letztere auch deutlich schwerer als normale Prospekte und beide hatten eine geschmeidig-weiche Oberfläche – damit aktivierten sie eine Reihe positiver mentaler Assoziationen.

2.5.4 Fazit

Der Haptik-Effekt macht Eigenschaften und damit einhergehende Nutzenversprechen eines Angebotes konkret erlebbar, er weckt das Besitzgefühl und aktiviert mentale Konzepte, die positive Assoziationen hervorrufen. Das alles steigert den wahrgenommenen Wert des Angebotes.

2.6 Action: Mehr Handlungs- und Kaufbereitschaft

Ob wir ein Produkt kaufen, entscheidet unser Autopilot nach einer einfachen Regel: Die Lust am wahrgenommenen Nutzens muss größer sein als der Schmerz der Investition. Hirnforscher haben gezeigt, dass Bilder von attraktiven Produkten das »Belohnungssystem« im Gehirn der Studienteilnehmer aktivierte – den sogenannten Nucleus accumbens. Dieser schüttet bei einem positiven Ereignis oder einer positiven Erwartung Dopamin aus. Dieser Neurotransmitter ist

2 Action: Mehr Handlungs- und Kaufbereitschaft

ein »Glückshormon«: Es versetzt uns in eine positive Stimmung und reduziert Stress. Der Preis hingegen aktivierte bei den Teilnehmern den Inselcortex – diese Gehirnregion ist unter anderem bei der emotionalen Bewertung von Schmerz beteiligt. Kurzum: Geld bezahlen tut weh. Empfinden wir die Belohnung durch einen Kauf größer als den Schmerz des zu zahlenden Preises, kaufen wir mit größerer Wahrscheinlichkeit auch (vgl. Barden, 2013, S. 38 ff.; Knutson, Rick, Wimmer, Prelec & Loewenstein, 2007).

Oben haben wir gezeigt, dass der Haptik-Effekt das Abspeichern von Informationen im Gedächtnis erleichtert, Botschaften glaubwürdig macht und den subjektiven Wert eines Angebots steigert. Damit relativiert der Haptik-Effekt den Preis-Schmerz und macht Kaufentscheidungen wahrscheinlicher.

2.6.1 Berührung animiert zum Handeln

Das Smart-Mailing, das Gummibandinstrument oder der schwere Stihl-Betonstein zeigen: Die Responserate bei Mailingaktionen steigt mit dem Einsatz haptischer Mailingverstärker, denn diese involvieren und aktivieren stärker als klassische Mailings.

Doch auch am Point of Sale bewirkt Berühren einiges: Kunden, die Produkte in die Hand nehmen, kaufen eher als jene, die Produkte nicht anfassen. Psychologen stellten in einem Supermarkt vor dem Obstregal ein Schild auf, dass die Kunden aufforderte: »Fühlen Sie die Frische« (siehe Abb. 21). Das taten die Kunden auch und die Rate an impulsiven Obstkäufen stieg daraufhin beachtlich an – um fast 40 Prozent (Peck & Childers, 2006). Berührung macht das Produkt und seinen Nutzwert spürbar und steigert das Besitzgefühl – da fällt es einem schwer, das Produkt wieder aus der Hand zu legen. Mehr Berührung bedeutet mehr Umsatz.

Ebenso beeinflussen Berührungen des Verkäufers das Kaufverhalten positiv: Kunden, die der Verkäufer beim Begrüßen kurz und dezent am Arm berührt, verweilen länger im Geschäft und geben dort mehr Geld aus als andere Kunden, die der Verkäufer nicht berührte (Hornik, 1992). In Kapitel 3.1 zeigen wir, dass eine Berührung durch andere Menschen auch ehrlich, hilfsbereit, spendabel und sympathisch macht.

Abb. 21: Die Aufforderung zu berühren steigert die Spontankaufrate (Quelle: iStockphoto.com; Fotos: Andris Tkachenko; Kotomiti).

2.6.2 Bewegung steigert den Konsum

Die Kaufwahrscheinlichkeit steigt, wenn der Kunde die kommunizierten Nutzenargumente bereitwillig aufnimmt — und einfache Bewegungen können das mentale Konzept der Annahme aktivieren. Es genügt bereits, wenn wir auf mikromuskulärer Ebene unseren Beugemuskel im Arm anspannen — entweder eine kleine Bewegung zum Körper hin machen oder auch nur die entsprechenden Muskeln leicht anspannen. In einem Experiment aßen die Teilnehmer daraufhin mehr Kekse als andere Teilnehmer, die ihren Streckmuskel aktivierten, was normalerweise bei ablehnenden Gesten passiert (Förster, 2003; siehe Abb. 22).

Zu diesem erstaunlichen Aspekt des Haptik-Effekts erfahren Sie mehr in Kapitel 3.5, wo wir das Embodiment genauer erläutern. Beim Entfalten der Endlosfaltkarten der Sparkasse bewegten die Kunden auch mehrfach die Hände zum Körper hin — sie nahmen dadurch das Angebot wohlwollender auf und kauften daraufhin auch eher eine Kreditkarte.

2 Action: Mehr Handlungs- und Kaufbereitschaft

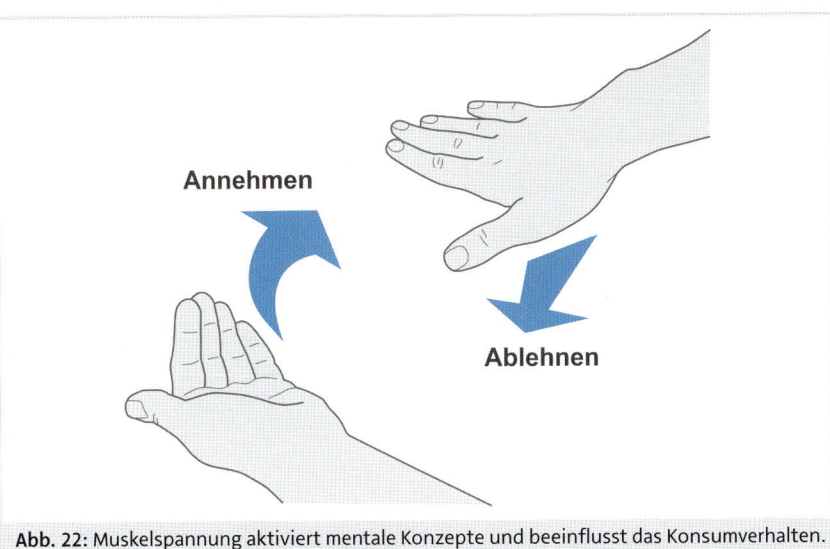

Abb. 22: Muskelspannung aktiviert mentale Konzepte und beeinflusst das Konsumverhalten.

Unser (Konsum-)Verhalten wird sogar durch das Anspannen beliebiger Muskeln stimuliert — wenn wir beispielsweise eine Faust machen oder auf den Zehenspitzen stehen. In Experimenten spendeten Studienteilnehmer daraufhin mehr Geld für eine Hilfsaktion oder verfolgten ihre Gesundheitsziele mit stärkerem Willen, indem sie mehr gesunde Lebensmittel kauften als Teilnehmer, die keine Muskeln anspannten (Hung & Labroo, 2011).

> Starke Marken etablieren motorische Markenhandlungen und differenzieren sich damit von ihren Mitbewerbern.

Kunden brechen eine Tafel Ritter Sport mit einem Kraftgriff auf, sie klopfen mit der Feigling-Flasche auf den Tisch oder sie drücken den roten Knopf auf dem Deckel einer Flasche Vitasprint B12 und schütteln sie anschließend. Derartige Handlungen verankern Marken schnell und nachhaltig im Gedächtnis der Kunden (Langner & Fischer, 2011). Motorische Handlungen erzeugen neue Verhaltensmuster und binden die Kunden an eine Marke, was einen Wiederkauf wahrscheinlicher macht und die Loyalität steigert. Wie stark Bewegungen unseren Geist beeinflussen, bringt eine Erkenntnis aus dem Change-Management auf den Punkt: »It is easier to act your way into a new way of thinking, than to think your way into a new way of acting« (Pascale, Sternin & Sternin, 2010, S. 38). Verhalten verändert das Denken leichter als Denken das Verhalten.

2.6.3 Fazit

Berührung erzeugt eine höhere Preisbereitschaft und eine höhere Kaufwahrscheinlichkeit, da haptisch erlebbare Nutzenaspekte glaubwürdiger sind. Bewegungen steigern weiterhin die Aufnahmebereitschaft von Informationen und machen entscheidungsfreudiger in Verkaufsgesprächen. Bewegungen differenzieren auch Marken, indem sie neue Verhaltensweisen verankern, damit die Erinnerung an die Marke steigern und so die Wiederkaufwahrscheinlichkeit erhöhen.

In den Kapiteln 4 und 5 wenden wir uns der praktischen Anwendung des ARIVA-Modells zu. Zuvor nehmen wir Sie im folgenden Kapitel 3 jedoch erst einmal mit auf eine Reise in die Psychologie. Danach kennen Sie alle relevanten psychologischen Mechanismen, die Berührungen und motorische Handlungen auslösen können. Diese Mechanismen nähren die einzelnen ARIVA-Dimensionen und helfen Marken sowie Produkten, ihre Qualität im harten Wettbewerb wahrnehmbarer zu machen. Für Unternehmen ist das überlebenswichtig, denn bei jeder Kaufentscheidung landet nur ein Produkt pro Kategorie im Einkaufswagen oder digitalen Warenkorb: das aus Kundensicht beste.

3 Die Psychologie des Haptik-Effekts

Wer sich bewegt, berührt die Welt, und wer ruht, den berührt sie; deswegen müssen wir immer bereit sein, zu berühren oder berührt zu werden.
Johann Wolfgang von Goethe

Zusammenfassung
- Berührungen bei persönlichem Kontakt machen den Verkäufer sympathischer und vertrauenswürdiger. Kunden werden durch eine dezente Berührung ehrlicher, hilfsbereiter, konsumfreudiger und geben mehr Geld aus.
- Das Berühren eines Produkts weckt das Besitzgefühl und erhöht die Preisbereitschaft. Selbst mentales Berühren erzeugt diesen Effekt.
- Was Ihre Kunden berühren, sollte Ihr Qualitätsversprechen, Ihren Produktnutzen oder Ihre Botschaft haptisch erlebbar machen — das wird dem Need for Touch gerecht und steigert den subjektiven Wert Ihres Angebots.
- Haptische Reize sind in der Lage, mentale Konzepte zu aktivieren. Dieses sogenannte Priming beeinflusst unbewusst unsere Wahrnehmung, unsere Werturteile und unser Verhalten. Schon kleine Details können eine große verkaufsfördernde Wirkung erzielen und die Effizienz Ihrer Werbung erhöhen.
- Motorische Handlungen, die mit einer Marke verknüpft sind, differenzieren nicht nur vom Wettbewerb, sie erhöhen auch die Erinnerungsleistungen, beeinflussen Gefühlszustände, Einstellungen und das (Kauf-)Verhalten positiv.
- Bilder, die aus der Ich-Perspektive die Interaktion mit einem Produkt zeigen, wirken wie reale motorische Handlungen. Der motorische Cortex ist aktiv und der Betrachter simuliert mental die gesehenen Handlungen mental.
- Haptische Werbemittel werden als Geschenk empfunden und belohnen mental, wenn sie den Empfänger erfreuen, spielerisch involvieren oder überraschen. Damit aktivieren Sie das Gesetz der Gegenseitigkeit: Der Empfänger fühlt sich verpflichtet, etwas zurückzugeben, und schenkt schenkt Ihrer Botschaft mindestens seine volle Aufmerksamkeit.

3.1 Der Midas-Effekt: Von Mensch zu Mensch

Wie viel Trinkgeld geben Sie einer Kellnerin im Restaurant? Entscheiden Sie es danach, ob Ihnen das Essen geschmeckt hat, die Kellnerin freundlich war oder Ihnen der Besuch an sich gefallen hat? Diese Kriterien erscheinen plausibel und rechtfertigen sicherlich ein angemessenes Trinkgeld. Vielleicht lag es aber auch daran, dass die Kellnerin Sie einmal kurz und unbemerkt am Arm berührte?

3.1.1 Berühren macht spendabel

Ob eine Berührung die Bereitschaft steigert, ein Trinkgeld zu geben, untersuchten die Psychologen April Crusco und Christopher Wetzel (1984) in einem Restaurant. Die Kellnerin brachte die Rechnung an den Tisch und öffnete erwartungsvoll ihre Hand für ein Trinkgeld. Im Schnitt spendierte jeder Gast 12 Prozent des Rechnungsbetrages. Berührte die Kellnerin den Gast jedoch beiläufig an dessen Schulter, bekam sie zwei Prozent mehr. Das kurze Berühren seiner Hand brachte ihr sogar 17 Prozent Trinkgeld ein — 40 Prozent mehr als bei den nicht berührten Gästen. Crusco und Wetzel erinnerten sich an die Sage von König Midas, der alles, was er berührte, in Gold verwandelte, und tauften den Effekt daraufhin »Midas Touch Effect«. Angelehnt daran nennen wir ihn: **Midas-Effekt**.

Der Midas-Effekt funktioniert auch in einer Bar, wie französische Forscher demonstrierten: Die Kellnerin kam lächelnd an den Tisch und fragte die Gäste nach ihren Wünschen — so erhielt sie von 11 Prozent der Gäste ein Trinkgeld. Berührte sie währenddessen kurz den Unterarm des jeweils bestellenden Gastes, bekam sie von mehr als doppelt so vielen Gästen ein Trinkgeld — durchschnittlich in Höhe von 17 Prozent der Rechnung, ohne Berührung erhielt sie rund 20 Prozent weniger. Eine kleine Berührung steigert sowohl die Bereitschaft, ein Trinkgeld zu geben, als auch seine Höhe (Guéguen & Jacob, 2005).

3.1.2 Berühren steigert die Kaufbereitschaft

In der »European Trusted Brands Survey 2015« liegt der Beruf des Autoverkäufers in Deutschland auf einem der letzten Ränge der vertrauenswürdigsten Berufe — knapp vor dem Politiker und dem Immobilienberater (Reader's Digest, 2015). Diesen Vorsprung könnten ein paar kleine Berührungen vergrößern, denn sie machen Menschen sympathischer. In einer Studie berührte ein Gebrauchtwagenverkäufer während des Verkaufsgesprächs flüchtig den Arm seiner männlichen Kunden. Letztere schätzten den Verkäufer anschließend freundlicher, seriöser, ehrlicher und sympathischer ein als jene Kunden, die der Verkäufer zuvor nicht berührte (Erceau & Guéguen, 2007). Eine Berührung rückt eine Person in ein rundum positives Licht — das ist die beste Startposition für einen Verkäufer.

In der Tat sind Menschen nach einer kurzen Berührung konsumfreudiger: Kaufman und Mahoney (1999) zeigten, dass die Gäste einer Bar mehr alkoholische Getränke tranken, wenn die Kellnerin sie berührte, im Vergleich zu nicht berührten Gästen. In einer anderen Studie bewerteten Studenten eine Bibliothek besser, wenn der Angestellte beim Zurückgeben des Bibliotheksausweises ihre Hand berührte (Fischer, Rytting & Heslin, 1976). Der israelische Marketingforscher Jacob Hornik (1992) zeigte in einem Experiment, dass Kunden eines Buchladens, die der Verkäufer persönlich begrüßte und dabei kurz am Oberarm berührte, rund 60 Prozent mehr Zeit im Geschäft verbrachten als Kunden, die er nicht berührend empfing. Der Midas-Effekt bewirkte sogar mehr: Die berührten Kunden bewerteten das Geschäft besser und gaben im Schnitt acht Prozent mehr Geld aus als jene, die ohne vorherige Berührung einkauften.

In einem anderen Experiment von Hornik (1992) war der Versuchsleiter als Promotor getarnt und lud die Kunden eines Supermarktes dazu ein, an seinem Verkostungsstand einen neuen Snack zu probieren. Auch hier machte eine kleine Berührung am Oberarm einen großen Unterschied: 85 Prozent der Berührten kosteten den Snack, ohne Berührung waren es nur 65 Prozent. Wer den Snack probierte, bekam einen Rabattcoupon, den er beim Kauf des Snacks an der Kasse einlösen konnte. Das taten 64 Prozent der Berührten, jedoch nur 43 Prozent der Nicht-Berührten. In einem ähnlichen Experiment kauften fast doppelt so viele berührte als unberührte Supermarktbesucher eine angepriesene Fertigpizza (Smith, Gier & Willis, 1982).

3.1.3 Berühren weckt Altruismus

Der Psychologe Chris Kleinke (1977) ließ in einem Experiment etwas Kleingeld im Münzfach eines öffentlichen Telefons am Flughafen liegen und versteckte sich in der Nähe. Die nächste Person, die das Telefon benutzen wollte, fand die Münzen. In der Annahme, dass diese dort jemand vergessen hatte, steckte sich die Person die Münzen in die eigene Tasche. In diesem Moment trat der Forscher aus seinem Versteck und fragte die Person, ob sie seine Münzen gefunden habe. Immerhin zwei Drittel der Personen waren ehrlich und gaben ihm das Geld zurück. Die Ehrlichkeitsquote erhöhte Kleinke auf sagenhafte 96 Prozent, indem er die Person beim Fragen kurz am Unterarm berührte.

Hilfsbereit zeigten sich auch Busfahrer in einer Studie: Der Bitte eines Fahrgasts, ihn unentgeltlich ein Stück mitzunehmen, kamen sie eher nach, wenn der Fahrgast sie kurz am Arm berührte, während er fragte (Guéguen & Fischer-Lokou, 2003). In einer anderen Studie schnorrten die Forscher auf der Straße rauchende Passanten um eine Zigarette an. Berührten die Forscher die Raucher dabei dezent am Arm, spendierten 68 Prozent der Angeschnorrten eine Zigarette, ohne Berührung waren es nur 51 Prozent (Joule & Guéguen, 2007). Dabei spielte es keine Rolle, ob die Passanten sich der Berührung bewusst waren oder sie nur implizit wahrnahmen.

Eine kurze Berührung am Oberarm erhöhte auch die Bereitschaft von Passanten, für eine Petition zu stimmen — 81 Prozent unterzeichneten sie. Ohne Berührung taten das nur 51 Prozent (Willis & Hamm, 1980). Andere Forscher baten Passanten darum, einen Fragebogen auszufüllen, wozu 21 Prozent der Angesprochenen bereit waren. Berührten die Forscher jedoch kurz den Unterarm der Passanten, während sie um deren Mithilfe baten, füllten doppelt so viele den Fragebogen aus. Einen Midas-Effekt-Turbo entdeckten die Forscher auch: Als sie den Unterarm zweimal hintereinander berührten, halfen ihnen fasten 60 Prozent der Passanten — dreimal so viele im Vergleich zur berührungslosen Bitte (Vaidis & Halimi-Falkowicz, 2008).

Eine kurze Berührung — oder besser noch zwei — verführt dazu, jemandem einen Gefallen zu tun. Und ein berührter Kunde wird dem Verkäufer mindestens eine Gefälligkeit erweisen: seinen Argumenten aktiv zuhören.

> **! Wichtig: Altruismus — nicht um jeden Preis**
> Der durch Berühren ausgelöste Altruismus kann durch die psychologischen Kosten einer Bitte gebremst werden: Guéguen et al. (2011) baten Passanten darum, Blut zu spenden — kein kleiner Gefallen, da er mit einem Nadelstich und einigem Aufwand verbunden ist. Fast jeder zweite Passant erklärte sich immerhin dazu bereit — ob die Forscher ihn dabei kurz am Unterarm berührten oder nicht, spielte allerdings keinerlei Rolle. Der Midas-Effekt blieb aus.

3.1.4 Berühren macht glücklich

Warum ist der Midas-Effekt so kraftvoll? Berühren ist ein elementares menschliches Bedürfnis, der Kitt zwischen Menschen (vgl. Anhang 6.2). Als Kinder fühlen wir uns durch körperliche Zuneigung unserer Eltern geborgen und sicher, was Stress abbaut. Menschen, denen wir nahe stehen, zeigen wir durch Berührungen unsere Zuneigung. In unserer »Statistik der Umwelt« ist die Verknüpfung von Berühren, Vertrauen und Liebe abgespeichert. Eine Berührung aktiviert diese Assoziationen und damit verbundenen positiven Emotionen. Der Autopilot greift dabei auf unser Erfahrungswissen zurück und dekodiert den physischen Kontakt als Information: Diese Person ist vertrauenswürdig! Berührungen stärken überdies die soziale Bindung zwischen Menschen, denn unser Gehirn schüttet aufgrund der taktilen Stimulation das Bindungshormon Oxytocin aus. Wir fallen einem Verkäufer, der uns berührt, natürlich nicht gleich verliebt um den Hals. Die Oxytocin-Dosis wirkt dennoch und erzeugt ein latentes Gefühl der Vertrautheit.

Deutlich wird die Assoziation von Berührung und Vertrauen, wenn wir uns die Bedeutung des Handschlags anschauen: In kriegerischen Epochen streckten sich Menschen ihre unbewaffneten Hände zum Handschlag entgegen und zeigten damit, dass sie in friedlicher Absicht kommen. Auf römischen Münzen finden sich schüttelnde Hände als Symbol der Eintracht, dasselbe Motiv zierte auch das Logo der Sozialistischen Einheitspartei Deutschlands. Viele Verträge werden heute noch gern per Handschlag besiegelt, und zumindest in unserer Gesellschaft wirkt es ablehnend, jemandem beim Begrüßen oder Verabschieden nicht die Hand zu reichen.

Die Forscher rund um die US-Neuropsychologin Sanda Dolcos zeigten ihren Studienteilnehmern im funktionellen Magnetresonanztomografen (fMRT) verschiedene Videos, auf denen ein Geschäftsmann einen Kunden begrüßte. Der Geschäftsmann ging entweder lächelnd und einladend mit offenen Armen auf seinen Kunden zu oder er wich mit grimmigem Gesicht und verschränkten Armen zurück. Die Teilnehmer bewerteten den Geschäftsmann anschließend: Den Freundlichen nahmen sie als kompetenter und vertrauenswürdiger wahr als den Geschäftsmann mit der abweisenden Mimik. Von den Szenarien gab es allerdings auch jeweils eine Version, bei der sich die Personen zur Begrüßung die Hand gaben. Der Handschlag veränderte die Wahrnehmung: Der abweisende Geschäftsmann wirkte plötzlich sympathischer auf die Teilnehmer und der freundliche deutlich vertrauenswürdiger. Die fMRT-Daten zeigten: Sowohl das freundliche Szenario als auch das Händeschütteln führten zu einer erhöhten Aktivität in der Amygdala — der Teil des limbischen Systems, der unter anderem bei der emotionalen Bewertung von Situationen beteiligt ist. Zudem kurbelte der Händedruck die Aktivität im Nucleus accumbens an — dem »Belohnungssystem« unseres Gehirns. Das dort ausgeschüttete Hormon Dopmanin löst Glücksgefühle aus, woraufhin die emotionale Bewertung des berührenden Menschens positiv ausfällt: Er wirkt sympathischer und vertrauter. Selbst dann, wenn wir, wie die Teilnehmer im Experiment, die Berührung nur beobachten (Dolcos, Sung, Argo, Flor-Henry & Dolcos, 2012).

Dafür verantwortlich sind bestimmte Nervenzellen im Gehirn: die sogenannten Spiegel- beziehungsweise Empathieneuronen. Wenn wir eine Handlung oder ein Gefühl bei einem anderen Menschen beobachten, feuern diese Zellen genauso stark, als würden wir selbst die Handlung ausführen oder am eigenen Leibe erleben, was dem Anderen widerfahren ist. Haut sich jemand mit dem Hammer auf den Finger, dann fühlen wir mental seinen Schmerz mit. Unser Autopilot beantwortet permanent und in Sekundenbruchteilen nicht nur die Frage »Was ist es?«, sondern auch »Wie fühlt es sich an?« und »Wie gehe ich damit um?« Das ist ein automatischer Prozess, dank dem wir uns besser in unsere Mitmenschen hineinfühlen und sie besser verstehen können. Dabei hilft auch das Mitfühlen einer Berührung, diese kann schließlich unangenehm oder angenehm sein und dementsprechend ganz unterschiedliche Emotionen im Berührten auslösen (vgl. Rizzolatti, Fadiga, Gallese & Fogassi, 1996; Roth, 2011, S. 56 ff.; Scheier & Held, 2012b, S. 99).

3.1.5 Berührungsgrenzen

Ihnen ist sicher aufgefallen, dass in den zitierten Studien die Versuchsteilnehmer lediglich an der Hand, den Armen oder den Schultern berührt wurden. Diese Körperbereiche gelten in unserem Kulturkreis als »öffentlicher Bereich« — eine dortige Berührung akzeptieren die meisten Menschen. Berührungen sind ein wichtiges Ausdrucksmittel von Vertrautheit in sozialen Beziehungen. Darum gilt: Je emotionaler wir mit einem Menschen verbunden sind, desto mehr ist erlaubt. Der Liebespartner darf einen überall berühren; fremde Menschen dagegen nur die Hände und — unter bestimmten Bedingungen — auch Arme und Schultern. Alles andere ist Sperrzone (Suvilehto, Glerean, Dunbar, Hari & Nummenmaa, 2015). Langt eine fremde Hand da unaufgefordert hinein, erwidern wir das gewiss mit einer schwungvollen Ohrfeige. Für den »Midas-Touch« bedeutet das: Solange Berührungen keine intimen Grenzen überschreiten, wirkt er sehr wahrscheinlich.

In vielen südländischen Kulturen sind Umarmungen und Begrüßungsküsschen allerdings gang und gäbe — die Menschen dort sind stärker berührungsaffin als in unseren Landen. Das bedeutet im Umkehrschluss: Je alltäglicher zwischenmenschliche Berührungen in einer Kultur sind, desto weniger wird der Midas-Effekt seine Kraft entfalten, da die Menschen gegenseitiges Berühren gewohnt sind (Remland, Jones & Brinkman, 1995; Orth, Bouzdine-Chameeva & Brand, 2013).

Berührungsaversion
Der Midas-Effekt kann seinen goldenen Glanz allerdings auch verlieren — zum Beispiel, wenn uns eine fremde Person im Menschengedränge versehentlich und unerwartet berührt. Im Experiment von Brett Martin (2012) ging ein Teilnehmer jeweils alleine in einen Taschenladen, wo er eine ganz bestimmte trendige Ta-

sche begutachten sollte. Im Laden lauerte schon Martins Komplize, getarnt als Kunde. Rein »zufällig« lief er dem Teilnehmer vor die Füße, wich ihm erschrocken aus und streifte dabei mit seinem Arm dessen Schulter. Diese Berührung von einer halben Sekunde genügte, um den Teilnehmern die Kauflust zu verderben: Im Vergleich zu nicht angerempelten Teilnehmern bewerteten sie die Qualität der hippen Tasche schlechter und fanden die Marke unattraktiver; ihre Zahlungsbereitschaft war geringer und sie verbrachten weniger Zeit im Geschäft (Martin, 2012). Zufällige Berührungen von wildfremden Menschen lösen Unwohlsein in uns aus, das sich negativ auf unser Kaufverhalten und Einkaufserlebnis auswirken kann. Für die Praxis heißt das: Ein Geschäft sollte stets ausreichend Platz bieten für den nötigen Abstand zueinander.

Was Martin (2012) noch nicht messen konnte, war die individuelle Berührungsaffinität. Menschen unterscheiden sich darin, ob sie sich bei zwischenmenschlichem Berühren wohl fühlen oder nicht. Die Psychologinnen Andrea Webb und Joann Peck (2015) entwickelten einen Fragebogen, der diesen **Comfort with Interpersonal Touch** (CIT) misst, und enthüllten erste Einflusstendenzen der Berührungsaffinität auf das Konsumverhalten: Menschen mit hohem CIT[1] erfreuen sich an berührungsintensiven Dienstleistungen (z.B. einen Maßanzug anfertigen oder die Haare schneiden lassen). Für diese Services können sich Menschen mit niedrigem CIT hingegen nur schwer begeistern. Letztere fühlen sich weiterhin unwohl in vollen, belebten Geschäften und scheuen sich vor Verkaufsgesprächen. Ein Verkäufer, der sie berührt, wirkt dadurch nicht sympathischer und sein Angebot nicht attraktiver. Die CIT-Skala wirft Licht auf jene Menschen, bei denen der Midas-Effekt keine Wirkung erzielt. Psychologen werden in den kommenden Jahren sicher noch viele spannende Details zum Einfluss zwischenmenschlicher Berührungen auf das Kaufverhalten enthüllen.

3.1.6 Fazit: Berührt werden macht großzügig

Kurze Berührungen an Händen, Armen und Schultern lösen implizit positive Emotionen aus, was sich wiederum vorteilhaft auf die Wahrnehmung des Konsumkontextes und das Kaufverhalten auswirkt.

---

[1] Der CIT umfasst zwei Dimensionen: 1) Wer problemlos andere Menschen berühren kann, hat einen hohen *CIT-initiating* und 2) einen hohen *CIT-receiving* hat jemand, der sich nicht vor Berührungen anderer scheut. Beide Dimensionen korrelieren positiv miteinander — ein hoher (niedriger) *CIT-receiving* geht stets mit einem hohen (niedrigen) *CIT-initiating* einher.

Das leistet der Midas-Effekt für ARIVA

❗	**Attention:** Aufmerksamkeit, Interesse	Eine Berührung intensiviert den Kontakt und löst implizit **positive Emotionen** aus. Das lenkt die **Aufmerksamkeit** unbewusst auf den Berührenden beziehungsweise sein Angebot.
🔵	**Recall:** Erinnerung, Verankerung	Hierzu liegen **keine Studien** vor, doch bei positiven Emotionen — die von Berührungen ausgelöst werden können — lernen Menschen generell besser.
✅	**Integrity:** Vertrauen, Glaubwürdigkeit	Der Berührende wirkt **kompetenter**, **seriöser**, **ehrlicher**, **vertrauter** — das färbt wiederum auf seine Aussagen und sein Angebot ab.
❤️	**Value:** Wertschätzung, Gefallen	Eine Berührung macht den Verkäufer **sympathisch**. Ihm gegenüber sind berührte Personen **positiver eingestellt** ebenso wie dem **Geschäft** beziehungsweise der **Marke** gegenüber.
🛒	**Action:** Handeln, Kaufbereitschaft	Berührte Personen lassen sich **mehr Zeit** zum Einkaufen und sie kommen der Empfehlung des Verkäufers eher nach — ihre **Kauf-** sowie **Zahlungsbereitschaft steigt**.

Ob in Verhandlungen oder Verkaufsgesprächen: Geben Sie Geschäftspartnern und Kunden zur Begrüßung die Hand, aber tun Sie dies, wie Dolcos et al. (2012) empfehlen: fest, selbstbewusst und freundlich. Denn Ihr Händeschütteln beeinflusst in Sekundenschnelle, wie andere Menschen Ihre Persönlichkeit wahrnehmen. Menschen mit festem Händedruck nehmen wir als extravertierter und offener wahr als einen Menschen mit laschem Händedruck — dieser wirkt ängstlich, empfindlich und schüchtern (Chaplin, Phillips, Brown, Clanton & Stein, 2000). Insbesondere beim ersten Eindruck, der sich lange hartnäckig hält, ist das wichtig. Berühren Sie beim Händeschütteln mit Ihrer freien Hand Ihr Gegenüber kurz am Ellenbogen oder am Unter- beziehungsweise Oberarm. Diese kurze Berührung erhöht Ihre Sympathiewerte und Ihre Verkaufschancen.

3.2 Endowment: Was mir lieb und teuer ist

Stellen Sie sich folgende Situation vor: Zuhause quillt Ihr CD-Regal über. Da Sie Ihre Musiksammlung längst digitalisiert haben, wollen Sie Ihre alten Musikschätze am Sonntagmorgen auf dem Flohmarkt verkaufen. Da kommt auch schon der erste Besucher an Ihren Stand und interessiert sich für eine Ihrer Lieblings-CDs. Er bietet Ihnen zwei Euro. Verkaufen Sie? Ein anderer Interessent fragt Sie nach dem Preis. Wie viel verlangen Sie?

Wahrscheinlich schlucken Sie kurz bei dem Zwei-Euro-Angebot: So wenig Geld für *Ihre* Lieblings-CD? Das scheint wirklich kein faires Angebot zu sein. Fünf oder gar sieben Euro kämen dem eigentlichen Wert Ihres besonderen Stückes doch viel näher. Jeder, der schon einmal seine eigenen Sachen auf dem Flohmarkt verkauft hat, kennt dieses Phänomen sicherlich. Abgesehen davon, dass der Verkäufer für seine Ware möglichst viel Geld erhalten und der Käufer möglichst wenig ausgeben möchte, ist es bemerkenswert, wie stark die Vorstellungen eines fairen Preises voneinander abweichen können.

3.2.1 Besitzgefühl steigert den Wert

Der Psychologe Daniel Kahneman untersuchte das Phänomen zusammen mit seinen Kollegen. In einem Experiment schenkten die Forscher der Hälfte ihrer Studienteilnehmer eine Tasse der Universität. Im Uni-Shop kostete die Tasse sechs Dollar. Die Forscher fragten die Beschenkten anschließend, zu welchem Preis zwischen 0,25 und 9,25 Dollar sie die Tasse verkaufen würden. Die anderen, tassenlosen Teilnehmer gaben an, für wie viel Dollar sie die Tasse kaufen würden. Im Schnitt boten die Käufer nur drei Dollar, wohingegen die besitzenden Verkäufer mit durchschnittlich sieben Dollar sogar mehr verlangten als der ihnen bekannte Ladenpreis (Kahneman, Knetsch & Thaler, 1990). Dieser Effekt trägt den Namen **Endowment-Effekt** — Besitzumseffekt: Was wir besitzen, hat für uns stets einen höheren Wert als sein objektiver Sachwert.

Verlust motiviert stärker als Gewinn
Eine Erklärung für den Endowment-Effekt ist die sogenannte **Verlustaversion**: Mögliche Verluste wirken bedrohlicher als mögliche Zugewinne. Aus diesem Grund wehren wir Verluste ab oder lassen uns großzügig dafür entschädigen (Kahneman & Tversky, 1979). Wenn Sie Ihre CD verkaufen, verändert sich der Status quo: Sie verlieren etwas, was Ihnen gehört, und der schmerzende Verlust rechtfertigt für Sie den Preis von sieben Euro — der gewiss höher ist, als der objektive Wert der alten CD. Wahrscheinlich geben Sie jährlich auch mehr Geld für die Versicherung Ihres Hab und Guts aus als für Lotterielose, obwohl beide Ereignisse — ein Lottogewinn wie ein Wohnungsbrand — sehr unwahrscheinlich sind. Clevere Verkäufer präsentieren ihr Produkt daher nicht als Gewinn (z.B. »Mit diesen Kopfhörern erleben Sie allerhöchste Klangqualität«), sondern als Vermeidung eines Verlustes: »Mit anderen Kopfhörern hören Sie nur zu, doch mit diesen hier sitzen Sie mitten im Orchester und verpassen nicht eine einzige Klang-Nuance.«

Besitzaufwertung ist Selbstaufwertung

Eine weitere Erklärung für den Endowment-Effekt ist die **Selbstaufwertung**: Menschen haben generell positive Einstellungen gegenüber sich selbst. Ebenso sind wir positiv gegenüber den Dingen eingestellt, die wir besitzen — denn sie gehören zu uns und zeigen, wer wir sind. Wenn unser Hab und Gut bedroht ist, fühlen wir uns selbst bedroht. Das löst einen psychologischen Abwehrmechanismus aus: Der werten unseren Besitz auf und damit uns selbst, und fühlen uns wieder wohl. In einem Experiment bewerteten die Studienteilnehmer eine Tasse und überlegten sich einen Preis für diese — entweder in der Rolle des Käufers oder Verkäufers. Anschließend unterschieden sie per Tastendruck reale von fiktiven Wörtern. Unter den realen Wörtern befanden sich auch lebensbedrohliche (z. B. Tod, Gefahr). Die besitzenden Verkäufer verlangten erwartungsgemäß einen höheren Preis für die Tasse als die Käufer und sie erkannten auch signifikant schneller die bedrohlichen Wörter. Der nahende Verlust der Tasse machte sie sensibel für eine Bedrohung. In einem zweiten Experiment belegten die Forscher, dass wir Objekte, die wir besitzen, aufwerten, weil wir uns damit selbst aufwerten: Die besitzenden Verkäufer fassten einen unverständlichen Text über ein kompliziertes Statistikverfahren zusammen, was mächtig an ihrem Selbstbild kratzte. Anschließend verlangten sie einen deutlich höheren Preis für die Tasse als jene Verkäufer, die zuvor eine leichte Aufgabe lösten, die ihr Selbstbild nicht negativ berührte (Chatterjee, Irmak & Rose, 2013).

Der Besitz-Gedanke zählt

Der Endowment-Effekt und seine wertsteigernde Kraft zeigen sich selbst dann, wenn wir ein Produkt noch nicht besitzen. Das Besitzgefühl wecken wir bereits, indem wir uns einfach nur vorstellen, ein Produkt bereits zu besitzen — damit nehmen wir es psychologisch in Besitz. In einer Studie stellten sich einige der Teilnehmer vor, wie sie eine Tasse zuhause verwenden würden. Jene empfanden ein größeres Besitzgefühl für die Tasse und schätzten deren Wert ein Drittel höher ein als die andere Teilnehmer, die sich den Besitz nicht vorstellten (Peck & Shu, 2009). Das Besitzgefühl wächst auch, wenn der potenzielle Käufer verschiedene Gründe aufzählt, die für den Kauf eines Produkts sprechen, oder wenn er über die Vorteile nachdenkt, die ihm ein Produkt bringen könnte. Dabei stellt er sich automatisch vor, das Produkt zu besitzen und fokussiert sich beide Male auf positive Aspekte des Produkts. Das löst positive Gefühle aus, weckt das Besitzgefühl und steigert damit den subjektiven Wert des Produkts. Damit einher geht dann auch eine höhere Preisbereitschaft (Shu & Peck, 2011). Daraus lässt sich ein wichtiger Verkaufstipp ableiten: Wenn der Verkäufer im Verkaufsprozess ein Gefühl des Besitzens beim Kunden erzeugt, dann sinkt dessen Preissensibilität. Dazu genügt meist schon ein kleiner Anstupser: »Stellen Sie sich doch einmal vor, wie es sein wird, wenn Sie damit ...«

3.2.2 Berühren wertet auf

Was hat der Endowment-Effekt mit dem Tastsinn zu tun? Ob wir mit einem Messer das Brot schneiden oder mit einem Sprühreiniger die Badfliesen säubern: Mit einem Objekt in der Hand manipulieren wir unsere Umwelt. Wir haben die Kontrolle über das Objekt. Wir bestimmen, was wir damit machen. Berühren ist stets der erste Schritt, wenn wir ein Objekt nutzen und es uns aneignen wollen (Pierce, Kostova & Dirks, 2003). Durch das Berühren und das Hantieren mit einem Objekt übernehmen wir die physische Kontrolle darüber. Wir nehmen das Objekt psychologisch in Besitz, was wiederum seinen subjektiven Wert steigert.

In Experimenten der US-Marketingforscherinnen Joann Peck und Suzanne Shu (2009) bewerteten die Teilnehmer in der Rolle eines Käufers ein Slinky-Spielzeug — die berühmte Metallspirale, die Treppen hinuntersteigen kann (siehe Abb. 23). Die Teilnehmer gaben an, wie gut sie sich vorstellen können, das Spielzeug zu besitzen, und wie viel Geld sie für das Slinky ausgeben würden. Das Slinky stand vor ihnen auf dem Tisch. Einige Teilnehmer durften es in die Hand nehmen und damit spielen, während sie es begutachteten. Bei anderen Teilnehmern steckte das Slinky noch in der Verpackung. Letztere waren bereit, durchschnittlich knapp zwei Dollar für das Spielzeug auszugeben. Hielten die Teilnehmer das Slinky jedoch in ihren Händen, stieg ihre Zahlungsbereitschaft um 50 Prozent auf fast drei Dollar — denn ihr Besitzgefühl war deutlich stärker ausgeprägt als in der Nicht-Berühren-Gruppe.

Abb. 23: Einmal in die Hand genommen ist das Slinky »meins« und subjektiv wertvoller (Quelle: yoyo.com).

Andere Studienteilnehmer stellten sich zu Beginn des Versuchs vor, dass das Slinky ihnen gehöre — jedoch durften sie das Spielzeug nicht berühren. Ihre Zahlungsbereitschaft war genauso hoch wie die der Teilnehmer, die das Slinky zusätzlich berühren durften. Entweder wir stellen uns den Besitz vor oder wir berühren ein Objekt — beides steigert das Besitzgefühl und dadurch den subjektiven Wert, allerdings ohne additiven Effekt (Peck & Shu, 2009).

Ein additiver Effekt von Besitz und Berühren zeigt sich nur bei tatsächlichem Besitzstatus. In einem weiteren Versuch schenkten Peck und Shu (2009) ihren Studienteilnehmern einen Kugelschreiber. Die Hälfte der Teilnehmer durfte den Kugelschreiber in die Hand nehmen, die andere Hälfte betrachtete den Kugelschreiber lediglich. Die Forscher fragten nun, zu welchem Preis die Teilnehmer ihren Kugelschreiber verkaufen würden. Wer seinen Stift in den Händen hielt, verlangte rund 50 Prozent mehr Geld dafür und auch sein Besitzgefühl war stärker ausgeprägt als das der Teilnehmer, die ihren Stift nicht berühren durften.

Allein durch das bloße Anfassen eines Objekts wachsen das Besitzgefühl und der wahrgenommene materielle Wert des Objektes — ganz gleich, ob wir das Objekt bereits besitzen oder (noch) nicht.

> **!** **Das Besitzgefühl wegwaschen**
>
> Wie stark Besitz und Hände verbunden sind, zeigten österreiche Psychologen. In einem ihrer Experimente schenkten sie den Teilnehmern einen Schokoriegel und führten sie zum Waschbecken, wo sie eine Flüssigseife bewerteten. Die Hälfte der Teilnehmer sollte die Seife dazu ausprobieren und wusch sich die Hände, die anderen durften nicht testen. Danach bot der Versuchsleiter den Teilnehmern an, ihren Schokoriegel gegen den einer anderen Marke zu tauschen. Von den Teilnehmern mit frisch gewaschenen Händen trennte sich jeder zweite von seinem Schokoriegel, von den anderen nur jeder vierte. Den Endowment-Effekt können wir buchstäblich von unseren Händen waschen (Florack, Kleber, Busch & Stöhr, 2013). In unserer »Statistik der Umwelt« finden wir die Erklärung: Wir waschen uns metaphorisch von Sünden rein, waschen mit unseren Händen Schmutz von unserem Körper und waschen unsere Hände nach der Arbeit, bevor wir den Feierabend genießen. Händewaschen befreit von etwas, es symbolisiert Ende und Neues. Der Akt des Händewaschen aktiviert all diese Bedeutungen, die daraufhin unsere mentalen Entscheidungsprozesse beeinflussen. Psychologen nennen diese Phänomen *Embodiment* (siehe Kapitel 3.5).

Angenehme Berührungen steigern den Wert

In einem anderen Experiment der Studie von Peck und Shu (2009) verlangten die Studienteilnehmer erneut mehr Geld für das Slinky, wenn sie es vorher berührten. Auch ihr Besitzgefühl war stärker ausgeprägt. Dieses Mal maßen die

Forscher zusätzlich noch die affektiven Reaktionen der Teilnehmer: Das Slinky weckte in den Händen der Teilnehmer positive Gefühle, sie gaben beispielsweise an, entzückt oder vergnügt zu sein. Andere Teilnehmer bewerteten dagegen Spielschaum. Das ist eine Art Knetmasse, die aus Tausenden kleinen Kügelchen besteht und sich eigenartig anfühlt — kein besonders entzückendes haptisches Erlebnis für die Teilnehmer (siehe Abb. 24). In der Hand begutachtet, wuchs zwar das Besitzgefühl für den Spielschaum, sein subjektiver Wert allerdings nicht — weder in der Käufer- noch in der Verkäuferrolle. Berührung weckt zwar stets das Gefühl des Besitzens, doch steigert sie den subjektiven Wert nur, wenn sich das Objekt angenehm anfühlt (Peck & Shu, 2009). Ein unangenehmes haptisches Erlebnis löst hingegen negative Gefühle aus, die wiederum auf den empfundenen Wert des Objekts abfärben und ihn senken (Shu & Peck, 2011). Geben Sie Ihren Kunden deshalb nur Dinge in die Hände, die letztere zum Lächeln bringen.

Abb. 24: Eine unangenehme Haptik beeinflusst nicht das Wertempfinden — trotz Besitzgefühls (Quelle: Learning Ressources).

Länger Berühren macht wertvoller

Die Wertschätzung eines Produkts wird nicht nur stark davon beeinflusst, ob wir etwas in die Hand nehmen, sondern auch wie lange wir dies tun. In einer Studie des US-Konsumforschers James Wolf begutachteten die Teilnehmer eine Tasse, die sie dabei 10 Sekunden in ihren Händen hielten. Anschließend waren sie gewillt, durchschnittlich 2,44 Dollar für die Tasse zu zahlen. Andere Teilnehmer durften die Tasse hingegen 30 lange Sekunden in der Hand halten und zahlten daraufhin im Schnitt 3,91 Dollar für die Tasse. Die 20 Sekunden längere Berührung steigerte den Wert der Tasse damit um ganze 60 Prozent (Wolf et al., 2008). Je länger ein potenzieller Kunde ein Produkt, ein Direct Mailing oder eine Verkaufshilfe in seinen Händen hält, desto weniger preissensibel wird er sein. Wie

Sie das zum langen Anfassen animierende sensorische Design für Ihre Marketingobjeke finden, erfahren Sie in Kapitel 4.

3.2.3 Touch-Ersatz: Kopfkino und Touchscreens

Nicht in allen Konsumsituationen können Menschen die Produkte berühren, beispielsweise beim Online-Einkauf oder einer Katalogbestellung. Wie können Sie dennoch das Besitzgefühl beim Kunden wecken und damit sein Wertempfinden für das Produkt? Eine Möglichkeit haben wir bereits kennengelernt: Wir können uns in Gedanken ausmalen, wie es wäre, das Produkt zu besitzen — mit all seinen Vorteilen und guten Gründen.

In Gedanken berühren
Lässt sich das Besitzgefühl auch auch wachkitzeln, wenn wir uns lediglich vorstellen, ein Produkt zu berühren? Diese spannende Hypothese untersuchten Joann Peck und ihre Kollegen: Die Studienteilnehmer beurteilen eine Stoffdecke, die vor ihnen auf dem Tisch lag. Einige Teilnehmer durften die Decke währendessen mit ihren Händen befühlen. Andere sollten sie entweder nur anschauen oder sich dabei zusätzlich vorstellen, wie sich die Decke in ihren Händen wohl anfühlen mag. Wieder andere sollten ihre Augen schließen und die Decke nur in Gedanken befühlen. Anschließend beantworteten alle Teilnehmer verschiedene Fragen: Inwieweit empfanden sie die Decke als ihr Eigen? Fühlten sie eine physische Kontrolle über die Decke? Wie detailreich waren ihre gedanklichen Berührungen? Das Besitzgefühl und die physische Kontrolle waren am größten, wenn die Teilnehmer die Decke tatsächlich mit ihren Händen befühlten; am kleinsten waren Besitzgefühl und erlebte Kontrolle bei jenen, die lediglich die Decke ansahen. Wer dagegen das Befühlen der Decke mental simulierte, hatte ein ebenso stark ausgeprägtes Besitzgefühl wie beim tatsächlichen Berühren — allerdings nur, wenn er seine Augen dabei geschlossen hatte. Mit offenen Augen blieben die gedanklichen Berührungen wirkungslos (Peck, Barger & Webb, 2013).

Der Grund: Bei geschlossenen Augen ist die Intensität der mentalen Berührungen größer. Die Teilnehmer stellten sich das Befühlen der Decke wesentlich detailreicher vor — beispielsweise wie sie mit ihren Fingern über die Decke streichen und die Textur fühlen. Aufgrund der lebhaften Fantasie wuchs das Gefühl der physischen Kontrolle über die Decke und mit ihm das Gefühl des Besitzens. Bei offenen Augen lenken uns hingegen die zahlreichen visuellen Reize in unserer Umgebung ab und schwächen unsere Vorstellungskraft (Peck et al., 2013).

3 Endowment: Was mir lieb und teuer ist

> Die reine Vorstellung, etwas zu berühren, kann den gleichen Effekt haben wie das tatsächliche Berühren. Animieren Sie Ihre Kunden stets dazu, in Gedanken mit Ihrem Produkt zu hantieren, und kreieren Sie spannende und detailreiche Vorstellungen für das Kopfkino Ihrer Kunden.

Produktbilder berühren

Am Computerbildschirm können auch Bilder den Endowment-Effekt auszulösen. In einem fiktiven Onlineshop suchten sich die Teilnehmer aus verschiedenen Gratis-Pullovern einen für sich aus. Dazu klicken sie das Bild des Pullovers an — entweder mit dem Mauszeiger oder mit dem Zeigefinger auf einem Touchscreen. Anschließend fragten die Forscher, für wie viel Geld sie ihren neuen Pullover weiterverkaufen würden. Wer seinen Pullover per Mauszeiger gewählt hatte, verlangte durchschnittlich rund 47 Dollar. Die Auswahl per Fingertipp ließ den Preis dagegen um 50 Prozent auf knapp 73 Dollar steigen — die Teilnehmer berichteten auch von einem höheren Besitzgefühl als die Maus-Klicker. Das Berühren des Produkts auf dem Bildschirm hat den gleichen Effekt wie eine echte Berührung: Es weckt das Gefühl der Kontrolle, das wiederum zur psychologischen Inbesitznahme führt und den subjektiven Wert erhöht (Brasel & Gips, 2014).

Zum zweiten Experiment der Studie brachten die Teilnehmer ihren eigenen Tablet-PC mit. Als ein Teil von uns erweitert das eigene Gerät gewissermaßen unser Selbst — der eigene Touchscreen müsste folglich ein größeres Besitzgefühl wecken als ein fremder. So war es auch: Die Teilnehmer verlangten 20 Dollar mehr für ihren Pullover, wenn sie diesen auf dem eigenen Touchscreen auswählten, verglichen mit den Teilnehmern, die den Tablet-PC des Versuchsleiters nutzen (Brasel & Gips, 2014).

Die Forscher fragten auch die Zahlungsbereitschaft der Teilnehmer ab, doch machte es keinen Unterschied, ob diese das Produkt auf dem eigenen oder fremden Touchscreen antippten oder anklickten (Brasel & Gips, 2014). Scheinbar setzt der wertsteigernde Effekt des Berührens erst dann ein, wenn das Produkt im Warenkorb liegt. Das werden Psychologen sicher bald durch weitere Experimente herausfinden. Onlinehändler können sich dennoch freuen: Shoppen ihre Kunden auf einem Touchscreen-Computer, wächst zumindest das Besitzgefühl für angetippte Produkte — der digitale Warenkorb ist dann nur noch wenige weitere Fingertipps weit entfernt.

3.2.4 Fazit: Kurz berührt ist halb gekauft

Das Berühren eines Produkts löst das Gefühl des Besitzens aus, das die subjektive Wertschätzung des Angebotes steigert und die Kaufentscheidung dadurch wahrscheinlicher macht.

Das leistet der Endowment-Effekt für ARIVA

❗	**Attention:** Aufmerksamkeit, Interesse	—
💬	**Recall:** Erinnerung, Verankerung	An das, von dem der Kunde bereits mental Besitz ergriffen hat, wird er sich mit großer Wahrscheinlichkeit auch erinnern.
✅	**Integrity:** Vertrauen, Glaubwürdigkeit	Der Kunde macht sich das Produkt mit seinen Händen **zu eigen**. Er nimmt den Kauf gedanklich vorweg, wodurch er den (Produkt-)**Nutzen glaubwürdig erlebt**.
❤	**Value:** Wertschätzung, Gefallen	Berühren löst das **Besitzgefühl** aus. Der **subjektiv wahrgenommene Wert** eines Produktes **steigt** in den eigenen Händen.
🛒	**Action:** Handeln, Kaufbereitschaft	Die subjektive Aufwertung erhöht die **Präferenz** für das Produkt in den Händen und steigert die **Preisbereitschaft**.

Testprodukte gehören in jedes Regal und Verpackungen sollten zum Anfassen animieren. Verkäufer sollten ihren Kunden wann immer möglich das Produkt oder eine Verkaufshilfe in die Hände geben. Dann entfaltet der Endowment-Effekt seine immense Kraft. Das durch Berühren ausgelöste Besitzgefühl erklärt auch den erstaunlichen Erfolg von haptisch optimierten Produkten wie Apples iPhone oder Veltins Design-Bierflasche, die deutlich teurer sind als objektiv vergleichbare Produkte: Das haptische Design lädt zum Anfassen ein — und einmal berührt, ist halb gekauft.

Andere Produkte wie eine Gebäudeversicherung oder ein noch zu bauendes Eigenheim können Kunden allerdings nicht in die Hand nehmen oder berühren. Hierfür gibt es haptische Alternativen die das Produkt und seine Qualität greifbar machen — beispielsweise Miniaturmodelle oder haptische Verkaufshilfen. Alternativ sollten Werbung und Verkäufer ihre Kunden dazu animieren, sich den Besitz oder das Berühren des Produkts vorzustellen.

3.3   Need for Touch: Gut ist, was sich gut anfühlt

Wir haben oben gezeigt, dass Menschen ein Produkt, das sie in den Händen halten, als wertvoller empfinden und wahrscheinlicher kaufen. Doch nicht alle Menschen fassen Dinge gleich gern an. Der **Need for Touch** (NFT) — das Bedürfnis, Dinge zu berühren — ist bei Menschen unterschiedlich stark ausgeprägt. Manche Menschen berühren gern — sie befühlen ein Produkt, um es zu begutachten, oder sie streifen einfach nur gern mit ihren Fingern über die Ware. Andere Menschen dagegen haben dieses Verlangen nicht oder weniger stark. Je nach dem, wie stark ihr Berührungsbedürfnis ist, verarbeiten Menschen haptische Reize unterschiedlich. Das beeinflusst ihre Qualitätswahrnehmung, ihr Einkaufserlebnis und ihre Kaufbereitschaft.

3.3.1   Die zwei Dimensionen des NFT

Die Haptik-Forscherin Joann Peck und ihr Kollege Terry Childers entwickelten die NFT-Skala. Das ist ein Fragebogen, mit dem Forscher den NFT eines jeden Menschen zuverlässig bestimmen können. Der Fragebogen misst mit jeweils sechs Fragen die zwei Dimensionen des NFT: den instrumentellen und den autotelischen NFT. Zusammen ergeben der instrumentelle und der autotelische NFT den Gesamt-NFT (Peck & Schilders, 2003a).

Der instrumentelle NFT
Menschen mit hohem **instrumentellen NFT** sammeln bewusst haptische Informationen über ein Produkt und analysieren sie bezogen auf den Produktnutzen: Das Gewicht eines Laptop-Computers schätzen sie beispielsweise ab, indem sie das Gerät in den Händen wiegen. Dann wissen sie, ob er sich zum mobilen Arbeiten eignet. Eine Kiwi drücken sie sanft zwischen zwei Fingern und prüfen so ihren Reifegrad. Der Stoff eines Pullovers verrät ihnen, ob er im Winter warmhält. »Beim Kauf eines Artikels fühle ich mich wohler, wenn ich diesen vorher durch Anfassen eingehend geprüft habe« ist eine beispielhafte Aussage aus dem NFT-Fragebogen. Das Berühren ist Mittel zum Zweck, denn es liefert spürbare relevante Informationen für ein verlässliches, effizientes Urteil und minimiert das Risiko einer Fehlentscheidung. Insofern ist instrumentelles Berühren zielgerichtet, motivationsgetrieben, funktional und rational (Peck & Childers, 2003a; Peck & Childers, 2003b; Nuszbaum, Voss, Klauer & Betsch, 2010).

Der autotelische NFT

Der **autotelische NFT** ist hingegen unabhängig von einem konkreten Kaufziel. *Autotelisch* leitet sich aus den altgriechischen Worten *autós* und *télos* ab: *selbst* und *Ziel*. Menschen mit hohem autotelischen NFT berühren Produkte um des Anfassens willen — sie haben einfach Spaß und Freude am Berühren. Im NFT-Fragebogen stimmen sie beispielsweise der Aussage zu: »Beim Einkaufen ertappe ich mich immer wieder dabei, dass ich alle möglichen Artikel anfasse.« Autoteliker berühren spontan und impulsiv, wo immer es etwas anzufassen gibt. Das kann der Kaschmir-Pullover sein oder die aluminiumgebürstete Hi-Fi-Anlage. Hauptsache, es fühlt sich gut an und das sensorische Erlebnis bereitet einen Sinnengenuss. Eine Kaufabsicht treibt den autotelischen NFT nicht an — allein der haptische Reiz des Produkts motiviert zum Berühren. Der Autopilot verarbeitet die eingehenden haptischen Reize. Sind diese angenehm, können sie durchaus eine impulsive Kaufentscheidung anstoßen (Nuszbaum et al., 2010; Peck & Childers, 2003a; Peck & Childers, 2003b).

Der instrumentelle NFT korreliert stark positiv mit dem autotelischen NFT. Das heißt: Wer ein hohes Bedürfnis nach instrumentellem Berühren hat, dessen autotelisches Berührungsbedürfnis ist sehr wahrscheinlich ebenso stark ausgeprägt — und umgekehrt. Entsprechend fassen Menschen mit hohem NFT Produkte gern an — sowohl instrumentell, um sie bewusst zu beurteilen, als auch autotelisch, weil angenehme haptische Reize ihnen Freude bereiten (Peck & Childers, 2003a).

Hoher NFT: Schnelle Reizverarbeitung

Peck und Childers (2003a) untersuchten, inwieweit der NFT die Verarbeitung haptischer Informationen beeinflusst. In einem Experiment bewerteten die Teilnehmer laut denkend entweder einen Pullover oder einen Tennisschläger. Teilnehmer mit hohem NFT nannten während der Produktevaluation wesentlich früher und vor allem deutlich mehr haptische Begriffe als die Teilnehmer mit niedrigem NFT. Beispielsweise erwähnten Erstere häufiger die Weichheit des Pullovers oder das Gewicht des Tennisschlägers. Menschen mit hohem NFT nutzen demnach mehr haptische Informationen zum Beurteilen eines Produkts und können diese auch schneller aus ihrem Gedächtnis abrufen als Menschen mit niedrigem NFT.

In einem weiteren Versuch der Studie lasen die Teilnehmer verschiedene Wörter, die nacheinander auf dem Computerbildschirm erschienen: nicht-haptische (z.B. Zucker, Gras, Wein), haptische (z.B. rau, hart, greifen) sowie sinnfreie Wörter (z.B. blesb, slint, hosk). Per Tastenklick sollten die Teilnehmer die haptischen Wörter identifizieren. Die Forscher analysierten ihre Reaktionszeiten: Teilnehmer mit hohem NFT erkannten die haptischen Wörter schneller als die nicht-haptischen oder fiktiven Ausdrücke, was die oben genannten Ergebnisse untermauert (Peck & Childers, 2003a).

Menschen mit hohem NFT sind geübt im Anfassen, auf haptische Gedächtnisspuren können sie leichter zugreifen und verarbeiten haptische Reize schneller als Menschen mit niedrigem NFT. Doch welche Implikationen für das Marketing ergeben sich daraus? Schauen wir uns an, welche Rolle der NFT im Konsumalltag spielt.

3.3.2 Berühren macht den Unterschied

Wie wichtig den Menschen mit hohem NFT das Berühren ist, zeigten Peck und Childers (2003b) in einer anderen Studie. Die Teilnehmer bewerteten einen Pullover oder ein Handy. Die Produkte konnten sie währenddessen entweder anfassen oder anschauen, weil sie unter transparentem Plexiglas lagen. Teilnehmer mit hohem NFT waren leicht frustriert und unsicher in ihrer Bewertung, wenn sie das jeweilige Produkt nicht berühren konnten. Für sie ist das Berühren eines Produkts ein Muss, und ohne haptische Informationen über das Produkt sinkt ihre (Kauf-)Laune. Wer einen niedrigen NFT hatte, fühlte sich dagegen stets sicher in seiner Bewertung, ganz gleich, ob er das Produkt berühren konnte oder nicht.

Menschen mit hohem NFT sind geübt im Anfassen und können haptische Informationen schneller verarbeiten. Die objektive Qualität von Produkten können sie entsprechend besser beurteilen als Menschen mit niedrigem NFT. In einer anderen Studie berührten und bewerteten die Teilnehmer unterschiedliche Produkte – zum Beispiel hochwertige und minderwertige Kopfkissen und Handtücher. Im Vergleich zu Teilnehmern mit niedrigem NFT waren jene mit hohem NFT besser darin, die hochwertigen von minderwertigen Produkten zu unterscheiden, und sie bewerteten die hochwertige Ware auch höher. Durften die Teilnehmer mit hohem NFT die Produkte nicht berühren, beurteilten sie diese schlechter und waren zudem wieder unsicher in ihrem Urteil (Grohmann, Spangenberg & Sprott, 2007).

Niedriger NFT: Haptik als Qualitätsindikator
Menschen mit hohem instrumentellen NFT wollen Produkte berühren – sie fühlen deren haptische Eigenschaften, die als relevante Kriterien in die Kaufentscheidung einfließen; vorausgesetzt, dass die haptischen Merkmale repräsentativ für die Qualität oder das Nutzenerlebnis sind. Das mag das stabile Gehäuse des Smartphones sein, der wärmende Stoff des Pullovers oder die Leichtigkeit, mit der sich die Knöpfe einer Fernbedienung drücken lassen. Die autotelische Komponente des NFT spielt eine ebenso wichtige Rolle: Ein Produkt sollte sich stets auch angenehm anfühlen. Beispielsweise wärmt ein dicker Pullover zwar, sein kratziger Stoff wird diesen Vorteil jedoch in den Schatten stellen.

Allerdings sagen nicht alle vom Produkterlebnis ausgehenden haptischen Signale etwas über die Produkteigenschaften aus. Zum Beispiel schmeckt ein Mineralwasser gleich, ob wir es nun aus einem stabilen Plastikbecher trinken oder aus einem Becher, der aus dünnem Plastik besteht. Durch die rationale Brille betrachtet sieht jeder: Eine Verpackung beeinflusst nicht ihren Inhalt. Unser Autopilot trägt jedoch keine rationale Brille. Die Sensorik-Forscherinnen Aradhna Krishna und Maureen Morrin (2008) zeigten: Die haptische Qualität des Bechers beeinflusst das Geschmackserlebnis, je nachdem, wie hoch der NFT beim Trinkenden ist. Da solch eine Wechselwirkung spontaner Natur und nicht rational motiviert ist, maßen die Forscher lediglich die autotelische Dimension des NFT[2] ihrer Studienteilnehmer. In einem der Experimente testeten die Teilnehmer ein Mineralwasser — durch einen Strohhalm kosteten sie es aus einem dünnwandigen, labbrigen Plastikbecher, wobei die Hälfte der Studienteilnehmer den Becher berührte. In einem Vortest beurteilten andere Teilnehmer die haptische Qualität des Bechers als gering. Die labbrige Haptik des Bechers strahlte auf die des Wassers aus: Teilnehmer mit niedrigem NFT empfanden die Wasserqualität als minderwertig, dies jedoch nur, wenn sie den Becher berührten. War das Anfassen nicht erlaubt, beurteilten sie die Qualität des Mineralwassers höher, nämlich ebenso gut wie die Teilnehmer mit hohem NFT. Deren Bewertung verschlechterte sich auch nicht durch das Berühren des Bechers.

Haptische Qualität und Zahlungsbereitschaft
Eine mindere haptische Qualität senkt auch die Zahlungsbereitschaft. In einem weiteren Experiment lasen die Studienteilnehmer die Produktankündigung eines neuen Mineralwassers. Darin erfuhr die eine Hälfte der Teilnehmer, dass das Wasser in einer dünnwandigen, instabilen Plastikflasche verkauft werde, bei der anderen Hälfte sollte das Wasser dagegen in einer hochwertigen, stabilen Flasche auf den Markt kommen. Teilnehmer mit niedrigem NFT waren gewillt, 10 Prozent mehr Geld für das Wasser aus der stabilen Flasche auszugeben als für das aus der dünnwandigen Flasche. Bei hohem NFT wirkte sich die Qualität der Flasche nicht auf die Zahlungsbereitschaft aus. Der Versuch zeigt weiterhin, dass sogar geschriebene haptische Informationen unsere Wahrnehmung beeinflussen — wir müssen sie nicht einmal selbst erfühlen (Krishna & Morrin, 2008).

Krishna und Morrin (2008) wollten ferner wissen, wie Menschen die Haptik des Behältnisses verarbeiten. Im letzten Experiment der Reihe testeten die Studienteilnehmer das neue Mineralwasser einer Fluggesellschaft, das sie entweder aus

---

2   Instrumentelles Berühren wird nur durch ein konkretes Kaufvorhaben motiviert. Dann prüfen Kunden die haptischen Eigenschaften eines Produkts bewusst. Insofern ist die autotelische Dimension relevanter für den NFT, wenn wir die unbewussten und impliziten Einflüsse der Haptik auf die Wahrnehmung verstehen wollen.

einem dünnwandigen oder einem stabilen Plastikbecher tranken, den sie dabei in ihren Händen hielten. In der Instruktion lasen die Teilnehmer, dass die Fluggäste für das neue Mineralwasser zahlen müssen. Mit diesem Hinweis erzeugten die Forscher negative Gedanken. Die Teilnehmer schrieben nun auf, was ihnen beim Verkosten durch den Kopf ging. Im Vergleich zu den Teilnehmern mit niedrigem NFT erwähnten jene mit hohem NFT den Becher doppelt so häufig in ihrem Gedankenprotokoll — sie nahmen den Becher demnach bewusst wahr und damit auch dessen hohe beziehungsweise niedrige Qualität. Diese beeinflusste, wie erwartet, auch nicht ihr Urteil über das Mineralwasser: Wie schon in den vorherigen Experimenten bewerteten die Teilnehmer mit hohem NFT das Mineralwasser gleich gut, unabhängig vom jeweiligen Behältnis.

Dagegen ließen sich die Teilnehmer mit niedrigem NFT von der Becherqualität beeinflussen — sie bewerteten das Wasser schlechter, wenn sie es aus dem minderwertigen, dünnen Becher tranken, und besser, wenn sie es aus dem stabilen Becher kosteten (Krishna & Morrin, 2008). Peck und Childers (2003a) zeigten bereits, dass Menschen mit hohem NFT deutlich mehr haptische Eigenschaften eines Produktes wahrnehmen als Menschen mit niedrigem NFT. Da Erstere geübt sind im Berühren, verarbeiten sie haptische Informationen schnell und automatisch. Beim Berühren verbrauchen sie weniger kognitive Ressourcen — mit den verbleibenden korrigiert ihr Autopilot gewissermaßen den Einfluss der irrelevanten haptischen Informationen: »Die Becherqualität sagt nichts über die des Wassers aus!« Menschen mit niedrigem NFT dagegen nutzen unbewusst und automatisch auch nicht-diagnostische haptische Informationen: Produkte bewerten sie besser und empfinden sie als wertiger, nur weil ihnen beispielsweise die haptische Qualität der Verpackung dies suggeriert. Der haptisch unerfahrene Autopilot ist überfordert und winkt alle Informationen zum Piloten durch.

QR-Code: Starbucks verkauft hochwertige Kaffeebecher für unterwegs. Kunden mit niedrigem NFT schmeckt der Kaffee daraus garantiert besser als aus Pappbechern.

http://www.starbucksstore.de/drinkware/tumblers-and-travel-mugs,de_DE,sc.html

Hoher NFT: Angenehme Haptik bevorzugt

Krishna und Morrin (2008) zeigen, dass haptische Informationen das Qualitätsempfinden und die Preissensibilität von Menschen beeinflussen können. Inwieweit die Haptik auch konkrete Entscheidungen beeinflusst, untersuchten deutsche Forscher in einer Studie. Ihre These: Menschen mit hohem NFT berühren Dinge gern, weil ein angenehmes haptisches Erlebnis ihnen Freude bereitet und positive Gefühle auslöst. Daher sollten sie sich von einer angenehmen Haptik in ihren Entscheidungen leiten lassen, selbst dann, wenn haptische Informationen irrelevant für eine Entscheidung sind.

Die Forscher wählten ein Szenario fernab des Konsums, denn der NFT[3] mag auch ganz alltägliche, nicht konsumbezogene Entscheidungen beeinflussen. Die Studienteilnehmer entschieden sich in mehreren Durchgängen zwischen jeweils zwei unterschiedlichen Lotteriespielen. Auf dem Tisch vor ihnen lagen zwei Baumwollsäckchen – in jedem steckte das Los einer anderen Lotterie. Die Teilnehmer namen die Lose aus den beiden Säckchen und lasen die aufgedruckten Gewinnchancen sowie die Höhe der möglichen Gewinne. In jedem Durchgang waren sowohl Chancen als auch Gewinne beider Lotterien ähnlich attraktiv. Es dürfte sich daher keine klare Präferenz für eine bestimmte Lotterie abzeichnen. Die Forscher manipulierten jedoch die haptische Qualität der beiden Baumwollsäckchen, welche die Teilnehmer in jedem Durchgang berührten: Eines war nagelneu und fühlte sich angenehm an, das andere dagegen war mit Wachs bekleckert und fühlte sich daher unangenehm an. Obgleich die haptische Qualität des Baumwollsäckchens irrelevant für die Entscheidung war und beide Lotterien jeweils ähnlich attraktiv waren: Die Teilnehmer mit hohem NFT bevorzugten die angenehme Haptik und wählten signifikant häufiger das Lotterie-Los aus dem neuen Baumwollsäckchen. Dagegen ließen sich die Teilnehmer mit niedrigem NFT nicht von der haptischen Qualität der Säckchen beeinflussen – ihre Lotterie-Entscheidungen vielen indifferent aus (Nuszbaum et al., 2010). Mit den Ergebnissen bestätigten die Forscher: Menschen mit hohem NFT bevorzugen angenehme haptische Reize, selbst wenn diese unbedeutend für eine Entscheidung sind. Übertragen auf Konsumentscheidungen: Aus einer Reihe gleichwertiger Produkte mit identischen Preisen würden sie demnach stets zu jenem greifen, das ihnen eine haptische Freude bereitet.

Anfassen lassen

Die beschriebenen Studien sprechen erneut dafür: Kunden sollten Produkte stets in die Hand nehmen können. Vor allem Menschen mit hohem NFT sind dann weniger frustriert und beurteilen gut gelaunt die Produkte besser – insbesondere, wenn das haptische Erlebnis positiv ist und das Produkt sich angenehm anfühlt. Sämtliche haptischen Eigenschaften sollten unbedingt der Produktqualität entsprechen, denn selbst nicht-diagnostische beziehungsweise irrelevante haptische Informationen fließen in die Produktbewertung ein. Eine unangenehme Haptik lässt das ganze Produkt negativ erscheinen. Falls die Haptik aus bestimmten Gründen nicht optimiert werden kann oder soll, beispielsweise die Verpackung eines Discounter-Shampoos, sollte das Verpackungsetikett die Aufmerksamkeit der Kunden weg von der Haptik hin zu den konkreten Produkteigenschaften lenken, zum Beispiel auf die Inhaltsstoffe und deren Nutzen.

---

3   Wie schon in der Studie von Krishna & Morrin (2008) maßen auch Nuszbaum et al. (2010) lediglich den autotelischen NFT, da sie sich für den unbewussten Einfluss von Berührungen auf Entscheidungen interessierten, die nicht von einem konkreten Kaufziel angetrieben sind.

Eine einfache Aufforderung motiviert bereits zum Berühren. In einem Supermarkt beobachteten Peck und Childers (2006) Kunden am Obststand, die sich Pfirsiche und Nektarinen in den Einkaufswagen legten. Die Forscher fragten die Kunden, ob der Kauf geplant oder ungeplant war, und erfassten später noch den NFT der Kunden. Das Ergebnis: Kunden mit hohem NFT kauften impulsiver ein als Kunden mit niedrigem NFT.[4] Dann stellten die Forscher ein Schild vor den Obstkörben auf: »Fühlen Sie die Frische!« (vgl. Kapitel 2.6.1, Abb. 21). Die Kunden folgten der Aufforderung: Die Impulskaufrate stieg um erstaunliche 40 Prozent — sowohl bei Kunden mit niedrigem als auch mit hohem NFT. Es lohnt sich, Kunden zum Anfassen von Produkten zu motivieren.

> **Achtung: Midas-Effekt & NFT**
> Der in Kapitel 3.1 vorgestellte Midas-Effekt wirkt bei Menschen mit hohem NFT stärker. In einem Experiment vertrauten Letztere dem Verkäufer mehr im Vergleich zu Menschen mit niedrigem NFT, wenn der Verkäufer ihre Schulter flüchtig mit seiner Hand berührte. Menschen mit hohem NFT sind empfänglicher für zwischenmenschliche Berührungen (Orth, Bouzdine-Chameeva & Brand, 2013).

3.3.3 Angenehme Haptik, die zur Botschaft passt

Im Marketingalltag stehen die Verantwortlichen vor einem Problem, denn sie wissen nicht, wie hoch der NFT bei ihren Kunden ausgeprägt ist. Für Kunden mit hohem NFT sollten die diagnostischen haptischen Eigenschaften stets die konkreten Eigenschaften des Produkts widerspiegeln, denn anhand dieser beurteilen sie das Produkt und seine Qualität. Weiterhin sollte sich das Produkt angenehm anfühlen und damit das autotelische Berührungsbedürfnis bedienen. Bei Kunden mit niedrigem NFT jedoch können die sämtliche haptische Reize auf die Qualitätswahrnehmung ausstrahlen — insbesondere, wenn die haptischen Reize irrelevant für den Produktnutzen und damit für das Urteil über ein Produkt sind.

Peck und Wiggins (2006) empfehlen, auf die Kongruenz von Haptik und Botschaft zu achten — ganz im Sinne der mulisensorischen Verstärkung (vgl. Kapitel 1.3.1). Die Forscher präsentierten ihren Studienteilnehmern eine Werbebroschüre für einen Stadtpark. Darin baten die Parkbetreiber um eine Geld- oder Zeitspende. Auf einige Broschüren klebten die Forscher zusätzlich ein haptisches Element: entweder ein zum Thema passendes (Feder, Baumrinde oder Sandpapier) oder ein nicht passendes (Samt, Leinen oder Stahlwolle). Die Feder und

---

[4] Auch hier maßen die Forscher lediglich den autotelischen NFT, denn stark ausgeprägte Autoteliker berühren Dinge gern aus Spaß an der Freude — und dabei können haptische Reize durchaus spontane Kaufentscheidungen anstupsen.

der samtige Stoff fühlten sich sehr angenehm an, die Baumrinde und der Leinenstoff neutral, das Sandpapier und die Stahlwolle daegen sehr unangenehm. Die Teilnehmer bewerteten die Broschüre und gaben an, wie viel Geld oder Zeit sie spenden würden.

Bei den Studienteilnehmern mit hohem NFT[5] kam die Broschüre jeweils besser an, wenn sie ein haptisches Element enthielt, das sich angenehm oder neutral anfühlte. Dann zeigten sich die Teilnehmer auch spendabler als jene mit niedrigem NFT. Ob das haptische Element zum Stadtpark passte, spielte keine Rolle, denn für Menschen mit hohem NFT muss sich eine Sache lediglich gut anfühlen (Peck & Wiggins, 2006).

Anders reagierten die Teilnehmer mit niedrigem NFT. Egal, ob die Broschüre mit einem haptischen Element bestückt war oder nicht: Die Bewertungen unterschieden sich nicht signifikant voneinander. Allerdings machte bei den haptischen Broschüren die Art des fühlbaren Elements einen Unterschied: Die unangenehmen haptischen Elemente (Sandpapier, Stahlwolle) zogen eine schlechte Bewertung nach sich, ebenso wie die thematisch unpassenden (Samt, Leinen, Stahlwolle). Die Teilnehmer mit niedrigem NFT bewerteten die Broschüre jedoch besser und spendeten mehr Geld oder Zeit, wenn die Broschüre mit Baumrinde oder einer Feder beklebt war, das haptische Element also gleichzeitig angenehm war *und* zum Stadtpark passte (Peck & Wiggins, 2006). Wir erinnern uns warum: Bei Menschen mit niedrigem NFT strahlen auch nicht-diagnostische haptischen Informationen die Wahrnehmung aus. Ihr haptisch ungeübter Autopilot korrigiert nicht den Einfluss von irrelevanten, nicht-diagnostischen Informationen (siehe Krishna & Morrin, 2008). Nicht-diagnostisch ist auch das haptische Element auf einer Broschüre: Es sagt nichts über deren Inhalt aus.

> **! Wichtig: Involvement & NFT**
>
> Menschen mit niedrigem NFT beziehen irrelevante haptische Informationen unbewusst in ihre Beurteilung ein — insbesondere dann, wenn sie gering involviert und Botschaft sowie Absender für sie persönlich nicht relevant sind. Sind Letztere jedoch für sie relevant und das Involvement entsprechend hoch, verarbeiten auch Menschen mit niedrigem NFT sämtliche Informationen systematisch. Obwohl im Berühren ungeübt, erkennen sie dann, dass das haptische Element bedeutungslos ist. Bei Menschen mit hohem NFT spielt das Involvement dagegen keine Rolle — eine angenehme Haptik ist in jedem Fall der Schlüssel zu ihrem Wohlgefallen (Peck & Wiggins-Johnson, 2011).

---

5 Da die Forscher auch in dieser Studie die unbewusste Wirkung der Haptik auf das Urteil über die Broschüre und auf die Spendenbereitschaft unter die Lupe nahmen, maßen sie lediglich den autotelischen NFT.

Die kleine Schnittmenge derjenigen haptischen Elemente, die sowohl die Teilnehmer mit niedrigem als auch mit hohem NFT überzeugte, verrät uns eine einfache Faustregel, wie wir im Marketingalltag beide Gruppen ansprechen können: Haptische Details sollten sich immer angenehm anfühlen *und* stets thematisch zur Botschaft beziehungsweise zum Produkt passen.

3.3.4 Produkte digital berührbar machen

Beim Online- oder Katalogshopping können Kunden das Produkt nicht berühren. Doch gerade bei Kleidung, elektronischen Geräten oder Möbeln spielen haptische Informationen eine wichtige Rolle im Kaufprozess. Wenn das Bedürfnis zu berühren ungestillt bleibt, sind Frustration und Unsicherheit die Folge (Grohmann et al., 2007; Nuszbaum et al., 2010; Peck & Childers, 2003a) — und das beeinträchtigt die Kauflust. Im Kapitel über den Endowment-Effekt (Kapitel 3.2.3) haben wir gezeigt, dass Fantasie eine Alternative zum Berühren sein kann. Wer sich vorstellt, wie er das Produkt verwendet oder es berührt, kompensiert damit die fehlende reale Berührung. Bei Menschen mit hohem NFT ist das Bedürfnis zu berühren allerdings so stark, dass es den Effekt der gedanklichen Berührungsfreude unterdrückt. Fantasie kompensiert nicht die fehlende Möglichkeit, ein Produkt in die Hand zu nehmen (Spears & Yazdanparast, 2014). Wie können Marketers dennoch den Anfass-Hunger ihrer Kunden stillen?

Instrumentelle Fakten plus Bilder
In ihren Experimenten legten Peck und Childers (2003b) eine Produktbeschreibung neben das Plexiglas, unter dem der Pullover beziehungsweise das Handy lagen. Die Beschreibung des Pullovers enthielt autotelische Informationen (z.B. weicher Pullover), die des Handys dagegen instrumentelle (z.B. das Gewicht). Die beschriebene Weichheit des Pullovers half den Teilnehmern mit hohem NFT nicht, die fehlende sensorische Stimulation zu kompensieren. Sie fühlten sich immer noch frustriert und unsicher in ihrem Urteil. Die individuelle empfundene Weichheit eines Pullovers kann niemand beurteilen, ohne ihn zu berühren. Etwas sicherer in ihrem Urteil und weniger frustriert fühlten sich die Teilnehmer mit hohem NFT, als das Handy bewerteten und dessen instrumentelle Eigenschaften lasen. Aus den instrumentellen Fakten leiteten sie konkrete Produkteigenschaften ab, die das haptisch-sensorische Erlebnis erahnen lassen — beispielsweise das leichte Handy in der Hand. Das kompensierte die fehlende Berührung. Teilnehmer mit niedrigem NFT waren sich im Experiment ebenfalls etwas sicherer in ihrem Urteil, wenn sie eine instrumentelle Beschreibung lasen (z.B. das Gewicht). Das half ihnen, das Produkt besser zu beurteilen. Mit autotelischen Informationen (z.B. »weich«) konnten sie nichts anfangen.

Ein zusätzliches Produktbild steigerte das Vertrauen in die eigene Bewertung und senkte das Frustrationsniveau der Teilnehmer drastisch, auch die Produktqualität bewerteten sie besser. Der positive Effekt des Bildes zeigte sich bei Teilnehmern mit niedrigem NFT unabhängig davon, ob die Produktbeschreibung autotelische oder instrumentelle Informationen enthielt. Bei Teilnehmern mit hohem NFT entfaltete das Bild seine Wirkung allerdings nur zusammen mit den instrumentellen Fakten — dann konnten sie sich leichter einen mentalen Eindrück von den Produkteigenschaften verschaffen (Peck & Childers, 2003b).

Kurzum: In Katalogen oder Onlineshops wirken diejenigen Produkte attraktiver, die mit instrumentellen Fakten über konkrete Produkteigenschaften und zusätzlich mit Bildern angepriesen werden. Für Menschen mit hohem NFT lässt sich das Berühren eines Produkts dadurch jedoch nicht vollständig ersetzen — für sie ist es bestenfalls ein Kompromiss. Doch spätestens, wenn der Postbote das Paket liefert, landet das Produkt in den Händen der Kunden. Weicht es in diesem Moment der Wahrheit von der online geschaffenen Erwartungshaltung ab, kann es der Postbote gleich wieder mitnehmen. Onlinehändler können ihre Retourenquoten reduzieren, wenn sie die haptische Erwartungshaltung mit Texten und Bildern präziser managen.

> **!** **Tipp: Fehlende Berührungsmöglichkeiten kompensieren**
> Ein Weg, um die fehlende Haptik im Onlinebereich zu ersetzen, ist die Simulation der Berührung durch Super-Zoom-Effekte oder interaktive 3-D-Bilder — insbesondere autotelische Eigenschaften kommen so besser zur Geltung (siehe Abb. 25). Wie beim echten Kontakt betrachten Kunden die Details eines Produkts, bei 360-Grad-Ansichten sogar aus verschiedenen Blickwinkeln. Touchscreens, deren Oberflächen sich verformen und Strukturen simulieren, werden künftig die Überzeugungskraft der Haptik noch besser virtuell nutzbar machen.

3 Need for Touch: Gut ist, was sich gut anfühlt

Abb. 25: Super-Zoom-Bilder im Onlineshop zeigen die haptischen Details und kompensieren fehlende Berührungen (Quelle: adidas.de).

Gute Laune kompensiert fehlende Berührung

Menschen in guter Stimmung bewerten Produkte generell besser als schlecht gelaunte Menschen. Dabei vergessen sie gerne die Quelle ihrer guten Laune und schreiben sie fälschlicherweise der aktuellen Situation zu — beispielsweise dem Konsumkontext oder dem Produkt (vgl. Felser, 2015, S. 92 ff.).

Die Marketingforscherinnen Atefeh Yazdanparast und Nancy Spears (2013) untersuchten, inweit gute Laune die fehlenden Berührungsmöglichkeiten bei Onlinekäufen wettmachen kann. Die Studienteilnehmer dachten an ein vergangenes Ereignis in ihrem Leben zurück — entweder an ein glückliches oder unglückliches. Das versetzte sie in eine gute oder aber schlechte Stimmung. In einem Onlineshop bewerteten sie anschließend einen Pullover und gaben an, wie sicher sie sich in ihrer Bewertung fühlen und ob sie den Pullover kaufen würden. Teilnehmer mit niedrigem NFT ließen sich weder von guter noch von schlechter Laune beeinflussen — sie fühlten sich in beiden Fällen gleich sicher in ihrer Bewertung und zeigten ein identisches Kaufinteresse. Anders die Teilnehmer mit hohem NFT: Bei schlechter Laune waren Zuversicht und Kaufinteresse gering, gute Laune dagegen steigerte beides auf das Niveau der Teilnehmer mit niedrigem NFT. Gute Laune kann demnach die Frustration kompensieren, die durch mangelnde Berührungsmöglichkeiten entsteht.

Mit einem ansprechenden Design des Onlineshops, positiven Produktbeschreibungen, Chats mit sympathischen Beratern, viel Humor oder attraktiven Bildern lässt sich die notwendige gute Laune erzeugen, die auch Menschen mit hohem NFT für das Onlineshopping begeistert.

Schnäppchen
Menschen mit hohem NFT fühlen sich unsicher und sind frustriert, wenn sie ein Produkt bewerten sollen, ohne es dabei berühren zu können (siehe Nuszbaum et al., 2010; Peck & Childers, 2003b). Das Risiko eines Fehlgriffs ist ihnen zu hoch, da wichtige haptische Informationen fehlen. Ein besonders günstiger Preis kann das empfundene Risiko allerdings minimieren und die fehlenden haptischen Eindrücke ausgleichen.

Im zweiten Experiment von Yazdanparast und Spears (2013) bewerteten die Teilnehmer wieder einen Pullover in einem Onlineshop — dieses Mal gab es allerdings für die Hälfte der Teilnehmer einen 20-prozentigen Rabatt auf den Pullover. Der Schnäppchenpreis wirkte bei den Teilnehmern mit hohem NFT: Ihr Kaufinteresse und Vertrauen in die eigene Bewertung war größer, wenn der Pullover rabattiert war im Vergleich zum Pullover ohne Rabatt. Wer ein Schnäppchen macht, freut sich darüber und ist in der Regel stolz auf sich — da verzichten Menschen gerne einmal auf das sonst so wichtige Berühren der Produkte. Wem dagegen das Berühren nicht sehr wichtig ist, der lässt sich tendenziell weniger von einem Rabatt überzeugen — zumindest hatte dieser keinen Effekt bei den Teilnehmern mit niedrigem NFT.

Ob durch eine Zugabe, einen Rabatt oder ein Sonderangebot — Kunden mit hohem NFT kompensieren ihre Frustration aufgrund der fehlenden Berührung mit dem Gefühl, ein gutes Geschäft gemacht zu haben.

3.3.5 Fazit: Bessere Haptik, mehr Umsatz

Ganz gleich, ob Kunden ein stark oder schwach ausgeprägtes Bedürfnis haben, Dinge zu berühren: Eine angenehme Haptik, die zur Botschaft und zur Marke passt sowie repräsentativ den Produktnutzen vermittelt, bringt die Hände zum Lächeln und animiert Menschen zum Kauf.

Das leistet der Need for Touch für ARIVA

	Attention: Aufmerksamkeit, Interesse	Wann immer **möglich**, wollen Menschen mit hohem NFT ein Produkt **berühren** — insbesondere dann, wenn die Haptik ein **angenehmes sensorisches Erlebnis** verspricht.
	Recall: Erinnerung, Verankerung	Menschen mit hohem NFT verbrauchen **weniger kognitive Ressourcen** beim Verarbeiten haptischer Reize — sie können daher **mehr Produktinformationen** mental **verarbeiten**, was diese besser im **Gedächtnis** verankert.
	Integrity: Vertrauen, Glaubwürdigkeit	Kunden mit hohem NFT **überprüfen** durch Berühren die fühlbaren **Produkteigenschaften** genau. Bei niedrigem NFT werden die **haptischen Eigenschaften** sogar **Teil der Botschaft**.
	Value: Wertschätzung, Gefallen	Bei Kongruenz von **angenehmer Haptik** und Botschaft beziehungsweise Nutzenversprechen **bewerten** Kunden Produkte **besser** als bei Inkongruenz.
	Action: Handeln, Kaufbereitschaft	Die **Kaufbereitschaft steigt** bei **angenehmer Haptik** des Produkts; zusätzlich wirkt der **Endowment-Effekt** (vgl. Kapitel 3.2), wenn der Kunde ein Produkt berührt.

Damit das Bedürfnis zu berühren, gestillt wird und nicht in Frustration mündet, sollten Kunden stets die Chance haben, Produkte in die Hand zu nehmen. Eine Verpackung sollte die tatsächlichen Produkteigenschaften über haptische Codes wie Textur, Konsistenz oder Gewicht widerspiegeln, da insbesondere Menschen mit niedrigem NFT ein Produkt auch anhand der irrelevanten haptischen Verpackungscodes beurteilen. Vileda geht einen einfachen Weg: Durch eine kleine Öffnung in der Verpackung können Kunden die Reinigungstücher fühlen und deren Qualität beurteilen oder sich an der Weichheit des Tuchs erfreuen (siehe Abb. 26). Kann die Verpackung das nicht leisten, sollten Sie die Aufmerksamkeit der Kunden von der Verpackung weg und hin zum Inhalt und den Produkteigenschaften lenken.

Abb. 26: Ein Fenster in der Verpackung ermöglicht das Berühren (Quelle: Vileda).

3.4 Haptisches Priming: Der Trichter im Kopf

Ein kleines Experiment: Beantworten Sie innerhalb von zehn Sekunden, ganz spontan und geschwind nacheinander, die fünf folgenden Fragen. Sprechen Sie Ihre Antworten dabei bitte laut aus. Sie sind bereit? Los geht's:

- Welche Farbe hat Schnee?
- Welche Farbe hat Watte?
- Welche Farbe hat ein Arztkittel?
- Welche Farbe hat ein Brautkleid?
- Was trinkt eine Kuh?

Ganz genau: Eine Kuh trinkt Wasser. Falls Ihnen »Milch« zwischen den Lippen hervorrutschte, können wir Sie beruhigen: Auch wir sind beim ersten Mal darauf hereingefallen. Ein psychologischer Mechanismus führt uns in die Irre: der sogenannte **Priming-Effekt**. Das englische *to prime* bedeutet so viel wie *vorbereiten* oder *entzünden*. Psychologen übersetzen es mit *assoziativer Anbahnung*.

In unserem Gedächtnis sind alle Inhalte in diversen Schemata abgespeichert – verwandte und ähnliche Informationen sind wie in einer Straßenkarte miteinander verknüpft. Aktiviert ein Reiz (der Prime) eine Gedächtnisspur, breitet sich diese Aktivierung über ähnliche Gedächtnisspuren aus (vgl. z. B. Felser 2015, S. 78 ff.). Hören wir »weiß«, in Kombination mit »Kuh« und »trinken«, fallen uns damit verknüpfte Informationen viel leichter ein. Unwillkürlich sehen wir die weiße Milch vor unserem geistigen Auge, sodass uns daraufhin das Wort »Milch« schneller heraus rutscht, als wir denken können. Nur mit bewusster Anstrengung können wir uns gegen diesen automatischen Impuls wehren. Der Priming-Reiz macht den Weg frei für bestimmte assoziative Verbindungen, Informationen oder mentale Konzepte, die sich auf die spätere Informationsverarbeitung auswirken, aber auch unser Verhalten beeinflussen können. Diese Assoziationsausbreitung ist der Kern des Primings und hilft uns, schnell sowie mühelos Informationen zu verarbeiten. Die mentalen Konzepte, die Priming-Effekte aktivieren, sind ein statistisches Ergebnis unserer Erfahrung und haben sich oft als hilfreich erwiesen: Der Geruch von Feuer beispielsweise versetzt uns in Alarmbereitschaft und wir können schneller fliehen. Dieser automatische Prozess verbraucht auch viel weniger kognitive Ressourcen als bewusstes Nachdenken – das gefällt uns kognitiven Geizhälsen.

Primes sind überall

Im Alltag sind wir von unzähligen Prime-Reizen umgeben: Wörter, Düfte, Bilder oder Musik verändern erstaunlich häufig unser Verhalten. In einer Studie fragte ein als Tourist verkleideter Forscher einzelne Passanten nach dem Weg – entweder nach dem zur »Saint Valentine Street« oder dem zur »Saint Martin Street«. Ein paar Meter weiter hielt eine junge Frau – ebenfalls ein Undercover-Forscher – die Passanten an und bat um Hilfe: Jugendliche hätten soeben ihr das Handy geklaut, doch allein wollte sie diese nicht verfolgen. Von den »Saint-Martin-Street«-Passanten zeigten sich nur 20 Prozent hilfsbereit – dagegen ganze 36 Prozent der Passanten, die zuvor den Weg zur Saint Valentine Street beschrieben hatten. »Sankt Valentine«, der Patron der Liebenden, aktivierte das mentale Konzept der Liebe – und für die Liebe kämpfen Menschen gern (Lamy, Fischer-Lokou & Guéguen, 2010). Die Teilnehmer einer anderen Studie kosteten und bewerteten stark krümelnde Kekse. Die Studienteilnehmer saßen in einem Raum, in dem die Forscher zuvor einen dezenten Zitrusduft versprüht hatten. Da in unseren Gefilden die meisten Reinigungsmittel nach Zitrus duften, waren die Teilnehmer auf Sauberkeit geprimt: Sie wischten nach dem Experiment eher die Krümel vom Tisch als Teilnehmer in einem unbedufteten Raum (Holland, Hendriks & Aarts, 2005). In einer anderen Studie schrieben die Teilnehmer einem Non-Profit-Unternehmen mehr Kompetenz zu, wenn die Forscher sie beiläufig mit einer Werbung vom Money-Magazin primten – denn Geld assoziieren wir mit Kompetenz (Aaker, Vohs & Mogilner, 2010). Liebhaber der gesunde Ernährung versprechenden Marke Kellogg's wurden in einer Studie aufgefordert, sich Kellogg's als Person vorzustellen. Anschließend ließ die Mehrheit von ihnen den Fahrstuhl links liegen und verließ das Gebäude über das Treppenhaus. Die imaginierte Kellogg's-Person primte sie darauf, sich gesund zu verhalten (Aggarwal & McGill, 2012).

Ebenso primen uns auch haptische Reize. Die Form, das Gewicht, die Textur und die Konsistenz verstärken einzelne ARIVA-Dimensionen.

3.4.1 Verhalten folgt Form

Die Marketingforscherinnen Rui Zhu und Jennifer Argo (2013) primten ihre Studienteilnehmer mit Formen. Ihre Teilnehmer setzten sich auf einen von mehreren Stühlen, die entweder im Kreis standen oder im Rechteck aufgestellt waren (siehe Abb. 27). Runde Formen stehen in unserem Kulturkreis für Harmonie, Freundlichkeit und Zusammengehörigkeit, eckige Formen hingegen assoziieren wir mit Stärke und Einzigartigkeit. Mit dem Stuhl-Arrangement aktivierten die Forscher bei ihren Teilnehmern entsprechend eine von zwei Komponenten der sozialen Identität: das Bedürfnis nach Zugehörigkeit (rund) oder das nach Einzigartigkeit (eckig).

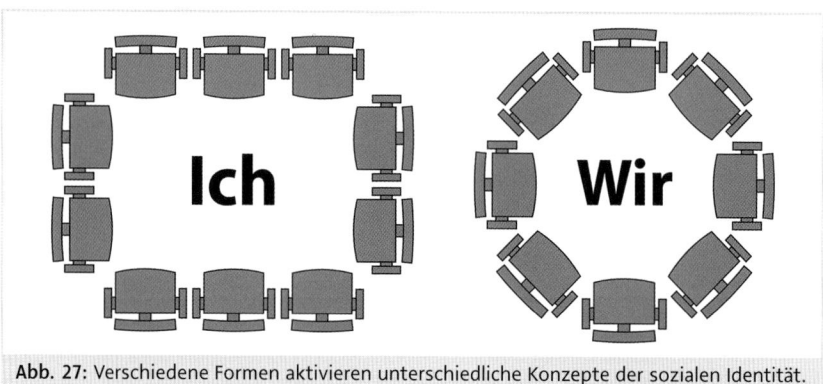

Abb. 27: Verschiedene Formen aktivieren unterschiedliche Konzepte der sozialen Identität.

Die sitzenden Teilnehmer sollten nun die Werbeanzeige für eine Reise bewerten. Die Anzeige hatten die Forscher zuvor jedoch manipuliert – sie versprach dem Leser entweder seine »Individualität zu entfalten« oder aber die »Zeit mit Freunden« zu genießen. Der Prime wirkte: Wer im kreisförmigen Stuhl-Arrangement saß, bevorzugte die Wir-Variante der Werbung, Teilnehmer im eckigen Arrangement bewerteten dagegen die »Ich«-Werbung besser (Zhu & Argo, 2013).

Andere sitzende Teilnehmer wählten eine Geschenkkarte, entweder die vom Café »Keera« oder »Roslyn«. Zusätzlich erhielten sie die Information, dass sich in früheren Studien die Mehrheit der Teilnehmer für Keera entschieden hatte und die Minderheit für Roslyn. Die auf Zugehörigkeit geprimten Teilnehmer im Stuhlkreis folgten der Mehrheit und entschieden sich ebenfalls für die Geschenkkarte von Keera. Die »einzigartigen« Teilnehmer im eckigen Stuhl-Arrangement dagegen distanzierten sich von der Masse und entschieden sich eher für die Geschenkkarte von Roslyn (Zhu & Argo, 2013).

Bestimmte Formen aktivieren damit verknüpfte mentale Konzepte und beeinflussen unsere Wahrnehmung sowie unser Verhalten. Je nach Positionierung eines Produkts sollten Vermarkter auf dessen Form achten: Ein Premiumprodukt beispielsweise spricht seine exklusive Zielgruppe besser mit kantigem Produktdesign oder Verkaufshilfen in eckigen Formen an, genau wie andere Produkte, mit denen Kunden ihr Bedürfnis nach Individualität befriedigen. Steht hingegen das soziale Konsumerlebnis mit Freunden oder der Familie im Vordergrund, dann unterstreichen runde Formen diesen Aspekt effektiv.

3.4.2 Schwer ist wichtig

Wie viel wiegt das Papier Ihrer Visitenkarten — 250, 300 oder gar 400 Gramm pro Quadratmeter? Auch wenn weniger von den schweren Visitenkarten in Ihr Etui passen, sollten Sie das nächste Mal die 400-Gramm-Variante wählen — sie unterstreicht Ihre Kompetenz. Das Gewicht als haptischer Prime-Reiz wirkt sich auf unsere Wahrnehmung aus, denn schwer ist wichtig.

Joshua Ackerman vom renommierten Massachusetts Institute of Technology und seine Kollegen untersuchten dieses Phänomen in einer Reihe von Experimenten. In einem baten die Forscher Passanten darum, die Bewerbung einer Person zu lesen und deren Kompetenz einzuschätzen. Die Bewerbung war jeweils auf einem Klemmbrett befestigt — das wog entweder 340 Gramm oder ganze zwei Kilogramm. »Schwer« ist eine Metapher für Bedeutsamkeit, Seriosität und Kompetenz — wir sagen beispielsweise »jemand hat schwer was drauf«. Das Gewicht des Klemmbretts aktivierte dieses Konzept: Der Bewerber mit dem Zwei-Kilo-Klemmbrett schnitt jeweils besser ab; die Teilnehmer schätzten ihn kompetenter und entschlossener ein (Ackerman et al., 2010).

Andere Forscher untersuchten, wie das Gewicht in alltäglichen Situationen unsere Wahrnehmung beeinflusst. Die Studienteilnehmer hielten leichte beziehungsweise schwere Klemmbretter mit dem Fragebogen in ihren Händen. War das Klemmbrett schwer, schätzten die Teilnehmer den Kurs fremder Währungen höher ein als Teilnehmer mit einem leichten Klemmbrett. So stieg beispielsweise der subjektive Wert des japanischen Yens beim schweren Klemmbrett und sank beim leichten (Jostmann, Lakens & Schubert, 2009).

Andere Studienteilnehmer bewarben sich beim Universitätskomitee um einen finanziellen Zuschuss für ein Auslandssemester. Wer seine Argumente dafür auf einem schweren Klemmbrett notiert hatte, bewertete sie anschließend als (ge)wichtiger. Ebenso beurteilten die Teilnehmer den Bürgermeister ihrer Stadt als kompetenter, einflussreicher, intelligenter und vertrauensvoller, wenn sie ein schweres Klemmbrett statt ein leichtes hielten — und sie fühlten sich auch wohler in ihrer Stadt. Das Gewicht des Klemmbretts beeinflusste auch, wie die Teilnehmer fremde Argumente bewerteten: Sie lasen verschiedene Gründe für ein U-Bahn-Projekt der Stadt, worunter einige Argumente schwach waren (z.B. »Die geplante U-Bahn-Linie ist ein Prestigeprojekt«) und andere Argumente stark (z.B. »Durch die U-Bahn-Linie ist das Zentrum besser erreichbar«). Wer ein schweres Klemmbrett in seinen Händen hielt, stimmte eher den starken, relevanten Argumente zu und war sich auch in seiner persönlichen Meinung zum U-Bahn-Projekt sicher. Teilnehmer mit leichtem Klemmbrett stimmten dagegen vermehrt den schwachen Argumenten zu und fühlten sich unsicher in ihrer Meinung (Jostmann et al., 2009).

Das durch ein schweres Gewicht aktivierte mentale Konzept von »Wichtigkeit« weckt auch Assoziationen zu Preis und Qualität. In verschiedenen Studien schmeckte den Teilnehmern der identische Joghurt stets besser, wenn sie ihn aus der schwersten von mehreren Schalen löffelten, die sie dabei in einer Hand hielten. Darüber hinaus schätzen sie den Joghurt in der schwersten Schale als sättigender und teurer ein sowie empfanden sie seine Konsitenz als fester verglichen zum Joghurt aus leichteren Schalen (vgl. Piqueras-Fiszman, Harrar, Alcaide & Spence, 2011; Piqueras-Fiszman & Spence, 2011; Piqueras-Fiszman & Spence, 2012). Sogar das Gewicht des Löffels beeinflusst unsere Wahrnehmung: Von einem schweren Edestahl-Löffel gekostet, schmeckt der identische Joghurt besser und wirkt hochwertiger, als von einem Plastik-Löffel genascht (Piqueras-Fiszman et al., 2011). Das Gewicht eines Produkts oder seiner Verpackung steigert dessen wahrgenommenen Wert. Schwere Verkaufshilfen machen den Verkäufer kompetenter und seine Argumente glaubhafter, ebenso wirken die Botschaften und Argumente eines schweren Prospekts glaubwürdiger. Schwer bedeutet dabei nicht tonnenschwer, sondern schwerer als erwartet beziehungsweise schwerer als die Konkurrenz und immer glaubwürdig passend zur Botschaft.

3.4.3 Glatt ist nett, rau macht nett

Durch die Textur wird unser Urteil ebenfalls subtil beeinflusst. Die Studienteilnehmer von Ackerman et al. (2010) lasen eine Geschichte, in der sich zwei Menschen unterhielten. Allerdings ging daraus nicht eindeutig hervor, ob die beiden sich feindselig gegenüberstanden oder einander freundlich gesinnt waren. Das sollten die Teilnehmer erahnen. Zuvor lösten sie ein Puzzle, dessen Teile entweder mit rauem Sandpapier überzogen oder glatt waren. Wer das glatte Puzzle löste, schätzte die beiden Menschen freundlicher und kooperativer ein, ihre Unterhaltung wurde als friedliche Diskussion wahrgenommen. Berührten die Teilnehmer dagegen die Sandpapier-Puzzleteile, hielten sie die Unterhaltung für hitziger und feindseliger. Die raue Textur primte die Teilnehmer auf einen groben Umgang miteinander, die glatten Puzzleteile hingegen auf Kuschelkurs.

In einem weiteren Experiment lösten die Studienteilnehmer zunächst wieder das Puzzle. Anschließend erhielt jeder Teilnehmer zehn Lotterielose, davon konnte er bis zu neun an einen unbekannten Mitspieler abgeben. Die Spielregeln: Nahm der Mitspieler die angebotenen Lose an, erhielt der Teilnehmer die verbleibenden Lose. Lehnte der Mitspieler die angebotenen Lose jedoch ab, erhielten beide nichts. Teilnehmer, die zuvor das raue Puzzle lösten, boten ihrem Mitspieler stets mehr Lose an als jene, die die glatten Puzzleteilchen berührten. Das Sandpapier primte die Teilnehmer wieder auf Feindseligkeit – das machte sie sensibel dafür, dass es der »Feind« in der Hand hatte, ob sie ihre Lose behalten würden oder leer ausgingen. Letzteres wollten die Teilnehmer verhindern, indem sie großzügiger teilten. Mit einem Fragebogen stellten die Forscher sicher, dass die Teilnehmer nicht generell sozial eingestellt waren – allein der raue Prime führte zu sozialerem Verhalten (Ackerman et al., 2010).

Eine raue Textur machte auch die Passanten in einer anderen Studie sozial. Auf einem Klemmbrett in ihren Händen lasen sie die Beschreibung einer unbekannten Hilfsorganisation und konnten daraufhin Geld an diese spenden. Die Rückseite des Klemmbretts war entweder mit einer weichen Schutzfolie beklebt oder mit rauem Sandpapier. Von den Passanten, welche die weiche Folie fühlen, spendeten drei Prozent. Das Sandpapier animierte dagegen sagenhafte 26 Prozent der Passanten zu einer Spende. In vorherigen Experimenten enthüllten die Forscher den Grund: Im Kontext von anderer Menschen Leid aktiviert ein rauer Prime die mentalen Konzepte von »Unglück« und »Not«. Das lenkt die Aufmerksamkeit auf die Bedürftigen und steigert die Empathie diesen gegenüber. Das ausgelöste Mitgefühl führt wiederum zu einer höheren Hilfsbereitschaft, beeinflusst aber nicht die Intensität des Engagements. Egal, welches Klemmbrett die Passanten in den Händen hatten: Die absolute Höhe ihrer Spende stimulierte der Haptik-Effekt nicht (Wang, Zhu & Handy, 2015)

Die Textur kann als Prime verschiedene mentale Konzepte aktivieren, die sich auf Wahrnehmung und Verhalten auswirken — ganz gleich, ob es sich um die Oberfläche eines Produkts, einer Verpackung, einer Verkaufshilfe oder eines Mailings handelt.

3.4.4 Hart macht hartnäckig

Ein hartnäckiger Mensch gilt als störrisch und eigensinnig. Hart sein bedeutet, bei seiner Meinung zu bleiben. In weiteren Experimenten untersuchten Ackerman et al. (2010), ob ein harter Prime auch hartnäckig macht. Die Teilnehmer beobachteten zunächst ein Zauberkunststück. Der Zauberer ließ entweder einen harten Holzblock verschwinden oder ein weiches Tuch. Das nahmen die Teilnehmer zuvor in die Hand, um zu fühlen, ob der Holzblock beziehungsweise das Tuch echt waren. Danach lasen die Teilnehmer eine kurze Geschichte über ein Gespräch zwischen einem Angestellten und dessen Chef, der ihm eine nervige Aufgabe aufdrücken will. Die Geschichte verriet nicht, wie der Angestellte auf die Bitte reagiert. Die Studienteilnehmer schätzten nun ein, ob der Angestellte seinem Chef die Stirn bieten würde. Der harte Holzblock zeigte seine Wirkung: Wer diesen zuvor berührt hatte, hielt den Angestellten für durchsetzungsfähig. Das weiche Tuch machte den Angestellten dagegen zum Duckmäuser.

In einem anderen Experiment interessierten sich die Forscher für den Effekt passiver Berührungen. Die Teilnehmer saßen entweder auf einem harten Holzstuhl oder auf einem weich gepolsterten, während sie den Preis für ein Auto verhandelten. Das erste Gebot lehnte der Verkäufer allerdings ab. Die Teilnehmer mussten drauflegen: Fast 1.300 Dollar mehr boten jene, die auf dem weichen Polster saßen. Die Holzstuhl-Fraktion blieb hingegen hart, ihr zweites Gebot lag nur 900 Dollar über dem ersten. Letztere Teilnehmer empfanden den Autoverkäufer übrigens zwar als seriöser, wenngleich auch weniger emotional als die Teilnehmer auf dem weichen Stuhl (Ackerman et al., 2010). Für den Verkäufer hätte sich die Anschaffung eines weichen Sessels auf jeden Fall schon nach einer einzigen Verhandlung gelohnt.

Die Konsistenz eines Produkts, einer Visitenkarte oder eines Werbemittels, selbst die Oberflächen am Point of Sale können Menschen primen. Weiche Materialien machen Kunden in Verhandlungen nachgiebiger, harte Oberflächen standhafter, was je nach Verhandlungsziel sinnvoll sein kann.

> **Tipp: Die Haptik von Lebensmitteln**
>
> Ein Tipp für Food-Designer: Die Konsistenz und Textur von Lebensmitteln färben ebenfalls auf Wahrnehmung und Verhalten ab. Wir haben in unserem Leben gelernt, dass fettige und ungesunde Lebensmittel eher weich sind und gesunde eher hart (z.B. Torte vs. Apfel). Die Studienteilnehmer naschten Schokolade, entweder weiche oder harte. Den Kaloriengehalt der weichen Schokolade schätzten sie anschließend über 50 Prozent höher ein als den der harten Schokolade. Harte Lebensmittel müssen wir mehr kauen — aus diesem Grund assoziieren wir das Kauen mit weniger Kalorien. Wenn die Studienteilnehmer darauf achteten, wie oft sie kauten, steigerte das die wahrgenommene Kaloriendifferenz noch einmal. Von weichen Lebensmitteln konsumierten sie allerdings mehr als von festen, denn wer weniger kauen muss, kann in der gleichen Zeit mehr essen. Lebensmittel mit glatten Texturen nahmen die Teilnehmer ebenso als kalorienreich wahr im Vergleich zu rauen Lebensmitteln, da wir raue Lebensmittel meist mehr kauen müssen als weiche. Menschen balancieren ihr Verhalten gern aus, daher wählten die Teilnehmer nach einem glatten (kalorienreichen) Bonbon als »Nachspeise« eher einen gesunden Salat. Nach einem rauen (kalorienarmen) Bonbon dagegen gönnten sie sich eher einen Schokoladenkuchen (Biswas, Szocs, Krishna & Lehmann, 2014).

3.4.5 Warm wertet auf

Die Temperatur ist ein ebenso spannender Prime-Reiz. Auf dem Weg zu einem Experiment fing der Versuchsleiter die Studienteilnehmer einzeln vor dem Aufzug ab. Der Versuchsleiter hielt ein Klemmbrett in den Händen sowie zwei Bücher und einen Kaffeebecher. Er bat den Teilnehmer darum, den Kaffee kurz zu halten, um dessen Namen zu notieren. Im Versuchsraum angekommen, lasen die Teilnehmer einen Text, der eine Person als intelligent, geschickt, fleißig und pragmatisch beschrieb. Hiernach schätzten die Teilnehmer ein, wie großzügig, fröhlich, gutmütig, gesellig und fürsorglich die Person außerdem sei — was sich aus den beschriebenen Eigenschaften natürlich nicht schließen ließ. Die Forscher wollten wissen, inwiefern der Kaffeebecher, den die Teilnehmer zuvor kurz in der Hand hielten, die Personenwahrnehmung beeinflusste. Denn: Der Kaffee war entweder ein heißer Café Latte oder ein Eiskaffee. Wer zuvor den heißen Kaffee fühlte, der schätzte die Person als sozial wärmer ein verglichen zu den Teilnehmern, die den kalten Eiskaffee hielten (Williams & Bargh, 2008).

Im zweiten Experiment der Studie bewerteten die Teilnehmer bei einem Produkttest warme oder kalte therapeutische Gel-Pads. Anschließend erhielten sie zum Dank ein Eis. Das konnten sie selbst schlecken oder in Form eines Gutscheins an einen Freund verschenken. Begutachteten die Teilnehmer zuvor das warme Gel-Pad, verschenkten sie öfter den Gutschein (Williams & Bargh, 2008).

Warum macht Wärme uns sozial beziehungsweise warum lässt sie andere Menschen netter erscheinen? Die Antwort liegt wieder in unserer »Statistik der Umwelt«: Schon als Kinder spürten wir die Liebe unserer Eltern in Form von körperlicher, wärmender Nähe — und auch im Erwachsenenalter ist körperliche Nähe essenziell für gesunde Beziehungen (vgl. Kapitel 6.2.2). Physische Wärme assoziieren wir deshalb mit emotionaler Wärme, die wiederum positive Gefühle auslöst. Unter wärmenden Einfluss wirken andere Personen sozial wärmer und sympathischer. Verkäufer sollten ihren Kunden als Getränk demnach besser nur heißen Kaffee oder Tee anbieten.

Wärme treibt den Konsum an
Die durch physische Wärme ausgelösten positiven Gefühle spiegeln sich auch in positiven Produktbeurteilungen wider. In einer Studie zahlten die Teilnehmer bis zu 30 Prozent mehr für Konsumgüter des täglichen Bedarfs (Stifte, Duschgel, Schokolinsen oder Batterien), wenn sie zuvor ein warmes Gel-Pad berührten oder in einem warmen Raum saßen, verglichen zu Teilnehmern, die ein kaltes Gel-Pad berührten oder in einem kühlen Raum saßen (Zwebner, Lee & Goldenberg, 2013).

In einem anderen Versuch schätzten die Teilnehmer die Distanz zu einem Bleistift ein, der 40 Zentimeter entfernt vor ihnen auf dem Tisch lag. Ein warmes Gel-Pad verringerte die wahrgenommene Distanz um zehn Zentimeter und erhöhte gleichzeitig die Zahlungsbereitschaft für den Bleistift um 20 Prozent. Die Forscher verglichen weiterhin die Anzahl der täglichen Kaufklicks auf einem Preisvergleichsportal mit den vom Wetterdienst gemessenen Tagestemperaturen: Je höher die Temperatur, desto mehr Portalbesucher kauften auch. Zwebner et al. (2013) nennen die wertsteigernde Wärmewirkung den *Temperatur-Premium-Effekt*.

Sehnsucht nach sozialer Wärme
Mit physischer Kälte assoziieren wir dagegen eher soziale Ablehnung. Wir vermissen die Wärme anderer Menschen und suchen ausgleichende, soziale Nähe. Das Bedürfnis nach sozialer Wärme wird zum Konsumziel.

In einer Studie schätzten die Besucher des Gastronomiebereichs eines Einkaufscenters die Raumtemperatur ein. Schlemmten die Besucher alleine am Tisch, schätzten sie die Raumtemperatur durchschnittlich auf knapp 20 Grad Celsius. In wärmerer Umgebung fühlten sich dagegen jene Besucher, die mit anderen Menschen am Tisch saßen: Fast 23 Grad Celsius betrug die gefühlte Raumtemperatur. Im zweiten Experiment tranken die Teilnehmer zunächst einen Tee — entweder einen warmen oder einen kalten. Anschließend sammelten sie Ideen für mögliche Funktionen eines Haushaltsroboters. Der Tee wirkte: War er kalt, wünschten sich die Teilnehmer einen Roboter, der mehr soziale Funktionen erfüllte wie miteinander reden oder zusammen spazieren gehen. Nach einem warmen Tee vermissten die Teilnehmer keine soziale Nähe — sie wünschten sich mehr praktische Eigenschaften. Der Roboter sollte lieber Staub saugen oder kochen können (Lee, Rotmann & Perkins, 2014).

Andere Studienteilnehmer von Lee et al. (2014) konnten einen Kinogutschein kaufen — entweder einen für zwei Personen im Wert von 30 Dollar oder einen für eine Person im Wert von 15 Dollar. Zuvor hatten die Forscher die Raumtemperatur reguliert auf entweder 18 oder 27 Grad Celsius. Die abgekühlten Teilnehmer kauften eher den teuren Gutschein — sie sehnten sich nach der sozialen Wärme einer begleitenden Person. Die Teilnehmer im warmen Raum bevorzugten dagegen den Gutschein für sich allein.

Die Sehnsucht nach Zuneigung bei Kälte äußert sich auch in der Präferenz für Spielfilme: Wer im Experiment kalten Tee trank, wählte häufiger den kuscheligen Liebesfilm statt den eiskalten Horror-Thriller. Filmverleihe kennen das Phänomen — sie wissen, dass im Winter romantische Filme mehr gefragt sind als im Sommer (Hong & Sun, 2012).

Die Temperatur bewirkt zweierlei: Wärme macht Menschen sozialer und lässt andere sozialer sowie sympathischer wirken. Bei kalten Temperaturen verkaufen sich Produkte besser, die einen sozialen Nutzen versprechen.

3.4.6 Fazit: Kleine Dinge bewegen Großes

Vermarkter und Verkäufer können die Macht des Primings nutzen und über feine haptische Codes kraftvolle Konzepte im Autopiloten des Kunden aktivieren, die wiederum eine (Kauf-)Entscheidung anbahnen.

Das leistet der Priming-Effekt für ARIVA

❗	**Attention:** Aufmerksamkeit, Interesse	Priming ist ein Wahrnehmungsfilter. Er lenkt die **Aufmerksamkeit** und **Informationsverarbeitung** implizit in die »Bahnen« des aktivierten Konzepts.
💬	**Recall:** Erinnerung, Verankerung	Informationen, die Menschen durch den »Priming-Filter« wahrnehmen, gelangen **leichter** ins **Gedächtnis** und **verankern** sich dort tiefer als andere Informationen.
✅	**Integrity:** Vertrauen, Glaubwürdigkeit	Priming-Reize aktivieren verschiedenste Konzepte, die auf Marken oder Verkäufer abfärben: Ein schweres Gewicht bahnt Kompetenz und **Glaubwürdigkeit** an und Wärme beispielsweise **Vertrauen**.
❤️	**Value:** Wertschätzung, Gefallen	Die durch Primes angebahnten Konzepte können Marken und Verkäufer **sympathischer** erscheinen lassen (z. B. durch Wärme oder Weichheit) und Produkte **wertvoller** (z. B. durch Gewicht), wodurch die **Preisbereitschaft steigt**.
🛒	**Action:** Handeln, Kaufbereitschaft	Priming-Reize beeinflussen ebenso das konkrete **Verhalten**, je nach aktiviertem mentalen Konzept. Das kann die **Verhandlungsbereitschaft** erhöhen und den **Kaufanreiz** steigern.

Es lohnt, über Priming-Effekte nachzudenken: Welche Wahrnehmung und welches Verhalten soll durch die Haptik einer Verpackung, eines Produkts, eines Werbemittel oder einer Verkaufshilfe ausgelöst werden? Ein kritischer Blick auf den gesamten Verkaufsort ist ebenso wichtig, denn dessen gesamter Kontext enthält Priming-Reize — beispielsweise die Bilder an der Wand, Zeitungen auf dem Schreibtisch, die Stühle, der Fußboden und so weiter.

3.5 Der Tu-Effekt: Bewegen, erinnern, kaufen

Zu vielen erfolgreichen Marken gehören typische Handlungsmuster: Eine Tafel Ritter Sport öffnet der Schokoladenliebhaber, indem er sie in beide Hände nimmt und in zwei Hälften bricht. Mit einem Philips-Rasierer machen Männer sanfte kreisende Bewegungen wie mit einem Bimsstein, einen Braun-Rasierer bewegen sie hingegen kraftvoll auf und ab wie einen Hornhautschaber (vgl. Gutjahr, 2011, S. 78). Einen Underberg-Magenbitter bestellt der Gesättigte mit halbrund auseinander gespreizten Daumen und Zeigefinger, als ob er die kleine Flasche mit den beiden Fingern halten würde. Die Ecke von Müllers Joghurt knickt der Kunde zu sich um, damit der Inhalt in den Joghurt gelangt. Derartige motorische Markenhandlungen sind Teil des Markenerlebens und differenzieren ein Produkt von den Wettbewerbern. Markenhandlungen verankern die Marke schnell und fest im Gedächtnis der Kunden und färben positiv auf deren Einstellungen und Verhalten ab: Das Aufbrechen einer Tafel Ritter Sport beispielsweise macht den Kunden Spaß. Sie finden die Marke sympathischer, die Produktqualität besser und das Produkt preiswürdiger (vgl. Fischer, 2012, S. 177).

Der Körper denkt mit
Zwischen Körper und Geist existiert eine enge Verbindung. Sind wir schlecht drauf, hängen unsere Mundwinkel und Schultern nach unten. Fühlen wir uns dagegen gut, stehen wir aufrecht und lächeln. Umgekehrt beeinflussen unsere motorischen Handlungen — das, was wir tun — unser Denken, unsere Wahrnehmung und unser Verhalten. Psychologen sprechen von *Embodiment* oder *Embodied Cognition*. Eine eindeutige Übersetzung gibt es nicht, die Begriffe *Verkörperung* und *verkörpertes Denken* kommen dem Englischen jedoch am nächsten. Das bedeutet nichts anderes, als dass bestimmte motorische Handlungen entsprechende mentale Konzepte aktivieren, die wiederum auf unser Verhalten einwirken — quasi ein Prime durch Muskelaktivität und Motorik.

Wissenschaftler erforschen die Phänomene des Embodiments schon seit Mitte des 20. Jahrhunderts, in den letzten Jahren nehmen sich zunehmend auch Neuro- und Konsumforscher des Themas an. Das Forschungsfeld ist entsprechend komplex und die bisherigen Erkenntnisse sind sehr vielfältig. Wir beleuchten in diesem Kapitel die für das Marketing und den Verkauf relevanten Effekte des Embodiments und untermauern sie mit einer kleinen Auswahl an Studien. Einige Wissenschaftler verwenden auch den Begriff **Tu-Effekt**, den wir sehr passend finden: »Tut« der Kunde etwas, erinnert er sich besser an Marken oder Produkte. Er ist letzteren gegenüber positiver eingestellt und seine Kaufbereitschaft steigt.

3.5.1 Das Gedächtnis ankurbeln

Erinnern Sie sich daran, wie Sie einst das Wort Hammer gelernt haben? Haben Sie es nur gehört und nachgesprochen oder dazu noch eine hämmernde Handbewegung gemacht? Wahrscheinlich Letzteres, denn Bewegung fördert das Lernen. Wir speichern sowohl Gelerntes als auch Bewegungen ab und verknüpfen beides miteinander. Einmal Gelerntes ist künftig somit durch reaktivierte motorische Gedächtnisinhalte wesentlich leichter verfügbar (Engelkamp & Krumnacker, 1980). Diesen Effekt erklärt die Theorie der dualen Codierung: Informationen, die wir in zwei oder mehreren Codes — wie Worte, Bilder, Düfte oder Bewegungen — abspeichern, haben einen Vorteil gegenüber Informationen, die nur in einem Code vorliegen. Sie brennen sich förmlich ins Gedächtnis und sind dadurch merk-würdiger als nur in einem Code abgespeicherte Informationen (Lwin et al., 2010; Paivio, 1971; siehe Kapitel 1.3.1).

Das belegten auch der Psychologe Markus Kiefer und seine Kollegen (Kiefer et al., 2007). Die Forscher präsentierten ihren Studienteilnehmern 3-D-Computergrafiken von sogenannten Nobjects — seltsam aussehende, runde oder eckige Objekte mit sinnlosen Namen wie belb, ovon oder ifro, die in die ebenfalls nichtssagenden Kategorien kurn oder urge gehörten. Jedes der Nobjects hatte ein benutzbares Detailmerkmal wie eine Mulde oder eine Säge. In mehreren Durchgängen sollten sich die Teilnehmer Bild, Namen, Kategorie, Form und Detailmerkmal einprägen. Die eine Hälfte zeigte dabei mit dem Finger auf das jeweilige Detailmerkmal, die andere Hälfte sollte pantomimisch mit dem Detailmerkmal hantieren — zum Beispiel die Mulde mit Murmeln füllen oder einen Stab zersägen (siehe Abb. 28). Drei Wochen später kamen die Teilnehmer zum Test. Sie sollten die Nobjects benennen und in die korrekte Kategorie einordnen. Die Forscher maßen die Reaktionszeiten sowie die elektrophysikalische Gehirnaktivität. Das Ergebnis: Die Pantomime-Gruppe erinnerte sich doppelt so schnell wie die Zeige-Gruppe — und nur bei den Pantomimen war währenddessen der Motrocortex aktiv. Die Interaktion mit den Nobjects war Teil der zu lernenden Begriffe geworden (für einen Überblick siehe auch Kiefer & Trumpp, 2012).

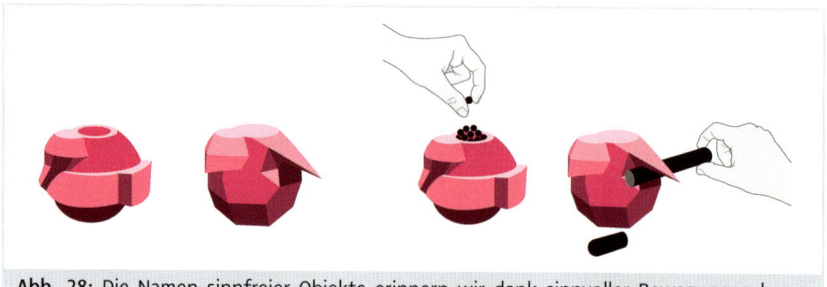

Abb. 28: Die Namen sinnfreier Objekte erinnern wir dank sinnvoller Bewegungen besser (nach Kiefer et al., 2007, S. 527).

Mathematik ist für viele Schüler ein Graus. Gesten können jedoch die mathematische Leistung steigern, fanden die Psychologin Susan Goldin-Meadow und ihr Forscherteam heraus. Schüler der dritten und vierten Klasse nahmen an ihrem Experiment teil. In einem Vortest scheiterten sie allesamt an Gleichungsaufgaben wie 3 + 5 + 8 = ? + 8. Anschließend erklärte ein Lehrer den Schülern die Aufgabe: Beide Seiten der Gleichung sollen gleich groß sein. Bei einem Teil der Schüler verwendete der Lehrer zusätzlich eine Geste: Er machte mit einer Hand eine Faust und spreizte Zeige- sowie Mittelfinger zu einem V — mit den beiden Fingerspitzen zeigte er nun auf die zusammenzufassenden Zahlen (z.B. 3 + 5). Der Lehrer verlor jedoch kein Wort über den Sinn der V-Geste. Nach der Unterrichtsrunde lösten die Kinder eigenständig erneut die Gleichungen aus dem Vortest. Fast alle Schüler, die die V-Geste zuvor gesehen hatten, verwendeten sie nun selbst: Sie zeigten mit den beiden Fingerspitzen auf die zwei zusammenzufassenden Zahlen und erläuterten dabei, dass sie diese addieren müssen, um die Gleichung zu lösen — den Sinn der Geste hatten sie verstanden. Im Vergleich zum Vortest lösten sie jetzt mehr Aufgaben korrekt als diejenigen Schüler, bei denen der Lehrer die V-Geste nicht benutzte. Den erfolgreichen Lösungsansatz hatten die Schüler alleine mithilfe der beobachteten Geste gelernt (Goldin-Meadow et al., 2009).

> Mithilfe des Tu-Effekts lernen Menschen besser. Wann immer möglich, sollten Kunden mit dem Produkt, einer Verkaufshilfe oder einem Werbemedium interagieren können. Je intensiver die Kunden ihre Hände benutzen, desto besser erinnern sie sich an die Markenbotschaft. An die ausziehbare Zeitschriftenanzeige von Philips Saeco beispielsweise erinnerten sich ungestützt viermal so viele Leser im Vergleich zur klassischen Anzeigenvariante (Gruner + Jahr, 2011; vgl. Kapitel 2.2). Alexander Fischer (2012) kam zu demselben Ergebnis: Die ungestützte Erinnerung an fiktive Marken war signifikant höher, wenn die Studienteilnehmer beim Lernen motorische Markenhandlungen ausführten verglichen zum Lernen ohne Interaktion.

3.5.2 Einstellungen ändern

Sie finden Mario Barth alles andere als witzig? Das können Sie leicht ändern. Deutsche Psychologen erforschten einen kleinen Trick: In ihrem Experiment betrachteten die Teilnehmer mäßig lustige Cartoons, wie sie üblicherweise in Zeitungen abgedruckt sind. Die Hälfte der Teilnehmer biss währenddessen auf einen Stift und hielt ihn zwischen den Zähnen fest, ohne ihn mit den Lippen zu berühren. Die anderen Teilnehmer dagegen hielten den Stift mit ihren zu einem Kussmund geformten Lippen fest, ohne dabei auf den Stift zu beißen. Wer auf den Stift biss, fand die Cartoons lustiger als jene Teilnehmer, die den Stift mit ihren Lippen festhielten. Das Beißen aktiviert die gleichen Gesichtsmuskeln wie ein Lachen, woraufhin das Gehirn Noradrenalin ausschüttet. Die Erregung interpretiert der Autopilot als: »Oh, ich amüsiere mich gerade« (Strack, Martin & Stepper, 1988).

In einer anderen Studie verringerte der Stift zwischen den Zähnen Rassenvorurteile. Hellhäutige Studienteilnehmer sahen Gesichter von afroamerikanischen Menschen und füllten einen Fragebogen zu Vorurteilen gegenüber Schwarzen aus. Auf diese expliziten Einstellungen hatte der Stift zwischen den Zähnen allerdings keinen Einfluss — die Beißer waren genauso vorurteilsfreudig wie Teilnehmer, die nicht auf den Stift bissen. Der Implizite Assoziationstest (IAT; siehe Greenwald, McGhee & Schwartz, 1998) — dieser misst implizite Vorurteile — enthüllte jedoch die unbewusste Macht des Tu-Effekts: Die impliziten Vorurteile fielen deutlich weniger negativ aus, wenn die Teilnehmer durch das Beißen zum Lächeln gezwungen waren. Demnach sind wir uns dem Einfluss des Körpers auf unsere Einstellungen nicht bewusst — der Tu-Effekt wirkt unter dem Radar unseres Bewusstseins (Ito, Chiao, Devine, Lorig & Cacioppo, 2006).

Selbst ohne Stift beeinflussen Mundbewegungen unsere Einstellungen. Die Teilnehmer einer deutschen Studie lasen eine kurze Geschichte laut vor — entweder war »Peter Meier, der Kugelstoßer« der Protagonist oder aber »Günter Müller, der Hürdenläufer«. Auch sonst enthielten in Günters Geschichte viel mehr Worte ein /Ü/. Inhaltlich waren beide Geschichten identisch — keine war spannender oder langweiliger als die andere. Günters Geschichte bewerteten die Teilnehmer dennoch schlechter als Peters. Warum? Setzen Sie doch einmal ein sehr kritisches beziehungsweise skeptisches Gesicht auf — dabei werden viele Gesichtsmuskeln angespannt, die auch beim Aussprechen eines /Ü/ aktiv sind (Zajonc, Murphy & Inglehart, 1989).

Ablehnung und Zustimmung
Mit vielen Bewegungen und Gesten sind bestimmte Bedeutungen fest verknüpft. Beispielsweise schieben wir von uns weg, was wir nicht wollen, und ziehen zu uns heran, was wir mögen. Das beeinflusst unsere Informationsverarbeitung: Umweltreize verarbeiten wir effizienter, wenn wir dazu passende Bewegungen ausführen. Studienteilnehmer sahen auf dem Computerbildschirm einzelne Worte mit einer positiven oder einer negativen Bedeutung — wie Liebe oder Hass. Diese Worte sollten die Teilnehmer nun identifizieren, indem sie einen Hebel mit ihrer Hand entweder nach vorne drückten oder aber zu sich heranzogen. Auf die positiv aufgeladenen Worte reagierten die Teilnehmer schneller, wenn sie den Hebel dabei zu sich heranziehen sollten, statt ihn von sich wegzudrücken — positive Dinge wie »Liebe« nehmen Menschen intuitiv gern an. Die negativen Worte identifizierten die Teilnehmer dagegen schneller, wenn sie den Hebel von sich wegdrücken sollten — denn »Hass« und andere negative Dinge schieben Menschen intuitiv schnell von sich. Die zum Reiz passende Bewegung erleichtert dessen mentale Verarbeitung (Chen & Bargh, 1999).

Bewegungen beeinflussen nicht nur unsere Informationsverarbeitung, sondern auch, ob uns etwas gefällt. Die Studienteilnehmer der Psychologen Gary Wells und Richard Petty (1980) testeten einen Hi-Fi-Kopfhörer. Um die Alltagsbelastung zu simulieren, sollten die Teilnehmer entweder ihren Kopf schütteln oder nicken — also nonverbal »ja« beziehungsweise »nein« sagen. Die Forscher interessierten sich jedoch nicht für das Urteil über die Kopfhörer, sondern für die Meinung der Teilnehmer zu einem Radiobeitrag, den sie über die Kopfhörer hörten: Der Beitrag informierte über eine geplante 10-prozentige Erhöhung der Studiengebühren. Teilnehmer, die zustimmend nickten, empfanden die Erhöhung als fair. Wer dagegen verneinend den Kopf schüttelte, empörte sich über die Erhöhung und plädierte sogar für eine Senkung der aktuellen Gebühren. Ein zustimmendes Nicken stimmt uns wohlgesonnen, ein verneinendes dagegen ablehnend. Teilnehmer, die ihren Kopf nicht bewegen durften, waren übrigens mit den aktuellen Studiengebühren zufrieden.

Was für eine Armbewegung machen Sie, wenn sie »komm her« sagen, und welche, wenn Sie »geh weg« meinen? Der Psychologe John Cacioppo entwickelte daraus das sogenannte Handflächen-Paradigma. Bei dieser Versuchsanordnung sitzen die Teilnehmer an einem Tisch und drücken mit einer Handfläche entweder von oben auf die Tischplatte oder von unten dagegen, bis sie eine leichte Anspannung im Arm spüren. Wer von oben drückt, aktiviert damit seinen Streckmuskel wie bei einer abwehrenden Geste — und ist auf Ablehnung geeicht. Wer hingegen von unten drückt, aktiviert wie bei einer einladenden Geste seinen Armbeugemuskel und trimmt sich damit auf Annahme (siehe Kapitel 2.6.2, Abb. 22). Während des Drückens beurteilten die Teilnehmer ihnen unbekannte chinesische Schriftzeichen. Sie schätzten ein, ob diese etwas Positives oder Negatives meinen. Teilnehmer, die von unten gegen die Tischplatte drückten und damit das Konzept der Annahme aktivierten, schätzten die Schriftzeichen positiver ein als Teilnehmer, bei denen durch den Streckmuskel das Konzept der Vermeidung aktiviert war (Cacioppo, Priester & Berntson, 1993).

> Die Einstellung der Kunden Ihrem Angebot gegenüber können Sie durch Muskelspannung und Bewegungen zum Körper hin positiv beeinflussen — beispielsweise durch die entsprechende Interaktion mit einer haptischen Verkaufshilfe, einem Ad-Special oder dem Öffnungsmechanismus eines Direct Mailings.

Der Tu-Effekt stärkt das Ich

Typische Merkmale von Stolz und Stärke sind Kraft, angespannte Muskeln und eine aufrechte Haltung. Wenn wir eine Hand zu einer Faust ballen, löst der kraftintensive Griff das Konzept von Stärke aus. Allerdings gibt es einen Geschlechtsunterschied: Wenn Männer ihre Fäuste zeigen, dann demonstrieren sie Stärke oder wollen sich Macht erkämpfen. Frauen dagegen erheben ihre Fäuste, wenn sie sich in Gefahr sehen und verteidigen müssen. Die Studienteilnehmer von Thomas Schubert (2004) lasen einen Text über eine Person, die darin als sehr bestimmend beschrieben wurde. Die Teilnehmerinnen beurteilten die Person als feindselig und unsympathisch — doch nur, wenn sie ihre Hände beim Lesen zu Fäusten ballten. Die Muskelanspannung machte die Frauen misstrauisch, die fremde Person wirkte bedrohlich auf sie. Männer, die eine Faust machten, empfanden die fremde Person hingegen als wohlgesonnen und sympathisch – sie fühlten sich durch ihren Kraftgriff sicher und nicht bedroht.

Das Gefühl von Stärke hat allerdings auch eine Kehrseite: Die Teilnehmer einer anderen Studie machten ein Rollenspiel, bei dem sie entweder die Rolle eines Chefs einnahmen und auf einem hohen Chefsessel saßen oder einen Angestellten spielten und sich auf einen einfachen, niedrigen Stuhl setzten. Entsprechend fühlten sie sich entweder sicher und stark (hoher Stuhl) oder aber schwach und unsicher (niedriger Stuhl). Anschließend lasen die Teilnehmer die Beschreibung eines neuen Handys. Diese enthielt entweder schlagkräftige Argumente (z.B. fünf Minuten Ladezeit, unzerbrechliches Material) oder weniger schlagkräftige Argumente (z.B. hat einen Währungsrechner, zweistelliger PIN-Code). Das durch den hohen Stuhl induzierte Stärkegefühl machte kognitiv faul: Die Teilnehmer verarbeiteten die Handy-Argumente nur oberflächlich – die schlagkräftigen Argumente überzeugten sie nicht stärker als die weniger schlagkräftigen Argumente. Dagegen verarbeiteten die durch den niedrigen Stuhl auf Unsicherheit getrimmten Teilnehmer die Informationen tiefgründig – ihre Einstellung zum Handy war positiver, wenn sie die schlagkräftigen Argumente für das Handy lasen verglichen zu den weniger überzeugenden Argumenten (Briñol, Petty, Valle & Rucker, 2007).

Das Gefühl von Stärke macht auch willensstark. Die Teilnehmer einer anderen Studie lösten ein kniffliges Puzzle. In einer Pause nahmen sie spontan an einem weiteren Test zu Hautleitfähigkeit und Muskelanspannung teil – was natürlich nur ein Vorwand der Forscher war. Die Teilnehmer sollten dabei entweder einige Minuten nach vorne gekrümmt sitzen oder aber aufrecht. Damit erzeugten die Forscher bei der einen Gruppe von Teilnehmern das Gefühl von Schwäche und bei der anderen das von Stärke. Anschließend arbeiteten die Teilnehmer am Puzzle weiter. Wer zuvor in der gekrümmten Haltung saß, gab nach durchschnittlich 10 Puzzleteilen frustriert auf. Die aufrechte Körperhaltung ließ die Teilnehmer hingegen länger durchhalten – sie gaben erst nach 17 Puzzleteilchen auf (Riskind & Gotay, 1982). Insbesondere bei beratungsintensiven Produkten oder Dienstleistungen brauchen die Kunden einen langen Atem – eine aufrechte Körperhaltung verschafft ihnen diesen.

> **!** Wenn Sie erklärungsintensive Produkte oder Dienstleistungen verkaufen, dann bieten Sie Ihrem Kunden einen Platz auf einem niedrigen Stuhl an – er wird Ihren (starken) Argumenten daraufhin besser folgen. Wenn Sie dagegen wollen, dass Ihr Kunde nicht allzu tief nachdenkt oder Ihre Argumente schwach sind, dann bieten Sie ihm Ihren hohen Chefsessel an. Sitzen Sie aufrecht und ballen Sie Ihre Hand unauffällig zur Faust, falls Ihr Kunde schwer zu »knacken« ist – dann werden Sie nicht so schnell aufgeben.

3.5.3 Kaufanreiz steigern

Der Tu-Effekt verankert Marken sowie Produkte fest im Gedächtnis und rückt sie durch die entstandene Vertrautheit in ein positives Licht. Eine Kaufentscheidung fällt damit wesentlich leichter und das Konsumbedürfnis steigt ebenfalls.

Der Psychologe Jens Förster (2003) wollte wissen, wie sich der Tu-Effekt auf den Konsum auswirkt. Er nutzte ebenfalls die Versuchsanordnung des Handflächen-Paradigmas: Seine Studienteilnehmer drückten mit der linken Hand von oben auf beziehungsweise von unten gegen die Tischplatte, und eichten sich so auf Annahme respektive Ablehnung. Währenddessen sahen und bewerteten sie eine politische Talkshow. Neben dem Fernseher stand eine Schüssel mit Keksen, von denen die Teilnehmer naschen durften. Wer mit seiner Hand von oben auf die Tischplatte drückte, aß maximal einen Keks, wer hingegen von unten gegen den Tisch drückte, der naschte durchschnittlich 2,6 Kekse — über 260 Prozent mehr. Das durch den Tu-Effekt aktivierte Konzept der Annahme machte die Kekse für die Teilnehmer begehrenswerter — unabhängig von deren Appetit.

In einer anderen Studie testeten die Teilnehmer einen Kopfhörer auf seine Alltagstauglichkeit und sollten ihren Kopf im Takt der Musik entweder vertikal oder horizontal hin und her bewegen. Auf dem Tisch vor ihnen lag währenddessen sichtbar ein blauer Stift. Nach dem Experiment durften sie sich ein Dankeschön aussuchen: Sie konnten zwischen einem blauen und roten Stift wählen. Drei Viertel aller Teilnehmer, die während des Kopfhörertests bejahend nickten, wählten den blauen Stift. Das durch die Kopfbewegung — im Beisein eines blauen Stiftes — aktivierte Konzept der Zustimmung strahlte positive auf ihre Einstellung zu einem blauen Stift ab. Dagegen wählten drei Viertel der Teilnehmer, die zuvor verneinend ihren Kopf zur Musik bewegten, den roten Stift (Tom, Pettersen, Lau, Burton & Cook, 1991).

In einem Experiment der Marketingforscherinnen Iris Hung und Aparna Labroo (2011) griffen einige Studienteilnehmer einen Stift mit ihrer Faust — einem Kraftgriff. Andere Teilnehmer hielten den Stift mit einem Feingriff zwischen Zeige- und Mittelfinger fest (zu den Griffarten siehe Kapitel 6.3.3). Währenddessen lasen alle Teilnehmer einen Spendenaufruf des Internationalen Roten Kreuzes für die Opfer des schweren Erdbebens. Normalerweise reagieren Menschen auf solch unangenehme Informationen instinktiv ablehnend — der Gedanke an Tod und Schmerz verträgt sich nicht mit der eigenen heilen Welt. Die geballte Faust aktivierte allerdings das Konzept von Stärke: 92 Prozent der Kraftgriff-Teilnehmer sprangen über ihren Schatten und spendeten Geld, wohingegen nur 72 Prozent der Feingriff-Teilnehmer dazu bereit waren.

Muskelspannung stärkt Kaufmotive

Andere Studienteilnehmer testeten in einem weiteren Versuch ein neues Gesundheitsgetränk. Das schmeckte alles andere als lecker, denn die Forscher mischten Wasser und Essig im Probierglas. Vorher primten die Forscher ihre Teilnehmer auf Gesundheit mit Sätzen wie »Fitness ist wertvoll«. Die Hälfte der Teilnehmer sollte beim Trinken auf ihren Zehenspitzen stehen, wodurch sie ihre Wadenmuskulatur anspannten — sie tranken durchschnittlich knapp 270 Milliliter des ekligen Essigwassers. Teilnehmer, die mit beiden Fußsohlen und entspannten Waden auf dem Boden standen, tranken dagegen nur rund 160 Milliliter. Die Muskelanspannung bestärkte sie darin, das aktivierte Gesundheitsziel zu verfolgen (Hung & Labroo, 2011).

In einem anderen Versuch der Reihe gingen die gesundheitsbewussten Teilnehmer im Uni-Kiosk einkaufen. Weitaus mehr gesunde Produkte wie beispielsweise Obst kauften jene Teilnehmer ein, die währenddessen einen Stift zwischen ihren gespreizten — und damit angespannten — Fingern hin und her wandern ließen, als wenn sie ihn nur locker zwischen Zeige- und Mittelfinger wippten. Die Muskelspannung stärkte die Willenskraft der Teilnehmer. Studienteilnehmer, denen zuvor kein Gesundheitsziel induziert wurde und die damit keinen unmittelbaren Anlass hatten, ihre Willenskraft zu mobilisieren, kauften mehr ungesunde Sachen wie Schokolade ein — egal, ob sie ihre Muskeln dabei anspannten oder nicht (Hung & Labroo, 2011).

> **!** Muskelanspannung verstärkt die Willens- und Kaufentscheidungskraft am besten, wenn der Kunde mit dem Produkt ein persönlich relevantes Ziel verfolgt, wie »gesund sein« oder »Erfolg haben«. Wer den Tu-Effekt nutzen möchte, sollte daher die Motive und Kauftreiber seiner Kunden kennen.

Tu-Effekt mit dem richtigen Dreh

Die Zeiger einer Uhr drehen sich rechtsherum. Eine Bewegung im Uhrzeigersinn assoziieren wir daher mit Zukunft und Fortschritt. Eine Linksdrehung entgegen dem Uhrzeigersinn ist hingegen ein Code für Rückwärtsgewandtheit. Die Psychologen Sascha Topolinski und Peggy Sparenberg (2012) untersuchten, inwieweit diese Assoziation den Konsum stimulieren kann. Am Ende eines Experiments durften sich ihre Teilnehmer als Belohnung fünf Bonbons verschiedener Geschmacksrichtungen aussuchen — von gewöhnlichen wie Apfel oder Zitrone bis hin zu ungewöhnlichen wie Marshmallow oder Popcorn. Die Bonbons befanden sich auf einem drehbaren runden Tablett. Die Teilnehmer mussten es drehen, um die Klebezettel mit den jeweiligen Geschmacksrichtungen lesen zu können. Das Tablett ließ sich allerdings nur in eine Richtung drehen: entweder links- oder rechtsherum. Teilnehmer, die das Tablett im Uhrzeigersinn drehten, wählten daraufhin deutlich mehr ungewöhnliche Bonbonsorten als die Rückwärtsdreher.

Den Grund dafür fanden die Psychologen in einem zweiten Experiment, bei dem die Teilnehmer aufgefordert wurden, sich in Bezug auf Werte wie Offenheit, Toleranz und Kreativität selbst einzuschätzen — während sie eine Kurbel entweder links- oder rechtsherum drehten. Die Rechtsdreher schätzten sich kreativer und offener für Neues ein, die Linksdreher hielten sich dagegen eher für konservativ. Die jeweilige Bewegung aktivierte das entsprechende mentale Konzept. Die mit Zukunft assoziierte Rechtsdrehung im Uhrzeigersinn motivierte die Teilnehmer im ersten Experiment dazu, neue und ungewöhnliche Produkte auszuprobieren. Der Effekt zeigte sich sogar, wenn die Teilnehmer jemand anderen kurbeln sahen — die Spiegelneuronen lassen grüßen (Topolinski & Sparenberg, 2012).

> Werbung für neue, innovative Produkte profitiert von Bewegungen im Uhrzeigersinn — sei es durch Interaktion am Messestand, den Leseverlauf eines Mailings oder durch Bewegungen in der Fernsehwerbung.

Haptische Zuneigung

Menschen oder Tiere, die wir mögen, streicheln oder umarmen wir gern. Apple hat uns beigebracht, auch unsere Smartphones zu streicheln, denn mit streichelnden Bewegungen auf dem Touchscreen bedienen wir sie. Doch steigern derartige Gesten auch die Kauflust und Zahlungsbereitschaft?

Die Marketingforscherinnen Rhonda Hadi und Ana Valenzuela (2014) untersuchten diese These. Ihre Studienteilnehmer sollten testen, ob eine Packung Küchenrollen leicht zu tragen ist. Zweierlei Küchenrollen-Marken verwendeten die Forscher im Test: Auf einer Packung war lediglich das Logo abgebildet, auf der anderen das Logo und ein Mann. Die Teilnehmer erhielten unterschiedliche Instruktionen: Einige sollten die Packung mit einer Hand halten, andere mit beiden Händen vor dem Bauch, wieder andere sollten die Packung mit beiden Händen umschließen — also umarmen. Die Forscher machten einige Teilnehmer aus der letzteren Gruppe darauf aufmerksam, dass sie die Packung gerade umarmen wie einen Menschen. Anschließend fragten die Forscher nach der Kaufabsicht: Die war am größten, wenn die Teilnehmer die Küchenrollen umarmten — allerdings nur, wenn die Packung mit dem Bild des Mannes vermenschlicht war. Die Packung ohne die Abbildung eines Menschen war hingegen für jene Teilnehmer am begehrenswertesten, wenn sie die Annäherungsgeste ausführten und die Packung mit beiden Händen vor dem Bauch hielten.

In einem weiteren Experiment bewerteten die Teilnehmer eine von zwei runden Wanduhren, die sich in einem Merkmal unterschieden: Auf das Ziffernblatt der einen Uhr klebten die Forscher Comic-Augen — damit nahm die Uhr menschliche Züge an (siehe Abb. 29). Die Hälfte der Teilnehmer sollte die Oberseite der Uhr nun einige Male von links nach rechts streicheln, die anderen Teilnehmer legten lediglich eine Hand auf die Uhr. Die Streichelgeste entfaltete bei der Comic-Uhr ihre Überzeugungskraft: Die Teilnehmer waren stärker von der Uhr angetan, hatten eine intensivere emotionale Bindung an die Uhr entwickelt und beurteilten die Qualität der Uhr höher als jene Teilnehmer, die nicht streichelten. Auf die Bewertung der normalen, nicht vermenschlichten Uhr hatte die Streichelgeste keinen Effekt (Hadi & Valenzuela, 2014).

Einen Turbo des Steichel-Effekts entdeckten die Forscher auch: Wenn sie ihren Teilnehmern durch einen Fragebogen zuvor das Gefühl der Einsamkeit induzierten, steigerte das jeweils den Effekt der Umarmung beziehungsweise des Streichelns (Hadi & Valenzuela, 2014).

Abb. 29: Das Streicheln der vermenschlichten Uhr erhöht die Kaufbereitschaft (nach Hadi & Valenzuela, 2014, S. 530).

Der Kussbecher von Koziol

Das deutsche Unternehmen Koziol ist bekannt für seine außergewöhnlich gestalteten Haushalts- und Büroartikel. Viele Produkte haben tierische und menschliche Züge, so wie der Kaffeebecher für unterwegs: Die Öffnungen im Deckel sehen aus wie ein Smiley und bei jedem Schluck »küsst« der Nutzer seinen Becher und zeigt damit unbewusst haptische Zuneigung (siehe Abb. 30).

Der Tu-Effekt: Bewegen, erinnern, kaufen **3**

Abb. 30: Beim Trinken küsst der Verwender automatisch seinen Becher — das ist pure haptische Zuneigung (Quelle: Koziol).

Der Tu-Effekt kann auch in Form einer gefühlsbezogenen Geste wirken und den Kaufanreiz steigern. Einzige Voraussetzung: Das Produkt oder die Marke sollte eine menschliche Seite zeigen.

Handlungen besiegeln Entscheidungen

Menschen fühlen sich nach dem Kauf oft unsicher in ihrer Entscheidung. Die sogenannte Nachentscheidungsdissonanz entsteht meist beim Kauf von höherwertigen Gütern, die ein hohes Involvement erfordern, sowie bei Impulskäufen: beispielsweise beim gut durchdachten Waschmaschinenkauf oder wenn wir bei einem Schnäppchenangebot spontan zugreifen. Nach dem Kauf kommen häufig Zweifel auf: Brauchen wir wirklich eine Waschmaschine mit Touchscreen? Hätte es die woanders günstiger gegeben? Die Schuhe sahen im Laden irgendwie besser aus ... Die vielen anderen nicht gewählten Alternativen erscheinen plötzlich attraktiver als das gekaufte Produkt. Derartige Bedenken können im Nachhinein die Zufriedenheit mit dem Produkt mindern (vgl. z.B. Felser, 2015, S. 228 f.; Lachmann, 2003, S. 30 ff.).

Der Tu-Effekt kann diese Sorgen vertreiben — mit physischen Handlungen, die das Konzept des Beendens aktivieren. Derartige Handlungen kennen wir aus dem Alltag: Den Laptop klappen wir zu, wenn die Arbeit getan ist. Das Buch schlagen wir zu, wenn wir es gelesen haben. Wenn wir satt sind, decken wir das Essen im Topf wieder ab. Englische Marketingforscher untersuchten die Wirkung solcher Handlungen auf Konsumentscheidungen. Die Studienteilnehmer kamen zum Geschmackstest, bei dem sie verschiedene kleine Schokoladenküchlein probieren sollten. Auf einem Tablett unter einem transparenten Deckel befanden sich 24 Küchlein. Die Teilnehmer hoben den Deckel ab und stellten ihn neben das Tablett. Nun durfte sich jeder ein Stück Schokokuchen nehmen und es kosten. Die Hälfte der Teilnehmer sollte den Deckel vorm Kosten wieder auf das Tablett stellen — das war der symbolische Akt des Beendens. Anschließend fragten die Forscher ihre Teilnehmer, wie zufrieden sie mit ihrer Wahl waren und ob sie während des Kostens noch mit den anderen Küchlein auf dem Tablett geliebäugelt hatten. Der Akt des Beendens wirkte: Teilnehmer, die den Deckel vor dem Probieren des Kuchens wieder auf das Tablett stellten, waren zufriedener mit ihrer Wahl und machten sich weniger Gedanken über die nicht gewählten Alternativen, als die anderen Teilnehmer, die den Deckel neben dem Tablett liegen ließen. Der unbewusste Code des Zudeckens signalisierte: Die Entscheidung ist final. Wer dagegen aus sechs statt 24 Küchlein sein Probierstück wählte, war generell zufriedener und weniger anfällig für Zweifel — ob mit oder ohne Zudecken des Tabletts. Eine beendende Handlung wirkt demnach erst, wenn viele Alternativen verfügbar sind und damit die Gefahr der Nachentscheidungsdissonanz am größten ist (Gu, Botti & Faro, 2013).

Die Forscher bestätigten diese Ergebnisse auch mit einer anderen Handlung des Beendens: Die Teilnehmer klappten eine Menükarte auf und wählten aus einem Angebot von 24 dort beschriebenen Teesorten ihren Favoriten aus. Danach sollten sie die Karte wieder zuklappen. Einigen Teilnehmern nahm der Versuchsleiter die noch geöffnete Menükarte jedoch vorher ab. Anschließend verkosteten die Teilnehmer den gewählten Tee. Auch dieses Mal waren die Teilnehmer zufriedener mit ihrer Entscheidung, wenn sie diese zuvor symbolisch mit dem Zuklappen der Menükarte besiegelten, verglichen zu den anderen, die das Menü nicht zuklappten (Gu et al., 2013).

In weiteren Versuchen enthüllten die Forscher drei weitere Bedingungen für den besiegelnden Tu-Effekt: Die symbolische Handlung des Beendens wirkte nur, wenn die Teilnehmer ihr Probier-Küchlein *selbst* auswählten und die Teilnehmer das Tablett *nach* ihrer Entscheidung *selbst* wieder zudeckten (Gu et al., 2013).

! Ob der Kunde die Vertragsmappe selbst zuklappt oder die nicht gewollten und bevorzugten Produktalternativen auseinanderschiebt: Eine physische Handlung, die »erledigt« symbolisiert, macht ihn zufriedener mit seiner Kaufentscheidung.

3.5.4 Mental simulieren

Die mit Bewegungen assoziierten mentalen Konzepte aktivieren wir auch dann, wenn wir uns diese nur vorstellen. In einem Experiment bewerteten die Teilnehmer einen ungewöhnlichen asiatischen Snack: in Curry eingelegte Heuschrecken, die sie auf einem Bild sahen. Normalerweise reagieren Menschen aus dem westlichen Kulturkreis ablehnend auf das ungewöhnliche Mahl. Ablehnend reagierten auch die Studienteilnehmer — allerdings nicht diejenigen, die mental simulierten, wie sie die Heuschrecken zu sich heranziehen. Mit dem Gedanken an die annehmende Handlung stieg die Attraktivität des eigentlich ekligen Snacks und auch die Zahlungsbereitschaft der Teilnehmer (Labroo & Nielsen, 2010).

Die **mentale Simulation** kann auch durch Werbung ausgelöst werden. Wenn wir hungrig sind und einen Hamburger auf einem Werbeplakat sehen, laufen unsere Sinne mental auf Hochtouren: Wir riechen das gegrillte Fleisch, spüren das weiche Brötchen in unseren Händen und wie es sich anfühlt, in den Hamburger zu beißen. Das Bild eines Hamburgers wirkt als Prime (vgl. Kapitel 3.4) und aktiviert automatisch die mit dem Reiz assoziierten Informationen sowie die jeweiligen Regionen unseres Gehirns — zum Beispiel den olfaktorischen Cortex, der beim Riechen involviert ist, und den Motorcortex, der mit Bewegungen in Beziehung steht. Sehen wir das Bild eines leckeren Hamburges, simulieren wir automatisch und unbewusst den Biss in das Sandwich. Das bereitet uns auf die konkrete Handlung vor: Wir könnten, ohne darüber nachzudenken, sofort einen Hamburger greifen und hineinbeißen.

Die Marketingforscher Ryan Elder und Aradhna Krishna (2012) beleuchteten die mentale Simulation im Detail. Ihre These: Zeigt das Plakat eine aus der Ich-Perspektive fotografierte Hand, die den Hamburger greift, dann sollte die Kaufabsicht größer sein, als wenn die Hand fehlen würde. Die Hände aus der Ich-Perspektive aktivieren den Motorcortex im Gehirn stärker und folglich simuliert der Betrachter intensiver, wie die eigene Hand einen Hamburger greift. Die Studienteilnehmer betrachteten verschiedene Bilder von Hamburger-Sandwiches: Einmal hielt die »eigene« rechte Hand den Hamburger, ein anderes Mal die eigene linke Hand oder es waren keine Hände abgebildet. Die Kaufabsicht der Teilnehmer war bedeutend größer, wenn der Hamburger zum Greifen nahe abgebildet war — doch nur, wenn die »eigene« dominante Hand den Hamburger hielt: Rechtshänder bevorzugten den Hamburger, den eine rechte Hand hielt, Linkshänder den Hamburger in der linken Hand. Die Teilnehmer waren ebenso gewillt, mehr Geld für ein Kuchenstück auszugeben, wenn auf dem Teller die Gabel auf Seite der dominanten Hand lag. Einen Joghurt kauften sie eher, wenn der Löffel auf der Seite der dominanten Hand im Becher steckte, und einen Kaffeebecher, wenn der Henkel auf der Seite der dominanten Hand zum Greifen einlud. Hantierten die Teilnehmer während des Experiments jedoch mit einem Handtrainer und blockierten somit ihre Hände, dann verschwand der Effekt der mentalen Simulation.

In einem Experiment deutscher Forscher schauten die Teilnehmer ein Video, das eine Hantelübung aus der Perspektive des Sportlers zeigte: Entweder stählte der Sportler seinen Bizeps und hob dabei eine Langhantel zu seinem Oberkörper heran oder er lag auf einer Bank und drückte die Langhantel beim Brustmuskeltraining von sich weg. Während sie das Video schauten, tranken die Teilnehmer Eistee aus einem 0,3-Liter-Becher. Die Ich-Perspektive wirkte: Wer »seine« Arme sah, wie diese beim Bizepstraining die Langhantel zu sich heranzogen, trank durchschnittlich 115 Milliliter des Tees — das waren fast 50 Prozent mehr als die anderen Teilnehmer tranken, die das Video in die Perspektive des Bankdrückers versetzte, der die Hantel von sich weg drückte. Letztere Teilnehmer tranken durchschnittlich 77 Milliliter des Tees. In einem weiteren Versuch tranken die Teilnehmer den Tee aus kleinen Schnapsgläsern, von denen zehn gefüllte vor ihnen auf dem Tisch standen. Die Beobachter des Bizepstrainings leerten im Durchschnitt sechs der zehn Gläser, die »Bankdrücker« hingegen nur drei. Die Ich-Perspektive animierte die Teilnehmer dazu, mehr und öfter zu konsumieren — sie imitiierten unbewusst die Bewegungen der Bizepsübung, eine dem Heben des Trinkbechers ähnliche motorische Handlung (Genschow, Florack & Wänke, 2013).

> **!** Werbung kann wirkungsvoller sein, wenn sie die motorischen Handlungen zeigt, die mit der Produktnutzung verbunden sind — idealerweise aus der Nutzerperspektive, so wie Apple die meisten seiner Produkte präsentiert (siehe Abb. 31).

Abb. 31: Das Produkt aus der Ich-Perspektive gezeigt erhöht die Kaufbereitschaft (Quelle: youtube.com).

> **Tipp: Motivation durch Imagination**
>
> Mentales Simulieren kann kognitiv faul machen. In einer Studie stellten sich die Teilnehmer vor, wie sie mit einem Fahrstuhl entweder 30 Stockwerke nach oben fahren oder nach unten. Das wirkte sich auf das Selbstwertgefühl der Teilnehmer aus: Wer mental nach unten fuhr, zweifelte anschließend an sich, dagegen steigerte der mentale Aufstieg das Selbstvertrauen. Im Vergleich zu den nun unsicheren Teilnehmern strengten sich die auf selbstsicher geeichten anschließend bei verschiedenen Tests weniger an: Sie lösten beispielsweise weniger Matheaufgaben oder entschlüsselten weniger Anagramme. Teilnehmer, die sich »down« fühlten, wollten ihr Selbstwertgefühl wieder herstellen und strengten sich mächtig an — bei den Aufgaben erzielten sie durchschnittlich eine um 30 Prozent höhere Leistung. Konsumentenentscheidungen beeinflusst das ebenso: Aus vier verschiedenen Mobilfunktarifen sollten die Teilnehmer das mit dem besten Preis-Leistungs-verhältnis finden. Von den mentalen Aufsteigern schafften das nur sieben Prozent, von den mentalen Absteigern hingegen die Hälfte — sie investierten auch doppelt so viel Zeit in die Suche nach dem besten Tarifpaket (Ostinelli, Luna & Ringberg, 2014). In der Werbung sollten vertikale Bewegungen bedächtig eingesetzt werden, denn sie können die Motivation der Kunden schwächen oder stärken, sich mit dem Angebot eine Marke auseinanderzusetzen.

3.5.5 Fazit: Der Körper prägt den Geist

Motorische Handlungen und Bewegungen beeinflussen, wie wir uns fühlen und unsere Umwelt wahrnehmen. Das wiederum lenkt unser (Kauf-)Verhalten. Mit dem Tu-Effekt nutzen Vermarkter die Kraft des Embodiments und aktivieren relevante mentale Konzepte durch Bewegungen.

Das leistet der Tu-Effekt für ARIVA

❗	**Attention:** Aufmerksamkeit, Interesse	Produkte und Werbeformen, die zu ungewöhnlichen oder differenzierenden **Bewegungen** animieren, wecken Interesse und **erhöhen die Aufmerksamkeit**.
💬	**Recall:** Erinnerung, Verankerung	Eine mit einer Information sinnvoll verknüpfte **Bewegung erhöht** die **Erinnerungsleistung**.
✅	**Integrity:** Vertrauen, Glaubwürdigkeit	**Bewegungen**, die archetypische oder semantisch mit einer Marke oder einem Produkt verknüpfte Bedeutungen transportieren, vermitteln Ihr **Nutzenversprechen glaubwürdiger**.
❤️	**Value:** Wertschätzung, Gefallen	Bewegungscodes können beispielsweise auf Liebe, Freundschaft und Kraft primen. Das prägt die **Wahrnehmung** von Produkten und Marken **positiv** und erhöht die **Wertschätzung** ihnen gegenüber.
🛒	**Action:** Handeln, Kaufbereitschaft	Muskelspannung macht **konsumfreudiger**. Bewegungscodes können positive mentale Konzepte wie Akzeptanz aktivieren, die unsere **Entscheidungen** gegenüber Angeboten positiv beeinflussen.

Scheier et al. (2012) zeigen, wie Bewegungen beim Umgang mit Produkten implizite Signale senden: Ein Männer-Deo, dessen Deckel der Nutzer mit den Fingerspitzen (einem feinmotorischen Griff) öffnen muss, hält sein maskulines Versprechen nicht ein. Eine Orange auf der Saftverpackung lässt uns mental einen Kraftgriff simulieren, mit dem wir die Orange wie eine Kugel halten würden – das suggeriert »Alltagstauglichkeit«. Ein Glas mit Stiel hingegen würden wir zart zwischen Daumen und Zeigefinger halten – ein Code für »Besonderheit«. Das ist der falsche Code auf der Packung eines Orangensafts, der jeden Tag bei den Kunden auf dem Tisch stehen soll. PepsiCo musste das bitte erfahren: Nach der Neugestaltung des Verpackungsdesigns seines Tropicana-Orangensafts brach dessen Absatz innerhalb von zwei Monaten um 20 Prozent ein – eine Umsatzeinbuße von mindestens 33 Millionen Dollar (Zmuda, 2009). Das neue Verpackungsdesign zeigte statt der gewohnten saftigen Orange, in der ein Strohhalm steckte, ein langstieliges Glas mit Orangensaft. Tropicana führte daraufhin das alte Verpackungsdesign wieder ein.

Der Tu-Effekt ist im gesamten Kaufprozess wichtig: in der Werbung, auf Verpackungen, bei Ihren Verkaufsunterlagen, bei der Begegnung auf einer Messe, im

Verkaufsgespräch und natürlich beim Umgang mit dem Produkt selbst. Bringen Sie positive Bewegung ins Marketing, in die Kommunikation und den Verkauf. Das macht Ihren Kunden Spaß, differenziert Ihre Marke vom Wettbewerb und steigert Ihren Umsatz. Apropos Umsatz: Im nächsten Kapitel haben wir noch einen wichtigen Effekt für Sie, der sich besonders gut über die Haptik ansteuern lässt.

3.6 Reziprozität: Wie du mir, umso mehr ich dir

Morgens auf dem Weg zur Arbeit werden Sie in der U-Bahn-Station von einem Promotor angesprochen: »Darf ich Ihnen die neueste Ausgabe des Brand-Eins-Magazins schenken?« Sie greifen zu. In diesem Moment bittet Sie der Promotor darum, ein kostenloses Probeabo abzuschließen. Kommt Ihnen das »Nein, danke« leicht über die Lippen? Fühlt es sich gut an, das angenommene Geschenk zurückzugeben? Woher kommt das leicht unangenehme Gefühl?

3.6.1 Die kosmische Schuld

Schon vor Tausenden von Jahren teilten die Menschen ihre Jagdbeute. Das war eine Art von Versicherung: Falls sie eines Tages erfolglos von der Jagd zurückkehrten, mussten sie nicht hungern, da die anderen von ihrer Beute etwas zurückgeben würden. Der teilende Mensch baute damit soziales Kapital auf und konnte sich darauf verlassen, dass, wenn er heute seinen erbeuteten Hasen teilt, er morgen ein Stück vom Fisch des Kollegen abbekäme. Die Gemeinschaft überlebte nur, wenn sich alle an die Geben-und-Nehmen-Regel hielten. Wer dagegen nur nahm und nicht teilte, flog aus dem Clan. Die verschenkte Beute sagte auch etwas aus über die Beziehung und das Verhältnis zueinander: Mit dem Geschenk zeigte der Schenkende seine Anerkennung und Wertschätzung gegenüber der Gemeinschaft beziehungsweise dem Beschenkten.

Die Menschheit besteht daher heute hauptsächlich aus einem Destillat kooperativer Gene. Geben und Nehmen bestimmen auch heute noch unser soziales Leben: Ein Geschenk anzunehmen, bedeutet stets auch eine Schuld anzunehmen. Der Beschenkte empfindet unbewusst den Druck der Gegenseitigkeit (**Reziprozitätsnorm;** vgl. z.B. Felser, 2015, S. 216 ff.). Er hat das Gefühl, etwas zurückgeben zu müssen. Die kosmische Schuld zahlt der Beschenkte am liebsten schnell zurück, damit ihre Last von seinen Schultern fällt. Schuld kann übrigens auch abstrakt entstehen, beispielsweise durch die Sympathie, die uns jemand entgegenbringt, oder durch die Gefälligkeit, die wir annehmen.

Am stärksten jedoch fühlen wir uns beschenkt, wenn wir ein Objekt in die Hände bekommen und es behalten dürfen — das Objekt macht die kosmische Schuld greifbar. Die Haptik ist somit ein Moderator der Reziprozität.

3.6.2 Mehr Gefälligkeit, mehr Umsatz

Der Psychologe Dennis Regan (1971) demonstrierte das Phänomen der Reziprozität in einem Experiment. Jeweils zwei Studienteilnehmer bewerteten zusammen ein Gemälde — nur war einer von den beiden ein Versuchsleiter, der als Teilnehmer getarnt war. Der Versuchsleiter erzählte dem echten Teilnehmer, dass er neben seinem Studium Lose verkaufe, und bat den Teilnehmer, ihm welche abzukaufen. Mit dieser Masche verkaufte der Versuchsleiter ein bis drei Lose. Eine andere Strategie war erfolgreicher: Der Versuchsleiter holte sich eine Cola und brachte dem Teilnehmer unaufgefordert eine mit. Nach diesem Geschenk verkaufte der Versuchsleiter durchschnittlich sieben Lose. Die Cola kostete ihn damals nur 10 Cent, ein Los verkaufte er für 25 Cent — mit 10 Cent Einsatz stieg sein Umsatz um bis zu 600 Prozent auf 1,75 Dollar. Es spielte übrigens keinerlei Rolle, ob der Teilnehmer den Versuchsleiter sympathisch fand oder ob er gerne Cola trank. Das Gesetz der Gegenseitigkeit war stärker.

Die Höhe der Rückzahlung ist — wie auch das Experiment zeigt — stets größer als der Wert des erhaltenen Geschenks. Die Erklärung ist einfach: Schulden sind unangenehm und Schnorren ist unsozial. Des Weiteren wissen wir nie genau, ob der Empfänger die Rückzahlung als gerecht empfindet und so packen wir bei der Rückzahlung lieber noch etwas drauf, um sicherzugehen, dass die Schuld auch beglichen ist (vgl. Felser, 2015, S. 217).

In einem anderen Experiment schenkte der Kellner seinen Gästen Minzbonbons, die er zusammen mit der Rechnung brachte. Er bekam anschließend im Schnitt 14 Prozent Trinkgeld — ohne die Minzbonbons waren es nur 3 Prozent. Als der Kellner zum Bezahlen wiederkehrte und eine zweite Runde Minzbonbons auf den Tisch stellte, erhielt er sogar 21 Prozent Trinkgeld (Strohmetz, Rind, Fisher & Lynn, 2002). Geschenk sei Dank!

Wie schon erwähnt, entsteht das Gefühl, beschenkt worden zu sein, auch abstrakt und wesentlich subtiler als bei der Entgegennahme eines Objekts. Fernsehspots »beschenken« uns mit Unterhaltung — und wir bedanken uns mit unserer Aufmerksamkeit. Versandhändler schenken uns das Porto, wofür wir uns mit mehr Bestellungen bedanken. Der Außendienstler bringt den allerneuesten Witz mit — und als »Gegenleistung« für das bescherte Lachen schenken wir Sympathie und unsere Aufmerksamkeit zurück. In einer Studie der Marketingforscherin

Andrea Morales (2005) zahlten die Teilnehmer sogar mehr Geld für ein Produkt, bewerteten dessen Qualität besser und bevorzugten das Geschäft, wenn die Produkte liebevoll und sichtlich aufwendig arrangiert waren verglichen zu einem lieblosen Verkaufort. Strengt sich der Verkäufer an, empfindet der Kunde ein Gefühl der Dankbarkeit für die ihm entgegengebrachte Mühe — und die Reziprozitätsnorm entfaltet ihre Wirkung.

3.6.3 Hapticals sind Superkommunikatoren

Werbeartikel sind wichtige Kommunikationsmittel — sie prägen die Wahrnehmung der Marke und sind gleichzeitig ein Geschenk der Marke an ihre Kunden. Das hat auch der Zentralverband der deutschen Werbewirtschaft erkannt und berücksichtigte in seiner 2014er Jahresstatistik erstmalig den deutschlandweiten Werbeartikelumsatz. »Das Umsatzvolumen in Höhe von 3,4 Milliarden Euro belegt, dass die [Werbeartikel-]Branche erhebliche Relevanz im betriebswirtschaftlichen Kommunikationsmix der Unternehmen hat«, begründet es der ZAW-Geschäftsführer Bernd Nauen (PSI, 2014).

Der Begriff »Werbeartikel« löst jedoch ähnlich wie »Give-Away« negative Konnotationen bezüglich Wertigkeit und kommunikativer Bedeutung aus. Zu häufig werden im Marketingalltag die Bedeutungskodierung des Objekts, sein kommunikativer Kontext und der Prozess der Inszenierung außer Acht gelassen. Für viele Vermarkter sind Werbeartikel daher immer noch nur ein »Nice-to-have«, dessen kommunikative Relevanz sie unterschätzen.

Aus diesem Grund ersetzen wir »Werbeartikel« durch einen wertschätzenden Begriff, bei dem keine der oben genannten negativen Konnotationen mitschwingen. Wir nennen kommunikativ wirksame Objekte **Hapticals** — im Sinne folgender Definition:

> *Ein Haptical ist ein durch Design, Branding und Integration in Marketingmaßnahmen für die Markenkommunikation und Verkaufsförderung nutzbar gemachtes Objekt, das Aufmerksamkeit weckt, Beziehungen stärkt, Produktnutzen und Markenwerte erlebbar macht sowie eine positive Verhaltensdisposition gegenüber dem Absender erzeugt.* (nach Hartmann & Haupt, 2015, S. 5)

Damit ein Haptical die kosmische Schuld der Reziprozitätsnorm auslöst, sollte es zielgruppengerecht, originell oder nützlich sein. Mit dem Geschenk (das Haptical) zeigt der Schenkende (die Marke) seine Anerkennung und Wertschätzung gegenüber dem Beschenkten (dem Kunden). Er zeigt mit dem richtigen Geschenk auch, dass er empathisch ist und die Bedürfnisse des Beschenkten versteht. Ein lieb- oder gedankenloses, unpassendes Geschenk drückt dagegen mangelnde Wertschätzung aus und kann die Qualität einer Beziehung schwächen (Ruth, Otnes & Brunel, 1999). Ein Haptical sollte daher immer der Situation angemessen sein.

Mit einem Haptical transportieren Marken stets mehrere Botschaften (vgl. Schulz von Thun, 2008):

- Auf der *Sachebene* bietet das Haptical einen konkreten Nutzen (z. B. kann der Bankkunde mit einem werbegeschenkten Sparschwein Kleingeld sammeln).
- Auf der Ebene der *Selbstoffenbarung* sagt das Haptical etwas über den Schenkenden aus (z. B. unterstützt die Bank dem Kunden beim Sparen).
- Auf der *Beziehungsebene* drückt das Haptical aus, wie Marke und Kunde zueinander stehen (z. B. sorgt sich der Bankberater um das Wohl des Kunden).
- Das Haptical beinhaltet auch einen *Appell* — die Marke möchte etwas erreichen (z. B. soll der Kunde sein Geld hier anlegen und nicht bei einer anderen Bank).

Jedes **Haptical** sollte die Wertschätzung der Marke gegenüber dem Kunden vermitteln, zur Markenidentität passen sowie auf allen vier Botschaftsebenen kongruente implizite Bedeutungscodes transportieren. Das kann ein Haptical mithilfe seiner Funktionalität machen ebenso wie mit seinem Gewicht oder seiner Textur als haptischer Prime.

Zwar ist es unwahrscheinlich, dass der Kunde gleich kaufen wird, nur weil eine Marke oder ein Verkäufer ihm ein Haptical schenkt. Doch er wird die unbewusste »Schuld« zumindest mit einem zurückzahlen: seiner Aufmerksamkeit. Das ist ein gutes Fundament für die Argumente eines Angebotes.

3.6.4 Fazit: Haptische Schuld verschenken

In Marketing, Verkauf und Kommunikation lässt sich die Norm der Reziprozität besonders gut über die Haptik aktivieren. Ob auf Messen, in Verkaufsgesprächen oder am Verkaufsort: Mit Hapticals profitieren Sie vom Gesetz der Gegenseitigkeit.

Reziprozität: Wie du mir, umso mehr ich dir

Das leistet die Reziprozitätsnorm für ARIVA

	Attention: Aufmerksamkeit, Interesse	Ein attraktives, interessantes Objekt in der Hand zieht **automatisch** die **Aufmerksamkeit** auf sich.
	Recall: Erinnerung, Verankerung	Ein Geschenk löst Freude aus. Bei positiven Gefühlen **lernen** Menschen **besser**. Die kosmische Schuld wirkt als **Erinnerungsanker**.
	Integrity: Vertrauen, Glaubwürdigkeit	Ein Geschenk sagt viel aus — über den Schenkenden, den Beschenkten und ihre Beziehung zueinander. Bei Kongruenz **steigert** das Geschenk die **Beziehungsqualität** und schafft **Vorschussvertrauen**.
	Value: Wertschätzung, Gefallen	Menschen geben stets mehr zurück als sie bekommen haben, insofern schafft ein Geschenk einen **Mehrwert**.
	Action: Handeln, Kaufbereitschaft	Der Druck der Reziprozität veranlasst zum Handeln. Der **Empfänger gibt etwas zurück**: seine Aufmerksamkeit, eine Kaufentscheidung oder zumindest die Erklärung für sein Nein.

Die Regel der Gegenseitigkeit ist evolutionär tief in unserer Psyche verankert und prägt unsere Reaktionen und Entscheidungen. Mit Hapticals wie Werbeartikeln, Mailingverstärkern oder Produktproben können Sie es erfolgreich nutzen und profitieren von den gleichzeitig ausgelösten Wirkdimensionen des Haptik-Effekts. Haptische Medien erhöhen die Beziehungsqualität, den Response, den Abverkauf und sie prägen die Markenwahrnehmung. Aufgrund ihrer sinnlichen Qualitäten kommunizieren Hapticals implizit. Ihre haptischen Codes aktivieren mentale Konzepte und profilieren Marken, Produkte und vor allem Dienstleistungen emotional, differenzieren sie im Wettbewerb und unterstützen im Verkauf (für Einsatzmöglichkeiten von Hapticals siehe Kapitel 5.4).

Ebenso wie der Haptik-Effekt wirkt auch ein Haptical nie isoliert. Vielmehr ist es ein vernetztes Medium, das die Effizienz anderer Maßnahmen erhöht. Auf Messen dauern Gespräche erfahrungsgemäß länger und bleiben besser in Erinnerung, wenn ein Haptical zum Einsatz kommt. Dialog-Response steigt durch den Einsatz dreidimensionaler Mailingverstärker teilweise exponentiell (vgl. Kapitel 2 und Kapitel 4.2.4). In Kampagnen kann das Haptical eine Destillat-Funktion übernehmen, indem es beispielsweise das Keyvisual fassbar macht, im Idealfall auf

Dauer: Ein wertiges Objekt behalten die Kunden im Gedächtnis und das Haptical entfaltet einen hohen Mediawert. Hapticals bringen Ihre Markenwerte und Ihr Nutzenversprechen in eine begreifbare Form — mit allen Vorteilen des Haptik-Effekts. Hapticals sind die einzige Werbeform, für die sich der Empfänger bedankt.

4 ARIVA im sensorischen Marketing entfalten

Sage es mir, und ich höre.
Zeige es mir, und ich sehe.
Lass es mich fühlen,
und ich glaube dir.
frei nach Konfuzius

Zusammenfassung
- Der Kunde sollte ein Produkt stets berühren können, wenn dessen materiellen Eigenschaften relevant sind. Angenehme haptische Elemente animieren besonders zum Berühren.
- Generell empfinden Menschen weiche und leicht raue Texturen als angenehm; ebenso laden einfache Formen mit runden Kanten zum Berühren ein.
- Visuelle Werbung kann haptische Assoziationen wecken durch gezeigte Texturen, Farben und Materialien sowie durch Szenen, die der Betrachter sensorisch nachempfinden kann.
- In Texten aktivieren Handlungsverben und Gegenstandsworte motorische sowie haptische Erfahrungen ebenso wie bestimmte Klänge und Geräusche.
- Durch die indirekte Aktivierung des haptischen Erlebens können alle Bereiche der Markenkommunikation und des Verkaufs vom Haptik-Effekt profitieren.
- Erfolgreiche Marken lassen sensorische Codes auf zwei Ebenen für sich arbeiten:
  1. Auf der Effizienzebene stimulieren Marken durch sensorische Codes die Wahrnehmung und Aufnahmehaltung ihrer Kunden positiv und verstärken damit die Wirkung ihrer Marketingaktivitäten.
  2. Auf der Bedeutungsebene vermitteln sensorische Codes glaubwürdig das Markenversprechen und erweitern das semantische Netz der Marke im Gedächtnis der Kunden.
- Im Idealfall werden die sensorischen Codes beider Ebenen ein Teil der Markensignatur, welche die Marken vom Wettberwerb differenziert.
- Basierend auf dem Prozess des multisensorischen Marketings führen fünf Schritte zur sensorisch optimierten Marke:
  1. die Mensch-Marke-Touchpoint-Analyse,
  2. die Erfassung des sensorischen Profils,
  3. die Resonanzfeldanalyse,
  4. die sensorische Profilbestimmung und
  5. die sensorische Optimierung der Touchpoints.

4.1 Bitte Berühren: Zum Anfassen animieren

Die psychologischen Mechanismen, die wir im vorangegangenen Kapitel beschrieben haben, entfalten ihre Kraft zumeist in den Händen der Menschen, doch nicht ausschließlich. Bevor wir Ihnen zeigen, wie Sie den Haptik-Effekt in ihrem Marketing entfalten und die ARIVA-Dimensionen im multisensorischen Marketing bewusst ansteuern können, beantworten wir daher zunächst einige grundlegenden Fragen: Was animiert Menschen zum Anfassen von Dingen und was macht Objekte attraktiv für die Hände? Was ist, wenn es überhaupt nichts zum Anfassen gibt: Können auch Bilder, Texte, Klänge oder Düfte unseren Tastsinn ansprechen?

4.1.1 Objekte für die Hände gemacht

Wir nehmen unsere Umwelt mit all unseren Sinnen wahr, wobei uns einzelne Sinnereize mit spezifischen Informationen versorgen. Wir sehen beispielsweise die geometrischen Eigenschaften wie die Größe und Form eines Produkts im Supermarktregal. Das müssen wir nicht zusätzlich mit unseren Händen überprüfen. Materielle Eigenschaften von Produkten hingegen können wir nicht mit den Augen bestimmen. Nach einem kritischen Blick vermuten wir höchstens, dass etwas beispielsweise aus Metall ist. Wenn wir das Objekt dann berühren, wissen wir in Sekundenbruchteilen, ob es sich tatsächlich um Metall oder nur um Kunststoff handelt. Sicherheit geben uns ausschließlich unsere Hände — mit ihnen suchen wir nach Informationen, indem wir die Oberflächentextur, die Konsistenz, die thermischen Eigenschaften, das Gewicht sowie spezifische Teile von Objekten ertasten. Dabei nutzen wir sogenannte explorative Prozeduren (vgl. Anhang 6.3.2): Wir streichen über die Oberflächen und fühlen die Textur. Wir drücken auf ein Objekt und überprüfen damit seine Härte. Wir greifen ein Objekt und fühlen sein Gewicht und wir »messen« seine Temperatur mit einer statischen Berührung (siehe Lederman & Klatzky, 1993; 2009).

Produkte berührbar machen
Produkte, deren Materialien informativ und relevant für eine Kaufentscheidung sind, fassen Menschen bevorzugt an, zum Beispiel Textilien, Möbel, elektronische Geräte und Obst sowie Gemüse. Derartige Produkte sollten unbedingt stets berührbar sein — sei es als Testprodukt oder durch eine Verpackung, die das Berühren des Produkts gestattet, wie die Fühlöffnung der Vileda-Verpackung (vgl. Kapitel 3.3.5, Abb. 26). Damit können die Kunden sowohl ihren autotelischen als auch instrumentellen Need for Touch befriedigen (vgl. Kapitel 3.3.1). Es ist nicht nur wichtig, dass der Kunde das Produkt berühren kann, sondern auch *wie* er es berühren kann. Gewisse haptische Eigenschaften können nur mit bestimm-

ten explorativen Prozeduren ertastet werden (vgl. Klatzky, 2010; Klatzky & Peck, 2012): Die Weichheit des Spültuches fühlt der Kunde beispielsweise nur, wenn er mit seinen Fingern über das Tuch streicht — die Fühlöffnung sollte entsprechend groß sein. Eine rein statische Berührung dagegen wird dem Kunden nicht genug über das Spültuch verraten.

> **Tipp**
> Machen Sie Ihre Produkte unbedingt berührbar, wenn deren materielle Eigenschaften etwas über das Produkt aussagen. Das erhöht die Kaufwahrscheinlichkeit der Kunden.

Bei anderen Produkten wie beispielsweise Getränken oder Musik-CDs hat das Berühren keinerlei instrumentellen Nutzen. Der Kunde erfährt durch Berührung nichts über das eigentliche Produkt und seine Qualitäten. Zu diesem Zweck wird er es entsprechend nicht betasten wollen. Menschen berühren allerdings auch rein hedonistisch motiviert, weil es Spaß macht und positive Emotionen auslöst (vgl. Kapitel 3.3.1 → autotelischer NFT). Sticht ein Produkt durch seine angenehmen haptischen Eigenschaften aus dem Einerlei heraus, wird es die Menschen sehr wahrscheinlich zum Berühren animieren. Bei Lidl beispielsweise stehen gelegentlich im Rahmen von Wochenangeboten Weinflaschen mit Samt-Etiketten in den Regalen, an denen kaum eine Hand vorbeikommt. Als einmalige Aktion in 2013 geplant, hat Lidl die samtig-weiche Weinflaschen-Aktion bis Ende 2015 bereits viermal wiederholt — so gut kam das »Superior Label«-Etikett bei den Kunden an (D. Hauser, E-Mail, 15.12.2015). Ebenso gern werden Menschen das Etikett aus echtem Leder berühren und dabei den typischen Lederduft schnuppern (siehe Abb. 32). Ein edler Whisky würde mit einem solchen Etikett ganz kongruent mehrere Sinne beeindrucken. Nicht ohne Grund bewirbt der Produzent seine haptischen Etiketten mit dem Slogan »Activates the Need for Touch«.

Abb. 32: Haptische Etiketten fallen auf und laden zum Anfassen ein (Quelle: Superior Label).

> **Tipp**
> Wenn die haptischen Eigenschaften irrelevant für die Funktion des Produkts sind und das Berühren keinerlei instrumentellen Nutzen hat, sollten Sie Ihren Kunden durch angenehme haptische Elemente ein sensorisches Erlebnis schenken, das zum Produkt, zur Marke und zur Werbebotschaft passt. Die Kunden werden es berühren, weil es Spaß macht und assoziieren das gute Gefühl mit Ihrem Produkt.

Angenehm und nicht extrem

Scharfe und spitze Kanten berühren Menschen nur, wenn es einen instrumentellen Nutzen hat. Beispielsweise prüft der Handwerker die Zähne einer Kettensäge mit seiner fachmännischen Berührung. Viel lieber und aus freien Stücken berühren Menschen allerdings jene Dinge, die sich angenehm anfühlen und keinen Schmerz verursachen. Die Textur ist dabei das wichtigste Kriterium: Weiche und glatte Oberflächen empfinden wir als angenehm. Sie bieten ein positives sensorisches Erlebnis (Brown-McCabe & Nowlis, 2003; Ekman, Hosman & Lindstrom, 1965; Klatzky & Peck, 2012). Raue Oberflächen fühlen sich dagegen eher unangenehm an — und zwar umso unangenehmer, je rauer sie sind (Essick et al., 2010; Gwosdow, Stevens, Berglund & Stolwijk, 1986). Angenehm fühlen sich auch runde Formen an. Diese berühren Menschen bevorzugt gegenüber eckigen oder scharfkantigen Formen (siehe z. B. Westerman et al., 2013).

Teilnehmer einer japanischen Studie berührten weiterhin bervorzugt Oberflächen, die nicht glänzten. In der Natur entsteht Glanz zumeist, wenn eine Oberfläche mit irgendeiner Flüssigkeit bedeckt ist — und das kann durchaus eine unangenehme Flüssigkeit wie Schleim sein. Ebenso empfanden die Teilnehmer eine leicht gerillte Textur angenehmer als eine Gitterstruktur. Erstere stimulierte ihre Finger beim beim Drüberstreichen stärker und angenehmer als das Gittermuster. Die Forscher stellten in ihrer Analyse zwei Merkmale fest, die zum Berühren einer Oberfläche einladen: Einfachheit in der Form sowie sinnlicher Genuss durch eine angenehme Textur (Nagano, Okamoto & Yamada, 2013).

Das bestätigten auch Roberta Klatzky und Joann Peck (2012). Die Forscherinnen zeigten ihren Studienteilnehmern Bilder von Nobjects, die sich in Material, Form und Textur unterschieden: von komplizierten Formen mit harten Kanten und rauer Oberfläche bis hin zu einfachen, runden Formen mit vollkommen glatten Texturen, die entweder aus Beton oder aus Glas bestanden. Am liebsten wollten die Teilnehmer eines der fiktiven Objekte berühren, wenn es aus Glas war, runde Formen und eine glatte Textur hatte.

Im zweiten Versuch bewerteten die Teilnehmer Parfümflakons. Darunter befanden sich hochkomplizierte Formen wie ein Flakon mit einem Delfin als Deckel oder ein Flakon in Kerzenform, aber auch einfache, wellenförmige oder runde Flakons. Die Texturen unterschieden sich ebenfalls. Manche Flakons hatten komplizierte Relief-Formen, andere hatten einfache runde Formen, Wieder andere waren mit Ornamenten verziert oder hatten gänzlich glatte Oberflächen (siehe Abb. 33). Erneut luden die weniger komplizierten Formen und Texturen stärker zum Berühren ein. Die Parfüms in Flakons mit runden, einfachen Formen und glatten Oberflächen empfanden die Teilnehmer auch als attraktiver und teurer verglichen zu den anderen Flakons. Waren die Flakonformen zu kompliziert und zu sehr mit unebenen Ornamenten verziert, dann sank das Berührungsbedürfnis — allerdings auch, wenn die Flakons eine zu einfache Form oder extrem glatte Oberflächen hatten. Der Schlüssel zum Berühren liegt demnach in der Mitte: Produkte und Objekte sollten extreme Ausprägungen in Textur und Form vermeiden und ein angenehmes Gefühl versprechen — dann animieren sie zum Berühren (Klatzky & Peck, 2012).

ARIVA im sensorischen Marketing entfalten

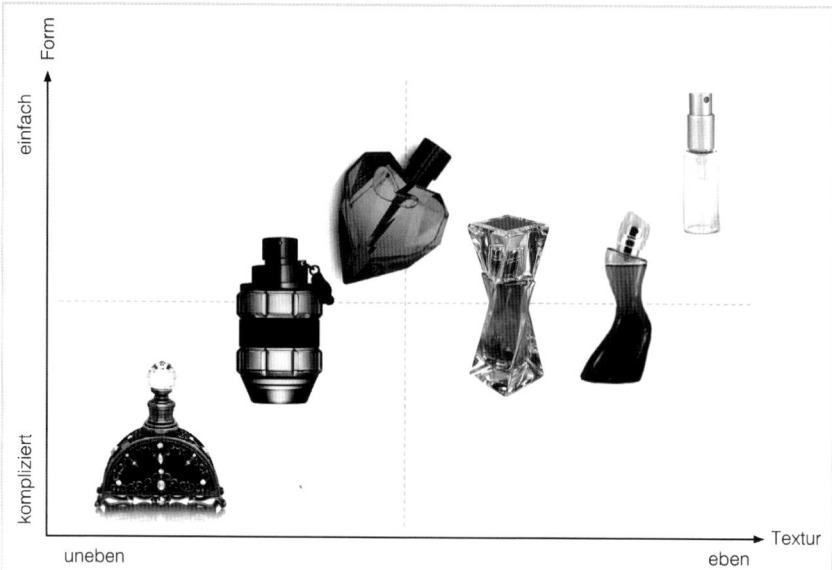

Abb. 33: Zu unebene Texturen und zu komplizierte Formen laden nicht zum Berühren ein — ebenso wenig wie zu einfache Formen oder zu ebene Texturen (nach Klatzky & Peck, 2012, S. 143).

> **! Tipp**
>
> Eine angenehme Haptik lädt eher zum Berühren ein, zum Beispiel weiche oder leicht raue Texturen. Ebenso laden einfache Formen mit runden Kanten eher zum Berühren ein. Die haptischen Reize von Produkten oder Objekten sollten jedoch nicht zu extrem ausgeprägt sein, denn dann sinkt das Berührungsbedürfnis wieder. Natürlich gibt es Ausnahmen im Bereich der Kommunikation: Manchmal ist unangenehm raues Schmirgelpapier ein perfekter haptischer Code, der den Produktnutzen oder die Botschaft besser vermittelt als andere Materialien — eine plüschige Oberfläche beispielsweise würde die Robustheit des Arocs-Lkws in der Printanzeige nicht transportieren (siehe Kapitel 2.4.2, Abb. 19).

4.1.2 Fühlbare Bilder

In Kapitel 1.3.1 haben wir die multisensorische Integration vorgestellt: Unser Autopilot verknüpft die einzelnen, zusammengehörigen Sinneseindrücke einer Situation zu einem Bedeutungsmuster, wodurch wir ein umfassendes multisensorisches Bild unserer Umwelt erhalten. Aktiviert ein externer Reiz nun einen der abgespeicherten Sinneseindrücke, aktiviert das gleichzeitig alle anderen sensorischen Assoziationen in unserem Gedächtnis. Die Folge: Wenn wir das Bild eines heißen Kaffees sehen, können wir in Gedanken bereits das Kaffeearoma riechen. Sehen wir das kuschelige Fell eines Hasen, dann streicheln wir es bereits gedanklich mit unseren Händen.

4 Bitte Berühren: Zum Anfassen animieren

Der haptische und der visuelle Sinn sind eng miteinander verbunden. Wir tasten sowohl mit unseren Augen als auch mit unseren Händen das Objekt unseres Interesses ab. Bereits im 18. Jahrhundert war für den irischen Philosophen George Berkeley klar: Die Beziehung zwischen Seh- und Tastsinn ist wie die von Wörtern und ihren Bedeutungen. Wir hören ein Gegenstandswort und denken sofort an das Objekt, welches das Wort bezeichnet. Sehen wir das Objekt hingegen, dann kommt uns die Berührung des Objekts in den Sinn. Sehen ist sozusagen vorausschauendes Berühren (siehe z.B. Flage, 2004).

Neurowissenschaftler bestätigten Berkeleys These: In einem Experiment lagen die Teilnehmer im Hirnscanner und schauten sich Bilder von Tieren, Gesichtern und Werkzeugen wie einem Hammer oder einem Schraubenschlüssel an. Der Anblick der Werkzeuge führte zu ähnlichen neuronalen Aktivitäten wie der tatsächliche Gebrauch der Werkzeuge — die Teilnehmer simulierten mental das Hantieren mit dem Objekt (Chao & Martin, 2000).

Bilder zum Greifen nahe
Bilder von Gegenständen, die wir im Alltag mit unseren Händen benutzen, aktivieren unseren Tastsinn und unsere Motorik. Ebenso lösen Bilder in der Werbung haptische Assoziationen aus — sei es der Panzerstahl-Hammer von Hornbach, das Magnetangelspiel in der Followfish-Werbung oder Apples iPad-Werbung.

Die gezeigten Objekte müssen jedoch haptisch einladend sein, genau wie reale Objekte. Sie sollten ein angenehmes haptisches Erlebnis suggerieren und nicht zu komplex oder zu extrem in Form und Textur sein (vgl. Kapitel 4.1.1). Nahaufnahmen der Produkte zeigen die Oberflächen und deren Textur im Detail und lassen den Betrachter das sensorische Erlebnis einer Berührung erahnen. Es sollten darüber hinaus solche Objekte oder Materialien sein, die Menschen typischerweise im Alltag mit ihren Händen berühren und zu denen sie aufgrund ihrer Erfahrungen entsprechende haptische Assoziationen haben.

Mercedes Benz beispielsweise bewirbt seinen automatischen Bremsassistenten wie folgt: Im Werbespot spielen verschiedene Kinder mit ihren Modellautos »Frontal Zusammenstoßen« — ein Spiel, das zumindest jeder Mann aus seiner Kindheit kennen dürfte. Die Kinder bekommen nun von ihren Eltern zwei neue Modellautos geschenkt, Marke »Mercedes Benz«. Weil es so viel Spaß macht, wollen die Kinder natürlich wieder »Zusammenstoßen« spielen. Doch wie ärgerlich: Es klappt nicht! Ein starker, jeweils gleich gepolter Magnet in der Front beider Modellautos macht ein Zusammenstoßen unmöglich. Dieses haptische Erlebnis kennen wir ebenfalls aus Kindertagen durch das Spiel mit Magneten. Die Bilder im Film wecken diese haptischen Erinnerungen, weil wir das Spiel der Kinder beim Zuschauen dank unserer Empathieneuronen mental simulieren. Die enttäuschten Gesichter der Kinder können wir daher leicht nachempfinden. Und gleichzeitig lernen wir: Mercedes hat einen äußerst zuverlässigen Bremsassistenten, der sogar gewollte Kollisionen verhindert (siehe Abb. 34).

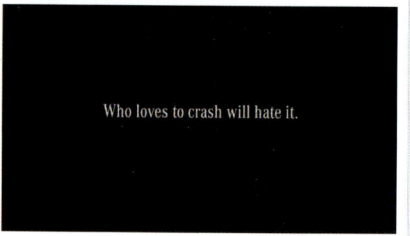

Abb. 34: Beim Betrachten fühlen wir den magnetischen Widerstand der beiden Modellautos (Quelle: youtube.com).

QR-Code: Spüren Sie die schnelle Reaktionszeit und Kraft des Mercedes-Bremsassistenten?

https://www.youtube.com/watch?v=6KgJuiXpsrM

In Kapitel 3.5.4 haben wir die mentale Simulation vorgestellt: Besonders stark sprechen Bilder den Tastsinn und die Motorik an, wenn das Produkt zur Seite der dominanten Hand ausgerichtet ist und der Betrachter sich dadurch in die Nutzerperspektive hineinversetzen kann. Das Magnetangelspiel in der Followfish-Werbung beispielsweise steht auf dem Tisch wie vor dem eigenen Körper und die Hand mit der Angelrute könnte die eigene sein (siehe Kapitel 2.3.2, Abb. 16). In der Apple-Werbung bedienen ebenfalls die »eigenen« Hände das iPad (siehe Kapitel 3.5.4, Abb. 31). Das Hilfswerk »Brot für die Welt« schärfte mithilfe der mentalen Simulation das Bewusstsein für die Gefahr von Lebensmittelspekulationen. Das Plakat zeigt einen mit Suppe gefüllten Teller, auf dessen rechtem Rand zum Greifen nahe ein Löffel mit zwei Spielwürfeln liegt (siehe Abb. 35). Jeder kann sich leicht ausmalen, wie einem diese Würfel im Hals stecken bleiben. Derartige visuelle Produktpräsentationen laden zum mentalen Simulieren ein und machen Werbung attraktiver (Elder & Krishna, 2012; vgl. Kapitel 3.5.3) — ob im Internet, in Printanzeigen, auf Plakaten, im Fernsehen oder auf Verpackungen. Für die Warenpräsentation am Verkaufsort bedeutet das: Die Tasse im Regal mit dem Henkel nach rechts gedreht, lädt jeden Rechtshänder mental zum Zugreifen ein — und wer bereits mental zugegriffen hat, greift mit größerer Wahrscheinlichkeit auch tatsächlich zu. Dann übernimmt der Endowment-Effekt und löst das psychologische Besitzgefühl aus (vgl. Kapitel 3.2).

Tipp
Präsentieren Sie Produkte in der Werbung haptisch einladend. Zeigen Sie die angenehmen Oberflächen sowie andere Menschen beim Gebrauch des Produkts beziehungsweise die Szenerie aus der Perspektive des Betrachters.

Abb. 35: Der Löffel ist nach rechts ausgerichtet und macht die Botschaft greifbarer — wir greifen mental zum Löffel (Quelle: Brot für die Welt).

Warme und kalte Bilder
Farben sprechen ebenfalls den Tastsinn an, da verschiedene Farben mit unterschiedlichen Temperatureindrücken einhergehen. Die Temperatur eines Raumes, dessen Wände in blaugrünem Farbton gestrichen sind, schätzen Menschen beispielsweise fast vier Grad Celsius kälter ein als die Temperatur eines anderen Raumes, der orangerote Wände hat (siehe Itten, 2009). Warme Farben im Spektrum zwischen gelb und rot heizen auch die Wände in einer weiteren Studie an: Gelbliche, rötliche und bräunliche Wandfliesen fühlten sich für die Teilnehmer wärmer an als bläuliche und grünliche Fliesen. Hatten die Fliesen eine raue Textur, erhöhte das die gefühlte Temperatur der jeweiligen Fliesen sogar leicht — der Temperatureffekt der Farben dominierte jedoch (Wastiels, Schifferstein, Heylighen & Wouters, 2012).

Auf die Temperaturempfindung von Produkten wirkt sich die Farbe ebenso aus: Rote Schals und Frühstückstabletts wirkten auf die Teilnehmer einer anderen Studie wärmer als blaue Varianten der Produkte. Allerdings hatte die Farbentemperatur keinen Einfluss darauf, wie angenehm sich das Produkt jeweils anfühlte. Das hing ganz vom Material ab: Beispielsweise fühlte sich der Schal aus Viskose angenehmer an als der aus Wolle und das hölzerne Tablett fühlte sich angenehmer an als das aus Aluminium (Fenko, Schifferstein & Hekkert, 2010).

Ähnlich wie Farben haben aber auch Materialien eine wahrgenommene Temperatur: Beispielsweise fühlen sich Holz, Textilien, Leder und Kunststoffe wärmer an als Metalle, Glas oder Keramik — selbst wenn alle Materialien auf die gleiche Temperatur heruntergekühlt oder erhitzt sind (siehe z.B. Ashby & Johnson, 2002; Katz, 1925). Bereits der Anblick dieser Materialien ruft deren haptische Qualitäten wach und vermag die atmosphärische Temperatur der Werbung zu unterstreichen. Das ist ein zusätzliches Argument dafür, (angenehme) haptische Oberflächen zu zeigen — natürlich immer kongruent zur Botschaft: Kühle Materialien und blaue Farben sind passende Kontextreize für ein Erfrischungsgetränk und nicht für einen wärmenden Tee.

> **! Tipp**
>
> Farben und Materialien haben unterschiedliche wahrgenommene Temperaturen. Entsprechend können Sie über die Farben in der Werbung oder den gezeigten Materialien Ihre Werbebotschaft anheizen oder abkühlen.

Bilder, die unter die Haut gehen

Die Hornbach-Kampagne »Niemand fühlt es so wie du!« aktivierte ganz direkt das Gefühl auf der Haut, das ein Heimwerker bekommt, wenn irgendetwas an seinem Haus nicht stimmt. Im Werbespot sitzt der Protagonist im Restaurant. Plötzlich beginnt seine Haut am Nacken zu bröckeln. Er eilt nach Hause und sieht einen Riss in der Haus-Fassade — sein Nacken hat einen Riss in der gleichen Form. Mit den Werkzeugen von Hornbach kittet er den Riss in der Hauswand wieder und befreit sich damit auch von seinen eigenen Nackenschmerzen. Das Hornbach-Beispiel zeigt: Bilder können im wahrsten Sinne des Wortes unter die Haut gehen. Der Betrachter zuckt innerlich und körperlich zusammen, wenn er den Riss im Nacken des Mannes sieht. Dafür sorgen auch hier die Empathieneuronen: Wir fühlen mit, wie sich der Riss durch die Haut frisst, als wäre es unsere eigene Haut.

QR-Code: Spüren Sie den Riss in der Haut, so wie der Protagonist den Riss in der Hauswand?

http://www.youtube.com/watch?v=h1KPdOeAadg

Jeder Mensch kennt auch den Schmerz, den die Stacheln eines Kaktus verursachen. Eine ecuadorianische Klinik verwendete dieses negative haptische Erlebnis und machte in einer Werbeanzeige auf ihre Expertise in Sachen Hämorrhoiden-Behandlung aufmerksam: Der Kaktus in Exkrement-Form löst beim Betrachter die unangenehme, schmerzhafte Vorstellung darüber aus, wie sich Hämorrhoiden anfühlen (siehe Abb. 36). Bilder sagen mehr als tausend Worte — insbesondere, wenn sie die Botschaft spürbar machen. Der starke Reiz des Kaktus-Kots aktiviert den Betrachter und verknüpft die schmerzbefreiende Klinik in seinem Gedächtnis mit Hämorrhoiden.

Abb. 36: Autsch — das Kaktus-Exkrement verursacht schon beim Anblick Schmerzen (Quelle: adeevee.com).

Weicher geht es in einem Werbespot von Lenor zu: Gemütlich eingekuschelt in einen riesigen Wollpullover sitzt eine junge Frau zuhause vor dem Fenster und blickt auf das Regenwetter draußen. Sie reibt ihre mit den weichen Pullover-Ärmeln verdeckten Händen aneinander und streichelt sich mit dem weichen Stoff über ihr Gesicht, was sie mit geschlossenen Augen genießt. Aus dem Off erklingt ihre sanfte Stimme: »Er ist mehr als ein Pullover, er ist mein Zuhause. Damit dieses angenehme Gefühl bleibt, pflege ich ihn mit dem neuen Lenor.« Bei diesem Anblick sehnt sich der Betrachter nach einem solchen weichen Gefühl.

QR-Code: Die Weichheit des Pullovers aus der Lenor-Werbung spürt der Betrachter auf der eigenen Haut.
https://www.youtube.com/watch?v=4zn2mKxbV3k

> **! Tipp**
>
> Zeigen Sie in Ihrer Werbung und Kommunikation solche Szenen, die der Betrachter sensorisch nachempfinden kann — lebhaft, emotionsgeladen und spürbar. Das bleibt im Gedächtnis haften und verankert Ihre Botschaft.

4.1.3 Haptische Texte und Sprache

Ein kleines Kopfkino: Sie stehen vor einer Schultafel. Mit den Fingern der rechten Hand streichen Sie sanft über die raue Stahlemaille. Sie spüren die kleinen Poren und unregelmäßigen Erhebungen der Tafel, feinkörnige Kreidereste kitzeln sanft Ihre Fingerspitzen. Jetzt formen Sie Ihre Hand zu einer Kralle und pressen Ihre Fingernägel auf die Kreidetafel. Ihre Fingernägel graben sich tief in die raue Oberfläche. Wie einen Pflug ziehen Sie Ihre Fingernägel nun über die Tafel, ganz langsam, gegen den Widerstand der rauen Oberfläche ...

Haben Sie die Tafel gerade auf Ihren Fingerkuppen gespürt oder das unerträgliche, kratzig-quietschende Geräusch gehört? Haben sich vielleicht sogar Ihre Nackenhaare aufgestellt?

Während wir lesen, handeln wir mental mit

Wenn wir ein Wort lesen, hören wir es stets mit. Bevor das gelesene Wort in unser Bewusstsein gelangt, enkodiert unser Autopilot seine Bedeutung. Überhaupt passiert in unseren Gehirnen sehr viel, wenn wir Worte lesen oder hören. Das Wort »Hammer« beispielsweise aktiviert alle mit ihm verknüpften Assoziationen in unserem Gedächtnis — auch sensorische und motorische Erfahrungen. Zusammengenommen macht das unser Verständnis vom Konzept eines Hammers aus: Wir sehen, wie er aussieht; wir spüren, wie er sich anfühlt und wie schwer er in unserer Hand liegt. Ebenso spüren wir, wie wir mit ihm hämmern. All das hat unser Autopilot bereits nach 100 bis 250 Millisekunden mental simuliert — lange bevor wir eine bewusste Vorstellung von dem Hammer entwickelt haben (Boulenger, Shtyrov & Pulvermüller, 2012; Hauk, Shtyrov & Pulvermüller, 2008).

Genau wie Bilder regen handlungsbezogene Worte die Aktivität motorischer Hirnareale wie den Mortorcortex — und zwar so stark, als würden wir tatsächlich mit einem Hammer auf einen Nagel schlagen (siehe z.B. Barsalou, 2008; Fischer & Zwaan, 2008; Kiefer et al., 2012; Pulvermüller, Shtyrov & Ilmoniemi, 2005). Die Neuronen im Motorcortex feuern jedoch nur, wenn die Handlungsworte in einem konkreten, sachbezogenen Kontext stehen wie in dem Satz »einen Nagel in die Wand hämmern«. Redensarten oder übertragene Bedeutungen wie »hämmernde Schmerzen im Kopf« lassen den Motorcortex dagegen kalt (Raposo, Moss, Stamatakis & Tyler, 2009).

Schreibratgeber plädieren stets dafür, aktive Verben statt Substantivierungen zu verwenden (vgl. z.B. Schneider, 2007). Die Sprache wird dadurch lebendiger, lautet das häufigste Argument. Das stimmt tatsächlich, insbesondere wenn wir Handlungsverben lesen: Während Studienteilnehmer im Hirnscanner das Verb »schlecken« lasen, war das Areal des Motorcortex aktiv, das mit der Bewegung von Zunge und Mund verknüpft ist. Beim Verb »springen« schoss das Blut in die Motorcortex-Regionen, die mit Beinbewegungen verbunden sind (Bower, 2004). Der Motorcortex ist nicht nur aktiv, während wir handeln, sondern hilft uns demnach auch, die Bedeutung von Worten zu verstehen. Das bereitet uns mental auf die konkrete Handlung vor. Das Gelesene wird anschaulich und animiert zum tatsächlichen Handeln. Die Impulskaufrate steigt beispielsweise, wenn ein Schild mit »*Fühlen* Sie die Frische« die Kunden zum Anfassen des Obstes auffordert. Den bloßen Hinweis auf »frisches Obst« würden die Kunden allenfalls wahrnehmen (vgl. Kapitel 3.3; siehe Kapitel 2.6.1, Abb. 21).

> **Tipp**
>
> Aktivieren Sie durch Handlungsverben und Gegenstandsworte die motorischen und haptischen Erfahrungen Ihrer Kunden. Dann profitieren Sie vom Haptik-Effekt in ähnlicher Weise wie durch reales Berühren oder Handeln.

Sensorische Erlebnisse schildern
Peck und Childer (2003b) zeigten, dass autotelische Wörter wie »weich« in Produktbeschreibungen keinen Effekt auf die Wahrnehmung haben. Menschen mit hohem Need for Touch kompensieren die fehlende Berührung allerdings mit instrumentellen Beschreibungen. Anhand von Gewicht, Textur, Temperatur oder Form simulieren sie die Berührung auf Basis ihrer bisherigen Erfahrungen (vgl. Kapitel 3.3).

Ein Wort wie »weich« kann das tatsächliche Berühren nicht ersetzen, weil Menschen es ganz unterschiedlich interpretieren. Weich ist relativ: Der eine denkt an die Weichheit von Velourleder, einem anderen kommt seine Kuscheldecke in den Sinn, ein Dritter streichelt gedanklich durch das Fell seines Hundes. Die Marketingforscher Andrew Mitchell und Jerry Olsen (1981) zeigten schon vor über 30 Jahren, dass autotelische Worte im Werbeversprechen wirkungslos sind. Lasen die Studienteilnehmer in einer Werbeanzeige, dass die Taschentücher einer Marke »soft« seien, zweifelten sie an dem Versprechen. Die Teilnehmer erwarteten jedoch weiche Taschentücher, wenn das Wort »soft« fehlte und die Anzeige stattdessen lediglich das Bild eines flauschigen Katzenbabys zeigte.

> **! Tipp**
>
> Verstärken Sie Ihre Texte mit Bildern, die auf das relevante, mit dem Produkt verbundene Ziel einzahlen. Bilder helfen dem Betrachter dabei, fehlende Berührungsmöglichkeiten zu kompensieren (vgl. Kapitel 3.3.4).

Autotelische Beschreibungen sollten dennoch nicht fehlen. Die Studienteilnehmer von Deborah Brown McCabe und Stephen Nowlis (2003) begutachteten ein Handtuch. Dabei konnten sie es entweder in die Hände nehmen oder sahen nur ein Produktfoto sowie eine Produktbeschreibung. Letztere enthielt entweder die sichtbaren Eigenschaften (z. B. 100% Baumwolle, weiß, 75 × 150 cm) oder aber dessen haptische: »Das flauschige Handtuch fühlt sich sanft und geschmeidig auf Ihrer Haut an.« Die sichtbaren Fakten ersetzten nicht das tatsächliche Berühren, wohl aber die konkrete Beschreibung des sensorischen Erlebnisses: Die Kaufbereitschaft war ebenso hoch wie bei den Teilnehmern, die das Handtuch tatsächlich berühren konnten. Produktbeschreibungen und Werbebotschaften sind demnach stärker, wenn sie das haptische Erlebnis bildhaft und vergleichend beschreiben. »Ein Gefühl, so sanft, als würden Sie das Fell eines Hasen kraulen«, sagt eben mehr aus als ein abstraktes »Weich«. Beispiele für diese Art von sensorisch aktivierender Sprache finden Sie beispielsweise in den lebhaften Produktbeschreibungen des Versandkatalogs Manufactum oder im Radiospot des Blinden- und Sehbehindertenvereins Hamburgs.

QR-Code: Manufactum verkauft eine Nagelbürste für fast 17 Euro. Die Produktbeschreibung lädt gedanklich zum Anfassen ein: Die haarscharfen Bilder und detailreichen instrumentellen Fakten kommen alles andere als technisch-trocken daher.
http://www.manufactum.de/nagelbuerste-thermoholz-p1438693/

QR-Code: Ein Radiospot des Blinden- und Sehbehindertenvereins Hamburg beschreibt mit einer sehr anschaulichen Sprache ein sensorisches Erlebnis der besonderen Art.
https://vimeo.com/101708983

> **! Tipp**
>
> Setzen Sie auf eine bildhafte Sprache, die motorische Gehirnareale aktiviert und Ihre Kunden mental spüren lässt, wie sich Ihr Produkt in seinen Händen anfühlt. Beschreiben Sie die instrumentellen Eigenschaften Ihrer Produkte, mithilfe derer der Leser das haptische Erlebnis simulieren kann. Verzichten Sie weiterhin auf abstrakte, rein autotelische Worte und beschreiben stattdessen anschaulich das konkrete sensorische Erlebnis.

4.1.4 Klänge und Geräusche spüren

Evelyn Glennie ist fast taub – und eine hervorragende Percussionistin. Glennie hört Musik nicht mit den Ohren, sondern nutzt ihren gesamten Körper als Hörorgan. Besser als die meisten Menschen spürt sie die Schallwellen und Vibrationen ihrer Percussionsinstrumente mit ihren Armen, ihrem Bauch, ihren Knochen, ihrer Kopfhaut – sie hört quasi haptisch. Genau genommen hören auch Menschen mit gesunden Ohren haptisch: Klang ist bewegte Luft, er entsteht durch Schallwellen in der Luft. Über das Außenohr gelangen die Schallwellen in das Mittelohr, wo sie auf das Trommelfell treffen und die dahinterliegenden Gehörknöchelchen sie in das Innenohr weiterleiten. Hier treffen die Schallwellen auf Haarsinneszellen, die auf die jeweilige Schallfrequenz spezialisiert sind, und bringen diese zum Schwingen. Die mechanische Bewegung wandeln die Haarzellen in Nervenimpulse um, in akustische Informationen für das Gehirn. Im Gegensatz zum Sehen, Schmecken und Riechen hören wir aufgrund eines haptischen Mechanismus. Wer hören will, muss also erst einmal fühlen. Im Innenohr liegt übrigens auch unser Gleichgewichtsorgan, ohne wir keinen kinästhetischen und motorischen Sinn hätten.

> QR-Code: Im TED-Talk erklärt Evelyn Glennie, wie sie über ihren haptischen Sinn Musik und Rhythmus hört.
> http://www.youtube.com/watch?v=IU3V6zNER4g

Hören und Fühlen gehören untrennbar zusammen. Taktile Reize beeinflussen beispielsweise, was wir hören. Ob wir beispielsweise »toll« statt »doll« verstehen, hängt von einem kurzen, unhörbaren Luftstoß ab, der das Aussprechen eines /t/ begleitet – ein sogenannter plosiver Laut. In einem Experiment hörten die Teilnehmer die plosiven Laute /ta/ und /pa/ sowie die nicht plosiven, aber ähnlichen Laute /da/ und /ba/. Das Hören erschwerten die Forscher allerdings, indem sie im Hintergrund ein Rauschen abspielten. Während die Teilnehmer die Laute hörten, pusteten ihnen die Forscher mit einem kleinen Luftkompressor kurze Luftstöße auf den Handrücken oder auf den Hals. Der plosive Luftstoß beeinflusste, was die Teilnehmer hörten – nämlich häufiger /ta/ und /pa/ statt den tatsächlich abgespielten /da/- und /ba/-Lauten (Gick & Derrick, 2009).

Klänge fühlen sich unterschiedlich an
Akustische Reize sind eng mit haptischen Informationen verknüpft. Ein Ton kann haptische Assoziationen wecken: Das Bellen in hoher Frequenz lässt auf einen kleinen Hund schließen, ein tiefes Knurren auf einen großen. Die Vibrationen eines großen, schweren Lkws sind langsam und sein Motor brummt in einer niedrigen Frequenz – er klingt tief. Ein kleiner, leichter Rennwagen dagegen

schwingt in schnellen Vibrationen an uns vorbei und sein Motor jault in hohen Tönen. Beim Zahnarzt zucken wir auf, wenn wir das hochfrequente, hysterische Surren des Bohrers hören. Dieser Klang geht eins zu eins mit dem »hochfrequent« zischenden Schmerz im Zahn einher. Ein tieferes, ruhiges Summen des Bohrers würde womöglich den gefühlten Schmerz lindern. Alternativ hilft ein anderer Klang: der von klassischer Musik. Letztere senkt während einer Operation den Blutdruck von Patienten und deren Herzfrequenz, sie reduziert die Ausschüttung von Stresshormonen und verringert den empfunden Schmerz. Zudem machen die Chirurgen weniger Fehler bei ihrer Arbeit, während sanfte Klassik-Klänge im Hintergund laufen (siehe Dobbs, 2008).

Worte bestehen ebenso aus Tönen und je nach Art der Vokale klingen sie groß oder klein beziehungsweise leicht oder schwer – groß oder schwer durch Hinterzungen-Vokale wie /a/ oder /o/ mit einer tiefen Tonfrequenz und klein oder leicht durch Vorderzungen-Vokale wie /e/ oder /i/ mit einer hohen Tonfrequenz. Oreo-Kekse dürften entsprechend schwerer wirken als sie sind und BMWs Mini kleiner als er tatsächlich ist (siehe Spence, 2012; vgl. Kapitel 1.3.2).

> **! Tipp**
> Mit Klängen von Worten sowie mit Geräuschen wecken Sie abstrakte haptische Assoziationen und aktivieren haptische Codes: Ein tieffrequenter Ton beispielsweise wirkt groß und kann Ihre gewichtigen Argumente verstärken.

Geräusche wecken haptische Muster

Das sensorische Muster einer Marke beziehungsweise eines Produkts, welches Kunden gelernt haben, enthält stets auch Klänge und Geräusche (vgl. Kapitel 1.3.1). Ein einzelner marken- oder produktspezifischer Klang kann daher das gesamte Bedeutungsmuster wecken – insbesondere, wenn das Markenerlebnis eng mit einem Geräusch verknüpft ist. Magnum beispielsweise inszeniert konsistent den Klang des ersten Bisses in seiner Kommunikation. Der Kunde hört in jeder Werbung das für Magnum einzigartige »Krrrraaaaack«. Schon beim Klang den Knackens läuft einem das Wasser im Mund zusammen, denn es weckt alle mit ihm assoziierten haptischen Erfahrungen: wie die Schokoladenschicht ab einem bestimmten Beisdruck bricht und sich das cremige, kalte Vanille-Eis der Zunge offenbart. Durch das Knacken ruft der Autopilot des Eisliebhabers automatisch das gesamte multisensorische Markenerleben aus seinem Gedächtnis ab. Das funktioniert auch in rein auditiven Kanälen wie dem Radio. Und selbst beim Anblick der Werbung hört der Betrachter das Knacken der Schokolade und spürt es (siehe Abb. 37).

4 Bitte Berühren: Zum Anfassen animieren

Abb. 37: Das Knacken der Magnum-Schokoschicht weckt haptische Assoziationen (Quelle: Unilever).

QR-Code: Hören Sie das Magnum-Knacken im Werbespot und spüren Sie es in Gedanken.
https://www.youtube.com/watch?v=J0xPtckzGB8

Ein anderes Beispiel für die sensorische Integration eines produktspezifischen Geräusches ist Flensburger Pilsner. Beim Hören des typischen Plopp-Geräusches zuckt der Daumen schon fast automatisch, als wollte er den Bügelverschluss der Flasche schwungvoll aufschnippen. Das Plopp-Geräusch aktiviert automatisch zugleich auch alle anderen (sensorischen) Assoziationen, die im Gedächtnis mit dem »Flens« verknüpft sind.

QR-Code: Eine kleine Tour mit vielen Plopps durch die Werbegeschichte von Flensburger Pilsner.
https://www.youtube.com/watch?v=Vl6GHr_OMfQ

In einem weiteren Radio-Werbespot des Hamburger Blinden- und Sehbehindertenvereins lauscht der Zuhörer verschiedenen Geräuschen: beispielsweise einem knisternden Feuer und einer Flüssigkeit, die sich in ein Gefäß ergießt. Das kann vieles sein. Die fragende Stimme macht die Geräusche spürbar, indem sie den jeweiligen Kontext vorgibt: Brennt der Kamin oder brennt der Vorhang? Ist das ein Glas Milch oder brühend heißer Tee? Der Hörer beziehungsweise sein Autopilot spürt sofort die angenehme Kaminwärme oder die gefährliche die Hitze des Wohnungsbrandes, die kühle Milch in der Hand oder wie das kochende Wasser die Haut verbrennt.

QR-Code: Wonach fühlt sich das Knistern im Radiospot an: nach Kaminwärme oder Wohnungsbrand?
http://vimeo.com/101709123

»Haptische Erfahrungen manifestieren sich in unserem Gedächtnis gleichzeitig auch immer durch Klang«, erklärt Carl-Frank Westermann, Audio-Branding-Experte und Geschäftsführer von Wesound (C.-F. Westermann, Interview, 13.06.2014). So gut wie alles, was wir tun und berühren, verursacht Geräusche. Diese speichert unser Gedächtnis zusammen mit den haptischen Erfahrungen ab. Einmal gelernt, bleiben die haptischen Erfahrungen ein Leben lang mit den Klängen verknüpft. Diese Konditionierung beeinflusst auch das Klang-Interface neuer Technologien: Viele Menschen »brauchen« bei einer Digitalkamera beispielsweise das Auslöser-Geräusch, das sie mit dem Drücken des Auslösers assoziieren. Wenngleich das digitale Auslösen auch geräuschlos funktioniert — das Geräusch ist ein wichtiges, zusätzliches Signal, das dem Nutzer verrät: Foto geschossen! »Feedback-Sounds machen haptisches Handeln auch in der digitalen Welt sinnvoller, intuitiv stimmiger und emotional befriedigender«, weiß Westermann und schlussfolgert: »Darum existiert besonders im haptischen Produktbereich eine untrennbare Symbiose von Haptik und Klang.« Der Mensch sehnt sich in der Hightech-Welt nach High Touch (siehe Naisbitt, 1982; 1999). Trotz digitaler Revolution ist und bleibt der Mensch ein multisensorisches Wesen.

> **! Tipp**
> Im richtigen Kontext platziert, wecken Sie mit Klängen und Geräuschen konkrete haptische Assoziationen und intensivieren so das Erleben IhrerWerbung und Produkte. Klänge und Geräusche, die spezifische haptische Erinnerungen im Umgang mit Produkten aktivieren, laden Markenidentitäten sensorisch auf. Über die Ohren können Sie den haptischen Sinn ansteuern und profitieren damit vom Haptik-Effekt ohne tatsächliche Berührung.

4.1.5 Berührende Düfte

Der Geruchssinn und haptisches Erleben hängen ebenfalls eng zusammen. Ebenso wie Klänge und Geräusche, Handlungswörter oder Bilder können auch Düfte haptische Assoziationen wecken. Beim Duft eines leckeren Essens läuft uns beispielsweise das Wasser im Mund zusammen — wir spüren das Essen bereits am Gaumen. Beim Duft von Holz spüren wir das hölzerne Material auf unserer Hand und der Duft eines Neuwagens lässt uns in Gedanken in den weichen Sitz sinken und das Lenkrad umfassen.

Bessere Haptik bei kongruenten Düften
Düfte können die haptische Wahrnehmung auch ganz direkt beeinflussen. In Kapitel 1.3.2 haben wir bereits eine Studie dazu vorgestellt: Die Forscher fanden heraus, dass ein semantisch zur Haptik passender Duft das haptische Erleben beeinflusst: Ein weiches Papier bewerteten die Studienteilnehmer positiver, wenn es nach einem Frauenparfüm duftete statt nach einem Männerparfüm. Raues Papier hingegen bewerteten die Teilnehmer positiver, wenn es mit Männerparfüm beträufelt war statt mit einem Frauenparfüm. Die Erklärung ist banal: Weichheit assoziieren Menschen mit Weiblichkeit, wohingegen sie Männern eher raue Eigenschaften zuschreiben.

Ebenso gibt es warme und kalte Düfte. Ein warmer Zimtduft erhöhte die subjektiv gefühlte Temperatur eines heißen therapeutischen Gel-Pads, ein frischer Meeresduft hingegen senkte die gefühlte Temperatur. Ein kaltes Gel-Pad fühlte sich für die Teilnehmer kälter an, wenn es nach Meeresfrische duftete, als wenn es nach Zimt duftete. Die Teilnehmer bewerteten das Gel-Pad auch positiver und sogar effizienter im Hinblick auf die schmerzlindernde Wirkung, wenn dessen tatsächliche Temperatur und die mit dem Duft assoziierte kongruent waren (Krishna et al., 2010).

Angenehmer Duft, angenehme Haptik
In einer anderen Studie bewerteten die Teilnehmer die Weichheit eines sehr weichen sowie eines sehr rauen Stoffes. Die Stoffe beträufelten die Forscher zuvor entweder mit einem angenehmen Lavendel- oder einem unangenehmen tierischen Duft, hinzu kam eine dritte Version ohne Duft.

Die Düfte zeigten Wirkung: Die nach Lavendel duftenden Stoffe empfanden die Teilnehmer weicher als jene Teilnehmer, welche die unbeduftete Version des jeweiligen Stoffes beurteilten. Der Tierduft dagegen ließ die Stoffe rauer wirken als sie tatsächlich waren. Weicher machend wirkte auch Zitronenduft in einem anderen Experiment der Studie. Selbst, wenn die Teilnehmer den Lavendel- beziehungsweise Zitronenduft als unangenehm empfanden, fühlte sich der Stoff für sie weicher an. Und wer den eigentlich unangenehmen Tierduft mochte, empfand die Stoffe trotzdem als rauer. Der Duft wirkte unabhängig vom Gefallen stets in die gleiche Richtung, übrigens sowohl bei den weiblichen als auch bei den männlichen Teilnehmern. Die Forscher erklärten ihre Ergebnisse mit gelernten semantischen Assoziationen — der »Statistik der Umwelt«: Was sich angenehm anfühlt, duftet für gewöhnlich auch gut (Demattè, Sanabria, Sugerman & Spence, 2006).

In einer weiteren Studie bestätigten die Forscher diese Ergebnisse mithilfe des Impliziten Assoziationstests. Die Teilnehmer fühlten mit der rechten Hand entweder weichen oder rauen Stoff und atmeten dabei entweder angenehmen Zitronenduft oder unangenehmen Tierduft ein. Mit ihrer linken Hand klicken sie auf der Computertastatur auf eine Taste, wenn sie Duft und Stoff als kompatibel empfanden, und auf eine andere Taste, wenn Duft und Stoff inkompatibel für sie waren. Bei Kompatibilität (Zitronenduft & weicher Stoff; Tierduft & rauer Stoff) reagierten die Teilnehmer bedeutend schneller als bei inkongruenter Kombination wie Zitronenduft und rauem Stoff. Das Ergebnis zeigt, dass die assoziative Verknüpfung von angenehmem Duft und weicher Textur sowie unangenehmem Duft und rauer Textur fest im menschlichen Unterbewusstsein verankert ist (Demattè, Sanabria & Spence, 2007).

> **Tipp**
>
> Düfte beeinflussen die haptische Wahrnehmung. Als Faustregel gilt: Die Textur eines Objekts wirkt angenehmer, wenn der Duft semantisch zum Objekt passt. Generell wirkt eine Textur weicher bei angenehmem Duft.

4.2 Sensorische Codes finden, entwickeln und managen

Bis hierhin haben wir gezeigt, was der Haptik-Effekt alles kann. Er weckt unsere Aufmerksamkeit als parkendes Auto im Briefkasten, er beeinflusst mit Gewicht, wie kompetent jemand erscheint, er animiert zum Anfassen einer Sache, erhöht ihren subjektiven Wert oder befeuert die Kauflust durch Muskelspannung. Das kann jeder Verkäufer und jede Marke nutzen: Argumente in schweren Prospekten wirken gewichtig, die Botschaft wird im Radio durch haptische Geräusche spürbar. Im Verkaufsgespräch macht ein Haptical Argumente glaubwürdiger, die Darstellung des Produkts aus der Nutzerperspektive, etwa in einer Werbeanzeige, macht es greifbar und fördert die psychologische Inbesitznahme. Hier wirkt der Haptik-Effekt unabhängig von der Marke auf einer qualitativen Ebene: der **Effizienzebene**. Haptische Signale – und selbstverständlich auch alle anderen sensorischen Signale – erzielen auf der Effizienzebene ganz pragmatisch eine spezifische Wirkung: Sie stimulieren die Wahrnehmung und lenken das Verhalten in eine gewünschte Richtung. Oftmals differenzieren sie eine Marke auch einfach nur von ihren Wettbewerbern, wie es beispielsweise Coca-Cola mit seiner Hobbelskirt-Flasche gelingt.

Sensorische Signale können darüber hinaus auch für die Markenbotschaft relevante Bedeutungen verschlüsseln und sowohl das funktionale als auch das psychologische Nutzenversprechen einer Marke vermitteln. In diesem Fall wirken sensorische Signale als Codes auf einer semantischen Ebene: der **Bedeutungsebene.** Mithilfe des Haptik-Effekts macht das Papp-Automodell im Briefkasten das Nutzenversprechen von Smart als Stadtauto haptisch erlebbar. Die Champagnerflasche im Betonstein demonstriert Stihls innovative Philosophie und technische Kreativität. Die ALfonds-Biegefigur der Alten Leipziger Versicherung verdeutlicht die Eigenschaft der ersten flexiblen Fondsrente und das Gummibandinstrument entstaubt durch seinen Humor das eingetrocknete Image des Raffles Music College. Mit einem kraftvollen Knick beider Hände öffnet der Kunde die Ritter-Sport-Schokolade und spürt: Diese Schokolade ist alltagstauglich. Das Plopp beim Öffnen des Bügelverschlusses eines Flensburger Pilsners ist ein Signal für brauhandwerkliche Qualität und die »schuppige« Haut auf der Dove-Karte demonstriert, was das pflegende Duschgel verhindern kann.

Erfolgreiche Marken lassen sensorische Signale auf beiden Ebenen für sich arbeiten: Sie kommunizieren ihre Botschaften glaubwürdig mit zur Markenbotschaft passenden sensorischen Codes (Bedeutungsebene). Außerdem steigern Marken die Wirksamkeit ihrer Marketingaktivitäten, indem sie mithilfe sensorischer Reize die Wahrnehmung sowie die Aufnahmehaltung der Kunden positiv stimulieren (Effizienzebene).

Im Idealfall werden sensorische Signale und Codes sogar Teil des semantischen Netzwerkes einer Marke und verleihen ihr eine unverkennbare sensorische **Markensignatur**: wie die Flaschenform von Coca-Cola, der Knick-Pack von Ritter Sport, das Ploppgeräusch beim Öffnen des Labello-Lippenpflegestifts oder die Magenta-Farbe der Telekom. Zur einzigartigen Signatur werden sensorischen Codes jedoch nur, wenn 1) kein Wettbewerber die gleichen sensorischen Codes nutzt, 2) die Marke sie kontinuierlich kommuniziert und 3) sie in das Produkterleben integriert. Erst dann besteht die Chance, dass Menschen die Codes eindeutig mit der Marke assoziieren.

Im Zusammenspiel der Sinne wirkt der Haptik-Effekt besonders stark (vgl. Kapitel 1.3). Das Gros der sogenannten Powerbrands integrieren deshalb nicht nur die Haptik in ihre Markenidentität und Marketingmaßnahmen, sondern nutzen auch weitere Sinne (Nickel, 2010). Das geschieht teils intuitiv auf Basis des richtigen Bauchgefühls, teils bewusst und systematisch gesteuert. Die Wissensexplosion im Marketing macht Letzteres möglich: Wir wissen heute mehr denn je darüber, wie Menschen sensorische Reize und Werbung wahrnehmen und welche unbewussten Ziele sie zu einer Kaufentscheidung motivieren. Multisensorisches Marketing schafft einen Orientierungsrahmen, der dieses Wissen systematisch anwendbar macht.

Der Prozess des multisensorischen Marketings

Multisensorisches Marketing macht aus dem Forschungswissen und Erfahrungsschatz der Top-Marken und Top-Verkäufer ein für alle anwendbares Modell. Das gibt Marketers Orientierung für den Prozess,

- wie sie sowohl die Haptik als auch andere Sinne erfolgreich in ihr Marketing integrieren können,
- aus der Positionierung der Marke eine sensorisch wiedererkennbare Markenidentität entwickeln sowie
- die zur Marke passenden sensorischen Codes identifizieren und unpassende eliminieren.

Unser Modell basiert auf dem neuesten Forschungsstand und bringt verschiedene Betrachtungsmodelle zusammen. Erfolgreiche Vermarkter überprüfen und bestätigen damit ihr Bauchgefühl — es gibt ihnen überzeugende Argumente an die Hand, mit denen sie ihre Ideen durchsetzen und die sensorischen Codes aller Marketingaktivitäten systematisch steuern können.

Multisensorisches Marketing ist ein ganzheitlicher Prozess, der auf Erkenntnissen aus der Psychologie und der Neurowissenschaft aufbaut. Mithilfe des multisensorischen Marketings setzen Vermarkter das Wissen in die Praxis um: Auf Basis der Bedürfnisse und Ziele der Kunden (**Mensch**) ist die **Marke** positioniert mit ihrem Markenkern und ihren Nutzenversprechen. Resonanzfelder ermöglichen die Übersetzung der Positionierung in konkrete sensorische **Codes**, die dann die Ausgestaltung der Kontaktpunkte (**Touchpoints**) zwischen Mensch und Marke bestimmen.

Abbildung 38 zeigt den Prozess vom Verständnis des Kunden bis hin zu den Touchpoints, den wir auf den folgenden Seiten Schritt für Schritt erläutern. Zu vielen Teilaspekten des Modells existieren hoch spezialisierte Fachbücher. Wir konzentrieren uns daher auf die für das Verständnis des multisensorischen Marketings relevanten Aspekte.

4 Sensorische Codes finden, entwickeln und managen

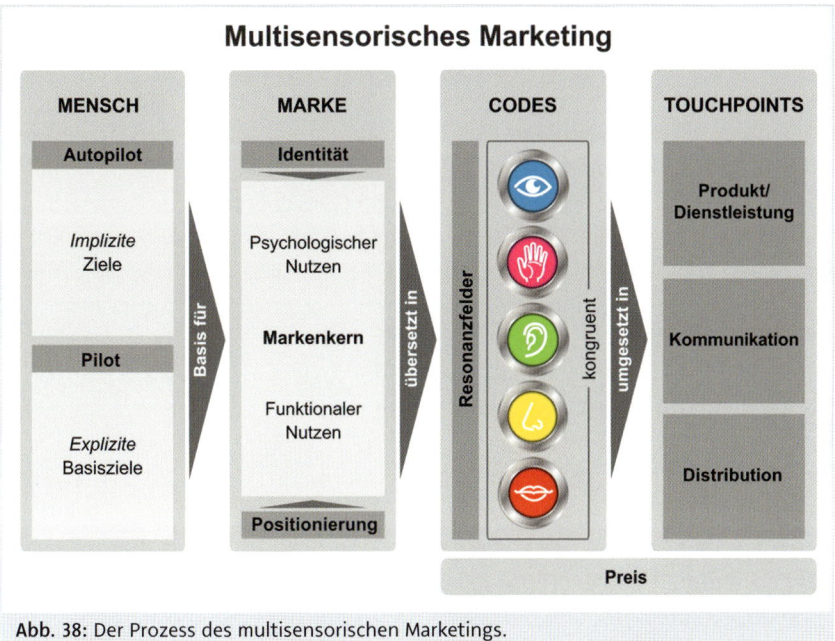

Abb. 38: Der Prozess des multisensorischen Marketings.

4.2.1 Von den Zielen zur Positionierung

Die Wissensexplosion in der Konsumforschung (vgl. Kapitel 1.2.1) brachte Licht in das Dunkel der Kauftreiber. Menschen kaufen Produkte, weil diese ihnen einen relevanten funktionalen Nutzen bieten – das sind die sogenannten **expliziten Basisziele**, die wir mit einem Kauf bedienen (Scheier et al., 2012): Ein Auto bringt den Fahrer von einem Ort zum anderen. Ein Bodyspray wirkt gegen Schweiß und duftet gut. Von einem Energydrink erwartet der Kunde einen Energieschub. Die expliziten Basisziele sind vom Bewusstsein – unserem Piloten – angesteuerte Ziele. Der Pilot rechtfertigt seine Entscheidungen für ein Produkt mit rationalen Argumenten, die er beispielsweise in der Werbung oder durch die Erklärungen eines Verkäufers lernt. Der Autopilot sucht dagegen permanent nach impliziten Signalen und Codes, die das explizite Markenversprechen bestätigen.

Implizite Ziele sind die wahren Kauftreiber
Mit einem expliziten Basisziel sind stets auch übergeordnete **implizite Ziele** verknüpft, die unbewusst die Wahl eines Produkts beeinflussen – und zwar stärker als es der rationale Pilot wahrnimmt. In unserer Überflussgesellschaft, in der die allermeisten Produkte ihren funktionalen Nutzen gut erfüllen, sind die impliziten Ziele, oft auch Motive oder Werte genannt, die wahren Kauftreiber. Diese basieren auf sechs grundlegenden Zielen (siehe Scheier & Held, 2012a):

Abenteuer, Autonomie, Disziplin, Sicherheit, Genuss und Erregung. Der eine Autofahrer beispielsweise möchte mit dem technologischen Stand seines Wagen anderen Autobesitzern eine Nasenlänge voraus sein (Autonomie & Disziplin), ein anderer will vor allem seine Familie im Auto geschützt wissen (Sicherheit). Mit dem Bodyspray möchte der eine seine Körpergerüche unter Kontrolle halten und soziale Ausgrenzung vermeiden (Disziplin & Sicherheit), der andere dagegen möchte hauptsächlich attraktiv für potenzielle neue Geschlechtspartner sein (Erregung). Der Energydrink gibt dem einen den Kick (Erregung), der andere möchte damit über sich hinauswachsen und etwas erreichen (Autonomie).

Übersichtlich dargestellt sind diese Ziele in der sogenannten **Reward Map** (siehe z.B. Barden 2013). In der Mitte dieser Karte steht das jeweilige explizite Basisziel und um dieses herum die sechs grundlegenden impliziten Ziele (siehe Abb. 39). Marken und Produkte lassen sich hier verordnen. Die Reward Map kann einerseits das Profil einer Marke darstellen — also welche impliziten Ziele diese bedient. So kristallisiert sich leicht der implizite Zielraum heraus, den die Marke oder das Produkt bedient. Ebenso können Wettbewerbsmarken in der Reward Map verordnet werden, anhand der von ihnen primär bedienten impliziten Ziele. Zum leichteren Verständnis der impliziten Ziele zeigt Abbildung 39 beispielhafte implizite Ziele innerhalb der einzelnen sechs übergeordneten Zielräume.

Abb. 39: Die Reward Map zeigt das explizite Basisziel und damit verknüpfte implizite Ziele (Quelle: decode Marketingberatung).

4 Sensorische Codes finden, entwickeln und managen

Die Marke bedient implizite Ziele

Wird ein relevantes implizites Ziel bedient, entstehen positive Emotionen, denn ein bedientes implizites Ziel kommt einer Belohnung gleich – und Menschen lieben Belohnungen (daher rührt auch der Name »Reward Map«). Das Produkt allein kann die impliziten Ziele jedoch nicht bedienen. Das ist Aufgabe der Marke, denn sie gibt dem Produkt eine Bedeutung, weshalb sie auf den relevanten impliziten Zielen der Kunden positioniert sein muss (Scheier et al., 2012). »Produkte sind nichts, Marke ist alles«, schreiben passend dazu Tina Müller und Hans-Willi Schroiff (2013, S. 223). Die Marke ist das psychologische Trägersystem des Nutzens für den Kunden. Der Markenkern mit seinen funktionalen und psychologischen Nutzenversprechen sollte sich in einer einzigartigen Markenidentität widerspiegeln. Diese verspricht glaubwürdig die Erfüllung des expliziten Basisziels und bedient gleichzeitig die impliziten Ziele des Autopiloten. Dieser eigentliche Kaufentscheider meldet dem Piloten dann: »Das Produkt dieser Marke bringt mich meinen Zielen näher und belohnt mich. Habenwollen!« Wenn das Produkt die Anforderungen des expliziten Basisziels erfüllt, wird der Pilot dem nichts entgegensetzen und im Nachhinein die Entscheidung des Bauches rationalisieren: Der Bauch entscheidet, der Kopf rechtfertigt (vgl. Kapitel 1.2.2). Der nach Autonomie strebende Kunde greift zu Red Bull, das ihm Flügel verleiht, statt zum erregenden Rock'n'Roll-Energydrink von Monster. Der Kunde im Flirtfieber will lieber den abenteuerlichen Axe-Effekt spüren statt Niveas pflegende, sicherheitsspendende Fürsorge. Der nach Autonomie und Disziplin Strebende setzt sich lieber in einen Audi und vergrößert durch Technik seinen Vorsprung gegenüber dem sicherheits- und familienorientierten Volvo-Fahrer, wohingegen der eher abenteuerliche und von Autonomie getriebene Typ im BMW seine Freude am Fahren findet.

Codes transportieren die Positionierung

Die Gestaltung der Touchpoints einer Marke sollte dem Autopiloten der Menschen vermitteln, welche ihrer impliziten Ziele sie mithilfe der Marke bedienen können. Hier bilden Codes die Schnittstelle zum Kunden. Das sind Signale, welche die Bedeutung der Marke implizit transportieren (Scheier et al., 2012). Die Red-Bull-Dose beispielsweise sendet etliche codierte Signale an den Autopiloten (siehe Abb. 40): Die kleine, schmale Form erinnert an eine Batterie (Code für Energie). Die leichte Dose ist sichtbar aus Aluminium gefertigt – das Metall wird unter anderem in der Luft- und Raumfahrt verwendet (Code: Antrieb, abheben). Die kühl aussehenden silbernen und blauen Flächen bilden zusammen ein kariertes Muster, das wir als Zielflagge aus dem Motorsport kennen (Code: das Ziel erreichen). Im Logo symbolisieren die beiden Stiere Kraft, das deren rote Farbe zusätzlich unterstreicht. Die Stiere springen (Code: Kraft, etwas überwinden) und stehen sich gegenüber (Code: Kampf, Herausforderung). Der gelbe Kreis hinter den beiden Stieren symbolisiert die strahlende Sonne (Code: Energie).

Von weitem betrachtet, wirken Sonne und beide Stiere prototypisch wie ein Objekt mit Flügeln (Code: fliegen, abheben). Der Autopilot erkennt die potenzielle Zielerfüllung von »Kraft und Energie tanken, um über mich hinauszuwachsen« in all diesen Codes der Dose, aber auch im expliziten Slogan: »Red Bull verleiht Flügel«. Sämtliche Codes zahlen auf dieselbe Botschaft ein, machen die explizite Zielerfüllung glaubwürdig und bedienen gleichzeitig die impliziten Ziele, welche die Menschen mit dem Konsum von Red Bull anstreben.

Abb. 40: Die Red-Bull-Dose sendet eine Vielzahl impliziter Codes (Quelle: Red Bull).

Für eine Dose Red Bull bezahlt der Kunde auch mehr Geld als für den vergleichbaren Energydrink eines Wettbewerbers. Ein höherer Preis suggeriert eine höhere Qualität und steigert die subjektiv empfundene Wirkung eines Energydrinks (Shiv, Carmon & Ariely, 2005) — insofern ist auch der Preis ein wichtiger (symbolischer) Code, der die funktionalen und psychologischen Nutzenversprechen glaubwürdig macht. Sensorische Codes erhöhen auf der Effizienz- und Bedeutungsebene die Wertschätzung von Marken und Produkten — und damit auch die Zahlungsbereitschaft der Kunden. Deswegen spielt sensorisches Marketing auch in der Preispolitik eine Rolle.

Scheier und Held (2012a) beschreiben vier Trägerebenen von Codes:
- **Sprache:** »Red Bull« beispielsweise klingt energiegeladen, schwer und kraftvoll. Der Markenname »Monster« weckt dagegen Assoziationen zu unbändiger, wilder und dunkler Macht.

- **Geschichten:** Axe inszeniert stets die gleiche Geschichte: Ein durchschnittlich attraktiver junger Mann wird durch Axe zum Frauenschwarm. Red Bull verleiht Flügel und sponsert nicht nur Kunstflugtage sondern auch Felix Baumgartners Sprung aus der Stratosphäre, den die Marke medial inszenierte.
- **Symbole:** Die Red-Bull-Stiere symbolisieren Kraft, ebenso wie die drei Kratzfurchen auf der Dose des Monster-Energydrinks. Letztere stehen allerdings für eine mystische, dunkle Kraft. Der hohe Preis einer Red-Bull-Dose kodiert eine höhere Qualität und stärkere Wirkung des Getränks.
- **Sensorik:** Die schmale Form der Red-Bull-Dose und das geringe Gewicht suggerieren, dass es kein Durstlöscher oder Genussgetränk ist, sondern kondensierte Energie für schnelles Nachtanken.

Worte, Sprache, Geschichten und Symbole gehen stets auch mit sensorischen Assoziationen einher, insofern ist jeder Code gleichzeitig auch ein sensorischer und deshalb sind alle vier Trägerebenen von Codes für das multisensorische Marketing relevant. Doch wie finden Vermarkter die relevanten sensorischen Codes, mit denen sie die Botschaften von Marken glaubwürdig an den Autopiloten ihrer Kunden senden?

4.2.2 Ziele sind nicht sensorisch

Markenwerte und Nutzenversprechen sind häufig abstrakt. Deshalb brauchen sie eine sprachliche, symbolische und sensorische Übersetzung, am besten in einer verständlichen Geschichte verpackt. Allgemeine, kulturell verankerte sensorische Assoziationen lassen sich allerdings nur selten in differenzierende sensorische Markencodes übersetzen. Überlegen Sie selbst: Wie klingt Freiheit, wie fühlt sich Leistung an, wie duftet Lebensfreude? Diese Fragen stellten Marktforscher und eine Designagentur ihren Studienteilnehmern, als multisensorisches Marketing vor rund einer Dekade auf dem Radar von Marketingentscheidern aufblitzte. Die Ergebnisse dieser ersten Studie zum Thema zeigten archetypische Verknüpfungen zwischen sensorischen Eindrücken und damit assoziierten Werten in unserem Kulturkreis: Leistung beispielsweise duftete für die meisten Teilnehmer nach Kaffee oder frisch gemahlenem Pfeffer, schmeckte nach Traubenzucker oder einem Müsliriegel. Leistung fühlte sich nach strapazierbaren Materialien wie geschäumtem Aluminium an. Lebensfreude dagegen duftete für die Mehrheit der Befragten nach Gummibärchen und fühlte sich an wie Schaumstoff. Freiheit assoziierten die Teilnehmer mit dem Meer und entsprechend klang sie nach Möwengeschrei (Pechmann & Brekenfeld, 2007).

Obgleich die Frage nach einer sensorischen Markenübersetzung hoch relevant ist, konnten Vermarkter mit den Forschungsergebnissen in ihrem Marketingalltag wenig anfangen. Auf diese Art und Weise ein Markenversprechen in sensorische Reize zu übersetzen, führt zu kaum verwertbaren Schlussfolgerungen: Sollte ein Leistung versprechender Energydrink seinen süßen Gummibärchenduft nun gegen einen scharfen Pfeffergeruch eintauschen oder seine Kommunikation lieber mit mehr Lebensfreude aufladen? Sollte das Prospekt für ein PS-starkes Auto nach Kaffee duften? Sollte Harley Davidson mit Meeres-Bildern werben, weil diese Freiheit vermitteln?

Wenn jede Marke ihre Positionierung in die scheinbar universellen sensorischen Codes übersetzen würde, dann unterschieden sich viele Marken nicht mehr voneinander — ihre Markenauftritte wären austauschbar. Jede Marke, die Freiheit vermitteln möchte, könnte demnach nur mit Meeresbildern, Paraglidern, Möwengeschrei oder Meeresduft werben. Weiterhin würden auch nur jene Marken davon profitieren, zu deren Markenauftritt solch universelle Codes passen. Es ergäbe beispielsweise wenig Sinn, Harley-Davidsons Freiheitsgefühl mit Meeresbildern und Möwengeschrei auszudrücken. Gegen den neuen Markenauftritt würden die Kunden sicherlich protestieren und zumindest ihre Autopiloten hätten arge Schwierigkeiten damit, die neuen sensorischen Codes an das bestehende Markennetzwerk im Gedächtnis anzudocken.

Codes machen nur im Kontext Sinn
Aufgrund der Komplexität des menschlichen Erlebens gibt es nicht *die* eine archetypische sensorische Übersetzung eines Ziels oder eines mentalen Konzepts — genauso wenig, wie es *die* eine Art von Freiheit gibt. Wer an der Küste wohnt, assoziiert mit Freiheit eher das offene Meer. Wer dagegen im Gebirge lebt, denkt bei Freiheit womöglich an einen Berggipfel mit grenzenlosem Ausblick auf die umliegenden Wälder. Beide Szenarien stehen für Freiheit, doch haben sie einen komplett unterschiedlichen sensorischen Kontext: Am Meer liegen Salz- und Algengerüche in der Luft, Möwen kreischen, feiner Sand rieselt durch die Finger. Um den Berg herum duftet es dagegen nach Fichtenöl, Adler schreien und die Hände greifen groben Dolomitstein. Sowohl »Meer« als auch »Berg« können das Konzept von Freiheit aktivieren — doch erfordert der jeweilige Bezugsrahmen eine unterschiedliche sensorische Übersetzung. Umgekehrt aktiviert Möwengeschrei das mentale Konzept von »Meer«. Der Schrei eines Steinadlers, der in den Bergen widerhallt, aktiviert dagegen das Konzept »Gebirge«. Mit beiden Konzepten ist implizit jedoch auch stets Freiheit verknüpft.

Eine Markenpositionierung ist meist abstrakt und gibt keinen solchen Bezugsrahmen vor — und damit auch keine ableitbaren sensorischen Codes. Wer danach fragt, wie Freiheit klingt, Macht schmeckt, Tradition duftet oder wie sich

Leistung anfühlt, der findet unzählige sensorische Übersetzungsmöglichkeiten für diese Werte. Erst in einem bedeutungsgeladenen Kontext erhalten Markenwerte konkrete sinnliche Qualitäten.

> **Wichtig**
> Eine Markenpositionierung lässt sich nicht direkt in konkrete sensorische Codes übersetzen. Die sensorische Übersetzung bedarf eines Kontextes.

4.2.3 Über Resonanzfelder zu sensorischen Codes

Sensorische Codes lassen sich nur aus einem greifbaren Kontext ableiten. Freiheit gewinnt erst durch den Kontext von beispielsweise »Meer« konkrete sinnliche Ausprägungen, denn nun könnte man fragen: Wie klingt Freiheit am Meer? Wie sieht Freiheit am Meer aus? Wie duftet und schmeckt die Freiheit am Meer? Wie fühlt sich Freiheit am Meer an? Die passenden sensorischen Codes finden sich nun spielend leicht.

Resonanzfelder sind allgemeine Vorstellungen
Der Markentechniker Klaus Brandmeyer bezeichnet einen solchen Kontext als **Resonanzfeld**, denn schließlich schwingen hier konkrete Bedeutungen mit. Resonanzfelder beschreibt Brandmeyer als kollektive Denkmuster und Vorstellungen, die im Bewusstsein aller Menschen verankert sind und für jeden zugänglich sind. Ein Resonanzfeld ist nichts anderes als eine komplexe Wissenseinheit im Gedächtnis. Darin enthalten sind Sachverhalte, semantische Assoziationen, Bilder, Emotionen, Wertungen und sensorische Empfindungen über das jeweilige Resonanzfeld. Resonanzfelder laden eine Marke und ihre Marketingmaßnahmen mit spezifischen Assoziationen, Werten und Emotionen auf. Dadurch machen sie das funktionale Nutzenversprechen glaubwürdig und das psychologische Markenversprechen attraktiv (siehe Brandmeyer, Pirck, Pogoda & Althanns, 2011).

Klischees und Mythen
Brandmeyer et al. (2011) beschreiben zwei Arten von Resonanzfeldern, die konkrete sensorische Ableitungen erlauben: Klischees und Mythen. **Klischees** sind stereotypische Vorstellungen, die Menschen von Dingen haben. Klischees rufen automatisch verknüpfe Assoziationen wach und beinhalten in der Regel spezifische sensorische Signale, die im jeweiligen Kontext zur Marke passen können. Klischees generalisieren und vereinfachen — und müssen nicht unbedingt mit der Realität übereinstimmen. Ricola beispielsweise nutzt seine Schweizer Herkunft als Resonanzfeld — mit diesem Klischee schwingen Assoziationen einher wie die typische Schweizer Qualität, die Alpen, natürliche Kräuter, der schweizerdeutsche Dialekt. Das alles verwendet Ricola konsequent in seiner

Kommunikation. Zalando dagegen bediente lange Zeit Geschlechterklischees und ließ Frauen vor Shopping-Glück schreien. Nespresso spielt mit dem Klischee von Stars, die eigentlich jeder Fan anbeten müsste — nur, dass im Werbefilm die attraktiven Damen lieber Nespresso genießen anstatt mit Frauenschwarm George Clooney zu flirten. Ferrero bettet seine Kokos-Mandel-Süßigkeit Raffaello konsequent in das Resonanzfeld karibischer Traumstrände, genau wie Barcardi seinen Rum. Der Papp-Smart im Briefkasten nutzt ebenfalls ein Klischee als Resonanzfeld: den für eine Großstadt charakteristischen Parkplatzmangel (siehe Kapitel 2.2.1, Abb. 11).

Mythen dagegen sind allseits bekannte (stereotypische) Geschichten über Ereignisse, Personen oder Dingen mit einem beständigen Kern an Vorstellungen, die um den Kern herum allerdings variabel sind (Brandmeyer et al., 2011). Der Salzburger Schokoladenhersteller Mirabell nannte seine Pralinen Mozartkugeln — das Resonanzfeld der Marke ist der bedeutende und leidenschaftliche Komponist, der auch ein Genussmensch war. Captain Morgan-Rum verwendet den Mythos des Freibeuters, der in karibischen Gewässern Jagd auf Handelsschiffe macht und dabei viel rauen Spaß hat. Andere, im Marketing oft verwendete Mythen sind zum Beispiel Napoleon, James Bond, Astronauten oder Cowboy und Indianer. Konkrete sensorische Ableitungen auf Basis von Mythen sind in der Regel möglich.

Topoi und Archetypen
Topoi und Archetypen identifizieren Brandmeyer et al. (2011) als zwei weitere Arten von Resonanzfeldern. **Topoi** (Einzahl: der Topos) sind volkstümliche Gemeinplätze, die Menschen seit jeher nutzen, um eine Argumentation gedanklich und emotional zu untermauern: beispielsweise der Experte, die Unbestechlichen, der Gründer, die Familie oder das Landleben. **Archetypen** dagegen sind kollektive Vorstellungen über bestimmte Figuren, Bilder oder Situationen, die in unserem Unterbewusstsein verankert sind. Sie basieren auf Ur-Erfahrungen der Menschen und haben einen symbolischen Charakter, den wir insbesondere aus Geschichten kennen: zum Beispiel der Held, der Rebell, die Mutter, der Verführer oder der Joker.

Doch genau wie Positionierungen sind Topoi und Archetypen an sich nicht sensorisch — sie benötigen eine konkrete Ausprägung. Der Klempner ist der Archetyp des Experten und weiß, dass Calgon die Waschmaschine schützt. Als Dr. Best preist der Experte dagegen Zahnbürsten an und Lindts »Maître Chocolatier« kreiert in weißer Kleidung feinste Naschfreuden. Ebenso braucht der Gründer ein Gesicht beziehungsweise eine Geschichte, damit aus ihm ein sensorisches Resonanzfeld wird — beispielsweise Jack Daniel, der Anfang des 19. Jahrhunderts im US-Bundesstaat Tennessee seinen ersten Whiskey destilliert haben soll. Gleiches gilt für Archetypen wie den Helden und den Joker: Erst als Dornröschens Retter spielt der Held eine prinzenhafte Rolle und über den Joker lachen die Kunden gern, wenn dieser im kühlen Nordseewind mit dem Plopp der Bügelbierflasche seinen wortkargen trockenen Humor zum Besten gibt oder als freches M&M's-Duo seinen Schabernack treibt. Archetypen sind insbesondere wichtig, wenn die Marke eine Geschichte erzählt mit handelnden Charakteren — denn in jeder guten Geschichte spielen klassische Archetypen eine Rolle.

Wichtig für die Arbeit mit Resonanzfeldern ist: Das gewählte Resonanzfeld muss unter den Menschen in der Zielgruppe die gleiche Bedeutung haben und mit kollektiven Vorstellungen oder Erfahrungen assoziiert sein. »Reine Natur« beispielsweise nutzen viele Biermarken als Resonanzfeld, allerdings markenspezifisch: Jever zeigt die Natur der friesischen Küste, Erdinger verwendet die Bayerischen Alpen und Krombacher einen See in mitteldeutschen Wäldern (siehe Brandmeyer et al., 2011).

Resonanzfelder sind flexibel einsetzbar
Ob in der Markenführung generell, für spezifische Kampagnen oder einzelne Marketingaktivitäten: Vermarkter können die Markenkraft der Resonanzfelder auf vielfältige Art und Weise nutzen. Marlboro beispielsweise verwendete jahrzehntelang den Mythos des Cowboys, der im Klischee des wilden Westens der USA seine Abenteuer erlebte. Die beiden Resonanzfelder umspannten die gesamte Markenwelt und sämtliche Kommunikation.

Axe hingegen nutzt kontinuierlich die gleiche »Mann-betört-Frauen«-Geschichte, in welcher der Protagonist den Archetypen des Verführers mimt. Konkrete Ausprägung erhält der Verführer durch die unterschiedlichen Resonanzfelder der einzelnen Kampagnen und Produktlinien: Für Axe Apollo ist es der Astronaut, der den anderen archetypischen Helden wie dem Feuerwehrmann oder dem Rettungsschwimmer die Show stiehlt. Im Werbespot für Axe Mature dagegen blickt der Betrachter aus der Ich-Perspektive eines jungen Mannes in die Augen von attraktiven, reifen Frauen. Eine sagt zu ihm: »Du möchtest doch später nicht sagen, du hättest fast 'was mit einer älteren Frau gehabt!?« Hier dient das sogenannte Cougar-Klischee als Resonanzfeld — Frauen, die gerne jüngere Männer verführen.

Die vier Bedeutungsträger der Markencodes (Sprache, Geschichten, Symbole und Sensorik) sind das Gesicht der Marke, das der Kunde mit seinen fünf Sinnen wahrnimmt. Damit Vermarkter und Kreative deren Ausprägungen bestimmen können, sollten diese sich in die jeweiligen Resonanzfelder hineindenken: Welche Sprache wird in dieser Welt gesprochen? Welche Geschichten finden dort statt? Wer handelt darin wie? Welche Symbole gibt es? Welche sensorischen

Codes sind konstituierend für das Resonanzfeld, damit Menschen es erkennen — welche Oberflächen, Düfte, Klänge, Geschmäcker, Farben und Formen? Die Antworten darauf offenbaren die konkrete sensorische Ausgestaltung der einzelnen Touchpoints.

Sensorische Codes aktivieren die Resonanzfelder
Resonanzfelder sind, wie oben bereits erwähnt, auch für einzelne Marketingaktivitäten relevant. Schauen wir uns an dieser Stelle anhand eines Beispiels an, wie sensorische Codes über Resonanzfelder mentale Konzepte aktivieren, die wiederum positiv auf die Marke abfärben.

Stihl führte Ende 2011 seinen neuen Trennschleifer TS 500i bei seinen Fachhändlern ein — äußerst erfolgreich mit dem Champagner-Mailing (siehe Kapitel 2.4.1, Abb. 18). Die Fachhändler sollten das neue Produkt kennenlernen und erlebten es in Aktion. Sie erinnern sich: Die Händler erhielten eine Champagnerflasche, die in einem Betonstein einbetoniert war. Der Händler konnte zur Befreiung des edlen Tropfens einen Stihl-Außendienstler zu sich bestellen, der den neuen Trennschleifer mitbrachte. Zwei Resonanzfelder laden das Mailing mit Bedeutung auf: Der Champagner verweist auf das Resonanzfeld »Neuheit«. Bei der Taufe eines neuen Schiffs wird meist Champagner am Rumpf zerschlagen. Deshalb ist Champagner ein geeigneter Code, der das entsprechende mentale Konzept aktiviert. Der Betonstein hingegen aktiviert das zweite Resonanzfeld: »Baustelle«. Hier ist der TS 500i zuhause und zerschneidet mühelos Beton, Stahlträger, Rohre und Asphalt. Zusammen präsentieren die beiden Resonanzfelder glaubwürdig die Weltneuheit am Bau: den TS 500i. Gleichzeitig demonstriert das konkrete Erlebnis, wie präzise das Gerät arbeitet. Bei einer Schiffstaufe zerschellt die Flasche zwar, doch trennten die Fachhändler mit dem TS 500i den harten Beton so sanft, dass sie die Champagnerflasche unbeschadet freilegten. Das ist ein guter Grund, um darauf anzustoßen.

> **! Wichtig**
> Resonanzfelder geben einer Marke und Marketingaktivitäten einen Kontext, aus dem sich sensorische Signale ableiten lassen, die wiederum als Codes das Resonanzfeld mit all seinen mitschwingenden Assoziationen aktivieren.

Multisensorisches Marketing ist ein Prozess. Ziel ist nicht, dass eine Marke »irgendwelche« sensorischen Codes sendet. Letztere sollen das Nutzenversprechen kommunizieren und sollen zur Marke passen. Erst dann wirken sensorische Codes wie eine Brausetablette und verstärken die Wirksamkeit sämtlicher Marketingaktivitäten. Als nächstes erläutern wir — theoretisch und anschaulich an einer Fallstudie — die fünf Schritte, mit denen Vermarkter systematisch ihre Kommunikation sensorisch optimieren können.

4.2.4 In fünf Schritten zum Haptik-Effekt

In unserer Beratungspraxis hat sich eine fünf Schritte umfassende Herangehensweise bewährt, die auf dem Prozess des multisensorischen Marketings basiert (siehe Abb. 38):
1. Mensch-Marke-Touchpoint-Analyse
2. Sensorische Profilerfassung
3. Sensorische Resonanzfeldanalyse
4. Sensorische Profilbestimmung
5. Sensorische Touchpoint-Optimierung

Mit diesem Ansatz können Vermarkter sowohl einzelne Marketingaktivitäten nach dem ARIVA-Modell (siehe Kapitel 2) sensorisch optimieren als auch ganze Kampagnen oder die gesamte Marke. Die fünf Schritte veranschaulichen wir anhand einer Fallstudie des Kreuzfahrtanbieters *Aida Cruises*: Jeder Gast, der bereits eine Urlaubsreise mit einem der Aida-Schiffe genossen hat, erhält ein Direct Mailing mit der Botschaft: »Kommen Sie bald wieder an Bord« — das sogenannte Welcome-Back-Mailing. Das Mailing enthält attraktive Angebote für verschiedene Reiseziele, die den Kunden eine erneute Reisebuchung schmackhaft machen. Im Rahmen eines Kooperationsprojektes zwischen Aida Cruises und der Deutschen Post durften wir die sensorische Optimierung des Welcome-Back-Mailings beratend begleiten.

Schritt 1: Mensch-Marke-Touchpoint-Analyse
Der Ausgangspunkt aller Marketingaktivitäten ist der Kunde mit seinen expliziten Basiszielen und den damit verknüpften impliziten Zielen. Die Marke oder das einzelne Produkt bedienen diese Ziele und kommunizieren ihre Nutzenversprechen über verschiedene Touchpoints — ob mit dem Produktdesign, über die Verpackung, durch die Point-of-Sale-Gestaltung, mit Anzeigen oder Werbefilmen, durch Direct Mailings, einem Katalog, dem Onlineshop oder im Verkaufsprozess.

Die sensorischen Codes der Touchpoints transportieren das Nutzenversprechen einer Marke — sowohl auf expliziter als auch impliziter Ebene. Der Autopilot des Kunden dekodiert die sensorischen Codes automatisch, weshalb die impliziten sensorischen Codes und das explizite Nutzenversprechen stets kongruent sein müssen. Neben dem expliziten Versprechen sollte daher unbedingt klar sein, auf welchen impliziten Kundenzielen die Marke positioniert ist und welche Touchpoints zur glaubwürdigen Vermittlung des Nutzenversprechens existieren. Diese erste Analyse ist unerlässlich, damit die später ausgewählten sensorischen Codes die Marke sowie ihre Nutzenversprechen nicht sabotieren, sondern stützen. Zusätzlich lohnt die gleiche Analyse für die Wettbewerber — schließlich soll die Marke sich von diesen differenzieren.

Fallstudie »Aida Cruises«

Ein 2015er-Werbespot von Aida Cruises zeigt deutlich die Positionierung des Kreuzfahrtanbieters. Eine Frauenstimme auf dem Off erzählt vom Pärchenurlaub: »Wir haben gerade Abenteuerurlaub gemacht — mit extremen Temperaturen, und einigen schmerzhaften Erfahrungen. Fernab der Zivilisation haben wir fremde Welten entdeckt und echtes Neuland betreten […] Wir waren oft auf uns allein gestellt, haben uns von rohem Fisch ernährt […] Abenteuer eben, aber auch richtig schön.« Die Bilder zeigen die Ironie der Worte: Extreme Temperaturen erlebte das Paar in der Sauna, schmerzhafte Erfahrungen bei einer Wellness-Massage, fernab der Zivilisation entdeckten sie die fremde Unterwasserwelt beim Tauchgang, echtes Neuland betraten sie beim Yoga-Kurs auf dem Deck, auf sich allein gestellt erkundeten sie beim Landgang eine Insel und der rohe Fisch steckte in einer Sushi-Rolle beim Abendessen. Ihren Urlaub auf der Aida genießen die Gäste in vollen Zügen, gewürzt mit kleinen »abenteuerlichen« Momenten — ein Urlaub wie in einem Robinson Club, nur auf dem Wasser. Aida Cruises bedient primär Genuss- und Erregungs-Motive.

QR-Code: Der TV-Spot zeigt das Urlaubserlebnis auf einem Aida-Schiff.
https://www.youtube.com/watch?v=A-8yTbYu0Os

Genuss verspricht auch die *MS Europa 2* von Hapag-Lloyd, doch in anderer Form: Hier residieren die Gäste in Suiten, speisen in Gourmet-Restaurants mit feierlich gedeckten Tischen, erleben Abendveranstaltungen in VIP-Lounges. »Flexibel wie eine Yacht, entspannt wie ein Ressort — legerer Luxus auf höchstem Niveau«, heißt es auf der Website. Hier legt der Geschäftsmann seine Krawatte ab und genießt den Erfolg seines Autonomie-Strebens. Dagegen lädt *Windrose Finest Travel* unter anderem zu Expeditionskreuzfahrten ein. Die Gäste beobachten Königspinguine in der Antarktis oder Eisbären auf dem Packeis in den Fjorden Spitzbergens. Die Reiseleiter an Bord sind Biologen, Geologen und Astronomen, die als Lektoren ihr Expertenwissen mit den Gästen teilen. Wer hier mitreist, der möchte wirkliches Neuland entdecken und Abenteuer erleben. Abbildung 41 zeigt die Positionierungen der drei Kreuzfahrtanbieter in der Reward Map.

4 Sensorische Codes finden, entwickeln und managen

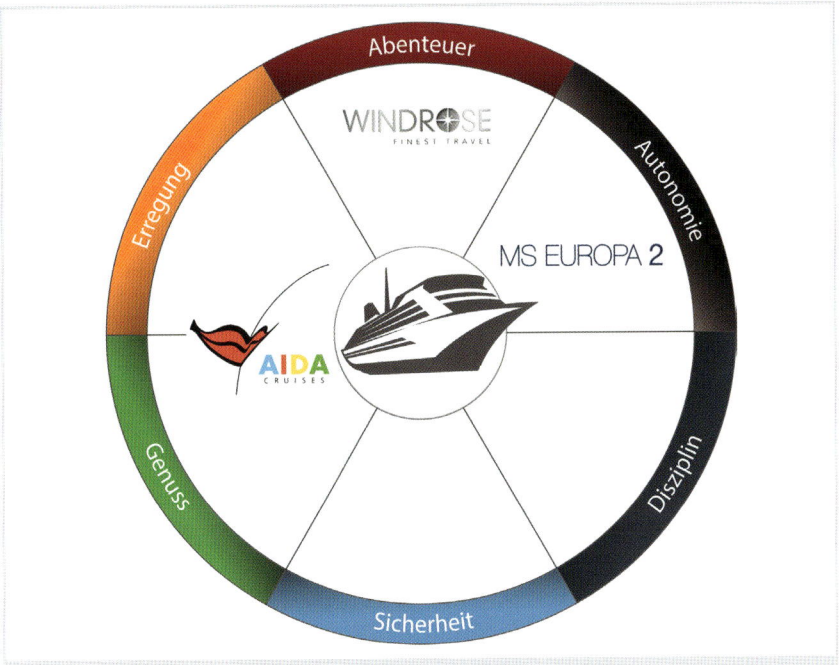

Abb. 41: Aida Cruises bedient mit »Genuss« und »Erregung« andere implizite Ziele als ihre Wettbewerber.

Schritt 2: Sensorische Profilerfassung

Im zweiten Schritt erstellen Vermarkter das aktuelle sensorische Profil ihrer Marke. Das verschafft einen Überblick über die sensorischen Codes, welche die Marke beziehungsweise das Produkt gegenwärtig an seinen Touchpoints sendet. Das ist ein Rundumschlag: von den sensorischen Charakteristika in der Markenwelt, über die Sensorik des Produktes selbst, den sensorischen Signalen in der Fernsehwerbung und aller Elemente der Unternehmenskommunikation bis hin zum Briefpapier. Alle Details zählen — im Falle der Haptik beispielsweise Materialien, Texturen, Konsistenz, Temperatur, Gewicht und motorische Handlungen.

Wir empfehlen an dieser Stelle der Analyse einen prüfenden Blick durch die Markenbrille: Welche sensorischen Signale sind konstituierende Merkmale der Marke? Transportieren die sensorischen Signale die gewünschte Bedeutung, mit der sie die funktionale und psychologische Zielerfüllung glaubwürdig versprechen? Welche mentalen Konzepte und welche Resonanzfelder aktivieren die sensorischen Codes? Was bewirken sie auf den ARIVA-Dimensionen (vgl. Kapitel 2)?

Fallstudie »Aida Cruises«

Abbildung 42 zeigt das Welcome-Back-Mailing von Aida Cruises, das es sensorisch zu optimieren galt. Die über 30.000 Empfänger des Mailings hielten hochwertiges Papier in den Händen und sahen schon auf dem auffälligen Umschlag ein sonnenbestrahltes Meer, auf dem ein Aida-Schiff sanft dahingleitet. Das knackige Anschreiben nutzte die gleiche Bildwelt, nur das hier ein Pärchen verträumt und romantisch bei blauem Himmel von der Reling in die Weite des Meeres blickt — einer der vielen Genussmomente auf einem Aida-Schiff. Diese Variante kam bereits gut bei den Empfängern an, wie die weit überdurchschnittlich hohe Responserate in Form von Reisebuchungen belegte. Das Mailing sollte nun zusätzlich mit anderen sensorischen Codes ausgestattet werden, welche die Aida-Genussmomente erlebbar machen — ganz im Sinne der multisensorischen Verstärkung.

Abb. 42: Das Welcome-Back-Mailing vor der sensorischen Optimierung (Quelle: Aida Cruises).

Schritt 3: Sensorische Resonanzfeldanalyse

Vom Status Quo geht es im dritten Schritt zum bislang ungenutzten sensorischen Potenzial. Das liegt in dem Resonanzfeld verborgen, in dem die Marke oder die einzelnen Marketingaktivitäten eingebettet sind und das die Markenbotschaft mit Bedeutung auflädt. In jedem Resonanzfeld stecken vielfältige sensorische Reize, die es zu finden gilt — seien es Materialien, Texturen, Objekte, typische Bewegungen oder Düfte. Wichtig ist: Die sensorischen Codes müssen typische Merkmale des Resonanzfeldes sein und Bedeutungen aktivieren, die auf die Markenbotschaft einzahlen sowie die Ziele der Kunden bedienen.

4 Sensorische Codes finden, entwickeln und managen

Angenommen, eine B-to-B-Werbekampagne hat »Baustelle« als Resonanzfeld: Welche Assoziationen kommen einem in den Sinn? Auf dem Bau ist es meist schmutzig und staubig, das Gelände ist rau, genau wie der Umgangston. Schweres, professionelles Gerät kommt zum Einsatz und die Baufahrzeuge graben sich kraftvoll durch die Erde. Die Bauarbeiter packen mit ihrer Muskelkraft an und bearbeiten mit Werkzeugen wie Hammer, Spachtel oder grobem Schmirgelpapier diverse Materialien wie Holz, Beton oder Sand. Die Hände der Arbeiter sind rau und rissig und so weiter. Dieses Resonanzfeld bietet einiges an sensorischem Aktivierungspotenzial.

Fallstudie »Aida Cruises«
Bei der Suche nach dem Resonanzfeld einer Aida-Kreuzfahrt halfen uns die primären implizite Ziele der Gäste: Genuss und Erregung. Was sind die typischen Momente auf der Reise, bei denen die Gäste Genuss und Erregung erleben? Diese Momente bilden das Resonanzfeld. Und von Ersteren gibt es einige: zum Beispiel beim Planschen im Pool, beim Volleyball-Spiel an Deck, beim Cocktail an der Poolbar, beim Lesen eines Buches auf der Sonnenliege, beim Yogakurs, bei einer Wohlfühl-Massage, beim Saunagang im Wellnessbereich oder beim Duschen in der Kabine. In diesen Momenten stecken vielfältige sensorische Signale.

Schritt 4: Sensorische Profilbestimmung

Aus den Resonanzfeldern leiten Vermarkter nun die konkreten sensorischen Codes für die jeweilige Marketingaktivität ab — stets mit Blick auf die Passung zur Marke, zur Botschaft, zu den Zielen der Kunden sowie mit Blick auf die Differenzierung von den Wettbewerbern.

Mercedes Benz beispielsweise setzte die Rauheit und Kraft des Resonanzfeldes »Großbaustelle« als Media-Idee in grobes Schmirgelpapier um — in der Anzeige für den Baustellen-Lkw Arocs (siehe Kapitel 2.4.2, Abb. 19). Grobes Schmirgelpapier verwenden einerseits nur Bau-Profis, die mit viel Muskelkraft damit schleifen, andererseits aktiviert das Schmirgelpapier auch die mentalen Konzepte von Rauheit und Kraft. Das ins Schmirgelpapier eingeritzte »Hart im Nehmen, wo es rau zugeht« suggeriert, dass der Lkw sich kraftvoll seinen Weg bahnen kann — egal, wie unwegsam das Gelände ist. Genau das erwarten die Kunden von einem Baufahrzeug. In dem Kontext aktiviert das Schmirgelpapier auf raffinierte Weise das Resonanzfeld »Großbaustelle«.

Fallstudie »Aida Cruises«
Bei der Analyse des Aida-Resonanzfeldes der Genuss- und Erregungs-Momente stießen wir auf eine Häufung zweier sensorischer Reize, die in den oben genannten Situation präsent sind: An Bord nutzen alle Gäste die einzigartigen Aida-Handtücher — gelb-weiß gestreift und kuschelig weich. Das Aida-Hand-

tuch ist ständiger Begleiter der Gäste — ob am Pool, beim Wellness oder in der Kabine. Darüber hinaus haben die meisten Gäste auf dem sonnengewärmten Deck und beim Landgang den Duft von Sonnenschutzmilch in der Nase. Das Aida-Handtuch und Sonnenmilch sind konstituierende Merkmale der typischen Aida-Genuss- und Erregungs-Momente; sie kodieren eindeutig diese Bedeutung und bieten sich perfekt für die sensorische Optimierung des Welcome-Back-Mailings an.

Schritt 5: Sensorische Touchpoint-Optimierung
Im letzten Schritt ist Kreativität gefragt — nämlich dafür, wie die relevanten sensorischen Codes in den Touchpoints integriert werden sollen, um die Marke zu stärken und die kommunikative Wirkung zu erhöhen.

Mercedes Benz beispielsweise hätte die Schmirgelpapier-Oberfläche lediglich hoch aufgelöst abdrucken können, dann wäre die Anzeige jedoch weniger glaubwürdig und aufmerksamkeitsstark gewesen. Hier helfen die ARIVA-Dimensionen als Betrachtungsfilter weiter: Was macht aufmerksam? Was durchbricht die Erwartungshaltung? Woran erinnern sich die Menschen eher? Was macht die Botschaft glaubwürdig und markenkongruent? Was schafft Wertschätzung? Was animiert zum Handeln beziehungsweise Berühren? Im Arocs-Beispiel fiel die Wahl auf eine Druckveredelung mit einem Strukturlack, der echtes Schmirgelpapier täuschend echt simulierte. Das fällt in einer Zeitschrift auf; die Rauheit am Bau können die Kunden fühlen und der Arocs verankert sich mit seinem Nutzenversprechen fest im Gedächtnis. Kommunikationsziel erreicht.

Fallstudie »Aida Cruises«
Das sensorisch optimierte Aida-Welcome-Back-Mailing unterschied sich bei gleicher Bildsprache in nur einem Punkt vom Standard-Mailing: Im Kuvert befand sich rechts neben dem Anschreiben eine Tasche. Auf deren Deckel las der Empfänger *Für Sie haben wir schon mal ...* und nach dem Aufklappen auf der Innenseite *... reserviert. Ihr Lieblingsplatz wartet schon auf Sie.* In der Tasche steckte eine Miniaturausgabe des markanten Aida-Handtuchs aus dem Originalstoff, das den angenehmen Duft von Sonnenmilch verströmte (siehe Abb. 43). Die schon einmal erlebten Genuss- und Erregungs-Momente der Aida-Reise waren durch diese sensorischen Codes plötzlich wieder präsent und sinnlich durch das Haptical erlebbar: flauschig in den Händen, duftend in der Nase und unübersehbar für die Augen. Über 30.000 Aida-Kunden erfreuten sich an diesem Erlebnis.

4 Sensorische Codes finden, entwickeln und managen

Abb. 43: Das nach Sonnenmilch duftende Mini-Handtuch aktiviert die Genuss- und Erregungs-Momente der Reise (Quelle: Aida Cruises).

Im Vergleich zur Standard-Variante steigerte das sensorisch optimierte Mailing die Reisebuchungen um 30 Prozent — es machte Lust auf eine Reise mit Aida Cruises. Das Siegfried Vögele Institut der Deutschen Post untersuchte darüber hinaus die Werbewirkung der Mailings im Detail und befragte je Mailing-Variante rund 3.000 Empfänger. Die Ergebnisse belegen eindrucksvoll, wie die multisensorische Verstärkung ihre Kraft auf allen ARIVA-Dimensionen entfaltete. Das kleine Handtuch brannte sich ins Gedächtnis der Empfänger: Ungestützt erinnerten sich 22 Prozent mehr Empfänger an das Mailing mit dem Aida-Handtuch verglichen zu den Empfängern des Standard-Mailings; die Erinnerungsraten an die Details der drei vorgestellten Reiseziele waren sogar doppelt so hoch. Die Marke »Aida« profitierte ebenfalls von der sensorischen Optimierung: Sowohl die Sympathiewerte als auch die wahrgenommene Markenpassung stiegen. Als wiedererkennbares Markensignal erhöhte das Mini-Handtuch darüber hinaus die Präsenz von Aida im Umfeld der Kunden: Als Glücksbringer in der Handtasche, als Duftspender im Kleiderschrank, als Seifenuntersetzer im Bad oder als Spielzeug im Puppenhaus der Kinder wurde das kleine Aida-Handtuch Teil des Alltags der Empfänger. Die Investition in die sensorische Optimierung zahlte sich trotz höherer Produktionskosten auch wirtschaftlich aus: Der Netto-Deckungsbeitrag je Mailing stieg um 30 Prozent gegenüber dem Standard-Mailing. Richtig praktiziert, zaubert multisensorisches Marketing allen ein Lächeln ins Gesicht: den Kunden, den Marketers und den Kostenwächtern.

Fazit
Der Fünf-Schritte-Prozess ist ein grober Leitfaden für die sensorische Übersetzung des Markenauftritts. Je nach konkreter Aufgabenstellung werden die einzelnen Schritte mal komplexer, mal einfacher sein; mal fallen einzelne Schritte weg, mal müssen sie wiederholt werden — beispielsweise, wenn verschiedene Marketingaktivitäten oder Produkte unterschiedliche Resonanzfelder nutzen. In jedem Fall bedarf es einer kreative Umsetzung an den Touchpoints, damit die wertvollen Erkenntnisse aus der Analyse nicht im Nirwana einer Implementierungslücke verschwinden.

Jetzt dürfen Sie sich zurücklehnen: Im nächsten Kapitel nehmen wir Sie mit auf eine Reise an die Quellen sprudelnder sensorisch-haptischer Kreativität. Wir zeigen Ihnen anhand von erfolgreichen Praxisbeispielen aus verschiedenen Marketingdisziplinen, wie Kreative und Marketers den Haptik-Effekt zum Leben erweckt haben.

5 Der Haptik-Effekt in der Praxis

Gut gemacht ist besser als gut gesagt.
Benjamin Franklin, Naturwissenschaftler und Erfinder

Zusammenfassung

Wir könnten ein ganzes Buch mit Praxisbeispielen füllen, in denen der Haptik-Effekt seine Kraft entfaltet. Im folgenden Kapitel haben wir eine kleine Auswahl an Beispielen zusammengestellt, welche die Klaviatur anklingen lassen, auf der das haptische Marketing spielt — natürlich meist im Zusammenspiel mit den anderen Sinnen. Die Beispiele haben wir nach verschiedenen Marketingdisziplinen geordnet, wobei die Reihenfolge nicht ihre Wichtigkeit widerspiegelt. Am Anfang jeden Unterkapitels geben wir Ihnen mit Beispielfragen zudem Denkanstöße, wie Sie das Potenzial des Haptik-Effekts in den einzelnen ARIVA-Dimensionen der jeweiligen Marketingdisziplin anstoßen können.

Lassen Sie sich inspirieren …

5.1 Produkte

»Form follows function« lautete einst die Prämisse des Bauhaus-Designs. »From function to feel« — so beschreibt der Design-Experte Marc Gobé (2009, S. 109) die heutige Entwicklung in der Produktgestaltung. Der Kunde verlangt die Qualität des funktionalen Nutzens, doch erst die Erfüllung impliziter Ziele, verbunden mit einem sensorischen Erlebniswert, macht Produkte für Menschen attraktiv.

Der Haptik-Effekt kann dazu beitragen und das Produkt vom Wettbewerb differenzieren — ob über das Design oder über markentypische Handlungen. Es hat zum Beispiel einen Grund, warum in Irland mancher Pub-Gast einen Finger in den Schaum seines frisch gezapften Guinness steckt. In die samtig-cremige Schaumkrone malen Kenner gern ein :)-Smiley — bleibt das lachende Gesicht im Guinness-Schaum sichtbar stehen, zeigt es dem Guinness-Fan damit an, dass sein Bier gut gezapft wurde. Das Smiley aktiviert dabei das Resonanzfeld »Spaß« — eines der wichtigsten impliziten Ziele, warum Menschen in eine Bar gehen. Dazu passt perfekt ein Guinness, mit lachendem Gesicht. Auch heute noch ist das Ritual verbreitet, obgleich Guinness in seiner Werbung schon seit langem keine vollen Gläser mit lächelndem Gesicht in der Schaumkrone mehr zeigt.

Der Haptik-Effekt wirkt aber auch auf der Effizienzebene: Beispielsweise wirkt sich die Materialbeschaffenheit auf die wahrgenommene Qualität aus. Angenehme und außergewöhnliche Texturen und Materialien laden zum Anfassen ein und wecken positive Assoziationen, die sich wiederum positiv auf die Kaufentscheidung auswirken. Ebenso löst eine Berührung den Endowment-Effekt aus und weckt ein Gefühl des Besitzens. Diese Bindung macht einen Kauf wahrscheinlicher und erhöht dazu noch den wahrgenommenen Wert (vgl. Kapitel 3).

Die ARIVA-Dimensionen helfen dabei herauszufinden, wie der Haptik-Effekt im Produktdesign sein Potenzial entfaltet, sowohl auf der Bedeutungsebene als auch auf der Effizienzebene. Wir empfehlen, das Potenzial jeder einzelnen ARIVA-Dimension kritisch zu prüfen. Die folgende Tabelle zeigt beispielhafte Fragen für die einzelnen ARIVA-Dimensionen für die Produktgestaltung.

Produkte **5**

ARIVA-Beispielfragen für Produkte		
❗	**Attention:** Aufmerksamkeit, Interesse	Gibt es Materialien, Texturen oder Formen, mit denen sich das Produkt vom Wettbewerb differenziert und die bei Berührung positive Assoziationen und Gefühle wecken? Woran könnte das Produkt im Dunkeln sofort erkennbar sein?
🔵	**Recall:** Erinnerung, Verankerung	Gibt es eine (funktionale) motorische Handlung beim Verwenden des Produkts, die es von anderen unterscheidet? Kann eine differenzierende Bewegung mit dem Marken- oder Produktversprechen verknüpft werden? Welche haptischen Merkmale können als Prime positive Assoziationen und Gefühle auslösen?
✅	**Integrity:** Vertrauen, Glaubwürdigkeit	Kann der Produktnutzen haptisch erlebbar gemacht werden? Kann ein für die Marke oder das Produkt positives mentales Konzept über Gewicht, Textur, Konsistenz, Temperatur, Form oder eine Bewegung aktiviert werden? Welche haptischen Erfahrungen sind mit der Produkt- oder Markengeschichte verbunden?
❤️	**Value:** Wertschätzung, Gefallen	Kann durch Formensprache oder Oberflächentextur der Aufforderungscharakter zum Berühren erhöht werden? Welche haptischen Eigenschaften erhöhen die Wertwahrnehmung oder ein damit verknüpftes mentales Konzept?
🛒	**Action:** Handeln, Kaufbereitschaft	Welche haptischen Reize oder Bewegungen werden in der Produktkategorie mit Qualität verbunden — und wie spricht das haptische Design diese an?

Musik für raue Umgebungen

Der Markt für kabellose, mobile Lausprecher ist hart umkämpft. Die hochwertigen Lautsprecher von Bose oder die trendigen Beats-Pill-Lautsprecher von Dr. Dre sind eine starke Konkurrenz für andere Hersteller. Philips differenziert sich von seinen Wettbewerbern mit seinen Shoqbox-Lautsprechern. Der Name, das Design, die Farben und die Materialien sprechen eine klare Sprache: Das Produkt ist für den Einsatz außerhalb der eigenen vier Wände gemacht (siehe Abb. 44).

Abb. 44: Das Design des Shoqbox-Lautsprechers verspricht Robustheit (Quelle: Philips).

Die Shoqbox-Lautsprecher bedienen sich einer Designsprache, die aus dem Militär bekannt ist: Der Lautsprecher sieht aus wie das Stück des Gehäuses, das normalerweise den Lauf eines Maschinengewehrs umgibt. Das verweist auf das Resonanzfeld »Militär« und die damit assoziierte Robustheit militärischen Materials. Die Farben lindern den militärischen Eindruck und stammen aus dem Resonanzfeld »Outdoor-Sport«. Das Gummimaterial des Lautsprechergehäuses ist wiederum aus dem Handybereich bekannt — insbesondere Outdoor-Handys sind mit dem stoßfesten Gummi ummantelt. Die berührungslose Gestensteuerung ist ebenfalls ein Merkmal für die Naturtauglichkeit des Geräts, denn selbst mit schmutzigen Fingern lässt sich der Lautsprecher bedienen. Mit seinem Metallring kann der Lautsprecher an einem Karabinerhaken befestigt werden. Diese Eigenschaften erfüllen das explizite Basisziel: Den Shoqbox-Lautsprecher kann der Kunde überall mit hinnehmen — zum Campen, Klettern oder zu Grillpartys sowie an den Strand, ganz ohne Sorge, dass die Shoqbox dabei kaputt geht. Gleichzeitig bedient das Produkt aber auch implizite Ziele wie Freiheit und Autonomie.

Vitamine per Knopfdruck
»Energie auf Knopfdruck für Körper und Geist« versprechen die Vitamin-Trinkfläschchen von Vitasprint. Die Glaubwürdigkeit eines vom Arzt verschriebenen Medikaments hat das Produkt allerdings nicht, denn es wird rezeptfrei in Apotheken verkauft. Sein Nutzenversprechen hat Vitasprint deshalb auf anderem Wege glaubwürdig gemacht.

Die Verpackung ist ein Teil des Produkts: Der Verwender drückt den roten Knopf auf dem Flaschenhals und das Vitaminpulver fällt daraufhin in die Lösung im Fläschchen. Anschließend kurz schütteln und fertig ist der Energiekick. Der rote Knopf ist der Schlüssel zur Glaubwürdigkeit, denn er verweist auf das Resonanzfeld »Explosion«: Wie bei einem Sprengzünder löst der Knopfdruck die Explosion der Wirkstoffe aus (siehe Abb. 45).

Die Handlung involviert den Kunden; er wird quasi zum Hobbyalchemisten und mischt sich selbst seinen »Zaubertrank«. Das bietet kein Wettbewerber. Insofern ist die motorische Handlung des Knopfdrückens markentypisch für Vitasprint. Sie differenziert das Produkt vom Wettbewerb und lässt den Verwender das Wirkversprechen von Vitasprint glaubwürdig erleben.

Abb. 45: Der rote Knopf von Vitasprint kodiert die Wirkung (Quelle: Pfizer).

QR-Code: Erleben Sie auf der Startseite von Vitasprint die Wirk-Explosion per Knopfdruck.

www.vitasprint.de

Porzellan für die Sinne
2004 führte die Thüringer Porzellanmarke Kahla mit ihrer Marke »Touch!« eine Weltneuheit ein: mit Stoff ummantelte Tassen (siehe Abb. 46). Das Material aus samtigen Textilfasern — sogenannter Flock — bietet einerseits einen ganz funktionalen Nutzen. Er isoliert die Hände gegen zu große Hitze, dämpft Geräusche, ist spülmaschinen- und mikrowellenfest sowie lebensmitteltauglich. Andererseits lädt die textile Oberfläche zum Berühren ein, denn sie fühlt sich angenehm samtweich an. Das aktiviert als Prime mentale Konzepte wie Wärme und soziale Nähe, die an die Momente von Tee- und Kaffeegenuss anschlussfähig sind.

Vierzehn Standardfarben hat Kahla im Sortiment. Es sind nicht nur flächige Beschichtungen möglich, sondern auch Farbverläufe und Motive. Beispielsweise gibt es Tassen mit Skyline-Motiven verschiedener Städte, die gern als Souvenir gekauft werden, oder Tassen mit Tiermotiven. Im Onlineshop können die Kunden die Tassen sogar mit individuellen Texten und Piktogrammen personalisieren. Die »Touch!«-Kollektion hat sich zu einem typischen Geschenkartikel entwickelt, aber auch als Werbeartikel haben sich die Tassen mit ihren samtweichen Oberflächen etabliert. Mit Logo, Schriftzug und Unternehmensfarbe individualisiert, ob als erhabene Struktur oder eingelassen in die samtweiche Oberfläche: Zu solch einer Tasse greift der Beschenkte später häufiger als zu einer Tasse mit einer glatten Porzellan-Oberfläche — implizit empfiehlt der weiche Flock der Tasse die Absender-Marke wärmstens dem Autopiloten.

»Unsere innovative Neuheit wurde zum Senkrechtstarter in der Branche«, berichtet Katja Töpel aus dem Marketing von Kahla. »Mittlerweile verkaufen wir die Kollektion erfolgreich in 60 Ländern« (K. Töpel, Interview, 28.07.2014). Das einzigartige haptische Erlebnis beim Kaffee- oder Teetrinken macht die »Touch!«-Tassen zum Verkaufserfolg.

Abb. 46: Kuschelige Tassen sorgen für ein freudiges haptisches Erlebnis (Quelle: Kahla).

5.2 Verpackungen

Am Point of Sale ist die Verpackung die wichtigste Schnittstelle zwischen Kunde und Marke. Hier ist sie ein Rundum-Dienstleister: Sie ist Verkaufsberater, Nutzenstifter, Markenbotschafter, Vertrauenswecker und Qualitätsgarant. In den Händen der Menschen vermittelt eine Verpackung beides: den funktionalen sowie den psychologischen Nutzen des Produkts beziehungsweise der Marke. Der Tastsinn als Wahrheitssinn ist dabei hochrelevant, denn die Kunden können in der Regel lediglich die Verpackung berühren und nicht das Produkt. Eine Ausnahme haben wir in Kapitel 3.3.5 vorgestellt: Das Berühr-Fenster der Vileda-Verpackung (siehe Abb. 26).

Auf der Effizienzebene laden beispielsweise haptische Elemente wie ein Leder-Etikett zum Anfassen ein (siehe Kapitel 4.1.1, Abb. 32). Wenn sich eine Verpackung beziehungsweise ihre haptischen Elemente angenehm anfühlen, weckt das positive Assoziationen und Gefühle, die sich ebenso positiv auf die Kaufentscheidung auswirken können. Ebenso sind Verpackungen einer der wichtigsten Träger der Markenidentität.

Menschen bewerten verpackte Produkte übrigens besser als unverpackte. Der Grund: Das Öffnen einer Verpackung weckt unsere Explorationslust und belohnt uns intrinsisch, was sich in einem freudigen Gefühl äußert. Das wiederum strahlt positiv auf das Produkt in der Verpackung aus (Sun, Hou & Wyer, 2015).

In der folgenden Tabelle haben wir die wichtigsten Beispielfragen zusammengestellt, die dabei helfen können, das Potenzial von Verpackungen für die einzelnen ARIVA-Dimensionen freizulegen.

ARIVA-Beispielfragen für Verpackungen

	**Attention:** Aufmerksamkeit, Interesse	Welche Materialien, Weiterverarbeitungs- oder Veredelungstechniken wecken die Berührlust? Ermöglicht die Verpackung die Exploration des Produkts von außen und macht sie Produkteigenschaften fühlbar? Differenzieren das Verpackungsdesign, die Materialien und Veredelungstechniken das Produkt vom Wettbewerb? Ist das Verpackungsdesign markenkongruent?
	**Recall:** Erinnerung, Verankerung	Animiert die Verpackung den Kunden zur Interaktion? Kann sich die Verpackung über ihre Form oder über Öffnungsbewegungen differenzieren? Bietet die Verpackung einen Zweitverwendungsnutzen — beispielsweise als Aufbewahrungsbehälter?
	**Integrity:** Vertrauen, Glaubwürdigkeit	Sind Verpackung und Markenidentität kongruent in Form und Material? Kann eine differenzierende Form geschaffen werden, die ein »blindes« Erkennen des Produkts unterstützt? Kann die Verpackung konkrete Eigenschaften des Produkts über die Haptik vermitteln — beispielsweise durch Veredelungen oder simulierte/indirekte Haptik?
	**Value:** Wertschätzung, Gefallen	Kann die Haptik der Verpackung die Berührungsdauer mit dem Produkt verlängern? Welche haptischen Eigenschaften verschaffen den Kunden ein angenehmes haptisches Erlebnis? Spiegelt die Verpackung die Qualität und den Werteraum der Marke beziehungsweise des Produkts wider?
	Action: Handeln, Kaufbereitschaft	Erhöht die Verpackung die Explorationslust durch Öffnungen, Veredelungen, Materialmix etc.?

Premium-Bier mit Relief

Veltins revolutionierte 2002 sein Bierflaschendesign. Die Brauerei führte eine neue, puristische Version der sogenannten Steinie-Flasche ein (siehe Abb. 47). Ganz ohne Etikett, mit Griffmulde und einem reliefartigen Namensschriftzug. Damit differenziert die einzigartige Optik und Haptik der Flasche die Marke Veltins von den Wettbewerbern im hart umkämpften und schrumpfenden Biermarkt.

Mit seiner Designflasche etablierte Veltins gleichzeitig eine markentypische Bewegung: Der Daumen des Trinkenden liegt beim Trinken in der Griffmulde und streichelt dabei unweigerlich über das sich angenehm anfühlende Relief des Veltins-Schriftzugs. Die Griffigkeit der Flasche macht Biertrinken zu einem taktilen Erlebnis und Veltins zu einer haptisch (wieder-)erkennbaren Marke.

Der Verzicht auf das Etikett und den Klebeleim bedient weiterhin die wachsende Umweltorientierung der Menschen. Gleichzeitig drückt das Flaschendesign eine Authentizität aus, die Menschen bei vielen Marken vermissen. Im passenden Mehrwegkasten setzte Veltins den puristischen Ansatz ebenso um: Ohne Farbdruck, mit erhabenen und versenkten Reliefprägungen sowie in Aluminium-Optik ergeben Kasten und Flaschen eine kongruente Einheit.

Zunächst nur in der Trendgastronomie eingeführt, entwickelte sich die Steinie-Flasche später auch im regulären Handel zu einer Erfolgsgeschichte: Trotz eines 10- bis 15-prozentigen Preispremiums wachsen ihre Abverkäufe kontinuierlich — und das in einem ansonst rückläufigen Markt.

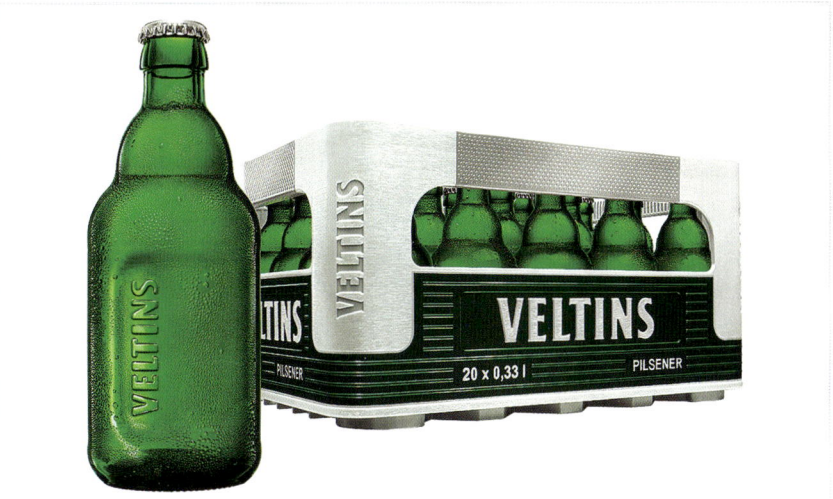

Abb. 47: Das Flaschendesign machte Veltins zu einer einzigartigen Haptikmarke (Quelle: Veltins).

Wenn das Auspacken zur Zeremonie wird

Matt cellophaniert mit UV-Spotlackierung, in schlichtem, schwarzem Design kommt die Verpackung des Apple Mac Pro daher (siehe Abb. 48). Lediglich drei visuelle Elemente zieren die edel wirkende Verpackung: auf zwei der Seiten jeweils ein schwarzes Apple-Logo und auf den anderen je eine Abbildung des puristischen Geräts mit schwarzem »Mac Pro«- Schriftzug darüber.

Den verschließenden Klebestreifen braucht der stolze Besitzer nicht mit einer Schere aufzutrennen — sanft zieht er die Lasche und trennt mühelos die Versiegelung. Er klappt die beiden Deckel auf, hebt mit einer Hand die obere Styroporummantelung des Geräts empor, die aus der Verpackung gleitet. Mit der anderen Hand greift er den Mac Pro, der ebenso leicht aus der Verpackung gleitet. Im Boden der unteren Styroporummantelung liegt ordentlich eingerollt das Stromkabel.

Doch wo ist die Anleitung? Ähnlich wie eine CD aus einem Laufwerk, zieht der Besitzer eine Papphülle im CD-Format aus dem Deckel der Verpackung. Nachdem er sie aufgeklappt hat, begrüßen ihn drei Worte auf dem schwarzen Quick-Start-Manual: »Full speed ahead.« Darunter liegen die umfassende Anleitung sowie zwei schwarze Apple-Logo-Aufkleber.

Die Form des Mac Pros erinnert an ein Triebwerk und die ihn umgebene Schutzfolie lässt sich ohne frustrierendes Knibbeln kinderleicht mit einem Zug an der Lasche entfernen. So macht Auspacken Spaß und stimmt den Besitzer auf den Mac Pro ein. Das ist Apple-Detailverliebtheit sowie Kongruenz von Produkt und Verpackung in Reinform — wie Apple-Fans es gewohnt sind. Ihre Erfahrungen teilen die Apple-Fans in tausenden liebevoll gedrehten Unboxing-Videos mit Gleichgesinnten.

Abb. 48: Apple-Verpackungen machen aus dem Auspacken eine Zeremonie (Quelle: graphis.com).

QR-Code: Ein Live-Mittschnitt der Auspack-Zeremonie eines Mac Pros.
www.youtube.com/watch?v=fmhikVH-_R8

Fruchtsaft zum Anfassen

Der japanische Designer Naoto Fukasawa gestaltete im Rahmen einer Designstudie außergewöhnliche Verpackungen für Fruchtsäfte. Als Vorlage dienten ihm die Schalen und Häute der echten Früchte: Beispielsweise imitiert die Verpackung des Bananensafts das Aussehen sowie die Form einer echten Banane und ihre Textur fühlt sich ebenfalls an wie die der echten Frucht (siehe Abb. 49).

Eine solche Verpackung stimuliert die Sinne. Sie macht dem Autopiloten auf implizite Weise klar, was die Verpackung beinhaltet, und transportiert gleichzeitig glaubwürdig das Frische-Versprechen. Wenn überhaupt, braucht diese Verpackung außer einem Markenlogo keine weiteren Beschriftungen. Explizite Argumente sind überflüssig. Andere Saftverpackungen von Fukasawa imitieren Kiwis, Erdbeeren oder Melonen — ebenfalls in Form, Aussehen und haptischen Eigenschaften. Die »Juice Box«-Designstudie demonstriert eingängig, wie der Haptik-Effekt Verpackungen zum Teil des Produkterlebens macht.

Abb. 49: Eine echte Banane oder ein normales Tetrapack (Quelle: Naoto Fukasawa).

Frisch aus dem Bienenstock

Natürliche Formen inspirierten auch den russischen Designer Maksim Arbuzov zu seinem Honig-Konzept — ein weiteres Beispiel für die Kongruenz von Form und Inhalt. Die sechseckigen Honig-Fläschchen sehen aus wie Wabenzellen, als ob sie direkt aus einem Bienenstock kommen (siehe Abb. 50). Mit dem Deckel jeder Flasche verbunden ist eine klassische, hölzerne Honigspirale. Diese haptischen Codes transportieren Frische, Natürlichkeit und Tradition. Am Verkaufsort werden die Fläschchen zu einer Bienenwabe gestapelt — das unterstützt die implizite Wahrnehmung von Natürlichkeit und fällt im Supermarktregal auf (siehe Abb. 51).

Die einzelnen Fläschchen referenzieren ebenso auf das Resonanzfeld von Parfümflakons und aktivieren damit verknüpfte Assoziationen zu Qualität und (Preis-)Premium. Das steigert implizit die Wertschätzung sowie Zahlungsbereitschaft und macht den Honig sogar geschenkfähig.

Abb. 50: Die Wabenstruktur verweist auf die natürliche Quelle von Honig (Quelle: Maksim Arbuzov).

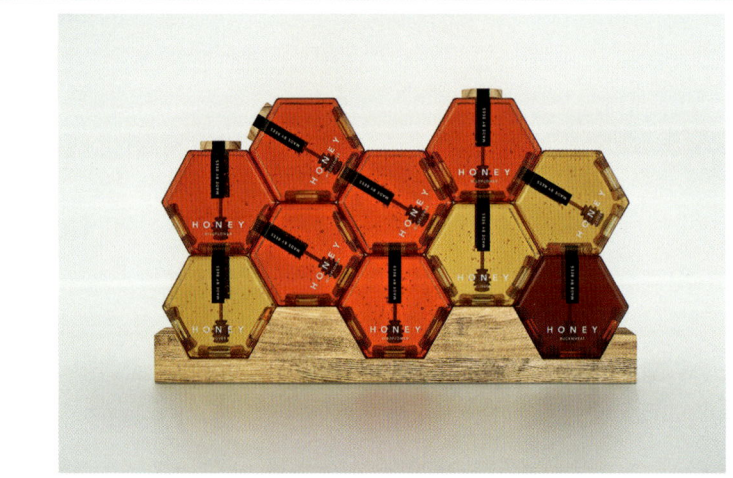

Abb. 51: Am Point of Sale bilden die Fläschchen eine auffällige Bienenwabe (Quelle: Maksim Arbuzov).

Kratzige Schnäpse

Fruchtschnäpse sind je nach ihrem Alkoholgehalt sehr kratzig im Abgang. Dieses haptische Gefühl setzten die Wiener Werber von Ogilvy & Mather in den Etiketten der Schnäpse einer lokalen Brennerei um. Die Kunden spüren auf den Sandpapier-Etiketten den Alkoholgehalt der jeweiligen Spirituose: Feines Sandpapier kodiert einen niedrigen Alkoholgehalt, raues Sandpapier dagegen einen hohen (siehe Abb. 52). Obgleich Sandpapier an sich kein angenehmes haptisches Erlebnis ist, animiert es im Resonanzfeld von starkem Schnaps zum Anfassen. Die alljährliche Sonderedition der Schnäpse mit den außergewöhnlichen Sandpapier-Etiketten ist jedes Mal bereits nach kurzer Zeit ausverkauft (G. Schulte-Doeinghaus, E-Mail, 25.07.2014).

Abb. 52: Der Schnaps ist nicht nur im Abgang kratzig (Quelle: Ogilvy & Mather).

Qualität mit Magnet

Wer dem Laster des Rauchens verfallen ist und sich gern selbst seine Glimmstängel dreht, kennt das Problem: Bevor die Blättchenpackung aufgebraucht ist, ist das Heftchen mit dem Zigarettenpapier meist zerfleddert und die letzten Blättchen lassen sich häufig nur noch schwer entnehmen.

Der Blättchen-Hersteller Gizeh schützt daher seit 2011 seine feinen Papierstärken mit den stabilen Kartonheftchen der Gizeh-Black-Produktlinie (siehe Abb. 53). Der besondere Clou daran: Ein Magnet macht das Heftchen wiederverschließbar. Die spürbare Anzugskraft des Magneten und das satte Klick-Geräusch beim Schließen der Verpackung reflektieren die Qualität und Präzision des Produkts: Die Blättchen lassen sich bis zum letzten leicht entnehmen und bleiben dabei unversehrt. Das Öffnen und Schließen der Blättchen werden zu einem kleinen Erlebnis — wie aus einer Schatztruhe entnimmt der Raucher die Zigaretten-Blättchen.

Das moderne Design mit dem Haptik-Effekt kommt sehr gut bei den Kunden an: Seit Markteinführung verdoppelte sich jedes Jahr der Absatz von Gizeh-Black — was 2015 einem Marktanteil von 27 Prozent im Segment der 100-Blatt-Heftchen entsprach (V. Nürnberg, E-Mail, 14.12.2015).

Abb. 53: Gizehs Magnetverschluss kodiert Sicherheit und Qualität (Quelle: Gizeh).

5.3 Verkaufsorte

In Geschäften trifft der Kunde auf Produkte und Dienstleistungen. Hier gilt die Faustregel: Der Kunde sollte die Produkte seines Begehrens in die Hand nehmen können, damit er seinem Need for Touch (vgl. Kapitel 3.3) frönen kann, damit er sie begutachten und ausprobieren kann — und damit er sie psychologisch in Besitz nimmt (vgl. Kapitel 3.2).

Die haptische Ladengestaltung sollte die Marke und das Nutzenversprechen des Geschäftes widerspiegeln — ob über (dekorative) Objekte, verwendete Materialien oder Verkaufsdisplays. Kleine Details aktivieren Resonanzfelder sowie mentale Konzepte und machen das Einkaufen auch für den Autopiloten zum Vergnügen: Ein weicher Fußboden verlangsamt das Gehtempo und macht Lust darauf, das Geschäft zu erkunden. Eine aufgeräumte Produktpräsentation erleichtert das Orientieren und in breiten Gängen fühlen sich die Kunden wohler. Interessante Objekte und Möbel, die zum Anfassen reizen, können ebenfalls Resonanzfelder aktivieren und attraktive Erlebniswelten schaffen, die implizite Ziele bedienen. Das weckt Kauflust statt Kauffrust. Die folgende Tabelle enthält einige inspirierende Fragen dafür.

ARIVA-Beispielfragen für den Verkaufsort

	Attention: Aufmerksamkeit, Interesse	Macht die haptische Gestaltung der Böden, der Wände oder Display- und Regalmaterialien aufmerksam und lädt sie zum Berühren ein? Unterstützt die Ladengestaltung die intuitive Orientierung der Kunden? Animiert die Präsentation der Produkte dazu, diese in die Hand zu nehmen und auszuprobieren?
	Recall: Erinnerung, Verankerung	Erzeugen die Oberflächen, die Anordnung der Produkte, die Laufwege, die Präsentationselemente ein vom Wettbewerb differenzierendes Einkaufsverhalten sowie eine Interaktion mit den Kunden?
	Integrity: Vertrauen, Glaubwürdigkeit	Transportieren das Design, die Formensprache und die verwendeten Materialien das Marken- sowie das Nutzenversprechen des Geschäfts in Bezug auf Qualität, Originalität und Werte?
	Value: Wertschätzung, Gefallen	Animiert die Ladengestaltung die Kunden dazu, die Produkte länger zu berühren und auszuprobieren? Machen die Materialien der Ladengestaltung und die Produktpräsentation die Wertigkeit des Angebots spürbar?
	Action: Handeln, Kaufbereitschaft	Aktiviert die Haptik der Ladengestaltung positive mentale Konzepte und Resonanzfelder? Fühlen sich die Materialien und Objekte im Geschäft angenehm an? Animiert die Produktpräsentation zum Anfassen und Interagieren?

Produkte erleben und Qualität spüren

Globetrotter nennt seine Geschäfte »Erlebnisfilialen«: Hier kann der Kunde anfassen, spüren, probieren, testen und fühlt sich dabei fast wie in der echten Natur. Die Dresdner Filiale beispielsweise spiegelt die Formen und Materialien des naheliegenden Sandsteingebirges wider — mit verschiedenen Materialschichten, Lamellenstrukturen, viel Holz sowie natürlichen Farben wie Braun und Creme.

Die Produkte inszeniert Globetrotter: Vor einer Wand, die mit echten Pflanzen bewachsen ist, stehen Dekorationsfiguren in Regenbekleidung, auf die Wasser wie aus einer Dusche herunterprasselt (siehe Abb. 54). Die Kunden dagegen können die Wettertauglichkeit der angebotenen Funktionskleidung am eigenen Leib in einer Regenkammer überpüfen; ebenso wie Winterkleidung in einer Kältekammer, die auf Wunsch sogar stürmische Schneewehen entfacht und von außen aussieht wie eine aus Gletschereis gebaute Expeditionshütte. Kletterutensilien testen die Kunden im 26 Meter langen Klettertunnel und Kanuten können durch das große Wasserbecken im Erdgeschoss paddeln. Die (Luft-)Matratzen liegen auf einer unebenen Fläche aus abgeschnittenen Holzstämmen. Darauf spürt der Kunde, wie bequem die Matratzen sind (siehe Abb. 55). Verschiedene Materialien der Schuhwände zeigen die Schuhkategorien an: Sandstein kodiert Kletterschuhe, Holz die Wanderschuhe und Pflastersteine die Joggingschuhe. Auf einer kleinen Teststrecke mit verschiedensten Untergründen erlebt der Kunde selbst, wie viel Halt ihm die Schuhe geben.

Das Konzept der ganzheitlichen Erlebnisfilialen versetzt die Besucher in eine authentische Outdoor-Stimmung und animiert sie dazu, die Qualität der Produkte selbst zu entdecken. Ein sensorisches Erlebnis der Extraklasse.

Abb. 54: Bei Globetrotter erleben nicht nur die Deko-Figuren die Produktqualität am eigenen Leib (Quelle: Globetrotter).

Abb. 55: Der Kunde spürt selbst, ob die Luftmatratze bequem ist (Quelle: Globetrotter).

QR-Code: Machen Sie einen virtuellen Rundgang durch die Dresdner Globetrotter-Filiale.

https://media1.globetrotter.de/360_Grad_Ansichten/dresden/filiale/Globetrotter_Dresden_Low_Res.html

Bowling im Baummarkt

Der Reinigungsspezialist Kärcher präsentiert seine Mehrzwecksauger mithilfe eines Erlebnis-Displays. Unter anderem auf Messen und in Baumärkten steht der Sauger neben einer großen, transparenten Kunststoffröhre, auf deren Boden eine echte Bowlingkugel liegt. Das Schlauchende des Mehrzwecksaugers steckt oben in der Röhre. Sobald der Kunde den Startknopf des Saugers drückt, demonstriert dieser seine extreme Leistungskraft: Er saugt die Bowlingkugel an, die sich spielend leicht vom Boden erhebt und in der Röhre zu schweben beginnt (siehe Abb. 56). Wer schon einmal Bowlen oder Kegeln war, der weiß, wie schwer eine solche Kugel ist. Dem Kunden wird sofort klar: Mit diesem Kärcher-Gerät bewaffnet, hat jeglicher Schmutz in Haus und Garten künftig keine Chance mehr. »Unsere Zielgruppen sind begeistert vom Display und können zum Teil nicht glauben, dass die Bowlingkugel echt ist«, erzählt Daniel Sdunek aus dem Marketing von Kärcher. »Der Erfolg des Bowlingkugel-Displays hat unsere Erwartungen weit übertroffen« (D. Sdunek, Interview, 18.12.2015).

Abb. 56: Die schwebende Bowlingkugel demonstriert die enorme Saugkraft (Quelle: Hohn Display).

Feierabend im Supermarkt

Whisky-Liebhaber dürften noch den alten Johnnie-Walker-Slogan im Kopf haben: »Der Tag geht, Johnnie Walker kommt«. Und wo genießt ein schottischer Edelmann seinen Feierabend? Er geht in den Gentlemen's Club und setzt sich gemütlich in einen Ledersessel vor den Kamin, mit einem Glas Whisky in seiner Hand. Dieses Resonanzfeld nutzt die Marke für ein »Shop-in-Shop«-Konzept in Kaufhäusern und Duty-free-Shops an Flughäfen: In der Spirituosen-Abteilung steht eine schwarze, mit gestepptem Leder überzogene Säule, die der Wandsäule eines Clubzimmers ähnelt. An einer Säulenseite lehnt ein schwarzer Leder-Clubsessel, der die Kunden zum Hinsetzen und Entspannen auf Gentlemen's Art einlädt. Über dem Sessel zeigt ein golden gerahmtes Bild einen modernen Gentleman mit dem Spruch: »Where Flavour is King«. Den Geschmack findet der Kunde an der nächsten Säulenseite — dort steht in kleinen Wandregalen eine Auswahl verschiedenster Johnnie-Walker-Whiskys (siehe Abb. 57). Das edel anmutende Shop-in-Shop-Konzept zieht die Aufmerksamkeit auf sich und verweist implizit auf die Herkunft von Johnnie Walker sowie die Qualität und Wertigkeit seines Whiskys.

Abb. 57: Johnnie Walker erzeugt Gentlemen's-Club-Feeling (Quelle: display Verlags GmbH).

5.4 Hapticals: Kommunikationsobjekte

Haptische Werbeträger — Hapticals — sind Objekte der Markenkommunikation, die auf Marken, Produkte und Dienstleistungen aufmerksam sowie deren Identität und Nutzenversprechen erlebbar machen (vgl. Kapitel 3.6.3). Hapticals stärken Kundenbeziehungen und begünstigen Kaufentscheidungen. Hapticals verweisen durch Logo, Schlüsselbilder und Unternehmensfarben, Formen sowie Materialien auf ihren Absender. Das ideale Haptical ist ein berührbares Symbol, das die Gesamtheit eines Marken- oder Produktkonzeptes ausdrückt, die Marke dabei vom Wettbewerb differenziert sowie gleichzeitig den Empfänger erfreut und lange in seinem Umfeld erhalten bleibt — und damit einen hohen Mediawert schafft. Einsatzmöglichkeiten für Hapticals gibt es viele, unter anderem als:

- klassische Werbeartikel,
- (Kontakt-)Geschenke für Kunden und Mitarbeiter,
- Prämien für Kunden oder Mitarbeiter,
- Promotion-Artikel für Produkte, Kampagnen oder Events,
- Zugabe-Artikel für Produkte,
- Verkaufshilfen (siehe Kapitel 5.5),
- Mailingverstärker (siehe Kapitel 5.6) und
- käufliche Merchandise-Artikel (siehe Kapitel 5.7).

Hapticals haben damit Berührungspunkte zu fast jeder Marketingdisziplin: zu interner und externer Kommunikation, zur Werbung, zum Dialog- sowie Eventmarketing und insbesondere zum Vertrieb. Selten werden Hapticals isoliert eingesetzt. Ihr Potenzial liegt darin, die Wirkung anderer Marketingmaßnahmen zu verstärken. Hapticals transportieren Markenidentitäten und Produktvorteile auf explizite sowie implizite Weise. Sie vermitteln explizite Botschaften und können einen konkreten Nutzen bieten; sie senden aber auch über Materialien, Formen und Funktionen haptische Codes, die implizit mentale Konzepte aktivieren.

> **! Wichtig: Hapticals wirken nur im Kontext**
>
> Seine volle Wirkung entfaltet ein Haptical nur, wenn drei Faktoren kongruent zusammenwirken:
> 1. die Objekteigenschaften des Hapticals selbst,
> 2. der Kontext, in dem das Haptical kommunikativ eingebettet ist und der es mit Bedeutung auflädt, sowie
> 3. die Integration des Hapticals in den Kommunikations- beziehungsweise Verkaufsprozess.
>
> Der IT-Dienstleister »Sun« beispielsweise beendete seine Java-Schulungen immer mit einem Quiz. Beantwortete ein Teilnehmer eine der schwierigen Fragen richtig, gewann er eine Tasse mit dem Sun-Logo. Als Sun sein Werbeartikelbudget kürzte und keine Quiz-Tassen mehr verteilte, sanken die Anmeldungen für das Seminar spürbar. Für die Trainingsabteilung war das nur schwer nachvollziehbar, da Java-Programmierer die Seminare benötigten, um ihre Zertifizierung zu behalten. Auf Nachfrage fielen dann erstaunliche Kommentare wie: »Bei Euch gibt's ja keine Tassen mehr!« In den Organisationen der Teilnehmer waren die Tassen viel wert, denn sie galten als Kompetenzbeweis in Sachen Java. Der Kontext des Quiz und der Prozess der Übergabe machten das Haptical zu einer Auszeichnung und zu einem Symbol für Expertise. Nur echte Java-Cracks besaßen eine Sun-Tasse, die sie stolz auf ihrem Schreibtisch präsentierten. Ohne eine Chance auf diese Auszeichnung ließen sich die Programmierer lieber von günstigeren zertifizierten Fremdanbietern weiterbilden. Ein kleines Haptical macht manchmal einen großen Unterschied.

Hapticals können den Haptik-Effekt auf allen ARIVA-Dimensionen entfalten — im richtigen Kontext und durch den passenden Übergabeprozess. In diesem Unterkapitel stellen wir Beispiele von Hapticals als Werbeartikel, Prämien, Promotion-Artikel und Zugaben vor. Die folgende Tabelle enthält einige Beispielfragen zu den ARIVA-Dimensionen.

5 Hapticals: Kommunikationsobjekte

ARIVA-Beispielfragen für Hapticals

!	**Attention:** Aufmerksamkeit, Interesse	Kann ein Haptical die Aufmerksamkeit für die Werbe- oder Verkaufsförderungsmaßnahme erhöhen? Welche Artikel wecken das Interesse der Zielgruppe, weil sie im Trend liegen, einen besonders hohen Nutzwert haben, spielerische Interaktion fördern oder eine hohe Wertigkeit ausstrahlen?
○	**Recall:** Erinnerung, Verankerung	Verankert der Umgang mit dem Haptical die damit vermittelte Botschaft sowie die Erinnerung an die Markenidentität? Bleibt das Haptical im Umfeld des Empfängers sichtbar?
✓	**Integrity:** Vertrauen, Glaubwürdigkeit	Spiegelt das Haptical die Marke, ihre Werte und Positionierung wider: in seinen Materialien, seiner Formensprache, seiner Originalität und Qualität?
♥	**Value:** Wertschätzung, Gefallen	Wird das Haptical durch seine Funktion im Alltag häufig in die Hand genommen? Bedient das Haptical den Need for Touch, indem es ein angenehmes haptisches Erlebnis bietet? Kann das Haptical die psychologische Inbesitznahme des beworbenen Produkts fördern? Fördert das Haptical die Identifikation mit einer Marke oder dem Unternehmen?
🛒	**Action:** Handeln, Kaufbereitschaft	Löst das Haptical beim Empfänger das Gefühl aus, beschenkt worden zu sein? Entsteht das Bedürfnis, sich revanchieren zu wollen — mindestens mit Aufmerksamkeit? Animiert das Haptical zu einer Interaktion — mit dem Haptical selbst oder beispielsweise mit dem Verkäufer?

Pudding zum Anfassen

Über Kahlas »Touch!«-Tassen freuten sich im Herbst 2010 die Kunden von Dr. Oetkers Paula-Pudding. Treue Käufer konnten Prämienpunkte aus der Umverpackung schneiden und gegen einen Milchbecher »mit extra samtweichen Paula-Flecken« eintauschen (siehe Abb. 58). Die Kuhflecken des Markenmaskottchens sind das visuelle Kernelement der Marke und auf der Kahla-Tasse fühlbar. Die Flock-Beschichtung sorgt dabei für ein angenehmes haptisches Erlebnis und emotionalisiert die Marke. Paula als Sinnbild für den Pudding wird streichelbar und lädt die Marke positiv auf.

Das hochwertige Haptical weckte starke Begehrlichkeiten. Die Nachfrage war so groß, dass Dr. Oetker die Becher nachproduzieren ließ. Letztlich verschickte das

Unternehmen 230.000 Milchbecher statt der anfänglich prognostizierten 30.000 (Kahla, 2011). Der samtige Becher weckt die Anfass-Lust und steht im Alltag von hunderttausenden Haushalten häufig auf dem Tisch — und mit ihm die Marke Dr. Oetker.

Abb. 58: Die Marke Paula fühlt sich gut an (Quelle: Dr. Oetker).

Multisensorisch in den Tag
Im Rahmen einer Promotion-Aktion von Nescafé erhielten mexikanische Meinungsführer aus Medien und Politik 2014 ein multisensorisches Haptical: Einen 3-D-gedruckten Wecker, der als Deckel für ein Nescafé-Verpackungsglas dient (siehe Abb. 59).

Der rote Deckel — Nescafés Markenfarbe — weckt den Schlafenden mit sanften Lichteffekten und Vogelgezwitscher. Das facettierte Reliefdesign des Weckdeckels macht den Schwung des Markenlogos — des Akzentes in Nescaf/é/ — fühlbar. Der Wecker stoppt, sobald der gerade Erwachte den Deckel aufgeschraubt hat. Frischer Kaffeeduft strömt in die Nase und der Tag beginnt mit Nescafé. Der Wecker kodiert perfekt den neuen Slogan der Marke: »It all starts with a Nescafé« und modernisiert das eingestaubte Image des löslichen Kaffees, der gegen die Kapsellösungen und Vollautomaten in der Wahrnehmung der Kunden als zeitgemäße Form des Koffein-Kicks zurückgefallen war.

Das Haptical ist nicht nur hundertprozentig kongruent zur Marke, dem Produkt und seinem Nutzen — der Weckdeckel integriert Marke und Produkt über ein Ritual in den Alltag der Menschen. Das ist nicht nur etwas für Meinungsführer.

Abb. 59: Der Alarm-Deckel integriert Nescafé in die morgendliche Routine (Quelle: youtube.com).

QR-Code: Im Video sehen Sie Nescafés Alarm-Deckel in Aktion.
https://www.youtube.com/watch?v=8ZohB3q7rJo#t=17

Klassische Musik schmecken

Wie begeistert ein Konzerthaus nicht ganz so klassikaffine Menschen für klassische Musik? Mit Milch! In einer unveröffentlichten Studie berichten britische Forscher, dass Musik Kühen gut tut: Sie geben mehr Milch, wenn sie mit langsamer Musik — wie Beethovens sechster Sinfonie — beschallt werden (siehe Whiteman, 2001).

Diese Idee griff das Dortmunder Konzerthaus augenzwinkernd auf: Live und in Abendgarderobe spielten die Musiker des Konzerthauses klassische Stücke von Komponisten der kommenden Saison — in einem Kuhstall mit den Kühen als Publikum. Später lauschten die Kühe der Musik vom Band. Die Milch der Kühe verkaufte das Konzerthaus als Haptical in ausgewählten Feinkostläden unter dem Markennamen »Konzertmilch Dortmund« in verschiedenen Geschmacksrichtungen. Diese trugen den Namen des jeweiligen Komponisten, dem die Kühe lauschen durften. Ein auffälliges Etikett in Notenform zierte die dickbäuchige Milchflasche und das Etikett auf der Rückseite informierte über die Künstler und das Konzerthaus (siehe Abb. 60).

Die abstrakte Qualität der Musik war plötzlich greifbar und mit weiteren Sinnen als dem Hörsinn konsumierbar geworden. Ein voller Erfolg: Viele regionale Medien berichteten über die Aktion und machten sie bekannt, die Abonnementzahlen des Konzerthauses stiegen und die Auslastungsquote der Konzerte kletterte erstmalig auf über 70 Prozent — und auch der Milchverkauf selbst fuhr einen monetären Gewinn ein.

Abb. 60: Die wohlschmeckende Milch kodiert das Konzerterlebnis (Quelle: youtube.com).

 QR-Code: Eine kurze Dokumentation über die mu(h)sikalische Marketingaktion des Dortmunder Konzerthauses.

https://www.youtube.com/watch?v=DlJnD5s9YPE&feature=kp

Ein Pick-up zum Ausziehen

Im Jahr 2006 brachte Ford Malaysia eine limitierte Edition seines Pick-ups »Ranger« auf den Markt: mit einer erweiterbaren — ausziehbaren — Ladefläche. Die Zielgruppe, hauptsächlich Handwerker, lässt ihren Feierabend gern in der Bar ausklingen. Dort verteilte Ford 5.000 Streichholzschachteln, auf deren Außenseite der neue Ford Ranger Extreme abgebildet war. Das Haptical war nicht nur nützlich, sondern zeigte auch den Nutzen des Pick-ups: Beim Öffnen der Zündholzschachtel erweiterte sich die Ladefläche des Fahrzeugs, denn auf den Seiten der Innenschachtel war die ausziehbare Ladefläche gedruckt, welche die »schwere« Last der Streichhölzer trug. Das zeigte den Produktnutzen im Miniaturformat (siehe Abb. 61). Die ausziehbare Ladefläche vermittelte die Botschaft auch explizit: »The New Ranger Extreme with extendable cargo bed.« 32 Prozent der Beschenkten besuchten daraufhin die angegebene Website und von diesen buchten 28 Prozent eine Probefahrt. Der limitierte Ranger Extreme war einen Monat vor Plan ausverkauft (P. Goh, E-Mail, 23.07.2014).

Hapticals: Kommunikationsobjekte 5

Abb. 61: Beim Öffnen der Streichholzschachtel erlebt der Kunde die Ladekapazität des Pickups (Quelle: JWT).

Modell-Ballon für Modellbaumesse

Um Miniaturformate geht es auch bei der Modellbaumesse in Wien — Österreichs größte und wichtigste Messe für Modellbauprofis. Die Messe bewarb ihre Veranstaltung im Jahr 2009 mit einem altbewährten Haptical: einem Luftballon. Der passte perfekt zum Anlass, denn es war der kleinste Luftballon der Welt. Unaufgeblasen kaum größer als ein 50-Cent-Stück und 300 Milligramm schwer, erhebt er sich mit 0,058 Litern Helium gefüllt in die Luft (siehe Abb. 62). 10.000 dieser Mini-Luftballons verteilte ein Promotion-Team innerhalb von zwei Tagen an Passanten. Das Mini-Haptical zeigte große Wirkung: die Modellbaumesse verzeichnete einen Besucherrekord.

QR-Code: Ein kurzes Video über den kleinsten Luftballon der Welt.
https://www.youtube.com/watch?v=Yk2ZiPBZNGM

Abb. 62: Der kleinste Luftballon der Welt wirbt für die Modellbaumesse (Quelle: Ogilvy & Mather).

Von der Hand in den Spendentopf

Auf dem Gourmet-Festival 2012 in Düsseldorf konnten die Besucher an den über 100 Ständen der Aussteller schlemmen und Delikatessen probieren. Das nahm die Düsseldorfer Tafel zum Anlass und sammelte auf der Schlemmermeile Spendengelder für ihr soziales Engagement ein — allerdings nicht mit Werbeflyern oder persönlichen Bittgesuchen. Die Festival-Besucher erhielten stattdessen gegen zwei Euro Pfand an den Ständen eine ungewöhnliche Gabel, welche die Form einer bittenden Hand hatte (siehe Abb. 63).

Die implizite Botschaft der Gabel war griffig und klar: »Während du isst, hungern andere Menschen.« Gut, dass die Besucher den Pfandbetrag automatisch an die Düsseldorfer Tafel spenden konnten, indem sie die Gabel nicht zurückgaben. Das taten alle — keine einzige der 10.000 Gabeln ging zurück. Manche Besucher kauften sogar ganze Gabel-Sets am Stand der Düsseldorfer Tafel. Das »Pfandraising« war ein voller Erfolg: 20.000 Euro Spendenerlös an einem Wochenende und selbst in den folgenden Wochen flossen mehr Spenden als sonst an die Düsseldorfer Tafel (E. Fischer, Interview, 22.07.2014).

Abb. 63: Die Gabel-Hand bittet um Spenden für die Tafel (Quelle: Düsseldorfer Tafel).

Ein Würfel, ein großes Team

Marken- und Unternehmenswerte lebendig und relevant für Mitarbeiter zu machen – das ist für jedes Unternehmen sehr wichtig, gleichzeitig jedoch eine große Herausforderung. Hapticals als begreifbare Symbole liefern hierbei wertvolle Dienste. 2014 erhielten beispielsweise alle 13.000 weltweiten Mitarbeiter des Marktforschungsdienstleisters GfK im Rahmen der internen Kampagne »What's inside GfK?« einen magnetischen Faltwürfel. Ähnlich wie bei einer Endlosfaltkarte (vgl. Kapitel 1) entfalteten die Mitarbeiter die aufgedruckten Markenwerte auf 12 Seiten – das sind doppelt so viele Seiten wie ein Würfel eigentlich hat. Durch den verblüffenden Endlos-Faltmechanismus beschäftigten sich die Mitarbeiter auf spielerische Art und Weise mit den Grundwerten ihres Handelns (siehe Abb. 64).

Abb. 64: Mit dem Magic Cube entfalteten die Mitarbeiter die Markenwerte (Quelle: GfK).

Doch nicht nur das Entfalten des Würfels involvierte die Mitarbeiter. Das beiliegende Schreiben forderte sie mit dem Motto »Ask the cube and share the message« dazu auf, sich in Alltagssituationen zu fotografieren und die Fotos einzusenden. Das lieferte die Antwort auf die Frage, was in GfK steckt: Menschen mit Leidenschaft und Spaß bei ihrer Arbeit. Insgesamt 200 Fotos schickten die Mitarbeiter an die Projektverantwortlichen in die Zentrale: Die ägyptischen Kollegen beispielsweise bauten aus ihren Würfeln eine große Pyramide, andere machten Gruppenfotos oder fotografierten ihre Finger, die auf ihre Lieblingswerte zeigen (siehe Abb. 65). »Wir haben uns über die rege Teilnahme aus aller Welt gefreut und waren überrascht über das kreative Engagement unserer Mitarbeiter«, berichtet Wiebke-Maria Wöltje aus der Kommunikationsabteilung von GfK. »Die Kampagne sorgte für Gesprächsstoff in der gesamten Organisation« (W.-M. Wöltje, Interview, 14.08.2014).

Aus allen eingesandten Fotos kreierte GfK ein digitales Poster für das Intranet. Jeder Mitarbeiter konnte sehen, wie international und multikulturell die Marke GfK ist. In vielen Niederlassungen druckten sich die Mitarbeiter das Poster aus oder kleine Ausschnitte daraus und schmückten ihre Büros damit. So fanden die digitalen Fotos ihren Weg in die reale Welt.

Abb. 65: In den Fotos zeigten sich die Mitarbeiter als stolzes Team (Quelle: GfK).

5.5 Verkaufshilfen

Bei einem Verkaufsgespräch unterstützt der Haptik-Effekt unter anderem durch die Einrichtung des Verkaufsraumes — durch weiche Stühle, kurze Berührungen, ein warmes Getränk oder das Produkt in den Händen des Kunden (vgl. Kapitel 3). Bei Produkten oder Dienstleistungen, die der Kunde jedoch nicht in die Hand nehmen kann, entfalten Hapticals als haptische Verkaufshilfen das Potenzial des Haptik-Effekts.

Ein Pionier in diesem Bereich ist der Verkaufstrainer Karl Werner Schmitz, der die Kraft der Haptik für den Verkauf von Finanzdienstleistungen bereits in den 1980er-Jahren entdeckte und erfolgreich universell einsetzbare haptische Verkaufshilfen für diesen Bereich entwickelte. Doch trotz nachweislicher Erfolge bei denjenigen, die solche Verkaufshilfen mit Überzeugung nutzen, fühlt sich nicht jeder Verkäufer wohl im Umgang mit goldenen Münzen, Dominosteinen oder Metallfiguren. Durch ihren häufig hohen Preis sind solche klassischen haptischen Verkaufshilfen auch nicht zum massenhaften Einsatz geeignet und können dem Kunden nicht immer überlassen werden. Viele Menschen zweifeln eine Kaufentscheidung jedoch im Nachhinein an und suchen nach Bestätigung dafür, dass ihre Entscheidung doch die richtige wahr (vgl. Felser, 2015, S. 228 f.). Eine haptische Verkaufshilfe, welche der Kunde mit nach Hause nehmen darf, kann ihm eine solche Bestätigung geben: Als Symbol für die gefällte Kaufentscheidung und den »Besitz« der Dienstleistung stärkt sie sein Commitment.

Darüber hinaus hilft eine Verkaufshilfe dem Kunden auch dabei, Bestätigung aus seinem privaten Umfeld zu erhalten — stolz kann er anderen anhand der Verkaufshilfe zeigen, welche wichtige Entscheidung er heute getroffen hat. Das reduziert seine Nachkaufzweifel und ganz nebenbei wird der Kunde selbst zum Verkäufer. Haptische Verkaufshilfen, die beim Kunden verbleiben, erzeugen von ganz alleine Neukundenpotenzial.

Ideale Verkaufshilfen sind Objekte, die hundertprozentig im Sinne des Corporate Designs und der Markenidentität gestaltbar, intuitiv nutzbar und günstig in der Herstellung sind. Beispielfragen für die ARIVA-Dimensionen haptischer Verkaufshilfen zeigt die folgende Tabelle.

ARIVA-Beispielfragen für Verkaufshilfen		
	Attention: Aufmerksamkeit, Interesse	Motiviert die haptische Verkaufshilfe den Kunden zum Anfassen? Animiert sie den Kunden dazu, Fragen zu stellen?
	Recall: Erinnerung, Verankerung	Kann das Nutzenversprechen über eine Handlung erlebbar gemacht und damit im Gedächtnis verankert werden? Eignet sich die Verkaufshilfe als Geschenk, sodass sie im Besitz des Kunden verbleibt?
	Integrity: Vertrauen, Glaubwürdigkeit	Macht die haptische Verkaufshilfe das Nutzenversprechen des Produkts oder der Dienstleistung erlebbar? Entspricht die Haptik der Verkaufshilfe der Markenidentität, dem Produktversprechen und dem Corporate Design des Unternehmens?
	Value: Wertschätzung, Gefallen	Kann dem Kunden das zu verkaufende Produkt konkret in die Hand gegeben werden? Bei abstrakten Produkten: Kann ein berührbares Symbol beziehungsweise Objekt geschaffen werden, welches das Besitzgefühl weckt? Macht der Umgang mit der Verkaufshilfe dem Verkäufer und dem Kunden Spaß?
	Action: Handeln, Kaufbereitschaft	Kann eine Bewegung, eine Handlung oder ein haptischer Reiz ein positives mentales Konzept aktivieren, das die Kaufbereitschaft erhöht?

Spaß am Kaufen und Verkaufen

In einem unserer Eingangsbeispiele haben wir die Verkaufshilfen der Berliner Sparkasse vorgestellt. Die Kartenbox mit ihrem aufgeklappten Deckel, in der drei Lenticular-Wackelbildkarten stecken, zieht die Aufmerksamkeit des Kunden auf sich und provoziert unweigerlich seine Nachfragen (siehe Kapitel 1.1, Abb. 4). Der breite, schwarze Rahmen, der die Lenticular-Karten umgibt, verweist auf das Resonanzfeld von »Wertigkeit« — beispielsweise präsentieren Juweliere ihre edlen Schmuckstücke auch auf schwarzem Untergrund. Die Lenticular-Karten an sich animieren zum Spielen: Man will sie in die Hand nehmen und dort erzeugen die symbolhaften Kreditkarten Interaktion und Bindung durch den Endowment-Effekt (vgl. Kapitel 3.2). Die verschiedenen Motive auf den Lenticular-Karten (z. B. startendes Flugzeug, Cabrio, tanzende Jugendliche, Brandenburger Tor) sind Priming-Reize (vgl. Kapitel 3.4) und sprechen die mit einer Kreditkarte verknüpften impliziten Kaufmotive an — wie Status, Genuss oder Freiheit.

Mithilfe der Logoloop-Endlosfaltkarte in Kreditkartenform erklärt der Berater dem Kunden im weiteren Verkaufsgespräch die Produktdetails (siehe Abb. 66): Auf der ersten Seite sieht der Kunde die Kreditkartenvariante, dann faltet er selbst die Karte das erste Mal um und schaut auf die wichtigsten Vorteile wie Reisebuchungsservice mit Kostenrückerstattung oder die Möglichkeit, im Ausland kostenlos Bargeld abzuheben — untermalt mit farbigen Bildern von Verwendungssituationen und lachenden Menschen. Auf der dritten Seite erscheinen die Leistungen im Detail und nach einem weiteren Falten erblickt der Kunde eine Vorteilsrechnung, die er zusammen mit dem Berater selbst ausfüllt. Die Endlosfaltkarte erklärt die Produktvorteile auf spielerische Art und Weise: Der Kunde kann die vier Seiten wieder und wieder entfalten — und dabei wirkt der Tu-Effekt, der das mentale Konzept von Annahme aktiviert (vgl. Kapitel 3.5).

Diese Hapticals machen die Vorteile der Kreditkarten und den Service der Marke »Sparkasse« für den Kunden be-greifbar. Das erzeugt sowohl beim Kunden als auch beim Berater mehr Freude, mehr Begeisterung und mehr Kauf- beziehungsweise Verkaufslust. Jeder Kartenbox lag eine einfache Anleitung im Ikea-Stil bei — so lernten die Kundenberater schnell, wie sie die Verkaufshilfen im Beratungsgespräch am effektivsten nutzen. Das Ergebnis: Obwohl die Vorteile der Kreditkarten unverändert blieben, verkaufte die Berliner Sparkasse durch die haptische Präsentation in den ersten drei Monaten nach Einführung der Kartenbox so viele Kreditkarten wie im gesamten Vorjahr — das entspricht einer Absatzsteigerung von über 50 Prozent.

Abb. 66: Die Logoloop-Endlosfaltkarte vermittelt die Botschaft auf spielerische Art und Weise (Quelle: Touchmore).

QR-Code: Hier können Sie noch einmal die Dokumentation der Fallstudie der Berliner Sparkasse sehen.

http://vimeo.com/65879261

Shoppen für die Rente

Die »Plusrente« der Bayerischen bietet den Versicherten eine besondere Möglichkeit, ihre Rente aufzustocken: Über ein Internetportal können sie in über 1.000 Online-Shops einkaufen und erhalten auf den Wert jedes Einkaufs eine prozentuale Rückvergütung. Dieses sogenannte Cash Back wird dann dem Altersvorsorgevertrag gutgeschrieben. Das löst ein Paradox auf: Das Geld, was jemand beim Shoppen ausgibt, kann er für gewöhnlich nicht in eine Altersvorsorge investieren; und das Geld, was er in eine Altersvorsorge steckt, schmälert normalerweise sein Shopping-Budget. Dass es eben auch anders geht, machte die Bayerische mithilfe zweier Hapticals erlebbar: einer Doppel-Ausziehkarte und einer Videobroschüre.

Durch das Sichtfenster des Ausziehkarten-Schubers sieht der Betrachter und potenzielle Versicherte eine 3-D-Lenticular-Karte. Darauf schwebt vor einer Wolke aus Pluszeichen das Logo der Plusrente. Greift der Betrachter nun rechts an der Griffmulde des Schubers die innenliegende Karte und zieht sie heraus, gleitet überraschend die Lenticular-Karte aus der gegenüberliegenden Seite des Schubers (siehe Abb. 67). Dies symbolisiert das aufgelöste Paradox, dass man trotz Entnahme auf der einen Seite gleichzeitig auf der anderen etwas erhält: Ein Teil des Geldes, das der Versicherte beim Shoppen ausgibt, fließt in seine Altersvorsorge. Auf der herausgezogenen Innenkarte liest der Betrachter das explizite Versprechen: »Mehr Rente durch Online-Shopping« — dieses Mehr an Rente kann er symbolisch in Form der Lenticular-Karte entnehmen.

Abb. 67: Die Ausziehkarte macht das Cash-Back-Prinzip der Plusrente erlebbar (Quelle: Touchmore).

Danach überreicht der Berater eine Broschüre aus festem Karton. Der potenzielle Kunde klappt das Cover auf und schaut mit erstaunten Augen auf einen kleinen Flachbildschirm. Automatisch startet ein kurzer Film, der die Plusrente im Infografik-Stil knackig und unterhaltsam erklärt (siehe Abb. 68).

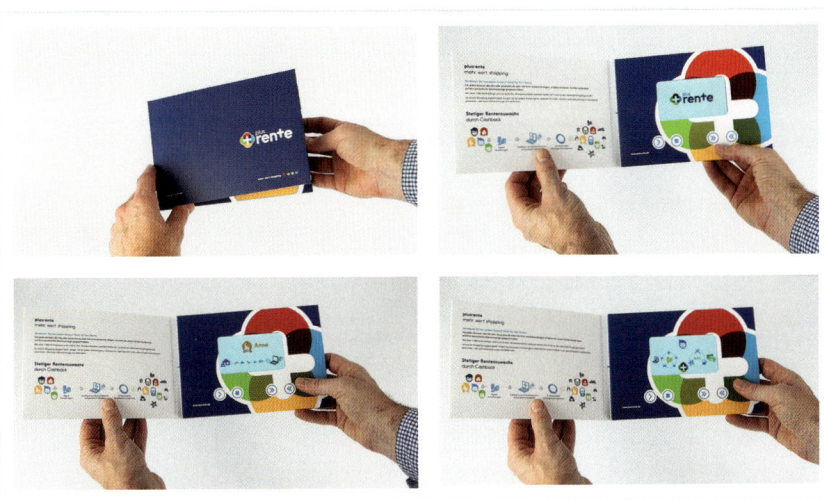

Abb. 68: Die Videobroschüre erklärt die Plusrente in den Händen der Kunden (Quelle: Touchmore).

QR-Code: Schauen Sie sich den kurzen Film aus der Videobroschüre zur Plusrente an.
https://www.youtube.com/watch?v=jiTbjkXRdwk

Die Ausziehkarte erleichtert dem Berater das Ansprechen der Plusrente und die Videobroschüre nimmt ihm das Erklären ihrer Details ab. Mit Spaß und Interaktion vermittelt dieser Verkaufsansatz den Nutzen der innovativen Plusrente auf ebenso innovative Weise. Überzeugt das den Kunden, darf er die Ausziehkarte mit nach Hause nehmen, wo sie ihm das gute Gefühl gibt, die richtige Entscheidung getroffen zu haben. »Das haptische Verkaufskonzept begeisterte unsere Vertriebspartner und Kunden«, freut sich Konrad Häuslmeier, Marketingleiter der Bayerischen. »In nur drei Monaten nach Einführung der Plusrente im Maklervertrieb erreichten wir eine Absatzsteigerung von über 60 Prozent — dazu haben die beiden haptischen Verkaufshilfen erheblich beigetragen« (K. Häuslmeier, Interview, 06.11.2015).

5.6 Direct Mailings

Direct Mailings schlagen eine Brücke ins reale Leben und machen die Marke für den Empfänger fassbar (vgl. Kapitel 1.3.3). Das fängt damit an, wie das Mailing verpackt ist (z.B. in einem Umschlag aus Papier oder Karton) und wie der Empfänger das Mailing öffnen kann. Doch auch der Inhalt — und wir setzen voraus, dass die bildliche und textliche Botschaft überzeugt — sollte haptische Freude wecken: durch das Papier, die Interaktion damit oder durch ein Haptical, das als Mailingverstärker ebenso Interaktion erzeugen oder einen erinnerungswürdigen Nutzen bieten kann. Die folgende Tabelle enthält wieder einige Beispielfragen für die ARIVA-Dimensionen bezogen auf Direct Mailings.

ARIVA-Beispielfragen für Direct Mailings		
	Attention: Aufmerksamkeit, Interesse	Weckt der Umschlag beziehungsweise die Außenhülle des Mailings die Neugierde des Empfängers? Lädt der Umschlag zum Betasten ein? Fühlt sich seine Oberfläche angenehm an beziehungsweise ist sie kongruent zur Botschaft?
	Recall: Erinnerung, Verankerung	Kann die Öffnungsmechanik oder der Umgang mit dem Direct Mailing die Erwartungshaltung des Empfängers positiv brechen und überraschen? Ist der Mailingverstärker ein Haptical, das die Botschaft vermittelt, möglicherweise einen Nutzen bietet und welches der Empfänger behält?
	Integrity: Vertrauen, Glaubwürdigkeit	Spiegelt die Materialität, Formensprache, Mechanik und Qualität des Direct Mailings und des Hapticals die Marken- und Produktpositionierung wider?
	Value: Wertschätzung, Gefallen	Erzeugt das Direct Mailing über die Haptik das Gefühl der psychologischen Inbesitznahme des Angebots? Vermittelt das Direct Mailing Wertschätzung gegenüber dem Empfänger? Hat das Haptical einen symbolischen oder konkreten Wert oder wird es durch seine Funktion wertvoll?
	Action: Handeln, Kaufbereitschaft	Animieren die Haptik sowie die Mechanik des Direct Mailings oder des Hapticals zur Interaktion? Aktiviert die Haptik des Direct Mailings und Hapticals mentale Konzepte, die eine Reaktion fördern?

Per Knopfdruck zum Auto

Audi verschickt seit 2014 an selektierte, potenzielle Interessenten ein exklusives Direct Mailing, das sie zu einer Probefahrt mit dem neuen A8-Modell motivieren soll. Der Empfänger erhält eine kleine schwarze Kartonbox mit eingeprägtem Audi-Logo. Aus der Box holt er einen schweren, matt-schwarzen Würfel in Aluminiumoptik. Der hochwertige Kunststoff ist mit einem speziellen Lack beschichtet, der sich auch wie echtes Aluminium anfühlt. Auf der Oberseite des Würfels befindet sich der originale Motor-Startknopf des A8. Sobald der Empfänger den Knopf drückt und dieser wie im Auto einrastet, leuchtet auf der LED-Anzeige des Würfels eine rote »90« auf: der Minuten-Countdown beginnt (siehe Abb. 69). Ein GPS-Sender im Würfel funkt den aktuellen Standort an einen Audi-Händler in der Nähe — und exakt 90 Minuten nach Knopfdruck steht der neue Audi A8 für eine 24-stündige Probefahrt vor der Haustür bereit.

Der »Test Drive Cube« ist absolut kongruent zur Marke und zum Produkt — er haucht Audis Slogan »Vorsprung durch Technik« Leben ein. Seine hochwertige Verarbeitung und das Aluminium-Gefühl referenzieren auf die Marke Audi und die Qualität des A8. Das Haptical bedient weiterhin das implizite Autonomie-Ziel der statusorientierten A8-Käufer: Er ist schwer, matt-schwarz und überlässt dem Empfänger die Kontrolle, wann und wo er den A8 Probe fahren möchte — schließlich entscheidet der Empfänger selbst, wann er auf »Start« drückt. Der Knopf hat weiterhin einen sehr hohen impliziten Aufforderungscharakter für die Zielgruppe, meist Menschen in hohen Managementpositionen, die sich in der Regel sehr schwer dazu motivieren lassen, auf Direct Mailings und andere Kontaktversuche zu reagieren.

Der Testlauf in den Niederlanden zeigte die enorme Kraft dieser haptischen Kommunikationsidee: Alle 44 Empfänger des Würfels drückten den Startknopf für eine Probefahrt und acht von ihnen kauften anschließend einen neuen Audi A8 (S. J. Philipp, Interview, 14.08.2014; Audi, 2014; Philipp und Keuntje, o. D.).

Abb. 69: Ein Knopfdruck und 90 Minuten später den A8 Probe fahren (Quelle: Philipp und Keuntje).

QR-Code: Sehen Sie im Film den Test Drive Cube von Audi in Aktion.

https://www.youtube.com/watch?v=kk8rsTnniEo

Gezupft und überzeugt

Das Gummibandinstrument haben wir bereits im ersten Kapitel vorgestellt: Die Empfänger des Mailings bauten sich selbst ein Instrument, mit dem sie verschiedene bekannte Lieder zupfen konnten (siehe Abb. 70). Das Haptical punktet auf allen ARIVA-Dimensionen: Es macht aufmerksam, indem es die Erwartungshaltung durchbricht — statt einer CD findet der Empfänger ein außergewöhnliches Musikinstrument in der Hülle. Das Zusammenbauen und Spielen des Instruments verankert sowohl die Botschaft als auch den Absender im Gedächtnis. Die Leichtigkeit des Musizierens und der Spaßfaktor vermitteln glaubwürdig das Versprechen, dass es einfach ist, am Raffles Music College ein Instrument zu lernen. Der Empfänger baut das Instrument weiterhin selbst zusammen und spielt bekannte Melodien, beispielsweise aus Beethovens neunter Sinfonie — das macht stolz und erhöht die subjektive Wertigkeit des Angebotes. Die witzige Idee weckte enormes Interesse: 43 Prozent der Angeschriebenen bewarben sich für den Musikkurs, der nach fünf Tagen ausgebucht war. Das Direct Mailing polierte auch das Image des Singapore Raffles Music Colleges auf — trockenen Unterricht ließ das Gummibandinstrument nicht erwarten.

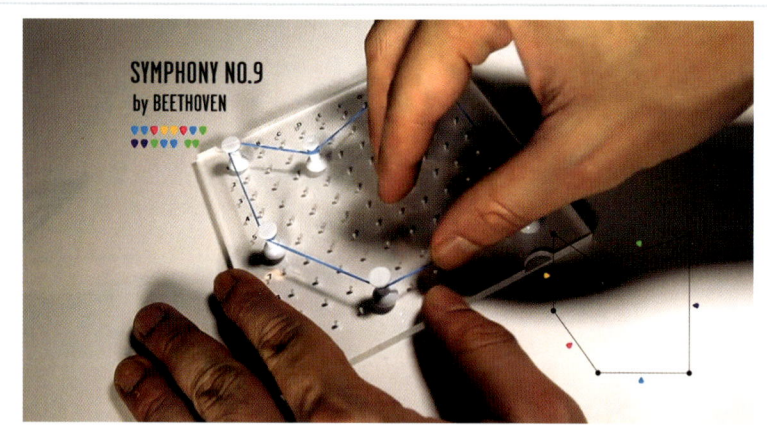

Abb. 70: Die Mailing-Empfänger können bereits ohne Unterricht Beethoven spielen (Quelle: DDB Group Singapore).

QR-Code: Hier können Sie sich noch einmal das Video über das Gummibandinstrument anschauen.

http://www.youtube.com/watch?v=tCmexGuMqVQ

5 Direct Mailings

Künftiges Wohneigentum heute schon fühlen

Die ING-DiBa ist eine der erfolgreichsten Online-Banken. Ein relevanter Erfolgsfaktor sind die jährlich über 40 Millionen Direct Mailings, welche die Bank an ihre Kunden verschickt (vgl. Kapitel 1.3.3). Dabei setzt die Bank auch auf haptische Veredelungen, die das beworbene Finanzprodukt attraktiv macht. Beispielsweise fanden potenzielle Kunden einer Baufinanzierung einen Umschlag in ihrem Briefkasten mit der aufgedruckten Frage: »Wie fühlen sich ihre eigenen vier Wände an?« Die Antwort fühlten die Empfänger auf der Rückseite des Umschlags in Form einer haptisch simulierten Wand aus Ziegelsteinen (siehe Abb. 71): Die eigenen vier Wände fühlen sich gut an! Mit derartig erlebbaren Botschaften heben sich die Direct Mailings der ING-DiBa von anderer Werbepost ab und überzeugen dazu noch mehr Empfänger. Kaufquoten von 10 Prozent sind keine Seltenheit bei den Direct-Mailing-Kampagnen der ING-DiBa (vgl. Kapitel 1.3.3).

Abb. 71: Die haptische Veredelung macht die eigenen vier Wände fühlbar (Quelle: Achilles).

Die Taufeinladung selbst taufen

Im eher katholisch geprägten Sauerland lud die evangelische Kirche Eltern und ihre Kinder mit einer speziellen Einladung zum Tauffest ein. Im lilafarbenen Umschlag steckte ein Briefbogen, auf dem nur ein einziger Satz stand: »Tauche diesen Brief in Wasser und du wirst staunen.« Die Empfänger staunten in der Tat nicht schlecht, denn dank einer speziellen Tinte wurde das gedruckte Einladungsschreiben erst unter Wasser sichtbar. Damit simulierten die Empfänger die Taufhandlung selbst (siehe Abb. 72). Der Taufbrief animierte auf direktem Wege zwar »nur« rund zwei Prozent der Empfänger dazu, ihre Kinder taufen zu lassen, doch sorgte der innovative Brief für viel Gesprächsstoff und regte Diskussionen an. Die Taufe rückte ins Bewusstsein der Menschen, weit über die Gemeindegrenzen hinaus.

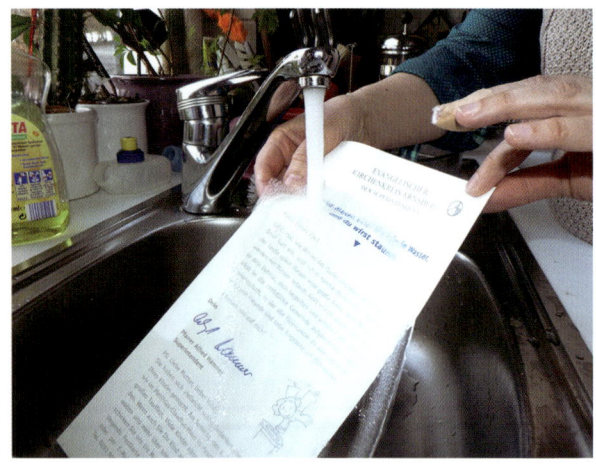

Abb. 72: Die Einladung zum Tauffest tauften die Empfänger selbst
(Quelle: Ogilvy & Mather; Foto: K. Koppe-Bäumer).

5.7 Merchandising

Merchandise-Artikel machen eine Marke berührbar und emotionalisieren sie nach innen und außen. Als eigene Produktkategorie sind sie je nach Markenkraft sogar ein lukratives Geschäftsfeld, denn diese Sonderform der Hapticals kauft der Kunde, weil er ein Fan der Marke ist. Der Kunde selbst wird zum Werbeträger und Multiplikator der Marke und ihrer Werte. Die Qualität von Merchandise-Hapticals ist wichtig, da sie auf die Wahrnehmung der Marke und des eigentlichen Produkts ausstrahlt. Überhaupt ist hundertprozentige Kongruenz zur Marke gefragt — zu ihren Werten, ihrer Identität, ihren Produkten sowie zu den impliziten Zielen und Lebenswelten der Kunden. Merchandise-Hapticals sollten beides bieten: funktionalen und psychologischen Nutzen. So erweist ihm die Marke einen Dienst abseits des eigentlichen Produkts und stärkt die Bindung sowie Identifikation mit der Marke. Unternehmen sollten Merchandise-Artikel daher als eine wichtige und eigenständige Produktkategorie verstehen und managen. Die folgende Tabelle enthält einige inspirierende Fragen zu den ARIVA-Dimensionen.

ARIVA-Beispielfragen für Merchandising

	**Attention:** Aufmerksamkeit, Interesse	Können aktuelle, markenaffine Trendthemen in der Sortimentsgestaltung aufgegriffen werden? Sind die angebotenen Artikel hochwertig und strahlen sie Qualität sowie Liebe zur Marke aus? Sind originelle Artikel im Sortiment, die neugierig auf die Marke und ihr Angebot machen?
	**Recall:** Erinnerung, Verankerung	Welche Artikel fördern besonders gut die Vertrautheit mit der Marke durch häufigen oder intensiven Gebrauch? Welche Artikel können die Kunden in ihren Alltag integrieren?
	**Integrity:** Vertrauen, Glaubwürdigkeit	Spiegeln die Merchandis-Hapticals die Marken- und Produktpositionierung wider, beispielsweise durch die verarbeiteten Materialien, durch ihre Formensprache, ihre Originalität und ihre Qualität? Können die Artikel aus Bestandteilen oder Materialien des eigentlichen Produkts hergestellt werden? Passen die Artikel zur Lebenswelt der Marke und zum Lebensstil der Kunden?
	**Value:** Wertschätzung, Gefallen	Welche Artikel führen zu besonders hoher Identifikation mit der Marke? Gibt es in der Werbe- und Markengeschichte Objekte, die als Merchandise-Artikel Kultpotenzial haben? Kann ein Artikel die psychologische Inbesitznahme des eigentlichen Produkts fördern?
	**Action:** Handeln, Kaufbereitschaft	Welche Artikel bleiben besonders lange im Blickfeld des Besitzers oder sind besonders häufig in Gebrauch? Können Artikel mit dem Gebrauch des eigentlichen Produkts kombiniert werden?

Das Bayer-Kreuz

Zu Leverkusen gehört das Bayer-Kreuz wie der Eiffelturm zu Paris. Die riesige Leuchtreklame in Form des Bayer-Logos ist seit den 1930er-Jahren Teil des Stadtbildes. Als Bayer vor einigen Jahren das Reklame-Kreuz demontieren und mit einer LED-Fassade an seinem Verwaltungsgebäude ersetzen wollte, protestierten die Leverkusener und die Bayer-Mitarbeiter heftig. Mit Erfolg: Das Kreuz blieb. Allerdings nicht die 1.710 Glühbirnen, die das Kreuz zum Leuchten brachten, denn diese tauschte Bayer 2009 nach dem Glühbirnenverbot der EU gegen Leuchtioden aus.

Die starke emotionale Bedeutung des Bayer-Kreuzes brachte den Konzern auf eine Idee. Die ausgedienten Glühbirnen nutzte Bayer als Haptical in Form einer limitierten Sammeledition: Die ausgebauten Glühbirnen — im Originalzustand, verschmutzt und mit Gebrauchsspuren — verbaute Bayer in einem transparenten Präsentationsdisplay, dessen Hintergrund ein HD-Lenticular-Wechselbild schmückt (siehe Abb. 73). Darauf sieht der Betrachter den Übergang von der Dämmerung zur vom Bayer-Kreuz erhellten Nacht. Die Glühbirnen-Box ist deutsche Wirtschaftsgeschichte zum Anfassen — für das Regal zuhause oder im Büro. Die Glühbirnen gehören auch zu den beliebtesten Gastgeschenken des Konzerns für hochkarätige Besucher aus dem In- und Ausland. Im Bayer Corporate Shop können Bayer-Kreuz-Fans die limitierten Sammlerstücke für 62,40 Euro kaufen — aber schnell: Am 16. Dezember 2015 waren nur noch 167 der 1.710 Glühbirnen lieferbar.

Abb.73: Wirtschaftsgeschichte zum Anfassen — eine Glühbirne aus dem Bayer-Kreuz (Quelle: Bayer).

Fahrzeug-Lebenswelten
Volkswagen wählt die Hapticals seiner Merchandise-Kollektionen markenkonform aus: Jedes einzelne Merchandise-Haptical soll genauso wertig sein wie die Fahrzeuge selber. Die Positionierung der Fahrzeugmodelle, deren Zielgruppen, die besonderen Eigenschaften und Funktionalitäten der Autos stehen bei der Artikelauswahl im Fokus. Beispielsweise haben die Hapticals der GTI-Kollektion buchstäblich Bezug zum Auto: Sie bestehen zum Teil aus dem charakteristisch karierten, originalen Sitzbezugstoff der GTI-Modelle. Humorvoll und trotzdem

markenaffin sind Hapticals wie der GTI-Strampelanzug für den Rennfahrer von morgen oder die GTI-Socken — auf der rechten Sohle steht »Gas/Bremse« und auf der linken »Kupplung«. Der passende Chronograph ist einer der erfolgreichsten Artikel im Sortiment und weckt Assoziationen aus dem Motorsport. Er ist so gestaltet, als schaue man auf die Cockpit-Armaturen eines GTI. Das schwarze Lederarmband schmücken rote Abnäher, so wie der GTI-Fahrer sie von seinem Lenkrad und den Sitzen kennt. Dagegen spricht die Uhr des Cityflitzers »up!« eine vollkommen andere Formensprache und reflektiert die Markenidentität: praktisch, modern, digital, minimalistisch — wie auch alle anderen up!-Artikel.

Mode- und Lifestyle-Trends berücksichtigt Volkswagen ebenso, ob mit dem Rucksack im Fahrradkurierstil, den angesagten Softshell-Jacken oder dem klassischen Streetwear-Kapuzenpullover. Wichtig für Volkswagen sind auch Merchandise-Hapticals, die direkt mit dem Fahrzeuggebrauch zusammenhängen: beispielsweise Schlüsselanhänger oder Schlüsseltäschchen. Letztere haben genau wie die Armbanduhren einen hohen Mediawert, denn sie sieht der Kunde — und vor allen Dingen sein Autopilot — sehr häufig oder gar täglich. Es entsteht Markenvertrauen durch Alltagsvertrautheit. Die Abbildungen 74 und 75 zeigen einen kleinen Ausschnitt der sehr umfangreichen und mit Liebe zum Detail komponierten Merchandise-Kollektionen von Volkswagen.

Abb. 74: Sportliche, originelle und hochwertige Artikel — ganz wie der echte GTI (Quelle: Volkswagen).

Abb. 75: Die Artikel zeigen die dezente und moderne Markenidentität des up! (Quelle: Volkswagen).

QR-Code: Tauchen Sie ein in die Produktwelt des Volkwagen-Merchandisings.
https://shops.volkswagen.com/de_DE/web/lifestyle/

Ein nützliches Markensymbol

Der Leuchtturm ist das markante Symbol, das Jever aus dem Marken-Resonanzfeld »Friesische Küste« in seiner Kommunikation verwendet. Im Fanshop der Brauerei sowie im Onlineshop können Jever-Liebhaber daher auch nicht irgendeinen gewöhnlichen Flaschenöffner kaufen, sondern einen ganz speziellen: den Jever-Push-Up-Öffner — ein stabiler Zylinder aus Aluminium in markentypischer Leuchtturm-Optik (siehe Abb. 76). Das Haptical steckt der Jever-Fan auf die Flasche, drückt ihn leicht nach unten und schon ist der friesisch-herbe Gerstensaft geöffnet. Aufgrund seiner Größe lässt sich der Push-Up-Öffner eher mühsam in der Küchenschublade verstauen — doch das ist ein Vorteil für Jever, denn der kleine Leuchtturm sieht auch sehr hübsch aus im Küchenregal. Dort bleibt der zentrale Markencode das ganze Jahr im direkten Verwendungsumfeld sichtbar. »Wenn ein vermeintlich so einfacher Fan-Artikel wie ein Flaschenöffner durch seine Funktion und Form begeistern soll, dann wird daraus eine richtige Herausforderung«, berichtet Jevers Marketingleiter Athanasios Tsiolis, und ist stolz: »Mit dem Push-Up-Öffner ist uns das gelungen, seit 2008 ist er unser Bestseller im Shop-Programm« (A. Tsiolis, E-Mail, 02.11.2015).

Abb. 76: Der Jever-Leuchtturm öffnet auf originelle Weise das Lieblingsbier (Quelle: Radeberger Gruppe).

5.8 Außenwerbung

Außenwerbung kann auch haptisch sein: über die Bildsprache, die Präsentation der Produkte, die Texte oder das »Kopfkino«, das sie weckt (vgl. Kapitel 4.1). Neue Technologien laden den Betrachter weiterhin zur Interaktion ein und die Möglichkeiten dabei gehen weit über einen QR-Code hinaus. Außenwerbung kann auf allen ARIVA-Dimensionen punkten. Einige Beispielfragen enthält die folgende Tabelle.

ARIVA-Beispielfragen für Außenwerbung	
Attention: Aufmerksamkeit, Interesse	Können die Materialien, die Platzierung, die Größe sowie die haptische Bildsprache die Erwartungshaltung des Betrachters brechen?
Recall: Erinnerung, Verankerung	Gibt es eine mit der Botschaft verknüpfte motorische Handlung oder haptische Erfahrung? Kann eine Interaktion mit dem Betrachter angeregt werden? Steigern Bildsprache und Interaktion die Erinnerungsleistung an ein haptisches Erlebnis?
Integrity: Vertrauen, Glaubwürdigkeit	Ist die Werbebotschaft haptisch konkret erlebbar — beispielsweise durch das Material, die Bildsprache oder die Interaktion?
Value: Wertschätzung, Gefallen	Kann durch ein haptisches Erlebnis eine Identifikation mit der Botschaft oder der Marke unterstützt werden?
Action: Handeln, Kaufbereitschaft	Kann über die Haptik die Interaktion gefördert werden? Fördert die Mechanik der Werbung die psychologische Inbesitznahme?

Einmal Superkraft, bitte

Im Playstation-Spiel »inFamous: Second Son« kämpft der Protagonist gegen böse Buben. Dabei helfen ihm seine Superkräfte, die allerdings schwinden, wenn der Held sie nicht regelmäßig auflädt — beispielsweise an Neonreklamen oder anderen Stromquellen. Zur Einführung des Spiels konnten Passanten im Antwerpener Hauptbahnhof in die Rolle des Protagonisten schlüpfen. Dazu mussten sie ihre beiden Zeigefinger in eine überdimensionale Steckdose eines mysteriösen Automaten stecken. Hielt der Passant die steigende Stromspannung fünf lange Sekunden aus, dann spuckte der Automat ein Second-Son-Computerspiel aus. Der Automat machte den Produktslogan »Enjoy your Power« haptisch erlebbar und übersetzte die Handlung des Spiels kongruent ins reale Leben (siehe Abb. 77). Dank der Empathieneuronen erzeugte die ungewöhnliche Promotion-Aktion Aufmerksamkeit: Die zuschauenden Passanten litten mit den tapferen Spielern, die sich der Aufgabe stellten, oder sie lächelten aus Schadenfreude über das Szenario. Auf jeden Fall hatten sie danach etwas zu erzählen.

Abb. 77: Passanten spüren die Superkräfte des Computerspiel-Helden am eigenen Leib (Quelle: youtube.com).

QR-Code: Der Film zeigt, wie sich Passanten vom Computerspiel »schocken« lassen.
https://www.youtube.com/watch?v=Eji43rGByF0

Mit Spenden Fesseln durchtrennen

Die Hilfsorganisation Misereor sammelt mit einem interaktiven Plakat Spendengelder. Die Passanten sehen auf dem Plakatbildschirm die gefesselten Hände eines philippinischen Gefängniskindes oder einen Laib Brot, den eine peruanische Familie so sehr braucht. »Mit zwei Euro helfen!« fordert das Plakat seine Betrachter auf. Das können Letztere an Ort und Stelle auch gleich tun – mit ihrer Kreditkarte, die sie dafür lediglich durch den Leseschlitz in der Plakat- beziehungsweise Bildschirmmitte ziehen müssen. Das Ergebnis seiner guten Tat sieht der Spender sofort: Die Kreditkarte dient als Messer und durchtrennt die Fesseln oder schneidet ein Stück vom Brot ab, das sich eine hungrige Hand gleich greift (siehe Abb. 78). Die Spende wird damit zu einer starken und involvierenden Geste. An das haptische Erlebnis erinnert sich der Spender gern zurück. Auf der Kreditkartenabrechnung appelliert Misereor an das menschliche Konsistenzstreben und verweist auf seine Website, wo der Spender auch weiterhin Gutes tun kann.

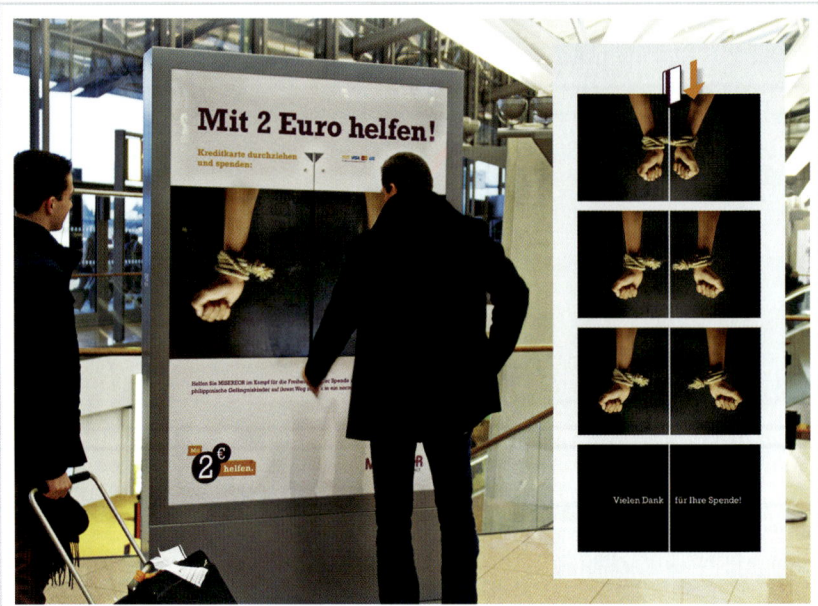

Abb. 78: Mit einer Kreditkarte und einer Handbewegung spenden Passanten unkompliziert und erleben sofort die Wirkung (Quelle: Kolle Rebbe).

 QR-Code: Der kurze Film stellt das interaktive Spendenplakat von Misereor vor.

https://www.youtube.com/watch?v=ZcqsRhMHo8o

5.9   Online und Mobile Media

In der digitalen Werbewelt können Bild- und Textsprache sowie Klänge den Haptik-Effekt wachkitzeln — wie, das haben wir in den Kapiteln 3 und 4.1 bereits beschrieben. Großes Potenzial verspricht auch hier die Interaktion des Kunden mit den digitalen Inhalten, wie die folgenden Beispiele demonstrieren. In der Tabelle haben wir einige Beispielfragen für das ARIVA-Modell zusammengetragen.

ARIVA-Beispielfragen für Online und Mobile Media

!	**Attention:** Aufmerksamkeit, Interesse	Kann die Nutzung haptischer Metaphern die Attraktivität der Online-Kommunikation erhöhen? Können haptische Medien die Aufmerksamkeit der Zielgruppe gewinnen und sie auf die Online-Angebote aufmerksam machen?
	Recall: Erinnerung, Verankerung	Lässt sich eine Form der Navigation auf der Website einrichten, die sich vom Wettbewerb differenzierend abhebt? Gibt es die Möglichkeit einer haptischen oder motorischen Interaktion?
✓	**Integrity:** Vertrauen, Glaubwürdigkeit	Spiegelt die dargestellte Haptik die Marken- und Produktpositionierung in Materialität und Formensprache wider?
♥	**Value:** Wertschätzung, Gefallen	Kann die psychologische Inbesitznahme durch die mentale Simulation tatsächlicher Berührung gefördert werden?
🛒	**Action:** Handeln, Kaufbereitschaft	Kann eine motorische Handlung real provoziert werden? Kann die Darstellung einer Handlung das Involvement des Nutzers erhöhen?

Vom Printmailing ins Internet

Viele Internetseiten haben tolle Inhalte, doch zu wenige Besucher. QR-Codes sind ein Weg, mit dem Marken den Bruch zwischen analogen und digitalen Medien überwinden können, doch halten sich die Responsequoten in Grenzen — als erfolgreich gelten QR-Code-Kampagnen bereits bei einem Prozent Response.

In Printmedien integrierte USB-Webkeys schlagen dagegen eine haptische Brücke zum Internet. In den Computer gesteckt, öffnet der Webkey selbstständig den Internetbrowser und führt den Kunden ohne weiteres Zutun direkt zur gewünschten Internetseite. Obwohl die Funktion mit der eines QR-Codes vergleichbar ist, führen Direct Mailings mit den sogenannten Connect-to-Web-Keys zu Verbindungsraten von bis zu 50 Prozent und zu harten Responsequoten — wie Bestellungen oder Registrierungen — von bis zu 20 Prozent.

Der Hörgeräte-Hersteller Unitron verschickte beispielsweise ein Webkey-Mailing an 5.000 potenzielle B-to-B-Kunden. Über 500 von ihnen — mehr als 10 Prozent

— registrierten sich auf der Unitron-Website und erstellten ein Kundenkonto. Ebenso motivierte Audi France 130.000 seiner Kunden mit einem Connect-to-Web-Key dazu, sein neues Serviceportal von Audi im Internet zu besuchen (siehe Abb. 79).

Insbesondere formgestanzte Webkeys haben durch ihre haptische Qualität einen hohen Aufforderungscharakter: Sie machen neugierig und laden den Empfänger zur Interaktion ein; sie vermitteln Serviceorientierung, kommunizieren implizit technisches Know-how und verbinden Print mit Online ohne Medienbruch.

Abb. 79: Der ins Direct Mailing integrierte USB-Webkey leitet die Empfänger direkt auf die Internetseite (Quelle: Touchmore).

Bastelnde Hände
Honda nimmt den Betrachter in einem viralen Video mit auf die Reise durch seine Firmengeschichte und Produktpalette. Der Betrachter sieht aus der Ich-Perspektive »seine« Hände und hört eine Stimme aus dem Off sagen: »Schauen wir uns an, was Neugier bewirken kann …« Die Hände nehmen eine Schraube und formen daraus ein Moped — das erste Gefährt, was Honda einst schuf (siehe Abb. 80). Die Hände basteln sich anschließend weiter durch die Unternehmensgeschichte: von Motorrädern über Autos, Roboter, Rasenmäher und Flugzeugen bis hin zu einem mit Wasserstoff angetriebenen Auto, aus dessen Auspuff die Hände Wasser in ein Glas gießen, das der Betrachter dann austrinkt. Der virale Spot ist eine gelungene Umsetzung der mentalen Simulation und ein virtuell-haptisches Erlebnis.

Abb. 80: Die Hände des Betrachters basteln sich die Honda-Geschichte (Quelle: youtube.com).

QR-Code: Der Honda-Spot zum mentalen Mitbasteln.
https://www.youtube.com/watch?v=Dxy4n0UT82o

Ego-Shooter oder Markenwebsite?

Die Website des Kaugummis »5 Gum« erkundet der Besucher ebenso aus der Ich-Perspektive. Wie in einem Ego-Shooter fliegt er durch eine Umgebung, die dem Inneren eines riesigen Raumschiffs ähnelt. Er stöbert durch das Produktsortiment und drückt virtuelle Knöpfe. Metallische, haptische Feedback-Klänge machen das futuristische Szenario authentisch. Der Website-Besucher fühlt sich wie ein Abenteurer in einem Computerspiel (siehe Abb. 81).

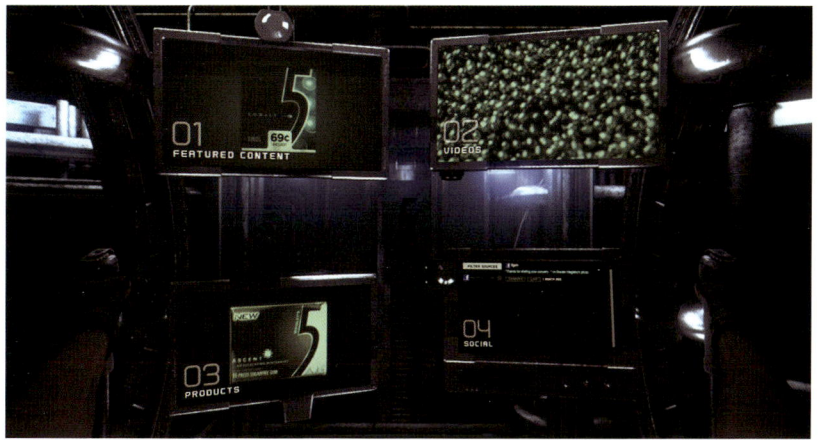

Abb. 81: Auf der 5-Gum-Website taucht der Betrachter in die Markenwelt ein (Quelle: 5gum.com).

 QR-Code: Tauchen Sie selbst ein in die futuristische Welt von 5 Gum.
http://www.5gum.com

Helfende Hände decken die Tafel

Auf der Website der Düsseldorfer Tafel sieht der Besucher aus der Vogelperspektive, wofür sich der Verein täglich engagiert: Zwei Kinderhände und die eines Erwachsenen decken einen Tisch. Sie stellen Geschirr darauf, legen Besteck dazu, stellen Brot, Käse und Marmelade hinzu, gießen Kaffee in die Tasse — begleitet von der originalen Geräuschkulisse (siehe Abb. 82). Die Szenerie referenziert auf bereits gemachte Erfahrungen des Betrachters: Ein jeder kennt das Gefühl, wie er mit knurrendem Magen den morgendlichen Frühstückstisch deckt. Die Szenerie auf der Website macht Lust darauf, sich an den Tisch zu setzen beziehungsweise die helfenden Hände der Düsseldorfer Tafel zu unterstützen, damit auch andere Menschen dieses Glück erleben.

Abb. 82: Der Website-Besucher erlebt, wie die helfenden Hände die Tafel decken (Quelle: duesseldorfer-tafel.de).

 QR-Code: Decken Sie mental den Tisch der Düsseldorfer Tafel mit ein.
http://www.duesseldorfer-tafel.de

Ein Schuss ins digitale Netz

Die brasilianische Fastfood-Kette »Giraffas« beobachtete, dass 90 Prozent ihrer Gäste während des Essens mit ihren Smartphones herumspielen. Da wollte das Unternehmen mehr Interaktion hineinbringen. Während der Fußball-WM 2014 lag auf den Serviertabletts ein Papier-Fußballfeld. Die Gäste luden sich die »Goal Screen«-App herunter, rissen einen markierten Streifen vom Papier ab und formten daraus einen Ball. Das Smartphone stellten sie als Tor auf die ge-

genüberliegende Seite des Tabletts und der animierte Torwart auf dem Display wartete schon auf den Schuss. Den Papierball platzierten die Gäste auf einen der gekennzeichneten Punkte im Spielfeld und schnippten mit ihren Fingern den Ball ins Tor (siehe Abb. 83). Sich am Tisch gegenübersitzende Gäste konnten im Zweispieler-Modus sogar gegeneinander spielen. Die Idee verbindet ein Spiel auf dem Bildschirm mit einem in der realen Welt. Damit bietet das Schnellrestaurant seinen Gästen ein haptisches Erlebnis der besonderen Art. Das macht Spaß – so wie es auch der Besuch des Restaurants verspricht.

Abb. 83: Das Essenstablett wird mit dem Smartphone zum Fußballstadion (Quelle: youtube.com).

QR-Code: Im Video sehen Sie die Finger-Kicker und erfahren, wie das Ganze technisch funktioniert.
http://www.youtube.com/watch?v=SmGJQUmEShE

5.10 Printwerbung

Lange Zeit hieß es: Print ist tot. Doch der Abgesang auf die Druck- und Printmedienbranche ist mittlerweile verstummt. Werbetreibende entdecken die emotionale, markenbildende und verkäuferische Kraft von Printwerbung derzeit neu, noch leicht desillusioniert von der vermeintlichen digitalen Werbekraft. Gemessen am Tausender-Kontakt-Preis ist Printwerbung in der Regel zwar nicht günstiger als digitale Informationsvermittlung, doch macht sie Botschaften und Wertigkeit greifbar. Dank des Haptik-Effekts hat Print eine hohe Werbekraft und crossmedial geschickt kombiniert, ist Printwerbung durch seine hohe Kontaktqualität ein Muss in jedem Media-Mix.

Im zweiten Kapitel haben wir bereits einige besondere haptische Printanzeigen vorgestellt: die Schmirgelpapier-Anzeige vom Arocs-Lkw, die ausfaltbare Anzeige für den Opel Astra, den Sliding-Door-Beihefter für den Kaffeevollautomaten von Philips Saeco und die Dove Scratch-Card. Diese Ad-Specials aktivieren den Haptik-Effekt über Form, Materialien und besondere Funktionen sowie über die Interaktion. Doch selbst Bilder und Text können den Haptik-Effekt entfalten (vgl. Kapitel 4.1). Die folgende Tabelle enthält einige beispielhafte Fragen für die Wirkdimensionen des Haptik-Effekts.

ARIVA-Beispielfragen für Printwerbung		
	Attention: Aufmerksamkeit, Interesse	Lässt sich durch ungewöhnliche Formen oder Materialien beziehungsweise Veredelungstechniken mehr Aufmerksamkeit erzeugen? Aktiviert das Keyvisual haptische Assoziationen? Kann die spielerische Neugier durch Interaktion geweckt werden?
	Recall: Erinnerung, Verankerung	Kann eine Klapp- oder Faltmechanik beziehungsweise eine ungewöhnliche Form des Mediums die Interaktion mit der Werbebotschaft erhöhen und dadurch die Erinnerung steigern?
	Integrity: Vertrauen, Glaubwürdigkeit	Ist das Produkt- oder Markenversprechen haptisch erlebbar über die Materialien oder den Umgang mit dem Medium? Aktivieren die Materialien oder der Umgang mit dem Medium ein produkt- oder markenaffines mentales Konzept?
	Value: Wertschätzung, Gefallen	Fördert das Medium konkret oder durch seine Gestaltung die psychologische Inbesitznahme des beworbenen Produkts? Strahlen die Materialien und ihre Verarbeitung eine Wertigkeit aus? Können eine motorische Handlung oder Interaktion die Bindung zur Marke oder zum Produkt festigen?
	Action: Handeln, Kaufbereitschaft	Aktiviert das Werbemittel über die Haptik oder die Darstellung haptischer Reize für die Kaufentscheidung relevante mentale Konzepte?

Haptischer Kinderschutz

Eltern sorgen sich um ihre Kinder. Am Strand cremen sie ihre Schützlinge deshalb mit Sonnencreme ein. Die Sonne ist jedoch nicht die einzige Gefahr: An belebten Stränden haben Eltern auch immer Angst, dass sich die Kleinen zu weit von ihnen entfernen und nicht mehr zurückfinden. Nivea nahm sich dieser Sorgen an und inszenierte mit einer Magazinanzeige sein Kernversprechen »Schutz« auf eine clevere und haptische Weise: Die Anzeige war mit einer kleinen klassischen Nivea-Dose bestückt, die statt Creme allerdings moderne Technologie enthielt – einen Mini-GPS-Sender. Die Eltern trennten das Haptical samt einem wasserfesten Papierstreifen aus der Anzeige und banden es dem Kind um den

Arm (siehe Abb. 84). Den Identifizierungscode des Armbandes tippten sie in die »Nivea-Sun-App«, die das Armband daraufhin erkannte. Nun stellten die Eltern die maximale Distanz ein, die sich das Kind entfernen durfte. Überschreitet der Schützling die eingegebene Entfernung, ertönt ein Signalton. Auf dem App-Radar sahen sie, wo sich ihr Kind befand, und die App lotste sie zu ihm.

Die »Protection Ad« verbindet elegant ein Printmedium mit einem digitalen. Das Haptical kommuniziert perfekt den psychologischen Nutzen der Marke und seiner Sonnenschutzcreme und bedient dabei ein wichtiges Ziel der Eltern: Sicherheit. Und ganz nebenbei wird das Kind mit der Nivea-Dose am Arm obendrein noch zum süßesten Werbebotschafter am Strand.

Abb. 84: Das Armband bedient das Schutzbedürfnis und schlägt eine Brücke in die digitale Welt (Quelle: youtube.com).

QR-Code: Der Film stellt die »Protection Ad« von Nivea vor.
https://www.youtube.com/watch?v=BgXrTGliFV8

Knibbeln im Bierschaum

Ein kühles Bier ist für viele Menschen ein sinnlich-entspannendes Erlebnis. Ebenso kann kaum ein Mensch dem entspannenden Knibbeln von Knallfolie widerstehen. Die mexikanische Biermarke »Tecate« verknüpft beides in einer auffälligen Magazin-Anzeige: Die Schaumkrone des Bieres besteht aus Luftpolsterfolie — der Betrachter interagiert unweigerlich mit der Anzeige und zerdrückt die Luftblasen (siehe Abb. 85). Die Handlung machte das Nutzenversprechen des Bieres humorvoll begreifbar: »Baut Stress ab.«

Abb. 85: Tecate-Bier hilft beim Entspannen (Quelle: gutewerbung.net).

Ein Cover zum Abschminken

Leserinnen der brasilianischen Frauenzeitschrift »Caras« fanden 2015 in einer Ausgabe eine Probierpackung Gesichtsreinigungstücher von Neutrogena. Diese konnten sie gleich ausprobieren — und zwar nicht an sich selbst, sondern an einer bekannten Schauspielerin, welche die Leserinnen auf dem Cover der Zeitschrift mit offensichtlich getuschten Augen und geschminkten Lippen anlächelte. Ein Wisch mit dem beigelegten Reinigungstuch löste das aufs Cover aufgetragene Make-up restlos und enthüllte die ungeschminkte Schönheit (siehe Abb. 86). Das außergwöhnliche Ad-Special animiert die Leserinnen zur Interaktion und lässt sie die Qualität der Neutrogena-Reinigungstücher live erleben, wo auch immer sie sich gerade befinden — ob in der U-Bahn, im Büro oder auf dem heimischen Sofa. Diese haptische Printwerbung macht Spaß und überzeugt vom Produkt.

Abb. 86: Das Cover-Model schminken die Leserinnen mit den Probe-Reinigungstüchern selbst ab (Quelle: wuv.de; Foto: Caras/Neutrogena).

Kratzige Krümel

Auf dem Sofa sitzen und essen ist bequem, doch hat es auch einen Nachteil: Krümel fallen aufs Polster und in die kleinsten Sofaritzen. Das nervt und kratzt unangenehm am Allerwertesten. Eine Anzeigenreihe von Vorwerk zeigt das Problem mehr als deutlich: Der Betrachter sieht ein Sofa aus trockenem Brot, aus Keksen oder aus Knäckebrot — und spürt sofort, wie kratzig und krümelig es wäre, sich dort hineinzusetzen (siehe Abb. 87). Am Rand der Anzeige erscheint der kleine Retter und saugt den Copytext ein wie sonst die piekenden Störenfriede: »Erobere dein Sofa zurück mit den Krümel-Sauger Kobold VC100.«

Abb. 87: Bequem ist anders — da hilft nur der Akkusauger (Quelle: gutewerbung.net).

5.11 Fernsehwerbung

Fernsehwerbung weckt den Haptik-Effekt über die Bildsprache, die Perspektive, über Klänge und Geräusche sowie über die gezeigten Handlungen von Menschen (vgl. Kapitel 4.1). Einige TV-Spots haben wir in den vorangegangenen Kapiteln bereits vorgestellt – beispielsweise den Lenor-Kuschel-Spot oder den Magnetangelspiel-Spot von Followfish. Drei weitere Beispiele lernen Sie in diesem Abschnitt kennen. Die folgende Tabelle enthält einige Fragen für die einzelnen ARIVA-Dimensionen.

ARIVA-Beispielfragen für Fernsehwerbung	
Attention: Aufmerksamkeit, Interesse	Erzeugt die Darstellung von haptischer Interaktion mehr Aufmerksamkeit? Zeigen die Fernsehwerbung die Objekte und Materialien auf haptisch attraktive Weise? Lösen die Bilder, die gezeigten Berührungen, Klänge und Textsprache haptische Assoziationen aus?
Recall: Erinnerung, Verankerung	Kann eine Handlung oder ein haptischer Reiz mit der Werbebotschaft verknüpft werden?
Integrity: Vertrauen, Glaubwürdigkeit	Werden das Produkt- oder Markenversprechen über die Materialien oder Handlungen glaubwürdig gemacht? Kann über die Materialien oder die Darstellung von Bewegung ein produkt- oder markenaffines mentales Konzept aktiviert werden?
Value: Wertschätzung, Gefallen	Kann die Vorstellung einer haptischen Inbesitznahme erzeugt werden? Zeigt die Fernsehwerbung die Objekte und Materialien in einem wertsteigernden Kontext?
Action: Handeln, Kaufbereitschaft	Aktiviert die Darstellung haptischer Reize oder Handlungen für die Kaufentscheidung relevante mentale Konzepte? Kann eine Interaktion mit dem Betrachter geschaffen werden?

Mit New York Musik spielen

Im Fernsehspot von Pepsi zum Finalspiel der Football-Liga wird die Metropole New York zum Instrument: Riesige Hände spielen Bass auf den Trageseilen der Brooklyn Bridge, trommeln Rhythmen auf dem Guggenheim Museum und scratchen den Columbus Circle wie eine Schallplatte. Eine Pepsi-Leuchtreklame wird zur Bassdrum und auf den Dächern der Stadt stehen statt der berühmten Wassertanks große Pepsi-Dosen, von denen sich eine Riesenhand eine greift (siehe Abb. 88). Das MetLife-Stadion fungiert als Lautstärkeregler — hier fand im Februar 2014 das von Pepsi gesponserte Super-Bowl-Finale statt.

Der Betrachter kann sich leicht in das Szenario hineinversetzen — die Hände wirken wie die eigenen. Er wird zum mächtigen Gulliver, der durch das »kleine« New York stapft. Das aktiviert die mentalen Konzepte von Macht und Kraft, die wiederum anschlussfähig sind an den Nutzen einer koffeinhaltigen Cola: Energie bekommen. Das Zweckentfremden der New Yorker Sehenswürdigkeiten als Musikinstrumente und Partykulisse spiegelt dagegen implizit Pepsis Devise wieder: »Live for now.«

Abb. 88: Der mächtige Gulliver tankt mit Pepsi auf (Quelle: youtube.com).

QR-Code: Erleben Sie New York als Musikinstrument im Super-Bowl-Spot von Pepsi.
https://www.youtube.com/watch?v=iISQEwleMuo

Mitten drin statt nur dabei

Im Iglo-Spot »Spaß beim Essen« sitzt der Betrachter mit am Tisch der Familie. Aus der Perspektive eines Kindes schaut er knapp über den Tischrand auf das Geschehen (siehe Abb. 89). Die Mutter stellt die Fischstäbchen auf den Tisch, Kinderhände greifen zu, andere zerschneiden sie auf einem Teller mit Kartoffeln und Spinat, eine Hand fährt mit einem Spielzeugauto über den Tisch. Der Betrachter erlebt viele haptische Reize und handelt aufgrund der subjektiven Perspektive mental mit. »Darf ich rülpsen?«, fragt eine Kinderstimme. »Nein!«, schallt es geschlossen aus den anderen Mündern zurück. Alle Lachen zusammen. So macht Essen im Familienkreis Spaß.

Abb. 89: Dass Essen Spaß machen kann, beweist die Iglo-Werbung (Quelle: youtube.com).

 QR-Code: Setzen Sie sich mit an den Tisch und erleben Sie den Spaß beim Fischstäbchen-Essen.

https://www.youtube.com/watch?v=c7TjZRgOhIo

Geschmack haptisch erleben

Der Protagonist der 5-Gum-Werbung legt sich in eine riesige, mit kleinen silbernen Murmeln gefüllte Wanne. Die Person im Kontrollraum dreht die Bassboxen auf, die um die Wanne herum stehen. Der tiefe Bass lässt die Murmeln im Rhythmus beben und springen. Der Protagonist genießt sichtlich und verzückt lächelnd die Murmel-Massage. Die Freude steckt an: Der Betrachter fühlt die sensorische Stimulation der Sinne mental mit. Das spektakuläre haptische Erlebnis codiert das wohlig-intensive Prickeln der Minze des 5-Gum-Kaugummis und macht die komplexe Geschmackserfahrung nachvollziehbar (siehe Abb. 90).

Abb. 90: So fühlt sich Minzgeschmack an in der Markenwelt von 5 Gum (Quelle: youtube.com).

QR-Code: Spüren Sie den Geschmack von 5 Gum selbst im Werbespot.
https://www.youtube.com/watch?v=bCjPP7liZCA&list=PLTeqSc9DFeMTPRCI6N1VUXi
GCHwo_j7u_&index=1

5.12 Radiowerbung

Im Radio kann Werbung nur auf einem Sinneskanal senden. Die anderen Sinne können allerdings auch über den Hörsinn angesprochen werden — der haptische Sinn beispielsweise durch den Klang von Worten, durch haptische Beschreibungen oder durch Musik, Klänge und Geräusche (vgl. Kapitel 1.3 und 4.1). Einige Beispielfragen, wie Radiowerbung den Haptik-Effekt entfalten kann, zeigt die folgende Tabelle.

ARIVA Beispielfragen für Radiowerbung	
Attention: Aufmerksamkeit, Interesse	Animiert die Werbung den Zuhörer dazu, sich haptische Reize vorzustellen? Regen Geräusche, Klänge und verbale Beschreibungen die haptische Vorstellungskraft an?
Recall: Erinnerung, Verankerung	Kann die auditive Präsentation eine motorische Handlung oder einen haptischen Reiz vermitteln — und können diese mit der Botschaft verknüpft werden? Kann der Zuhörer dazu animiert werden, eine motorische Handlung auszuführen oder sich diese lebhaft vorzustellen?
Integrity: Vertrauen, Glaubwürdigkeit	Kann das Produkt- oder Markenversprechen über hörbare Materialität, hörbare Berührungen oder die Beschreibung von Handlungen glaubwürdig gemacht werden? Aktivieren die verbalen und klanglichen Beschreibungen von Materialität oder Bewegung ein produkt- oder markenaffines mentales Konzept beziehungsweise Marken-Resonanzfeld?
Value: Wertschätzung, Gefallen	Animiert die Werbung den Zuhörer dazu, sich den Besitz des Produkts oder die Interaktion mit dem Produkt vorzustellen?
Action: Handeln, Kaufbereitschaft	Kann die auditive Präsentation von haptischen Reizen oder Handlungen mentale Konzepte aktivieren, die für eine Kaufentscheidung oder das gewünschte Verhalten relevant sind?

Knackende Kohlen riechen

Meggle Kräuterbutter holt den Zuhörer in einem Radiospot an den Grill. Im Hintergrund knistern die Kohlen und der Sprecher fragt: »Riechen Sie das — die Holzkohle, die da knackt, das Fleisch, das da brutzelt; und die Kräuterbutter, die da langsam schmilzt, so saftig?« Zwischendurch ein genussvolles »Mmmhh« und ein »Ooooh« — da spürt der Zuhörer die Hitze des Grillfeuers und sieht die kalte, harte Kräuterbutter auf dem saftigen Steak zerschmelzen. Das macht Appetit.

QR-Code: Lauschen Sie dem haptisch-sinnlichen Grillereignis von Meggle.
http://vimeo.com/101708699

Hört es endlich auf?

Die brasilianische Umweltschutzorganisation »SOS Mata Altlântica« stellt die Nerven des Zuhörers auf die Probe: Eine laute Motorsäge kreischt sich fleißig durchs Holz und sägt und sägt — Stille — und sägt und sägt — Stille — Stille — und sägt ... Die nervige Motorsäge setzt immer häufiger und länger aus — das tut gut, davon will der Zuhörer mehr. Nur liegt es an ihm selbst, wie eine Stimme aus dem Off erklärt: Durch Spenden an die Organisation, die gegen die Abholzung des Regenwaldes kämpft. Jeder Spendeneuro ist ein Sandkorn im Getriebe der Motorsäge.

QR-Code: Spüren Sie die Bäume fallen, während Sie die nervige Motorsäge hören.
http://vimeo.com/101709294

5.13 Messen und Veranstaltungen

Messen und Veranstaltungen eignen sich bestens für eine multisensorische Inszenierung. Hier können die Besucher eine Marke mit allen Sinnen erleben, daher ist die Kongruenz aller Sinne oberstes Gebot. Die Haptik nimmt dabei eine zentrale Rolle ein. Sie animiert die Besucher dazu, die Marke und deren Botschaft(en) zu berühren, sie zu begreifen, zu erfassen und dadurch besser zu erinnern. Materialien, Formen, Objekte und Interaktionsmöglichkeiten sind die wichtigsten Elemente, die den Haptik-Effekt wecken können. Insbesondere ungewöhnliche Objekte und Oberflächen sowie Interaktionsmöglichkeiten ziehen die Besucher an und sorgen für Gesprächsstoff mit dem (Stand-)Personal. Die folgende Tabelle enthält einige Beispielfragen zu den ARIVA-Dimensionen.

ARIVA-Beispielfragen für die Live-Kommunikation auf Messen und Veranstaltungen

❗	**Attention:** Aufmerksamkeit, Interesse	Laden Materialien, Formen oder Interaktionsmöglichkeiten zum Anfassen ein und erzeugen sie Aufmerksamkeit? Hebt sich der (Messe-)Stand aufgrund seiner Oberflächen von den anderen ab und fällt er auf?
💬	**Recall:** Erinnerung, Verankerung	Kann die Botschaft des Messeauftritts oder der Veranstaltung über eine haptische Erfahrung oder Bewegung verankert werden? Gibt es ein Haptical, das nach der Messe oder der Veranstaltung lange im Besitz der Besucher verbleibt?
✅	**Integrity:** Vertrauen, Glaubwürdigkeit	Vermitteln Materialien, Formen, Bewegung und Interaktion die Marken- und Unternehmenswerte? Kann über haptische Erfahrung das Nutzenversprechen oder die Botschaft transportiert werden?
❤	**Value:** Wertschätzung, Gefallen	Kann der Besucher das Produkt in die Hand nehmen? Lässt sich die Dienstleistung oder die Botschaft beziehungsweise das Nutzenversprechen berührbar gestalten — beispielsweise über ein Haptical?
🛒	**Action:** Handeln, Kaufbereitschaft	Kann ein Objekt oder Haptical die Botschaft destillieren und als Geschenk genutzt werden? Aktivieren Haptik oder Bewegung ein mentales Konzept, das für die gewünschte Entscheidung oder für das Verständnis der Botschaft hilfreich ist?

Erdgas und Seifenblasen

Wintershall setzt auf Messen ein international wirksames haptisches Instrument zur Besucheransprache ein: Seifenblasen. Das Standpersonal pustet sie in die Luft und lädt die Vorbeigehenden ein, es ihnen gleich zu tun. Die Standbesucher greifen sich eines der kleinen Fläschchen und pusten wie in Kindertagen schillernde Blasen in den Raum (siehe Abb. 91). Die vielen umherfliegenden Seifenblasen am Stand wecken auch die Neugier anderer Messebesucher: »Hier ist etwas los, da muss ich hin!«

Erdgas ist ein Kerngeschäft von Wintershall — und die Seifenblasen, die mit Kohlendioxid aus den Lungen gefüllt sind, machen das unsichtbare Medium »Gas« sowohl visuell als auch haptisch erlebbar. Rund um den Globus assoziieren Menschen mit Seifenblasen positive Gefühle und Erlebnisse, denn Seifenblasen pusten macht einfach Spaß und gute Laune. Die Marke profitiert von diesen positiven Emotionen.

Die gute Laune und der Bezug zum Medium Gas erleichtern vor allem den Gesprächseinstieg. Die Besucher sind ausgelassen und offen, das Standpersonal findet schnell heraus, mit welchem Interesse der Besucher an den Stand gekommen ist und kann leicht die relevanten Kontakte vertiefen. Das Messegeschenk erinnert die Besucher auch nach der Messe noch an das Gespräch — und wenn sie die Wintershall-Seifenblasen pusten, aktivieren sie damit erneut die positiven Assoziationen im Kontext der Marke.

Abb. 91: Seifenblasen als emotionales Ansprache-Instrument mit Bezug zum Thema »Gas« (Quelle: Fricke inszeniert).

Ein Messestand aus Papprollen

Das Unternehmen »Projektpilot« realisiert unter anderem Designkonzepte für Messeauftritte. Sein Können demonstrierte der Projektierer auf der EuroShop-Handelsmesse 2008 mit einem eigenen und alles andere als gewöhnlichen Messestand: Dessen drei Meter schmale und 17 Meter lange Fläche füllte eine riesige, organisch geschwungene Wand aus über 8.000 Pappröhren — vier Meter hoch, 18 Tonnen schwer und dennoch energetisch (siehe Abb. 92). Die Konstruktion der Pappwelle war dabei besonders anspruchsvoll: Die einzelnen Pappröhren mussten fest miteinander verbunden sein, damit die Konstruktion stabil auf dem Boden steht. Zudem waren sie unterschiedlich lang, was der Wand eine dynamische Dreidimensionalität verlieh.

Die Pappröhren verweisen auf ein Resonanzfeld, in dem die Konstruktion auch implizit die Realisierungskompetenz vermittelt: Üblicherweise transportieren Architekten ihre Baupläne in einer Planrolle, die dann ein anderer Spezialist in die Tat umsetzt — so wie der Projektpilot die Konzepte seiner Kunden.

Die Pappskulptur zog überdurchschnittlich viele Besucher an, die vom Stand auch etwas mitnehmen konnten: In einigen Pappröhren steckte ein herausziehbares Magazin, aus dem die Besucher runde Pappkärtchen entnahmen — das war das Informationsmaterial von Projektpilot. Auch später auf dem Schreibtisch erinnern die runden Flyer den Besucher an die außergewöhnliche Pappskulptur.

»Der Messeauftritt war ein großer Erfolg für uns«, resümiert Inge Brück-Seynstahl, Director Corporate Communications bei Projektpilot. »Er blieb den Menschen in Erinnerung — auch Jahre später noch sprechen uns Kunden auf die Pappskulptur an« (I. Brück-Seynstahl, Interview, 05.08.2014).

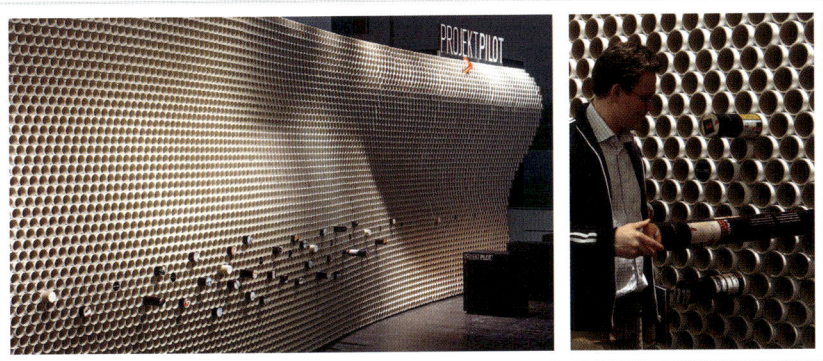

Abb. 92: Die geschwungene Pappwand vermittelt elegant die Kernkompetenz (Fotos: J. Hempel; H. G. Esch)

Abstrakte Arbeit begreifen
Der Bereich technische Entwicklung bei Audi ist strenger bewacht als manch geheimdienstliches Hauptquartier. 2012 öffnete Audi dennoch die Tore für einen Familientag. Rund 31.000 Besucher schauten sich die Arbeitsplätze ihrer Familienangehörigen und Freunde an: zwölf Fachabteilungen — vom Büro der Designer bis hin zum präsentierfähigen 1:1-Modell des Autos. Dabei packten die Besucher selbst mit an. Beispielsweise glätteten die Kinder ein großes Automodell aus speziellem Clay-Ton und erlebten, wie sich das Material anfühlt, mit dem Mama und Papa täglich arbeiten (siehe Abb. 93). Die Mitarbeiter selbst organisierten 500 unterhaltsame sowie informative Mitmach- und Erlebnisaktionen für die

Besucher. Die abstrakte und geheime Arbeit der Audianer war für ihre Familien einen Tag lang erlebbar. Die Besucher waren begeistert und viele von ihnen bedankten sich per E-Mail oder schickten ganz haptisch: Dankesbriefe.

Abb. 93: Interaktion macht die abstrakte Arbeit der Eltern haptisch erlebbar (Quelle: Pure Perfection).

QR-Code: Hier sehen Sie eine Video-Dokumentation des Audi-Events.
https://www.youtube.com/watch?v=7Co5rYaPsEo

5.14 Ganzheitliche Kommunikation

Kampagnen beschränken sich meist nicht auf ein Medium. Die erfolgreichsten Kampagnen erzählen eine Geschichte, crossmedial vernetzt, über mehrere Kanäle und lassen die Botschaft in reale Erfahrungsräume münden. Das gelingt besonders gut, wenn sich die Geschichte der Kampagne in ein Objekt destillieren lässt.

2001 wurde quasi über Nacht durch Zufall der Wackel-Elvis von Audi zu einem solchen Objekt. Eigentlich sollte er im Werbefilm »nur« die Vorteile des stufenlosen Automatikgetriebes zeigen — und wurde selbst zum Trend. Auf den Hype um die Wackelfigur war Audi nicht vorbereitet. In Windeseile ließ Audi 15.000 Stück produzieren, die bereits nach kurzer Zeit ausverkauft waren. Hunderttausende folgten. Eine speziell eingerichtete Kunden-Hotline brach unter dem Nachfrage-Ansturm zeitweise zusammen. Trittbrettfahrer produzierten über drei Millionen ähnliche Figuren. Kurzum: Der Wackel-Elvis war 2001 eine der erfolgreichsten und umsatzstärksten Merchandise-Hapticals des Jahres (siehe Bothe, 2014). Und das, obwohl die crossmediale Vernetzung der Kampagne bis hin zur Haptical-Produktion und Distribution nicht geplant war — Audi konnte nur überstürzt auf den Hype reagieren.

Doch aus dieser Sternstunde der Werbegeschichte hat man gelernt: Heute ist die crossmedial durchdachte und inszenierte Kampagne eine Königsdisziplin der Kommunikation. Die folgende Tabelle enthält einige inspirierende Fragen dazu, wie Werbetreibende den Haptik-Effekt für ihre ganzheitliche Kommunikation effektiv nutzen können.

ARIVA-Beispielfragen für die ganzheitliche Kommunikation

	Attention: Aufmerksamkeit, Interesse	Kann eine universelle haptische Erfahrung oder ein Objekt die Aussage der Kampagne destillieren? Kann ein haptischer Reiz oder ein Objekt die Aufmerksamkeit für die Kampagne erhöhen?
	Recall: Erinnerung, Verankerung	Gibt es haptische Erfahrungen, die mit der Kampagnenaussage verknüpft werden können?
	Integrity: Vertrauen, Glaubwürdigkeit	Gibt es ein Objekt, das als Symbol über Materialität und Funktion die Botschaft der Kampagne und gleichzeitig die Markenwerte transportieren kann?
	Value: Wertschätzung, Gefallen	Kann das Produkt oder der Nutzen haptisch und psychologisch in Besitz genommen werden?
	Action: Handeln, Kaufbereitschaft	Weckt das Objekt Begehrlichkeit? Erzeugt das Objekt Dankbarkeit, wenn es verschenkt wird?

Die Marke ist der Hammer

Hornbachs Panzerstahl-Hammer haben wir als Eingangsbeispiel bereits vorgestellt. Warum war die Kampagne so erfolgreich und machte den Hammer zum begehrten Sammlerstück? Und nicht zuletzt: Wie profitierte die Marke Hornbach davon?

Die liebevoll inszenierte Geschichte des Panzers war der Dreh- und Angelpunkt der Kampagne. Von Beginn an bezog Hornbach seine Zielgruppen mit ein. In den sozialen Medien rätselten die Menschen, was Hornbach denn mit einem ausgedienten Panzer machen wolle. Das weckte Neugier. Anschließend kommunizierte Hornbach auf der Website und in den sozialen Medien Schritt für Schritt die Verwandlung des Panzers in den Panzerstahl-Hammer. Plakate und Fernsehwerbung folgten.

Gemeinhin verkaufen Baumärkte Werkzeuge von anderen Herstellern — es gibt keinen Hellweg-Bohrer oder Obi-Schraubendreher. Mit dem (Panzerstahl-)Hammer wählte Hornbach ein archetypisches Werkzeug und machte die Marke erstmalig im wörtlichen Sinne greifbar. Der Kraftgriff, mit dem man einen Hammer hält, ist in der gesamten Kampagne spürbar. Panzerstahl ist ein Code für Unverwüstbarkeit und Qualität, das Zerlegen und Einschmelzen des Panzers ist harte Schweißarbeit — doch mit Liebe zum Detail schuf Hornbach seinen Hammer daraus: mit silbern schimmerndem, gebürstetem Stahlkopf und einem dunkelbraunen, gemaserten Stiel aus Hickory-Holz, in dem das Hornbach-Logo eingebrannt ist. Der Hammer destilliert Hornbachs Werte und Nutzenversprechen: Topqualität, für die Ewigkeit gebaut, mit viel Leidenschaft und ein wenig Wahnsinn gewürzt. Die Bildsprache der gesamten Kampagne ist extrem haptisch animierend. Sie macht den Hammer zu einem starken und wertigen Hornbach-Symbol und erhebt den Kunden zum Handwerkergott: »Dein Werk geschehe.« Es muss ein Hammergefühl sein, das Hornbach-Destillat in den Händen zu halten. Das dachten viele Menschen — innerhalb von drei Tagen waren die Panzerstahl-Hammer ausverkauft und die Sammlerpreise schossen in die Höhe. Auf allen ARIVA-Dimensionen punktet diese Kampagne. Der Haptik-Effekt machte sie zu einer der erfolgreichsten des Jahres. Die Abbildungen 94 bis 97 zeigen haptische Szenen aus der Kampagne.

Ganzheitliche Kommunikation 5

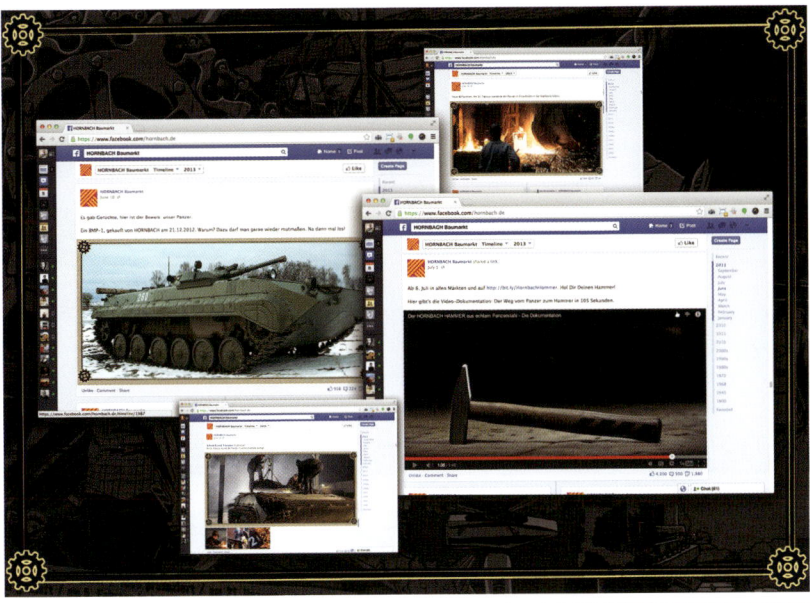

Abb. 94: In den sozialen Medien verfolgten Fans die Entstehung des Hammers (Quelle: Heimat).

Abb. 95: Das Zerlegen des Panzers ist harte Handarbeit (Quelle: Heimat).

Der Haptik-Effekt in der Praxis

Abb. 96: Ein echtes Branding veredelt den Hammer und macht die Marke spürbar (Quelle: Heimat).

Abb. 97: Die Präsentation am Point of Sale fällt auf und animiert zum Anfassen (Quelle: Heimat).

Ganzheitliche Kommunikation 5

QR-Code: Hier finden Sie noch einmal detaillierte Informationen über den Hornbach-Hammer und den Film über die Kampagne.
http://www.dandad.org/awards/professional/2014/bound-method-entryget_jury_title-of-entry-the-hornbach-hammer/23049/the-hornbach-hammer

Mit diesem eindrucksvollen Beispiel schließen wir den offiziellen Teil unseres Buches ab. Wir hoffen, dass wir Sie für Ihre Marketingpraxis inspirieren und vom Haptik-Effekt begeistern konnten.

Wir laden Sie dennoch zum Weiterlesen ein: Es folgen zunächst einige grundsätzliche Gedanken zur Ethik im multisensorischen Marketing. Im Anhang beschreiben wir dann den Status Quo zur Situation von Werbung und Verkauf in Deutschland (Kapitel 6.1). Anschließend erläutern wir die wissenschaftlichen Grundlagen der Haptik als Lebenssinn (Kapitel 6.2) und werfen einen Rundumblick auf die menschliche Haut als wichtigsten Teil des haptischen Wahrnehmungssystems (Kapitel 6.4). Wir stellen weiterhin das beste, vielseitigste und faszinierendste menschliche Werkzeug vor, ohne das unser Gehirn nicht so leistungsfähig geworden wäre: die Hand (Kapitel 6.3).

Exkurs: Ethik und multisensorisches Marketing

Wenn wir uns mit anderen Menschen über unsere Arbeit unterhalten, entwickeln sich nach dem ersten Staunen oft spannende Diskussionen, die meist mit einem Vorwurf an uns beginnen: »Ihr manipuliert doch die Kunden!« Die Medien forcieren diesen einseitigen Blick auf das multisensorische Marketing mit plakativen Allgemeinplätzen wie »Psychotricks der Händler«, »Verführung durch Haptik«, »fiese Verkäufertricks«, »Manipulation beim Einkauf« oder »Verführt und Verkauft« (siehe z.B. Frommhold, 2009; Jüngling, 2008; Kaselow, 2010; Kegel, 2013; Lang, 2014; Lindstrom, 2012; Lochner, 2013; NDR, 2015, Wirtschaftswoche, 2014). Der Eindruck entsteht, als wäre die ganze Marketingwelt eine Herde aus schwarzen Schafen, als verfolgten Unternehmen kaltblütig und rücksichtslos nur ein Ziel: die Kunden zu übertölpeln, indem sie diese in einen hypnotischen Zustand versetzen und gegen deren Willen Dinge kaufen lassen. Dem ist aus unserer Sicht nicht so.

Die Bedürfnisse der Menschen stehen im Mittelpunkt
Der Duden definiert *manipulieren* als: »(Kaufmannssprache) eine Ware an die Bedürfnisse des Verbrauchers durch Sortieren, Auszeichnen, Mischen, Veredeln o.Ä. anpassen.« Im Sinne dieses Verständnisses manipuliert das Marketing, da es die Wertempfindung gegenüber einem Produkt oder einer Dienstleistung verändern möchte.

Wir verstehen heute besser denn je, wie Menschen ihre Umwelt wahrnehmen, Entscheidungen treffen und was ihr Verhalten antreibt. Daher wissen wir aber auch, dass es keinen »Kauf-Knopf« in unserem Gehirn gibt. Eine Kaufentscheidung ist ein komplexer Prozess mit unzähligen Einflussfaktoren, die niemand komplett und zu jedem Zeitpunkt steuern kann. Das Marketing vermag lediglich die Kaufwahrscheinlichkeit zu erhöhen, indem es die Produktvorteile »wahrnehmungsgerecht« verpackt.

Zwischen Marke und Kunde ist das multisensorisches Marketing ein Mittler, der sowohl den Piloten als auch den Autopiloten anspricht, denn Einkaufen ist Teamarbeit von beiden. Der Autopilot scannt die Umwelt nach Reizen, die für uns relevant sind, die uns gut tun, uns belohnen, weil sie unsere Ziele bedienen. Damit entlastet er den Piloten: Wir müssen nicht bei jedem Einkauf immer wieder alle Joghurts im Regal akribisch überprüfen und vergleichen; wir müssen uns nicht jeder Werbebotschaft bewusst zuwenden. Der Autopilot hilft uns dabei, dass wir leichter und schneller auf das zusteuern, was uns potenziell zufriedenstellen kann, und er wendet uns ab von dem, was irrelevant oder gefährlich ist.

Dabei entscheidet der Autopilot nicht alleine, denn der Pilot überwacht und bewertet seine Vorauswahl und kann stets sein Veto einlegen. Wäre es anders, würden wir wie Zombies durch die Supermärkte torkeln — uns wäre egal, ob wir ausgetrickst oder manipuliert werden, weil es uns egal wäre, was wir kaufen. Es gäbe keine Produktvielfalt, keine Marken, keine Werbung, keine Belohnungen, kein zufriedenes Gefühl.

Marketing schafft Mehrwert
Multisensorisches Marketing managt alle Signale, die eine Marke oder ein Produkt im gesamten Design-, Kommunikations- und Verkaufsprozess sendet. Es macht Qualität erlebbar und stillt gleichzeitig die psychologischen Bedürfnisse der Menschen. Das verlangt sehr viel Liebe zum Detail und lässt sich nicht »mal eben über Nacht« erreichen und ohne Leidenschaft aufrechterhalten. Jeder Winzer, der seine Gäste in die alten Gewölbe seines Weinguts führt und ihnen dort die Geschichte seiner Familientradition erzählt, sie bei Kerzenschein die verschiedenen Rebsorten verkosten lässt, schöne Etiketten auf seine Weinflaschen klebt oder gar eine eigene Flaschenform kreiert — jeder dieser Winzer betreibt multisensorisches Marketing. Er lädt seine Produkte mit Bedeutung auf: durch einen authentischen Kontext, eine Geschichte und durch sensorische Erlebnisse. Damit verhilft er uns zu mehr Genuss, denn wie beim berühmten Coke-versus-Pepsi-Experiment (vgl. Kapitel 1.2.2) trinken wir das (Marken-)Erlebnis jedes Mal mit. Es spielt keine Rolle, ob im Blindtest die Weine von anderen Winzern objektiv besser oder anders schmecken würden — was für Menschen zählt, ist das subjektives Erleben. Wenn wir uns mit einem Produkt oder einer Marke wohl fühlen, dann ist das ein realer Mehrwert für uns. Hat der Winzer uns deshalb ausgetrickst?

Ausgetrickst hätte er uns, wenn der gekaufte Wein zuhause wie Essig schmecken würde oder wir beim Discounter den identischen Wein zum Schnäppchenpreis fänden. Unternehmen, die Äpfel als Birnen verkaufen oder deren Produkte den angepriesenen Nutzen nicht bieten, werden mittel- und langfristig nicht erfolgreich sein. Wer damit auffliegt, und das geht in Zeiten der sozialen Medien glücklicherweise schneller denn je, der hat das Vertrauen seiner Kunden zurecht verspielt. Ehrlichkeit währt immer noch am längsten. Multisensorisches Marketing unterstützt Marken dabei, ihre Produkte und deren echten Nutzen für Menschen authentisch erlebbar zu machen. Nicht mehr und nicht weniger.

Mit dem neuen Wissen schaffen Unternehmen bessere Produkte, sie kommunizieren effizienter und vermeiden häufiger Flops. Das erhöht die Wertschöpfung und spart Geld, was an anderer Stelle in die Wirtschaft zurückfließen kann, weil das Unternehmen es beispielsweise in die Forschung und Entwicklung von noch besseren Produkten investiert. Eine hohe Wertschöpfung macht krisenfest und sichert Arbeitsplätze. Und Wert kann nur geschaffen werden, wo ein Wert existiert: und das ist der Nutzen für den Kunden. Nur wenn Unternehmen diesen verlässlich bieten, werden aus Käufern zufriedene Kunden, die gerne weitere Male zum gleichen Produkt greifen.

Multisensorisches Marketing kann Menschen auch für Themen abseits des Konsums gewinnen. Einige Beispiele von Hilfs- und Umweltorganisationen haben wir in unserem Buch vorgestellt. Gesundheitsbehörden erreichen die Bevölkerung mit multisensorischen Kampagnen besser und klären über Impfungen, Vorsorgeuntersuchungen oder Organspenden auf. Lebensmittel, die Bestandteil einer gesunden Ernährung sein sollten, gelangen ebenso über multisensorische Signale auf den Radar der Menschen — selbst durch die einfache Aufforderung: »Fühlen Sie die Frische.«

Ehrliches Marketing begeistert
Wie alles im Leben und auf dieser Welt hat auch das (multisensorische) Marketing zwei Seiten: Es hilft ehrlichen Unternehmen, den Nutzen ihrer Produkte spürbar zu machen, damit Kunden ihre Bedürfnisse besser befriedigen können. Das verdient keine Kritik, finden wir. Genauso gut können Unternehmen jedoch auch mit hinterlistigen Absichten die Klaviatur des multisensorischen Marketings erklingen lassen und eine Qualität oder einen Nutzen suggerieren, die nicht vorhanden sind. Hier ist Kritik auf jeden Fall angebracht und notwendig!

Kritik braucht genauso wie eine Marke ein Resonanzfeld beziehungsweise einen Kontext. Wer pauschal multisensorisches Marketing kritisiert, der kritisiert damit auch das Konzept »Marketing« an sich, denn seit jeher hat Marketing das Ziel, Menschen auf etwas aufmerksam zu machen und darauf einzuwirken, wie Menschen Produkte und Dienstleistungen wahrnehmen. Ob Marketing an sich etwas ethisch Verwerfliches ist, das möchten wir den Philosophen zur Diskussion überlassen. Uns persönlich macht gutes Marketing Spaß. Wir vertrauen starken, innovativen und verlässlichen Marken, die unser Leben erleichtern, verbessern und verschönern, und wir lassen uns von einem begeisterten, kompetenten Verkäufer gern beraten, inspirieren und von seiner Leidenschaft anstecken.

Wenn es mehr Unternehmen, Verkäufern und Organisationen mithilfe des multisensorischen Marketings gelingt, ihr Klientel ebenso zu begeistern, dann haben wir unser Ziel erreicht. Wir bauen und vertrauen darauf, dass Unternehmen ihr Wissen verantwortungsvoll einsetzen.

6 Anhang

Anlagenverzeichnis

6.1	Werbe-Status-Quo: Die überkommunizierte Gesellschaft	252
	6.1.1 Sinkende Werbeeffizienz	252
	6.1.2 Immer mehr vom Gleichen	253
	6.1.3 Verkauf unter Druck	255
	6.1.4 Wahrnehmung im Geschwindigkeitsrausch	257
6.2	Haptik: Ein Lebenselixier	259
	6.2.1 Der erste und letzte Sinn	259
	6.2.2 Berührung macht fit fürs Leben	260
	6.2.3 Die Welt begreifen	262
	6.2.4 Ohne Haptik kein Leben	264
	6.2.5 Haptik ist Kommunikation	266
6.3	Die Hand: Alles im Griff	270
	6.3.1 Ein einzigartiger Evolutionsturbo	271
	6.3.2 Wie die Hand die Welt erforscht	272
	6.3.3 Die verschiedenen Griffarten	276
6.4	Die Haut: Zwei Quadratmeter Fühl-Fläche	279
	6.4.1 Die drei Hautschichten	281
	6.4.2 Die Haptik-Rezeptoren	282
	6.4.3 Von der Haut ins Hirn	290

Anhang

6.1 Werbe-Status-Quo: Die überkommunizierte Gesellschaft

In Deutschland werben rund 79.000 Marken aktiv um die Kauflust der Kunden (Statista, 2014a). Täglich erreichen jeden Deutschen etwa 3.000 Werbebotschaften (Scheier & Held, 2012a), andere Experten schätzen die Anzahl sogar auf 13.000 (Marquardt, 2013). Laut dem Zentralverband der deutschen Werbewirtschaft stiegen die deutschen Nettowerbeinvestitionen in Werbung zwischen 1990 und 2012 um fast die Hälfte auf knapp 30 Milliarden Euro jährlich (ZAW, 2013, S. 14). Die Nielsen Werbestatistik nennt für den deutschen Werbemarkt 2014 einen Bruttowerbeumsatz von 28,23 Milliarden — ein Plus von 4,2 Prozent im Vergleich zum Vorjahr (Reinbothe, 2015, S. 14 f.). Für 2015 prognostizierte die Unternehmensberatung McKinsey & Company Gesamtausgaben von knapp 65 Milliarden Euro für Werbung und Kommunikation in Deutschland (Statista, 2014b). Kurzum: Die vielen Marken werben auch sehr viel.

Beim Einkaufen stehen die Kunden vor einem gigantischen Angebot: In einem typischen Rewe-Supermarkt beispielsweise warten circa 15.000 Produkte auf uns (R. Esser, E-Mail, 18.02.2014). Laut der Gesellschaft für Konsumforschung (GfK) wollen jährlich etwa 30.000 neue Verbrauchsgüter den deutschen Markt erobern (GfK, 2006). Der Handelsverband Deutschland schätzt die Anzahl neuer Produkte sogar auf etwa 100.000 pro Jahr, bei rund einer Million am deutschen Markt erhältlichen Artikeln (O. Roik, E-Mail, 19.02.2014). Doch die Masse von ihnen floppt: Mindestens 70 Prozent der Konsumgüter-Neuheiten finden keine Stammkunden und verschwinden schnell wieder aus den Regalen — mit ihnen verpuffen etwa 10 Milliarden Euro Marketingausgaben im Nichts (Haller & Twardawa, 2011). Ein solches kommunikatives Umfeld bleibt nicht folgenlos für die Werbung, die Kommunikation und den Verkauf.

6.1.1 Sinkende Werbeeffizienz

Die Vielzahl beworbener Produkte lässt den Werbedruck steigen. Der gemessene Effekt von Werbung auf den Umsatz ist allerdings meist gering, wie US-amerikanische und deutsche Wissenschaftler in zwei Metaanalysen von hunderten Werbewirkungsstudien zeigen: Seit den 1980er-Jahren ist die Werbeelastizität bei stetig gestiegenem Werbedruck insgesamt stark gesunken. Die prozentuale Umsatzveränderung liegt sogar meist unter der sie verursachenden Veränderung des Werbebudgets (Henningsen, Heuke & Clement, 2011; Sethuraman, Tellis & Briesch, 2011).

Henningsen et al. (2011) und Sethuraman et al. (2011) zeigen auch, dass Werbung zu Beginn eines Produktlebenszyklus effektiver ist als Werbung für etablierte Produkte. Neues schafft generell mehr Aufmerksamkeit. Doch um langfristig erfolgreich zu sein, müssen Produkte und Marken kontinuierlich relevante Signale an den Kunden senden, die ihn bestätigen und binden.

Die Marketingberatungsagentur Sasserath Munzinger Plus (SM+) befragt jedes Jahr Verbraucher zu ihrem Vertrauen in Marken. In einer 2014 veröffentlichten Studie stellt SM+ fest: Im Vergleich zum Vorjahr sank 2013 das Vertrauen der Deutschen in Branchen und Marken leicht. Weniger Vertrauen bedeutet weniger Treue: Die durchschnittliche Abwanderungsrate von Stammkunden pro Marke wuchs bis Ende 2010 auf 40 Prozent — zwei Jahre zuvor waren es noch 10 Prozent weniger (Haller & Twardawa, 2011). Die Folge: Unternehmen müssen immer mehr Geld in Werbung, Kommunikation und Verkauf investieren, um das Vertrauen neuer Kunden zu gewinnen. Das ist ein Teufelskreis, der den Werbedruck weiter steigen lässt und die Effizienz von Werbung tendenziell senkt.

Diese oben genannten Zahlen scheren die große Masse der (Werbe-)Kommunikation jedoch über einen Kamm. Wie unsere Eingangsbeispiele in Kapitel 1.1 zeigen, gibt es Kampagnen mit weit überdurchschnittlicher Werbeelastizität, und es gibt Verkaufsförderungsaktionen, die ohne Preispromotion die Kaufbereitschaft drastisch erhöhen. Werbung und Kommunikation wirken — und dank der vielen neuen wissenschaftlichen Erkenntnisse verstehen wir besser denn je, welche Hebel wir dafür in Bewegung setzen müssen: Die Umsetzung des Wissens in multisensorisches Marketing macht Marken und Produkte relevant für die Kunden.

6.1.2 Immer mehr vom Gleichen

Vor dem Supermarktregal haben wir die Qual der Wahl: Welchen der sechs Erdbeerjoghurts kaufe ich? Den von der bekannten Marke oder die Me-too-Variante einer anderen Marke? Spielt das überhaupt eine Rolle, schließlich schmecken doch alle nach Erdbeere? Im B-to-B-Geschäft ist es ähnlich: Produkte und Dienstleistungen sind heute komplexer als noch vor zehn Jahren. Entscheider und Einkäufer können Qualitäts- und Kompetenzunterschiede von Anbietern oftmals nicht objektiv bewerten und so wird schnell der Preis zum einzig objektiven Kriterium.

Diese Haltung von Konsumenten und Einkäufern scheint auf den ersten Blick gar nicht falsch zu sein, denn die messbare Qualität von Produkten unterscheidet sich scheinbar nur wenig: Die Stiftung Warentest vergab 2014 an 84 Prozent der geprüften Waren ein Sehr Gut, Gut oder Befriedigend. Dagegen erhielten nur knapp 16 Prozent ein Ausreichend oder Mangelhaft (H. van Laak, E-Mail, 02.12.2015). Die Marktanteile der einzelnen Wettbewerber sollten daher eigentlich gleichmäßig verteilt sein — das ist natürlich nicht der Fall. Einige Unternehmen vermitteln ihre Qualität und Kompetenz effektiver und glaubhafter als andere. Es gibt eben nicht *die* objektive Qualität aus Kundensicht — es gibt lediglich die *wahrgenommene* Qualität (vgl. Kapitel 1.2.2).

Konsumenten erleben jedoch nicht nur einzelne Produkte, sondern auch Marken an sich als austauschbar. Die Marketingberater von Batten & Company befragten im Dezember 2008 über 1.000 Männer und Frauen zu 29 verschiedenen Branchen und Produktkategorien. Das zentrale Ergebnis der repräsentativen Brand-Parity-Studie: Zwei Drittel der Befragten erkennen keinerlei Unterschiede zwischen einer Marke und ihren Konkurrenten. Unter den Verbrauchsgütern sind Marken sogar für fast 68 Prozent der Befragten austauschbar. Immerhin: Nicht für alle Befragten sind unterschiedliche Marken einerlei — einige sind für einzelne Konsumenten einzigartig (Sander, Friedrichs & Hunfeld, 2009).

Wenn Marken und Produkte austauschbar sind: Was passiert vor dem Joghurtregal? Der Kunde ist überfordert — er überlegt nicht lange und greift zu einer beliebigen Marke (siehe Info-Kasten: Consumer Confusion). Als Entscheidungshilfe rückt unweigerlich der Preis nach vorne, woraufhin das günstigere Produkt im Einkaufswagen landet (Haller & Twardawa, 2011).

Ist der kleinste Preis jedoch der größte Kauftreiber, wird der Margendruck zum Preiskampf. Die Preisberatungsagentur Simon-Kucher & Partners befragte in ihrer Global Pricing Studie 2012 dazu weltweit rund 2.700 Manager. Von den deutschen Managern gaben 53 Prozent an, ihr Unternehmen befinde sich in einem Preiskrieg (vgl. Simon, 2013, S. 227). Gewinneinbrüche sind bei Preissenkungen vorprogrammiert, mit desaströsen Folgen: Die Pleiten der Drogeriekette Schlecker und der Baumarktkette Praktiker sind nur zwei Beispiele für verlorene Preisschlachten. Aus Verkäufersicht ist Geiz alles andere als geil. Produkte und Dienstleistungen verlieren ihren wahren Wert, wenn sie ihre Käufer lediglich mit roten Preisschildern locken — nur weil andere, überzeugendere Differenzierungsmerkmale fehlen.

Differenzierung entsteht durch das qualitative Markenerleben an allen Kontaktpunkten mit der Marke: sei es Werbung, Medienberichte, das Internet, Gesprächen mit Freunden oder am Verkaufsort die Verpackung. Je größer die Anzahl der analogen, digitalen, direkten und indirekten Kontaktpunkte ist und je positiver die Marke dort erlebt wird, desto stärker ist das Markenvertrauen (SM+, 2014). Das gilt auch für den B-to-B-Bereich. Zwar treiben hier scheinbar überwiegend rationale Beweggründe die Kaufentscheidungen voran, doch sind Entscheider ebenso Menschen — und Menschen vertrauen eher ihrer Wahrnehmung und ihrem Gefühl, das sie anschließend mithilfe ihres Intellekts erklären. Getreu dem Motto: Der Bauch entscheidet, der Kopf rechtfertigt (vgl. Kapitel 1.2.2).

Wie wir oben erläutert haben, ist der Wettbewerb um die Wahrnehmung ein harter, doch kein ausweglos: Das multisensorische Marketing ist erwiesenermaßen ein Erfolgsmodell und bietet mit dem Haptik-Effekt frische Möglichkeiten, Marken zu differenzieren und die Marketingeffizienz zu steigern.

> **Consumer Confusion: Zu viel Gleiches verwirrt**
>
> Der Marketingprofessor Gianfranco Walsh und seine Kollegen entwickelten das Modell der *Consumer Confusion*. Konsumentenverwirrtheit entsteht, wenn der Kunde die Flut an Produkten, Informationen oder Werbebotschaften nicht mehr verarbeiten kann. Denn als kognitive Geizhälse vermeiden wir gern unnötige Denkanstrengungen. Consumer Confusion hat drei Dimensionen (Walsh, Hennig-Thurau & Mitchell, 2007; Walsh & Mitchell, 2010):
> - **Ähnlichkeitsverwirrung:** Aus zu vielen Produkten, die der Kunde als gleichartig und austauschbar wahrnimmt, wählt er irgendeines. Der Kunde ist jedoch weniger zufrieden mit dem Einkaufsmarkt und vertraut ihm weniger.
> - **Überlastungsverwirrung:** Zu viele Produktinformationen und -alternativen verunsichern den Kunden. Er verschiebt die Kaufentscheidung lieber, wenn er ein Produkt nicht mit anderen vergleichen kann oder es nicht versteht.
> - **Unklarheitsverwirrung:** Sind Informationen oder Produktbeschreibungen mehrdeutig, unklar oder irreführend, dann greift der Kunde zu ihm vertrauten Marken. Denn diese geben ihm das Gefühl, sich »richtig« zu entscheiden.
>
> Auch im B-to-B-Bereich gibt es eine Consumer Confusion: Entscheider wägen mögliche Optionen und Anbieter eventuell nicht gründlich genug gegeneinander ab oder sie wählen nur ihnen vertraute Partner beziehungsweise den Marktführer — ganz nach der Sicherheitsdevise: »No one ever got fired for hiring IBM«. Schlecht positionierte Anbieter bleiben außen vor. Niemand nimmt deren Leistungen, Kompetenz, Qualität und Service wahr.

6.1.3 Verkauf unter Druck

In einem Artikel auf Stern.de packt ein Bankberater aus: 20 Kundentermine pro Woche sind Pflicht und allesamt müssen sie am Freitagabend der Vorwoche vereinbart sein. Ehrlich beraten kann er seine Kunden nicht mehr, denn er muss vorgegebene Produkte verkaufen, die der Bank höhere Provisionen bescheren (Kruse, 2010). Auf der Internetseite der Süddeutschen Zeitung klagt ein anderer Bankberater ebenso über die hohen Verkaufsvorgaben von seinem Chef und darüber, dass er nur noch provisionsorientiert verkaufen soll (Fichter & Freiberger, 2011).

Versicherungsberater erleben ebenfalls großen Druck. Auf Handelsblatt.de prangert der Präsident des Verbandes der Versicherungskaufleute, Michael Heinz, in einem Interview den gewaltigen Verkaufsdruck an, den Versicherer auf ihre Vermittler ausüben (Hagen & Schmitt, 2013). Die Austrian Financial & Insurance Professionals Association (AFPA, 2013) zeigte in einer Untersuchung: Bevor sich ein Kunde für oder gegen ein Versicherungsangebot entscheidet, muss der Berater durchschnittlich drei Beratungsgespräche beim Kunden investieren — ein Zeitaufwand von bis zu sechs Stunden. Dazu kommen noch zwischen zwei und fünf Stunden Büroarbeit pro Beratungsfall. Da die meisten Berater auf Provisionsbasis arbeiten, tragen sie allein das volle wirtschaftliche Risiko des Zeitaufwandes. Bei minimalen Provisionen für beispielsweise Autoversicherungen rechnet sich der Zeitaufwand kaum — der Berater muss weitere für ihn lukrativere Versicherungen verkaufen. Bekommen die Berater ein Festgehalt, trägt der Arbeitgeber diese Kosten und wird entsprechende Verkaufserfolge vom Vermittler verlangen.

Die Forscher der Deutschen Gesellschaft für Stressmanagement wissen aus diversen Studien, dass der Verkaufsstress drastisch zugenommen hat. Daniel Pusch ist Vorstand des Vereins und erklärt, warum der enorme Verkaufsdruck die Beziehung zwischen Verkäufer und Kunde vergiftet:

> *Zu starker Druck von außen aktiviert das Angstzentrum im Gehirn und versetzt uns in Alarmbereitschaft. Wir fühlen uns unsicher und haben Angst zu scheitern – schließlich wollen wir nicht von der sozialen Leiter fallen. Der tief in uns verankerte Überlebensdrang gewinnt die Oberhand. Das Gehirn läuft im Notprogramm und vernachlässigt die Fähigkeiten des Denkens, Problemlösens und Einfühlens. Verkäufer werden zu egozentrischen, provisionsgetriebenen Einzelkämpfern, was eine partnerschaftliche Beziehung zum Kunden unmöglich macht.* (D. Pusch, Interview, 02.03.2014)

Ein Verkäufer wird seine Kunden nicht bedarfsgerecht beraten, wenn er permanent seine zu erfüllende Abschlussquote vor Augen hat. Das spüren die Kunden und ihr Vertrauensvorschuss verwandelt sich in Misstrauen. Kunden möchten sich und ihre Bedürfnisse verstanden fühlen sowie ehrlich beraten werden. Doch gibt es ein Mittel gegen den Empathiekiller Stress? »Ein gutes Verkaufsgespräch braucht viel Spielraum und vor allen Dingen Spaß«, meint Pusch. »Das öffnet beide Akteure; der Verkäufer interessiert sich für seinen Kunden, der sich daraufhin verstanden fühlt und ihm Vertrauen schenkt« (D. Pusch, Interview, 02.03.2014).

Haptische Beratungshilfen machen Spaß — das ist eine gute Basis für ein entspanntes Beratungsgespräch: Kunde und Verkäufer erleben gemeinsam die Vorteile und Lösungen von Produkten beziehungsweise Dienstleistungen. Die Kundeninteraktion führt zu einem größeren Involvement und der Haptik-Effekt entfaltet seine ARIVA-Kräfte (vgl. Kapitel 5.5).

6.1.4 Wahrnehmung im Geschwindigkeitsrausch

Wir leben in schnellen Zeiten: Ständig erreichbar, immer online, knallhart durchgetaktete Tage, rastlos. Fernsehwerbung hat sich diesem Rhythmus angepasst: 1980 enthielt ein 30-sekündiger Werbespot durchschnittlich knapp neun verschiedene Kameraeinstellungen, die im Mittel 3,4 Sekunden dauerten. 1991 waren es bereits über 13 verschiedene Einstellungen mit einer Durchschnittslänge von 2,3 Sekunden (MacRury, 2009). Spielfilme treten mittlerweile ebenso auf das Gaspedal: Seit den 1940ern halbierte sich die Schnittfrequenz im Mittel von 10 Sekunden auf fünf Sekunden (Nordone, 2013; Zorn, 2011). Selbst die meistgesehene Nachrichtensendung Deutschlands — die Tagesschau — ist seit 1975 schneller geworden: Damals betrug die mittlere Schnittfrequenz der Filmbeiträge 10,2 Sekunden, heute kommt alle 4,7 Sekunden eine neue Einstellung (Mähler, 2013). Ebenso stieg die Anzahl von kurzen, maximal 15 Sekunden dauernden Werbespots zwischen 2008 und 2012 um 80 Prozent (Burrus, 2014).

Unsere Sehgewohnheiten haben sich durch das beschleunigte Leben und die beschleunigten Medien verändert. Wir wollen mittlerweile alle Informationen kurz, knapp und vor allem schnell präsentiert bekommen. Wer sich lang und breit erklären muss, hat bereits verloren. Die Ausbreitung des mobilen Internets wird diese Entwicklung weiter beschleunigen: Lange Werbebotschaften schaut sich kaum ein Nutzer im rasanten Cyberspace mehr an — knackig-prägnante Informationen sind gefragt, denn sie verlangen wenig Geduld und keine lange Aufmerksamkeitsspanne vom Betrachter.

Werbevermeidung ist Kulturtechnik
Die Ungeduld und das audiovisuelle Überangebot münden in einer neuen Kulturtechnik: der aktiven Werbevermeidung. Festplattenreceiver, Ad-Blocker, Video-on-Demand-Dienste und werbefreies Bezahlfernsehen haben Hochkonjunktur. Insbesondere kaufkräftige Zielgruppen sind immer weniger bereit, ihre Zeit mit aufgezwungener Werbung zu vergeuden. Mit voller Aufmerksamkeit begegnen wir der Werbeflut nicht — wir wandern gewissermaßen durch einen Werbe-Nebel. Unsere Sinne nehmen zwar alles um uns herum wahr, doch rettet uns der Wahrnehmungsfilter unseres Autopiloten vor der Informationsüberflutung unseres Bewusstseins: Nur was für uns relevant ist, nehmen wir bewusst wahr (vgl. Kapitel 1.2.2). Ein einfaches Beispiel: Auf einer Cocktailparty unterhalten wir uns intensiv mit einer Person, dennoch hören wir über das allgemeine Gemurmel hinweg, wenn irgendwo im Raum jemand unseren Namen laut ausspricht (vgl. Heath, 2012, S. 88 ff.). Ganz ähnlich stechen relevante Signale aus dem Werberauschen heraus — das zeigen viele erfolgreiche Fernseh- und Onlinekampagnen. Zu wissen, welche Motive und Ziele die Kunden zum Kauf bewegt, ist daher ein wichtiger Schlüssel zum Erfolg.

Aktiviert Werbung die relevanten Motive der Empfänger, wirkt sie sogar ohne Aufmerksamkeit im sogenannten Low-Attention-Processing-Modus (vgl. Heath, 2012). Dies widerspricht dem geläufigen »Hard-Selling«-AIDA-Modell, das bewusste Aufmerksamkeit voraussetzt und explizite Überzeugung zum Ziel hat. Heute wissen wir jedoch: Je stärker wir uns einer Werbeabsicht bewusst sind, desto intensiver konstruieren wir Gegenargumente und reagieren mit Reaktanz. Gibt es nichts zu denken, dafür aber etwas Positives zu fühlen, dann ist unser Gehirn entlastet — der innere Kritiker bleibt stumm und das gute Gefühl überträgt sich direkt auf die werbende Marke und das Produkt.

High Tech — High Touch
Keine Frage: Audiovisuelle Werbung wirkt und ist der bedeutendste Bestandteil des Marketings. Doch nachhaltige Markenkraft und Verkaufserfolge brauchen heute mehr als nur das Hören und Sehen — oder Klicks, Likes und Visits. Das tief in uns verwurzelte Verlangen ist in Zeiten der digitalen Revolution stärker denn je. Der Zukunftsforscher John Naisbitt prophezeite bereits 1982 einen Megatrend: High Tech — High Touch. In der Informationsgesellschaft dringen Technologien in sämtliche Lebensbereiche vor und schaffen immer mehr virtuelle Räume; gleichzeitig steigt die Sehnsucht nach Echtheit und realem Erleben. In einer Hightech-Welt, in der sich sensorische Erfahrungen immer weiter reduzieren, ist »High Touch« der Schlüssel zum Gleichgewicht und ebenso ein Erfolgsfaktor für Produkte und Dienstleistungen (Naisbitt, 1999).

Naisbitt behielt recht: Bereits 1983 stellte Apple den ersten Personal Computer vor, den der Nutzer mit einer Maus bediente — mit Bewegungen statt nur mit Tastenklicks. PDAs (Personal Digital Assistant) kamen Anfang der 1990er-Jahre auf den Markt, ihren Touchscreen bedienten die Nutzer mit einem Stift. 2007 krempelte Apple die Technikwelt dann mit dem Multi-Touch-Bildschirm des iPhones um — seitdem streicheln wir unsere Smartphones und Tablet-PCs. In Zukunft werden wir Eingabetasten auf dem Touchscreen fühlen — Bildschirme werden uns sensorisches Feedback geben, Handschuhe oder sogar Anzüge stimulieren unsere Haut auf unseren virtuellen Reisen — all das stillt unser elementares Bedürfnis nach Berührung. Zuhause wird momentan aus Nullen und Einsen reale Materie: Wir drucken Produkte mit einem 3-D-Drucker selbst aus. Nach Web 2.0 und Social Media kommt das Internet der Dinge — sogenannte Wearables verbinden die digitale Welt weiter mit der Körperlichkeit: T-Shirts messen unsere Herzfrequenz, Schuhe zählen unsere Schritte, eine SIM-Karte verwandelt den Ärmel eines Kleides in ein Mobiltelefon. Noch sind 3-D-Druck und die anziehbaren Technologien Spielereien, doch schon bald werden auch sie aus unseren Leben nicht mehr wegzudenken sein. Das zeigt: Die digitale Revolution hat die menschliche Evolution nicht überholt. Der Mensch ist und bleibt ein multisensorisches Wesen — mit unersättlichem (analogen) Touch-Hunger. Mit dem Haptik-

Effekt stillen Marken und Produkte dieses Bedürfnis im Zeitalter des High Tech — High Touch. Selbst audiovisuelle und digitale Medien können den Tastsinn ansprechen und den haptischen Hunger stillen (vgl. Kapitel 4.1).

6.2 Haptik: Ein Lebenselixier

Nach einem Reitunfall im Jahr 1995 war Superman-Darsteller Christopher Reeve vom Hals abwärts komplett gelähmt. Er konnte nicht einmal mehr Berührungen empfinden. Nach sieben Jahren hartem Training und einer Elektrostimulationstherapie meldeten seine Mediziner die Sensation: Reeve kann seine Knie, seine Hüfte sowie seine Ellenbögen, Handgelenke und Finger leicht bewegen — und sanfte Berührungen spürt er ebenfalls (McDonald, Becker, Sadowsky, Jane, Conturo & Schultz, 2002). Seit sein Sohn Will zwei Jahre alt war, hatte Reeve ihn nicht mehr in seine Arme geschlossen — nun spürte er endlich wieder, wenn Will ihn berührte. Im People-Magazin drückte Reeve seine tiefe Freude darüber aus: »But now if he comes over and puts his hand on my hand, I absolutely feel it the way I used to. To be able to feel just the lightest touch is really a gift« (Espinoza & Weinstein, 2002).

Stellen Sie sich vor, Sie könnten Ihre Umgebung nicht fühlen: beispielsweise die Kleidung, die Sie tragen, die warme Kaffeetasse in Ihren Händen oder die Streicheleinheiten Ihrer Liebsten. Würden Sie Ihr Leben im Griff behalten? Ein unangenehmer Gedanke. Berührung ist ein Lebenselixier.

6.2.1 Der erste und letzte Sinn

Mit Berührungen beginnt das Leben, ohne sie könnten wir uns nicht fortpflanzen — wir blieben »unberührt«. Im Mutterleib ist der Tastsinn der erste Sinn, der sich im Embryo entwickelt, gefolgt von Geruchssinn, Geschmackssinn, Hörsinn und Sehsinn. Der Tastsinn entwickelt sich zunächst um den Mund herum und dann abwärts vom Kopf bis hin zu den Zehen. Schon in der achten Schwangerschaftswoche reagieren wir auf Berührungen der Wange und nach 12 Wochen lutschen wir schon an unseren Däumchen. In der 20. Schwangerschaftswoche können wir leicht zugreifen und sechs Wochen später so fest, dass wir unsere Nabelschnur umgreifen können. Die Rezeptorzellen in unserer Haut bilden sich ebenfalls ab der 20. Woche aus und in der 32. Woche fühlen wir Temperatur, Druck und Schmerz. Bereits im Mutterleib beginnen wir uns zu berühren und ertasten unsere Umgebung, wodurch wir ein Gefühl für uns selbst und unsere Umwelt bekommen (siehe Krishna, 2012).

Im Alter verlassen uns die Sinne in umgekehrter Reihenfolge: Die Sehschärfe nimmt ab, wir hören, riechen und schmecken schlechter — doch auf unseren Tastsinn können wir uns verlassen, seine Schärfe nimmt langsamer ab als die der anderen Sinne (siehe Krishna, 2012). Dem Verfall unserer motorischen und taktilen Fähigkeiten können wir jedoch mit Sport und Übung entgegenwirken. Forscher haben in Untersuchungen gezeigt, dass aktive alte Studienteilnehmer — die beispielsweise regelmäßig tanzen oder Tai-Chi praktizieren — bessere sensomotorische Fähigkeiten und eine höhere Tastschärfe haben als unsportliche alte Menschen. Bei physischer Aktivität schüttet das Gehirn vermehrt Neurotrophine aus — das sind Proteine, die das Nervenwachstum fördern und neuronale Verbindungen stärken. Doch nicht nur Motorik und Tastsinn waren bei den physisch aktiven Studienteilnehmern besser: Bewegung stärkte auch deren kognitive und intellektuellen Fähigkeiten sowie ihre Aufmerksamkeits- und Wahrnehmungsleistung (Dinse, 2011).

6.2.2 Berührung macht fit fürs Leben

Das Bedürfnis nach Berührung ist evolutionär tief in uns verwurzelt. Der Psychologe Harry Harlow (1958) stellte in die Käfige von acht Rhesusaffenbabys jeweils zwei verschiedene Modell-Mütter: Eine bestand aus einem Holzblock, den die Forscher mit Schaumgummi polsterten und mit flauschigem Fell bespannten. Eine Lampe hinter der Plüschmutter strahlte mütterliche Wärme aus. Die andere Mutter flochten die Forscher aus Draht, und ein Heizstab im Inneren wärmte den Korpus. Vier der Babys »versorgte« die Plüschmutter mit Milch, die anderen vier Babys erhielten Milch von der Drahtgestell-Mutter — jeweils aus einer Babyflasche, deren Saugschnuller aus der Brust der Modellmutter ragte. Gab die Plüschmutter Milch, interessierten sich die Affenbabys nicht im Geringsten für die anwesende Drahtgestell-Mutter. Gab Letztere die Milch, besuchten sie die Affenbabys nur zum Trinken, ansonsten kuschelten sie lieber mit der Plüschmutter. Ebenso klammerten sich die Affenbabys in Schreckmomenten ausschließlich an die Plüschmutter — dort fühlten sie sich geschützt. Im Vergleich zu Affenbabys, die mit ihrer echten Mutter lebten, fand Harlow keinen Unterschied zu den Plüschmutter-Babys: »… whether the mother is real or a cloth surrogate, there does develop a deep and abiding bond between mother and child« (Harlow, 1958, S. 684).

Heute wissen wir, warum sich die Rhesusaffenbabys an die Stoffmutter klammerten: Bei Berührungen schüttet das Gehirn Oxytocin aus — dieses Bindungshormon stärkt die Beziehung zwischen Baby und Eltern. In Stresssituationen beruhigen sich Babys auch schneller, wenn sie von einem Elternteil berührt werden — der Körper schüttet weniger vom Stresshormon Cortisol aus und Babys werden dadurch stressresistenter (Feldmann, 2011).

Ohne Berührung keine Entwicklung
Besonders in den ersten Lebensmonaten sind Berührungen wichtig. Diverse Forscher verglichen die Entwicklung von Neugeborenen in Waisenhäusern mit Babys, die liebevoll von ihrer Familie umsorgt aufwuchsen. Babys, die in Waisenhäusern nur minimale haptische Zuwendung erhielten, hinkten in ihrer Entwicklung den Altersgenossen hinterher — sowohl kognitiv als auch sozial. Die Unterschiede sind auch noch Jahre später spürbar (Gallace & Spence, 2010). Babys, die häufig berührt wurden, zeigen bis ins fünfte Lebensjahr bessere kognitive Fähigkeiten, haben im Kindergarten eine größere soziale Kompetenz, sind später in der Schule weniger verhaltensauffällig. Sie sind als Erwachsene emotional stabiler, können Emotionen besser regulieren und leiden seltener an Depressionen (Feldman, 2011).

Andere Forscher zeigen, dass viel Berührung durch die Mutter die visuell-motorische Koordination und grobmotorischen Fähigkeiten von Babys mit geringen Geburtsgewicht innerhalb des ersten Lebensjahres steigert — das Nervensystem der Babys entwickelt sich besser durch haptische Stimulierung (Weiss, Wilson, Morrison, 2004).

Ebenso entwickeln sich frühgeborene Babys schneller, wenn sie regelmäßig von ihren Müttern massiert werden: Sie nehmen unter anderem schneller an Gewicht zu, entwickeln zügiger ihre motorischen Fähigkeiten und sie interagieren früher mit ihren Eltern im Vergleich zu Frühchen, die keine mütterliche Massage erhalten (Feldman, 2011).

> **Tipp: Die perfekte Streichel-Geschwindigkeit**
> Doch nicht jede Berührung tut gleich gut. Forscher strichen mit einem Pinsel über die Arme von Babys. Die Streichel-Geschwindigkeit variierten die Forscher jedoch: entweder mit 0,3 Zentimetern pro Sekunde beziehungsweise 3 oder 30. Dabei maßen die Forscher jeweils die Herzfrequenz der Babys. Die mittlere Streichelgeschwindigkeit beruhigte die Babys, ihr Herzschlag verlangsamte sich und sie schauten auch öfter sowie länger auf den streichelnden Pinsel. Langsames und schnelles Streicheln hatten dagegen keinen Effekt (Fairhurst, Löken & Grossmann, 2014). Schon als Babys sind wir äußerst sensitiv gegenüber angenehmen Berührungen — sie tun uns gut. Ebenso berühren wir unser ganzes Leben lang viel lieber angenehme (z.B. weiche) Oberflächen als unangenehme (z.B. raue).

Babys, die keinerlei Streicheleinheiten bekommen, haben dagegen kaum eine Überlebenschance. Der Stauferkönig Friedrich II. zeigte das in einem grausigen

Experiment. Er wollte herausfinden, welche Sprache der Mensch von Geburt an spricht, ohne jeglichen Einfluss von außen. Er ließ sieben Neugeborene von ihren Müttern trennen und von Ammen versorgen, die den Babys lediglich Milch gaben und sie wuschen. Doch durften die Ammen weder mit den Babys sprechen noch sie liebkosen. Mit dramatischen Folgen: Drei Monate später waren alle Babys tot (Bergmann, 2008; Lausch, 1973). Für den Haptik-Forscher Martin Grunwald ist der Tastsinn deshalb ein »Lebensmittel« (Bergmann, 2008, S. 170).

Gesunde Liebe braucht Berührungen
Berührungen zwischen sich liebenden Menschen sind ebenso gesund. Frauen, die oft von ihren Partnern in den Arm genommen werden, haben höhere Oxytocin-Werte im Blut — und leiden dadurch weniger oft an hohem Blutdruck als Frauen, die in berührungsarmen Beziehungen leben (Light, Grewen, Amico, 2007). In einer Studie beispielsweise schauten sich Paare einen kurzen Film zusammen an. Eine Hälfte der Paare hielt dabei Händchen und umarmte sich am Ende des Films; die andere Hälfte der Paare berührte sich nicht. Anschließend sollten die Teilnehmer eine öffentliche Rede halten — eine stressige Situation. Für die Berührten war die Aufgabe weniger aufreibend: Ihr Blutdruck und ihre Herzfrequenz waren niedriger als bei den Paaren, die sich nicht berühren durften (Grewen, Anderson, Girdler & Light, 2003). In einer anderen Studie reagierten Frauen, die von ihrem Partner eine Nacken- und Schultermassage erhielten, auf einen anschließenden Stresstest ebenso gelassen. Neben einer niedrigeren Herzschlagfrequenz hatten sie — ebenso wie Babys nach mütterlicher Berührung — niedrigere Cortisolwerte im Blut als Frauen, die zuvor keine Massage erhielten (Ditzen et al., 2007). Es wundert daher kaum, dass jene Paare glücklicher sind, die sich gegenseitig auf romantisch-taktile Weise ihre Liebe zeigen: sich oft streicheln, massieren, kuscheln, Händchen halten, umarmen und küssen (Gulledge, Gulledge & Stahmann, 2003).

QR-Code: Im Video zaubert ein Mann den Passanten in einer Einkaufsstraße ein Lächeln ins Gesicht — mit Gratis-Umarmungen.
http://www.youtube.com/watch?v=vr3x_RRJdd4#t=124

6.2.3 Die Welt begreifen

Ein Baby erforscht seine Welt zunächst ausgiebig mit seinem Mund, seinen Händen und Füßen. Indem es seine Füßchen greift und mit ihnen spielt, erkundet das Baby sich selbst. Über das Streicheln der Eltern erfährt es seine Körpergrenzen. Das Baby lernt, dass es Objekte gibt, die nicht zum eigenen Körper gehören. Durch das Ertasten der Außenwelt und eigene Bewegungen entsteht im Gehirn des Kindes eine interne Körperrepräsentation, ein erstes Selbstbild — auch Körperschema genannt. Das Baby lernt den eigenen Körper und seine Bewegungsfähigkeit kennen.

Von fremden Objekten macht sich das Baby ein Bild, indem es diese greift und in den Mund steckt. Lippen und Zunge tasten sowie schmecken das Objekt ab — das Baby wird es daraufhin wiedererkennen können. Ab dem sechsten Lebensmonat nimmt das Baby Objekte und ihre Merkmale wahr, es bekommt dadurch eine konkrete Vorstellung von ihnen. Mit bestimmten systematischen Handbewegungen identifiziert das Baby ähnliche Objektmerkmale und bildet Kategorien (Kiese-Himmel, 2007). Durch das Streicheln über die flauschige Decke und die glatte Tischplatte lernt das Baby: Das sind zwei verschiedene Dinge, denn sie fühlen sich unterschiedlich an.

Anfangs berühren Babys ihre Umwelt noch rein aus Spaß und der Sinneserlebnisse wegen, wobei sie Oberflächen bevorzugen, die sich angenehm anfühlen — zum Beispiel das Plüschtier oder die Kuscheldecke. Ab dem achten Monat haben Berührungen dann einen Zweck (Bushnell & Boudreau, 1991): Die Babys untersuchen ihre Umwelt, indem sie Dinge schütteln, gegeneinander schlagen oder ineinanderstecken; sie drücken die Tasten an der Stereoanlage, trommeln mit Holzklötzen und lösen ihr erstes Makro-Puzzle. Dadurch lernen die Babys nach und nach Mittel-Zweck-Beziehungen (Kiese-Himmel, 2007).

Innerhalb der ersten 15 Lebensmonate lernen Babys zwischen verschiedenen Formen, Texturen, Härtegraden, Gewichten, Volumina und Temperaturen zu unterscheiden (Bushnell & Boudreau, 1991). Sie werden zunehmend fingerfertig und mit ihren Händen leistungsfähiger (Kotwica, Ferre & Michel, 2008). Jetzt kann das Kleinkind beispielsweise schon den Pinzettengriff anwenden und Dinge zwischen Daumen und Zeigefinger greifen. Den geschickten Fingern entgeht nichts mehr.

Im zweiten und dritten Lebensjahr lernen wir dann alle weiteren elementaren Bewegungsfertigkeiten — wir können unter anderem krabbeln, laufen, springen, balancieren, Dinge tragen sowie werfen und fangen. Bis zum siebten Lebensjahr werden wir Bewegungsprofis und können unseren Körper problemlos koordinieren.

Wir lernen durch die haptische Exploration, wie unsere Welt funktioniert. Aus unseren Erfahrungen setzt sich unsere »Statistik der Umwelt« zusammen (Scheier et al., 2012). Wir lernen beispielsweise, wie wir Objekte handhaben und was bestimmte Gesten bedeuten. Durch elterliche Umarmungen lernen wir, dass sich soziale Akzeptanz warm anfühlt. Die Statistik unserer Erfahrung ist der Treibstoff für unseren Autopiloten.

Die Lust an der Berührung bleibt uns zeitlebens erhalten, und wenn wir neue Objekte erforschen, bleibt der Tastsinn unsere erste Wahl. Er bildet die Erfahrungsreferenz für den Sehsinn, denn vollkommen unbekannte Dinge erfassen unsere Augen gar nicht oder nur schwer. Die Toulambis auf Neuguinea berührten den fremdartig aussehenden weißen Mann und seine Plastiktassen ebenso ausgiebig, um zu begreifen, was sie da sahen (vgl. Kapitel 2.4).

6.2.4 Ohne Haptik kein Leben

Mit unserem Tastsinn begreifen und erfühlen wir die Welt um uns herum. Über unsere Haut spüren wir äußere Einflüsse wie Berührungen, den Wind, die wärmenden Sonnenstrahlen und Kälte. Diese passive Komponente der Haptik teilen wir mit der Pflanzenwelt: Die Pflanzen auf dem Balkon wachsen dem Sonnenlicht entgegen. Rankenpflanzen wachsen gerade, bis sie einen Widerstand spüren. Dann krümmt sich die Pflanze und rankt sich um ihn — beispielsweise um den Holzstab im Blumentopf. Bäume in windigen Regionen haben stärkere und tiefere Wurzeln als Bäume in windstillen Lagen, denn sie reagieren auf den mechanischen Reiz des Windes. Die tropische Mimose klappt ihre Blätter ein, wenn sie Berührungen oder Erschütterungen spürt, und die Venusfliegenfalle schnappt mit ihrem Fangblatt zu, wenn ein Insekt innerhalb von 20 Sekunden zwei Sinneshaare berührt. Ohne Berührungen blieben viele Blüten unbestäubt und die meisten Pflanzen würden aussterben — und mit ihnen auch wir.

Berührungen machen auch Pflanzen fit für das Überleben: Zwar wachsen sie langsamer, wenn sie berührt werden, doch stärkt dies ihre Abwehrkräfte. Berührte Pflanzen bilden vermehrt das Pflanzenhormon Jasmonsäure, das den Stoffwechsel beeinflusst und das Motabolit-Niveau in der Pflanze ansteigen lässt. Dieses Stoffwechselprodukt ist für Schädlinge ungenießbar — weniger Feinde befallen die Pflanzen (Chehab, Yao, Henderson, Kim & Braam, 2012). Manche Baumarten wie Akazien leben in Symbiose mit Ameisen. Sobald Fressfeinde den Baum attackieren und ihn dabei berühren, schüttet er Jasmonsäure aus, die wiederum die Produktion von Blattnektar anregt. Der lockt mehr Ameisen an und macht diese sogar aggressiver — da vergeht Raupen und Wildtieren der Appetit (Heil et al., 2001; Teuber, Bueno, Heil & Boland, 2012). Das Streicheln von Blättern tut übrigens nicht nur den Pflanzen gut, es hat auch einen beruhigenden Effekt auf uns Menschen: Japanische Wissenschaftler beobachteten, dass das Streicheln eines Pflanzenblattes den Blutfluss in den Hirnarealen senkt, die bei Stress aktiv sind.

Textile Oberflächen und künstliche Blätter hatten übrigens den gleichen Relaxeffekt im Gegensatz zu metallenen Oberflächen (Koga & Iwasaki, 2013).

Wir empfinden jedoch nicht nur passiv mit unserer Haut und unseren Händen. Anders als Pflanzen gestalten wir unsere Umwelt aktiv und können sie manipulieren. Mit Geschicklichkeit, Sensibilität und Kraft setzen wir unsere Hände und unseren Körper vielseitig im Alltag ein: Im Dunklen ertasten wir uns den Weg, wir putzen uns mit kreisenden Bürstenbewegungen die Zähne, wir zupfen die Saiten einer Gitarre, wir schreiben (tippend) unsere Gedanken nieder, reißen Blister-Verpackungen auseinander, essen mit Messer und Gabel, stoßen Fußbälle ins Tor, versetzen Schachfiguren, liebkosen unsere Liebsten, hauen auf den Tisch, gestikulieren mit Händen und Füßen und, und, und ... Unsere haptischen und motorischen Fähigkeiten nutzen wir als Werkzeug, wir drücken Gefühle mit ihnen aus und kommunizieren mit ihrer Hilfe.

Ohne Bewegung kein Gehirn
Die Haptik und die mit ihr verbundene Motorik ist unser einziger Sinn, mit dem wir unsere Außenwelt beeinflussen können. Um zu überleben, müssen wir uns bewegen und unseren Körper einsetzen. Wir nehmen unsere Umwelt wahr, denken, kombinieren, analysieren — doch sämtliche Sinnes- und Gedächtnisprozesse dienen lediglich dazu, künftige Bewegungen zu planen, sie auszuführen oder sie zu unterdrücken. Ein rudimentäres Tier — die Seescheide — verdeutlicht das: Als Larve schwimmt die Seescheide im Meer umher und ist einem menschlichen Embryo recht ähnlich. Sie besitzt beispielsweise einen elastischen Stützstab zwischen Rückenmark und Darm, aus dem sich bei Wirbeltieren später die Wirbelsäule entwickelt, und sie hat ein Neuralrohr — ein rudimentäres Gehirn. Später in ihrem Leben wird die Seescheide sesshaft. Sie saugt sich mit ihren Haftpapillen an einem Felsen fest und wird sich fortan nie wieder fortbewegen. Als erstes verdaut sie nun ihr Gehirn und Nervensystem als Nahrung. »We have a brain for one reason and one reason only, and that's to produce adaptable and complex movements. Once you don't need to move, you don't need the luxury of that brain«, schlussfolgert der Neurowissenschaftler Daniel Wolpert in seinem TED-Talk (2011).

QR-Code: Der spannende Vortrag von Daniel Wolpert über den wahren Grund, warum wir ein Gehirn besitzen.
https://www.ted.com/talks/daniel_wolpert_the_real_reason_for_brains

Dank hoher Rechenleistungen schlagen Computer mittlerweile menschliche Weltmeister im Schachspiel. Jedoch scheitert jeder Computer daran, wenn statt strategisch-analytischer Fähigkeiten motorische gefragt sind. Kein Roboter kann die Schachfiguren so flexibel und sicher über das Brett bewegen wie ein beliebiges fünfjähriges Kind. Auch wenn die Robotik erstaunliche Fortschritte macht — allein einer Roboterhand beizubringen, wie sie ein Glas mit Wasser füllt, ist ein dreijähriges Doktorandenprojekt (Wolpert, 2011). Jede einzelne Bewegungsmöglichkeit für das Schachspiel müsste jemand vorab programmieren — das ist mehr als eine Lebensaufgabe für einen Ingenieur und unmöglich. An den vielen komplexen Bewegungsmustern scheitert bislang jeder Roboter.

Schon für Kant war die Hand »der sichtbare Teil des Gehirns«. Seine These bestätigte der US-amerikanische Neurowissenschaftler Frank Wilson rund 200 Jahre später:

> *The brain does not live inside the head, even though that is its formal habitat. It reaches out to the body, and with the body it reaches out to the world. We can say that the brain »ends« at the spinal cord, and that the spinal cord »ends« at the peripheral nerve, and the peripheral nerve »ends« at the neuromuscular junction, and on and on and down to the quarks, but brain is hand and hand is brain, and their interdependence includes everything else right down to the quarks.* (Wilson, 1999, S. 307)

Die Haptik ist ein essenzieller Bestandteil unseres Lebens. Ohne Berührungen existiert kein Leben. Und selbst Lebewesen ohne Gehirn und Nervensystem — wie die Amöbe — besitzen zumindest ein rudimentäres haptisches System (siehe Grunwald, 2012). Je höher ein Lebewesen auf der evolutionären Leiter steht, desto komplexer sind seine Bewegungsfähigkeiten und desto leistungsfähiger sein Gehirn. Wir postulieren, ohne philosophisch sein zu wollen: Die Haptik ist der *Sinn* des Lebens.

QR-Code: Beobachten Sie eine Amöbe beim haptischen Erkunden ihrer Umgebung in einem Video aus Martin Grunwalds Haptik-Labor.
https://www.youtube.com/watch?v=GJRpdrikGyI

6.2.5 Haptik ist Kommunikation

Wie essenziell die Haptik in unserem Leben ist, spiegelt sich auch in ihrer Relevanz für die zwischenmenschliche Kommunikation wider.

Bewegung und Sprache
Die haptische Exploration der Umwelt und ihrer Objekte in den ersten Lebensjahren ist die Basis für den Spracherwerb. Unsere ersten Worte sind zumeist Objektwörter (Kiese-Himmel, 2007). Wir benennen Dinge, die wir anfassen und greifen

können — sei es »Mama«, »Ball« oder »Auto«, und selbst »Dada« meint irgendetwas Greifbares. Durch Berührungen und Bewegungen lernen wir sprechen.

Der Motorcortex ist das Areal unseres Gehirns, das Bewegungen steuert — doch er ist auch aktiv, wenn wir Handlungswörter oder bewegungsassoziierte Verben lernen und verarbeiten. In einer Studie prägten sich die Teilnehmer in mehreren Durchgängen verschiedene Fantasiewörter ein und sahen dazu jeweils ein Bild, das die Bedeutung des Wortes zeigte — allesamt waren es Handlungsworte. Das Wort »apef« beispielsweise illustrierte ein Bild, auf dem jemand einen Papier-Locher benutzte. Bei einigen Studienteilnehmer hemmten die Forscher per elektrischer Hirnstimulation den Motorcortex. Diese Teilnehmer ordneten anschließend weniger Fantasieworte den richtigen Bildern zu — ohne Mithilfe ihres Motorcortex lernten sie bewegungsassoziierte Worte schlechter (Liuzzi et al., 2010). Andere Wissenschaftler stimulierten bei der Hälfte ihrer Studienteilnehmer das für Handbewegungen zuständige Areal im Prämotorcortex — diese Gehirnregion ist normalerweise aktiv, wenn wir uns bewegen. Die motorisch stimulierten Teilnehmer identifizierten anschließend wesentlich schneller bewegungsassoziierte Verben wie »schreiben« oder »werfen« verglichen zu Teilnehmern, deren motorische Hirnareale nicht stimuliert waren. Verben ohne Bewegungsbezug — wie »verdienen« — identifizierten beide Teilnehmergruppen gleich schnell. Motorische Hirnareale spielen demnach eine wesentliche Rolle im Sprachverstehen handlungsbezogener Worte (Willems, Ludovica, DÊ¼Esposito, Ivry & Casasanto, 2011).

> **Beispiel: Bewegungsbezogene Worte und Redewendungen**
> Unser Wortschatz ist voll von bewegungsbezogenen Worten und haptischen Bedeutungen: etwas anpacken, handhaben, handfestes Angebot, Informationen aus erster Hand, etwas mit links machen oder im Handumdrehen erledigen, fingerfertig sein, zwei linke Hände haben, zupacken, Zusammenhänge begreifen, eine Botschaft verpacken, den Finger in die Wunde legen, einen Fingerzeig geben, Fingerspitzengefühl haben, eine Situation im Griff haben, die Oberhand behalten, ergriffen sein, schwergewichtige Argumente abwägen, etwas drehen und wenden, wie man will, schwere Kost, unter Druck sein, etwas lastet auf den Schultern, Schmetterlinge im Bauch spüren, fest verwurzelt sein, mit beiden Beinen im Leben stehen, bewegende Momente erleben, erleichtert sein, harte Schale — weicher Kern, Ecken und Kanten haben, ein zerknautschtes Gesicht haben, weich gebettet sein, ein raues Arbeitsklima, glatte Lügen, eiskalte Berechnung, kalt und glitschig wie ein Fisch sein, eine scharfe Zunge haben, spitze Bemerkungen, Worte wie Balsam, eine runde Sache und so weiter.

Während wir handlungsbezogene Worte hören oder lesen, sind unsere motorischen Hirnareale aktiv (Barsalou, 2008; Fischer & Zwaan, 2008). Wir verarbeiten und verstehen in Folge die Information schneller. Allerdings müssen die Handlungsworte in einem bedeutungsbezogenen Kontext stehen: »Einen Ball werfen« verstehen wir mithilfe unserer motorischen Hirnareale, nicht wörtlich gemeinte Redensarten wie »ein Auge auf etwas werfen« aktivieren den Motorcortex indes nicht beziehungsweise spielt er beim Verarbeiten und Verstehen solcher Metaphern und Redewendungen nur eine untergeordnete Rolle (Raposo et al., 2009; siehe auch Boulenger, Hauk & Pulvermüller, 2009; Desai, Binder, Conant, Mano & Seidenberg, 2011).

Handeln und Sprache sind eng miteinander verbunden. Das Gehirn »bewegt« sich mit, wenn wir sprechen. Dadurch verstehen, lernen und verarbeiten wir bewegungsassoziierte Worte schneller und besser. Der Hirnforscher Manfred Spitzer formulierte es auf einer Podiumsdiskussion des Multisense Forums 2010 kurz und knackig: »Die Hand denkt mit.«

Sprache und Gesten
Wenn wir sprechen, reden unsere Hände mit. Wir nutzen — meist unbewusst — Gesten, die unsere Worte verständlicher und haptisch fassbar machen. Nehmen Sie einmal eine Haltung ein, die dem militärischen »Stillgestanden« entspricht, und halten Sie eine Rede ohne dabei zu gestikulieren. Es wird Ihnen schwer fallen: Ihre Hände wollen sich unbedingt bewegen und Sie sprechen garantiert auch weniger flüssig im Stillgestanden.

Im Alltag verwenden wir sogenannte singuläre Gesten spontan beim Sprechen — oft sogar selbst beim Telefonieren. Mit den Gesten ahmen wir Objekte, Handlungen oder Eigenschaften nach (Corves, 2011). Wir repräsentieren beispielsweise ein Buch, indem wir beide Handflächen wie beim Beten zusammenlegen und dann aufklappen — die Hand wird zum Objekt. Wir können ebenso simulieren, wie wir das imaginäre Buch mit beiden Händen greifen und aufklappen — eine agierende Geste. Mit solchen Gesten zeigen wir auch die Größe des Buches, indem wir entweder mit den Zeigefingern die Konturen des Buchs nachzeichnen oder mit unseren Händen das Buch formen beziehungsweise modellieren.

Beim Gestikulieren sind — im Gegensatz zu realen Handlungen — überwiegend assoziative Hirnareale aktiv, die dem semantischen und konzeptionellen Verständnis dienen (Paciocco, 2012). Während wir Handlungen pantomimisch nachahmen, rufen wir wie beim Sprechen verständnisrelevante Informationen ab. Wir nutzen unser Abstraktionsvermögen, um nicht konkret vorhandene Dinge mit unseren Händen zu vermitteln, beispielsweise wie wir einen Nagel in ein Brett hämmern.

Rekurrente Gesten hingegen haben eine bestimmte Bedeutung. Menschen verwenden sie immer wieder in derselben Art und Weise (Corves, 2011) — wie beispielsweise eine ablehnende Geste, bei der wir den angewinkelten Arm vom Körper weg ausstrecken, oder den berühmte Stinkefinger. Diese Gesten versteht der Kommunikationspartner auch ohne Worte. Doch Vorsicht: Rekurrente Gesten können in verschiedenen Kulturen Unterschiedliches bedeuten. Schmeckt Ihnen in Asien das Essen in einem Restaurant, dann signalisieren Sie es besser nicht mit einem aus Daumen und Zeigefinger geformten »o« — der Kellner würde sich beleidigt fühlen, denn er liest darin eine Körperöffnung unterhalb der Gürtellinie.

QR-Code: Eine Liste verschiedener Gesten und ihrer Bedeutungen in verschiedenen Kulturkreisen finden Sie auf Wikipedia.
http://de.wikipedia.org/wiki/Liste_von_Gesten

Berührung und Kommunikation

Jede zwischenmenschliche Berührung ist eine direkte Form der Kommunikation. Sie stellt Kontakt her, sagt etwas über die Art der Beziehung aus und löst Reaktionen aus. Berührung ist ein Beziehungsinstrument mit zahlreichen Bedeutungsnuancen. Beim Heranwachsen lernen wir sukzessive, was verschiedene Formen der Berührung bedeuten, und legen entsprechende Blaupausen in unserem Gedächtnis ab. Die gelernten Assoziationen, Emotionen sowie Bewertungen verknüpfen wir zu abrufbaren Mustern. Diese Codes entstehen stets aus der Statistik unserer Erfahrungen.

Als Babys erfahren wir beispielsweise durch zärtliche Berührungen unserer Eltern ihre Liebe und Zuneigung. Berührungen beruhigen uns und können unsere Emotionen regulieren (vgl. Anhang 6.2.2). Als Kinder werden wir (hoffentlich) sehr oft von unseren Eltern in die Arme geschlossen. So lernen wir, dass Wärme ein Code für soziale Akzeptanz ist. Diese Assoziation sitzt tief in uns: Beispielsweise schätzen Restaurantbesucher die Raumtemperatur kälter ein, wenn sie alleine an einem Tisch speisen, im Vergleich zu den Gästen einer geselligen Runde (siehe Lee et al., 2014).

Wie Worte haben auch Berührungen unterschiedliche Konnotationen: Zwischen einer innigen Umarmung und einem reservierten Händedruck beispielsweise liegen Gefühlswelten. Und auch in den Kussarten und ihren jeweiligen Bedeutungen steckt ein emotionales Spektrum, das von höchster Intimität bis hin zur formellen Geste reicht: zarte und innige Küsse zwischen Liebenden, von den Fingerspitzen durch die Luft gepustete Abschiedsküsse, Bussis unter Freunden oder angedeutete Küsschen rechts und links beim freundschaftlichem Staatsempfang. Selbst kürzeste Berührungen können intensive Emotionen auslösen: Glücksgefühle, wenn der Liebespartner uns berührt, oder negative Gefühle, wenn uns ein Fremder auf der Straße anrempelt.

Ob ein Anstupser, der unsere Aufmerksamkeit weckt, ein ermutigendes Schulterklopfen, ein fester Händedruck oder eine Ohrfeige — Berührungen vermitteln eine Direktheit und Lebendigkeit, die stärker sind als Sprache. Forscher identifizierten insgesamt zwölf Bedeutungen, die Berührungen unmissverständlich ausdrücken können: Unterstützung, Wertschätzung, Einbeziehung, sexuelles Interesse, Zärtlichkeit, spielerische Zuneigung, spielerische Aggression, Zustimmung, Aufmerksamkeit fordern, eine Reaktion ankündigen, Glückwünsche sowie Abschied (Jones & Yarbrough, 1985).

Durch Berührungen vermitteln wir ebenso Emotionen, die der Berührte mit großer Wahrscheinlichkeit erkennen wird. Wenn wir auf jemanden wütend sind, schütteln wir ihn grob, wenn wir ihn lieben, dann streicheln wir ihn, wenn wir ihm danken, greifen wir seine Hände, wenn wir jemanden trösten, tätscheln wir ihn. Ekeln wir uns extrem vor etwas, dann drücken wir wahrscheinlich die Hand oder den Arm eines anderen Anwesenden. Wir können insgesamt sechs Emotionen alleine durch Berührungen erkennen: Wut, Angst, Ekel, Liebe, Dankbarkeit und Mitleid — und zwar mit derselben Genauigkeit, mit der wir auch Emotionen über die Stimme oder über die Mimik erkennen (Hertenstein, Keltner, App, Bulleit & Jaskolka, 2006).

6.3 Die Hand: Alles im Griff

Die Hände sind unsere primären Werkzeuge, mit denen wir unsere Umwelt aktiv erkunden und manipulieren. Wir können sowohl grob mit einem Vorschlaghammer hantieren als auch filigran mit einem Skalpell kleinste Kunstwerke in Bleistiftminen schnitzen (siehe Abb. 98). Die Hände füttern uns, geben und nehmen, verbinden uns mit anderen und sie zeigen uns die Realität der visuell wahrgenommenen Dinge. Die Hände sind extrem sensitive Sinnesorgane. In der Haut von Fingerspitzen und der Handfläche ist die Dichte an Rezeptoren besonders groß (vgl. Anhang 6.4). In diesem Kapitel beleuchten wir die Hand näher: ihre Konstruktion, was sie kann, wie wir sie benutzen und wie sich unsere Hände durch andere Sinne täuschen lassen können.

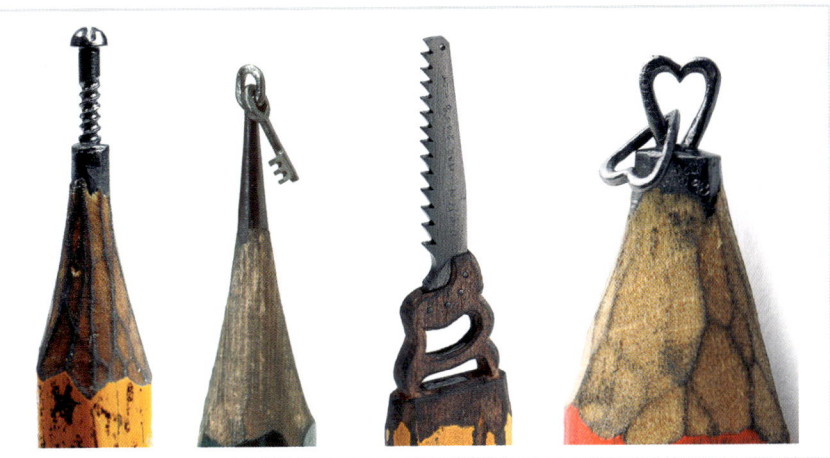

Abb. 98: Der Künstler Dalton Ghetti verwandelt Bleistiftminen in Kunstwerke (Quelle: daltonmghetti.com).

6.3.1 Ein einzigartiger Evolutionsturbo

Schauen Sie sich einmal Ihre Hand an: wie beweglich, geschmeidig, filigran und zupackend sie ist. In diesem virtuosen Instrument stecken Millionen Jahre Entwicklung. Der evolutionäre Durchbruch kam mit dem opponierbaren Daumen. Der menschliche Daumen bewegt sich nicht parallel zu den anderen Fingern, sondern ist ihnen gegenübergestellt (opponierbar) — dadurch können wir mit unseren Händen wie mit eine Zange kann die Hand zugreifenverwenden. Als der Mensch aufrecht gehen lernte, hatte er plötzlich seine Hände frei — er benötigte sie nicht mehr, um sich fortbewegen zu können. Der Daumen wuchs daraufhin, bis er jede Fingerspitze der Hand berühren konnte. Aus den beiden »Zangen« entwickelten sich bewegliche Hände, die immer komplexere Aufgaben übernahmen. Mit dem vielseitigen Tast- und Greiforgan stellten unsere Vorfahren erste Werkzeuge her und benutzten sie. Das setzt Planung und komplizierte Koordination voraus, was ohne leistungsfähiges Gehirn nicht gelingen kann. Hand in Hand mit den Händen entwickelte sich das menschliche Gehirn zu dem Super-Rechner, der es heute ist. Kurzum: Die Hand ist ein Grund dafür, warum wir Menschen in der Evolution so erfolgreich sind.

Das vorläufige Ergebnis der händischen Evolution ist ein komplex konstruiertes Werkzeug, das der Mensch als einziges Lebewesen auf der Erde hat. In den Händen befindet sich ein Viertel der rund 200 Knochen unseres Körpers, denn jede Hand besteht aus 27 Knochen. Dreiunddreißig Muskeln beteiligen sich an den Greif- und Tastbewegungen. Davon befinden sich 18 Muskeln direkt in den

Händen und 15 in jedem Unterarm, die über Sehnen und Bänder mit den Handknochen verbunden sind (Faller & Schünke, 2012).

Jeden Finger können wir dank der Eigelenke im Mittelhandknochen entweder seitlich hin und her bewegen, oder vor und zurück. Eine Ausnahme ist der Daumen: Ihn können wir gleichzeitig auf beiden Achsen bewegen. Sein Sattelgelenk lässt zudem eine Rotationsbewegung zu, bei der sich Daumen und die anderen Fingern berühren. Durch die Scharniergelenke zwischen den drei Fingergliedern können wir jeden Finger zweimal beugen — den Daumen allerdings nur einmal, da er nur aus zwei Gliedern besteht (Faller & Schünke, 2012). Sehnen halten unsere Finger ständig gespannt: Strecken wir einen Finger, dehnen sich die Sehnen in der Innenseite — beugen wir den Finger, dehnen sich die Sehnen der Außenseite. Aufgrund der Spannung können wir unsere Finger flink bewegen: sei es beim Tippen auf der Tastatur oder beim Spielen einer Gitarre (SWR, 2013).

Die Beweglichkeit der Hand ist Traum und Alptraum jedes Ingenieurs, der menschenähnliche Roboter bauen will. Wenngleich heutige Roboterhände oder Handprothesen eine erstaunliche Beweglichkeit und Funktionalität besitzen — sie können nicht annähernd eine menschliche Hand ersetzen. Unsere Hände sind konkurrenzlos.

QR-Code: Faszinierend: Die flinken Finger des Straßenmusikers Mariusz Goli fliegen über das Griffbrett seiner Gitarre.
http://www.youtube.com/watch?v=ZsmeuC38nkw

6.3.2 Wie die Hand die Welt erforscht

Objekte in unserer Umwelt können wir nicht nur berühren. Unsere Hände sind dank ihrer komplexen Konstruktion vielseitig einsetzbar. Wir können Objekte sanft mit Daumen und Zeigefinger greifen oder aber stabil, wenn wir den Mittelfinger hinzunehmen. Mithilfe des Ringfingers und des kleinen Fingers können wir ein Objekt in einer Hand drehen und wenden (zu den verschiedenen Griffarten siehe Anhang 6.3.3).

Explorative Prozeduren

Wenn wir ein Objekt erkunden und Information darüber sammeln, verwenden wir dafür stereotypische Handbewegungen. Die Psychologinnen Roberta Lederman und Susan Klatzky (1987; 1993) untersuchten die Handbewegungen und unterteilten sie in acht verschiedene explorative Prozeduren, mit denen wir die Beschaffenheit und Funktionalität von Objekten erforschen (siehe Abb. 99):

- Wir streichen über ein Objekt, wenn wir **Oberflächen**merkmale wie die Textur erkunden.
- Informationen über die **Härte** beziehungsweise **Elastizität** erhalten wir, wenn wir auf das Objekt drücken.
- Statischer Kontakt verrät uns die **Temperatur**.
- Das **Gewicht** nehmen wir mit wiegenden Bewegungen wahr.
- Das **Volumen** und die **grobe Form** schätzen wir ab, indem wir das Objekt mit beiden Händen umfassen.
- Die **detaillierte Form** erforschen wir mit unseren Fingern, mit denen wir die Konturen nachstreichen.
- Besteht ein Objekt aus mehreren **Teilen**, dann prüfen wir, ob sie beweglich sind.
- Die **Funktion(en)** eines Objekts erforschen wir ebenso: Wir schnippeln mit der Schere oder stecken unsere Hand in die Öffnung einer Box.

Selbstverständlich kombinieren wir auch einzelne Prozeduren miteinander und erhalten Informationen zu mehreren Objektdimensionen, die uns Rückschlüsse auf weitere Merkmale des Objekts erlauben. Studienteilnehmer klassifizierten fremde Objekte schneller, wenn sie diese auf zwei Objektdimensionen explorierten, als wenn sie nur eine der explorativen Handbewegungen gebrauchten (Lederman & Klatzky, 2009).

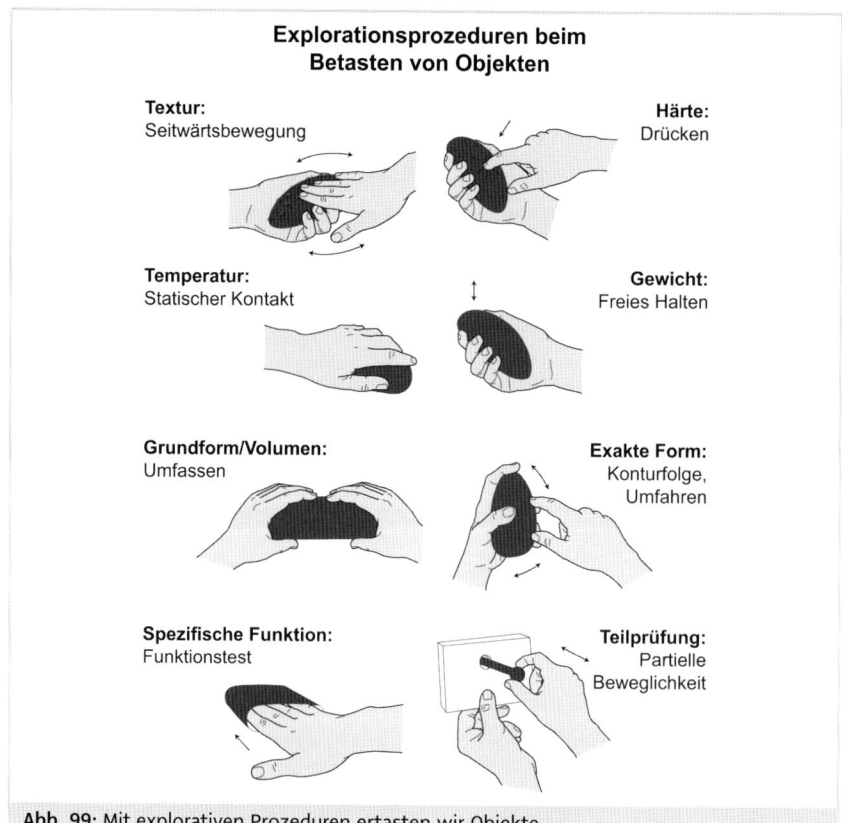

Abb. 99: Mit explorativen Prozeduren ertasten wir Objekte (nach Lederman & Klatzky, 1993, S. 31).

Textur

Wenn wir mit einem Finger über eine Oberfläche streichen oder auf eine drücken, nehmen wir mehrere Dimensionen der Oberfläche wahr: Die Oberfläche kann *rau* (wie Schmirgelpapier) versus *glatt* (wie Glas) sein; *hart* (wie Stein) versus *weich* (wie ein Schwamm); *klebrig* (wie Klebeband) versus *schlüpfrig* (wie Seife). Schmirgelpapier nehmen wir beispielsweise umso rauer wahr, je größer die einzelnen Partikel sind. Gerillte Metallplatten umso rauer, je dicker die Rillen und je enger der Rillenabstand sind (vgl. Meyer, 2001, S. 75). Die sensitiven Rezeptoren in unserer Haut spüren kleinste Dehnungen und Druckreize sowie Vibrationen, die zwischen einer rauen Oberfläche und der Haut entstehen (siehe Lederman & Klatzky, 2009; vgl. auch Anhang 6.4.2). Grobe Texturen können wir gut mit den Augen erkennen — bei feinen Strukturen dagegen ist unser Tastsinn dem Sehsinn überlegen (Ballesteros & Heller, 2008; Spence & Bremner, 2008).

Andere Sinne können uns allerdings in die Irre führen: Je lauter ein Reibegeräusch, desto rauer schätzen Menschen eine Oberfläche ein. Sandpapier wirkt rauer, je höher die Frequenz seines Schmirgelklangs ist. Stoffe wirken weicher, wenn sie fruchtig oder blumig zum Beispiel nach Lavendel duften (Spence & Bremner, 2008). Die einzelnen Sinneseindrücke fügen wir zu einem Gesamtbild zusammen, bei dem sich die Sinneseindrücke gegenseitig beeinflussen können.

Gewicht
Das Gewicht eines Objekts wird von seinen Materialien und deren Dichte bestimmt. Um das Gewicht zu bestimmten, nehmen wir das Objekt in die Hand, wir wiegen und drehen es. Die Kraft, die unsere Muskeln aufwenden, geben uns Hinweise auf das Gewicht. Dabei spielt unser kinästhetischer Sinn eine große Rolle (Lederman & Klatzky, 2009).

Doch auch die Materialoberfläche beeinflusst, wie leicht oder schwer wir ein Objekt empfinden: Eine Aluminiumoberfläche lässt ein Objekt beispielsweise leichter wirken als eine Holzoberfläche. Ebenso wirken große Objekte schwerer als kleine, auch wenn beide gleich viel wiegen (Größe-Gewicht-Illusion genannt; siehe Ballesteros & Heller, 2008). Das Zusammenspiel der Sinne ergibt den Gesamteindruck.

Elastizität
Ob ein Objekt fest oder elastisch ist, überprüfen wir, indem wir auf das Objekt drücken. Die Mechanorezeptoren in der Haut registrieren den Druck und die Deformation der Haut. Die Tiefenrezeptoren registrieren den Kraftaufwand. Bei elastischen Objekten müssen wir weniger Kraft beim Drücken aufwenden und unsere Haut verformt sich weniger als beim Drücken auf feste Objekte. Daran erkennen wir die elastischen Eigenschaften eines Objekts (Ballesteros & Heller, 2008; Lederman & Klatzky, 2009).

Geometrie
Wenn ein Objekt in unsere Hand passt, spüren wir dessen Größe und Form durch die Signale unserer Hautrezeptoren (z. B. Druckreize der Kanten) und die Position unserer Finger. Objekte, die nicht in unsere Hand passen, erkunden wir, indem wir es an mehreren Stellen berühren, betasten und unsere Hände in verschiedenen Richtungen über das Objekt bewegen. Mehrere Explorationsprozeduren kombinieren wir hierbei und kinästhetische sowie haptische Informationen ergeben das Gesamtbild. Sehsinn und Tastsinn wirken hierbei im Alltag zusammen: Mit den Augen erkennen wir die Form und Größe eines Objekts. Die haptische Exploration bestätigt das Gesehene und gibt uns zusätzliche Informationen (Lederman & Klatzky, 2009).

Temperatur

Die Hauttemperatur unserer Hände liegt irgendwo zwischen 25 und 36 Grad Celsius. Die Umgebungstemperatur ist meist kühler und Objekte in ihr sind ebenso kühl. Berühren wir ein Objekt, nimmt das wiederum die Temperatur der Hände an oder es gibt Temperatur an die Haut ab, wenn das Objekt heißer ist. Die Thermorezeptoren registrieren entweder einen An- oder Abstieg der Hauttemperatur, woraufhin wir die Temperatur des Objekts wahrnehmen (Lederman & Klatzky, 2009).

Interessanterweise empfinden wir manche Materialien als eher kalt oder warm, unabhängig von ihrer tatsächlichen Temperatur. Das liegt an ihrer Wärmeleitfähigkeit. Plastik ist beispielsweise wärmeisolierend und Metall leitet Wärme weiter beziehungsweise nimmt die Wärme unseres Körpers auf. Anfang des letzten Jahrhunderts führte der deutsche Psychologe David Katz dazu Experimente durch. Seine Versuchspersonen empfanden Holz und Wolle beispielsweise als warm und Glas oder Aluminium als kalt — selbst wenn alle Materialien auf Null Grad Celsius heruntergekühlt oder auf 26 Grad Celsius erhitzt waren. Katz spricht von *Temperaturgestalten* der Materialien. Sie erleichtern uns, verschiedene Materialarten wie Metalle, Hölzer, Webstoffe oder Papier voneinander zu unterscheiden (vgl. Katz, 1925, S. 174 ff.).

6.3.3 Die verschiedenen Griffarten

Unsere Umwelt können wir mit unseren Händen auf vielfältige Weise manipulieren. In den meisten Fällen haben wir dabei Objekte oder Werkzeuge in der Hand: Sei es, wenn wir einen Apfel essen, mit einem Schraubendreher arbeiten oder mit einen Stift schreiben. Wie wir ein Objekt greifen, hängt von dessen Form, Größe, Gewicht und Funktion ab. Wissenschaftler unterscheiden grundsätzlich zwei Griffarten: den Kraftgriff und den Feingriff (siehe Abb. 100).

Kraftgriff

Beim **Kraftgriff** kommen alle Finger zum Einsatz und der Daumen befindet sich in Opposition zur Handfläche. Zusammen mit dem dichten Sehnengeflecht des Handtellers können wir fest zupacken und greifen problemlos sowohl große als auch schwere Gegenstände.

Wir können beim Kraftgriff unsere Hand ballen oder während des Greifens die Finger anwinkeln beziehungsweise den Gegenstand mit den Fingern umwickeln. In jedem Fall berührt die Handfläche den Gegenstand, was dem Griff seine Kraft gibt. Anatomen nennen sie daher auch Handflächengriffe. Sie unterscheiden weiterhin noch zentrierte Griffe, bei denen das Objekt in der Mitte der Handfläche liegt — beispielsweise, wenn wir einen Tennisball greifen oder mit Messer und Gabel etwas auf dem Teller zerschneiden. Manche Kraftgriffe sind abhängig von der Schwerkraft, zum Beispiel wenn wir eine Schale an ihrem Rand mit drei Fingern fassen. Schwerkraftabhängig sind auch Kraftgriffe, bei denen wir die Handfläche(n) als tragende Plattform nutzen, also gar nicht wirklich greifen — beispielsweise wenn wir ein Tablett tragen (Kapandji, 2009; siehe Abb. 100).

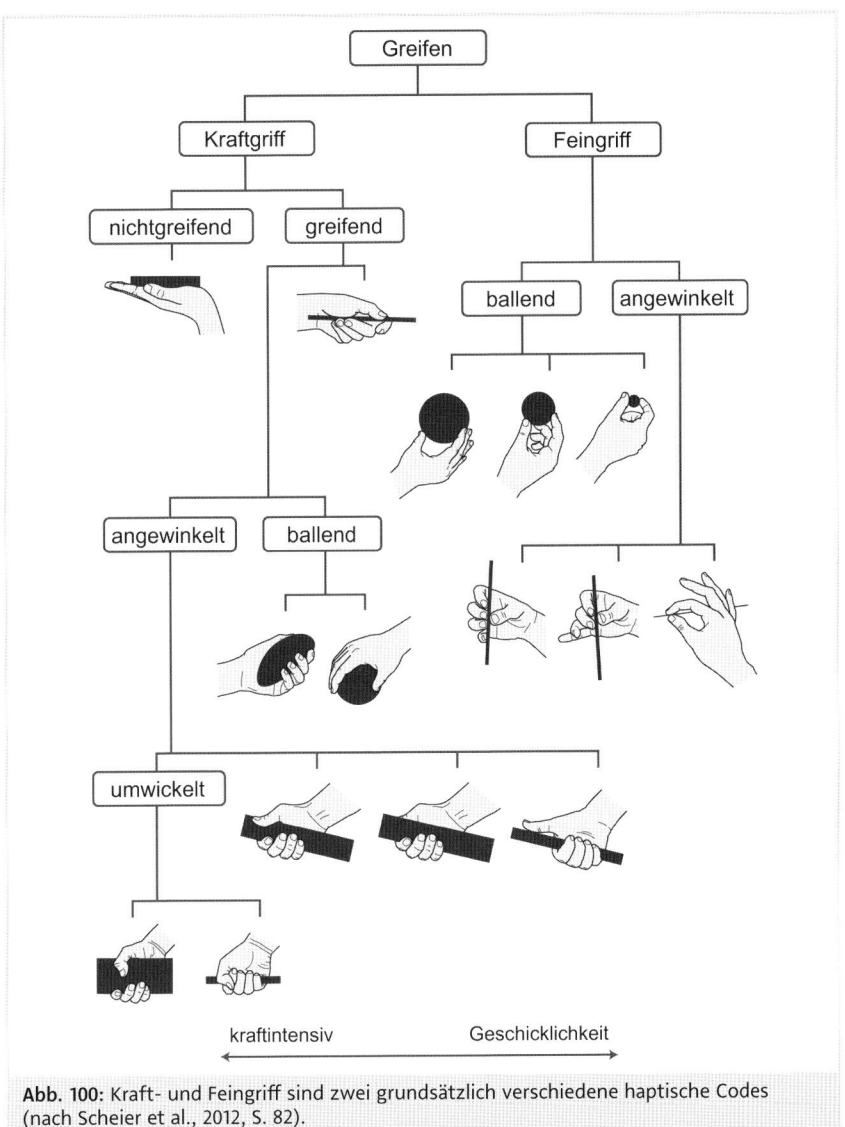

Abb. 100: Kraft- und Feingriff sind zwei grundsätzlich verschiedene haptische Codes (nach Scheier et al., 2012, S. 82).

Feingriff

Beim **Feingriff** halten wir Objekte nur mit den Fingern — meist mit Daumen und Zeigefinger, manchmal auch zusätzlich mit dem Mittelfinger. Die Handfläche benutzen wir dabei nicht. Anatomen sprechen daher auch von Fingergriffen. Wir nutzen den Feingriff für filigrane Tätigkeiten, die eine gewisse Geschicklichkeit erfordern: zum Beispiel beim Schreiben, Nähen, Basteln; um uns stilvoll mit Sektgläsern zuzuprosten oder wenn wir einen Golfball aufheben. Die aufgewendete Kraft passen wir präzise an Gewicht und Reibung des Gegenstandes an — je schwerer und glatter die Oberfläche ist, desto mehr Kraft müssen wir aufwenden. Die Finger winkeln wir dabei entweder an oder wir ballen unsere Handfläche (Kapandji, 2009; siehe Abb. 100).

Sowohl Kraft- als auch Feingriffe können zum einen statisch sein, das heißt, die Finger beziehungsweise Hände greifen lediglich zu. Zum anderen können wir auch dynamisch greifen, dann handeln mehrere Finger gleichzeitig: beim Essen mit Stäbchen, beim Sprühen mit dem Deospray oder beim Gitarrespielen (Kapandji, 2009).

Jeder Griff ist ein Code

Physische Produkte nehmen wir in die Hand, daher sind Griffarten relevant für das Marketing. Ob Kraft- oder Feingriff: Jeder Griff löst ein implizites Konzept in unserem Autopiloten aus (vgl. Scheier et al., 2012, S. 81 ff.).

Die feinen Täfelchen von Hachez beispielsweise greifen wir mit Daumen und Zeigefinger — einem Feingriff wie beim Greifen eines Sektglases oder einer Espressotasse. Mit dem Feingriff assoziieren Menschen feine Dinge: zum Beispiel Besonderheit, Kultiviertheit, Feinheit, Genuss, Weiblichkeit. Die Hachez-Täfelchen sind daher eher etwas für genussvolle, besondere Momente und nicht für jeden Tag. Anders ist dagegen Ritter Sport positioniert: Die Schokolade ist für unterwegs konzipiert. Die quadratische Form und der wiederverschließbare Knick-Pack machen die dicken Tafeln reisetauglich. Mit einem Kraftgriff zweier Hände öffnen beziehungsweise brechen wir eine Tafel Ritter Sport. Die implizite Botschaft des Kraftgriffs beim Öffnungsritual verrät unserem Autopiloten: Ritter Sport ist alltagstauglich — eine Schokolode für jeden Tag (siehe Abb. 101).

Abb. 101: Der Kraftgriff beim Öffnen einer Ritter-Sport-Tafel ist ein impliziter Code für Alltagstauglichkeit (Quelle: Ritter Sport).

6.4 Die Haut: Zwei Quadratmeter Fühl-Fläche

Unsere Haut ist eine natürliche Barriere. In der Haut stecken wir, vor ihr befindet sich die Außenwelt. Die Haut gibt uns ein Erscheinungsbild und hüllt uns ein. Diese Grenzfunktion ist wichtig, denn unsere Haut schützt uns vor UV-Strahlen und verhindert, dass Flüssigkeiten oder Schadstoffe von außen in unseren Körper eindringen. Unsere Haut hält Krankheitserreger ab und schützt uns vor mechanischen Einwirkungen sowie Verletzungen. Die Haut reguliert unsere Körpertemperatur, indem sie Schweiß absondert, wenn uns zu warm wird. Und nicht zuletzt fühlen wir mit unserer Haut die Welt, in der wir uns bewegen.

Unser Körper ist von etwa zwei Quadratmeter Haut umgeben, die durchschnittlich 2,5 Millimeter dick ist und fünf bis sechs Kilogramm wiegt, was etwa sechs Prozent des gesamten Körpergewichts sind. Das macht die Haut zu unserem größten Organ (vgl. Tobin, 2011, S. 4).

> **! Tipp: Wie viel Haut haben Sie?**
>
> Mit einer einfachen und zuverlässigen Formel können Sie berechnen, wie groß Ihre Hautoberfläche ist (Wang, Moss, Thisted, 1992):
>
> Hautoberfläche [m^2] = (Körpergewicht [kg]^{0,425} × Körpergröße [cm]^{0,725}) × 0,007184
>
> Etliche Internetseiten nehmen Ihnen die Berechnung ab, beispielsweise die des renommierten Weill Cornell Medical College in New York.

> **QR-Code: Berechnen Sie online die Fläche Ihrer Haut.**
> http://www-users.med.cornell.edu/~spon/picu/calc/bsacalc.htm

Als Spiegel von Körper und Seele reagiert unsere Haut unter anderem auf Stress, Hormonschwankungen und ungesunde Lebensweise. Sie zeigt allergische Reaktionen und Krankheiten an, ist heiß bei Fieber, errötet oder erblasst bei starken Emotionen. Wir bekommen eine Gänsehaut und es läuft uns kalt den Rücken herunter, wenn es uns graust. Kurzum: Die Haut ist unser Wohlfühlbarometer.

Zudem charakterisiert die Haut metaphorisch ihren Träger: Jemand hat beispielsweise eine dünne Haut oder ein dickes Fell, ist eine ehrliche Haut, fühlt sich wohl oder unwohl in seiner Haut oder könnte vor Wut aus der Haut fahren.

Unsere Haut reagiert bereits auf kleinste Berührungen. Pusten Sie doch einmal leicht auf Ihre Haut oder streicheln Sie mit der Fingerkuppe Ihres Zeigefingers ganz sanft über die Spitzen der Haare auf Ihrem Unterarm. Das kribbelt, oder? In jeder Sekunde bombardieren Millionen von sensorischen Reizen unsere Haut. Wir fühlen die wärmenden Sonnenstrahlen auf der Haut, den kühlen Wind, jegliche Berührungen und mechanischen Reize — sowohl passiv als auch aktiv, wenn wir etwas berühren oder ertasten. Wir fühlen ebenso, was in unserem Körper passiert: wenn unser Bauch grummelt, sich unsere Muskeln anspannen und dehnen und wie sich unsere Gelenke bewegen.

Sowohl unser Gehirn als auch unsere Haut entwickeln sich aus dem Ektoderm — dem äußersten der drei Keimblätter, die sich während der Gastrulation der befruchteten Eizelle bilden und woraus das menschliche Embryo entsteht. Es ist nicht weit hergeholt, wenn manch ein Wissenschaftler die Haut als Außengehirn bezeichnet (Tobin, 2006).

6.4.1 Die drei Hautschichten

Unsere Haut besteht aus drei Schichten: der Epidermis (Oberhaut), der Dermis (Lederhaut) und der Hypodermis (Unterhaut) — siehe Abbildung 102.

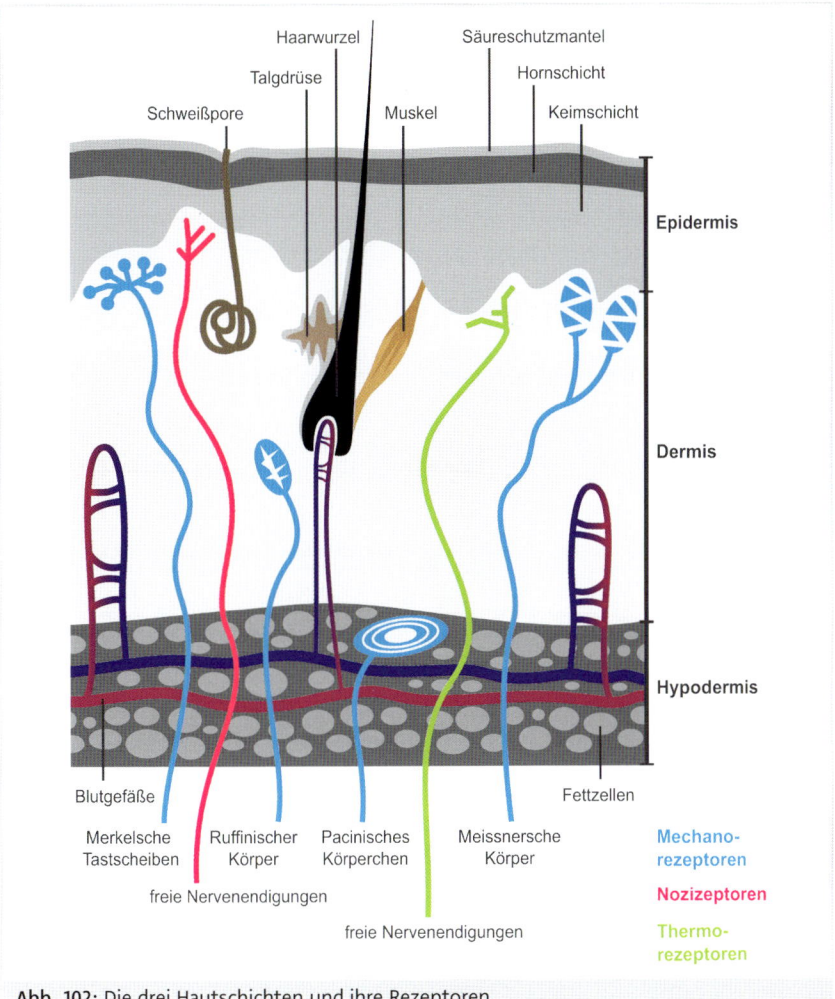

Abb. 102: Die drei Hautschichten und ihre Rezeptoren.

Schutzschicht Epidermis

Die zarte Epidermis macht etwa fünf Prozent der Dicke der gesamten Haut aus. Sie ist im Gesicht 0,05 Millimeter dick, einen halben Millimeter an den beanspruchten Händen und Fingern sowie einen Millimeter an den Fußsohlen, wo sie jedoch rund 60 Prozent der Hautdicke ausmacht. Die Epidermis ist mehrschichtig und besteht zu 99 Prozent aus sogenannten Keratinozyt-Zellen. In der obersten Schicht bilden abgestorbene, verhornte Keratinozyte die stabile Hornschicht, die uns vorm Austrocknen und vor Verletzungen schützt. Die strapazierten Hornzellen nutzen sich ab, doch unsere Haut produziert ständig neue nach — ungefähr einmal im Monat bekommen wir eine neue Epidermis. Die Epidermis ist nicht glatt, sondern mit Hautporen und Haaren übersät. Über die Poren versorgen die Talg- und Schweißdrüsen aus den unteren Hautschichten unsere Haut mit einer schützenden »Creme«: Ein dünner Film aus Wasser, Fetten und Bestandteilen der Hornzellen überzieht unsere Epidermis und hält sie geschmeidig sowie intakt. Talg und Schweiß haben einen leicht sauren pH-Wert, was aus dem Schutzfilm einen Säuremantel macht. In dem sauren Milieu unserer Haut fühlen sich Pilze und Mikroben nicht sehr wohl. Unsere Haut schützt uns somit vor Krankheiten (Nelson & Lumpkin, 2011; Tobin, 2011).

Geschäftszentrum Dermis
Unter der Epidermis liegt die Dermis — ein Bindegewebe, das aus Kollagen, Elastin und dehnbaren Fasern besteht. Dank dieser Bestandteile absorbiert die Dermis Schocks von außen, ist dehnbar, flexibel und viscoelastisch — nach einer Deformation nimmt sie schnell wieder ihre ursprüngliche Form an. Die Dermis ist von feinen Blutgefäßen, Nervensträngen, freien Nervenendigungen durchzogen und auch die meisten unserer Rezeptoren liegen hier. Die Dermis ist deshalb so etwas wie das Geschäftszentrum unserer haptischen Wahrnehmung: Die Rezeptoren registrieren Reize aus der Umwelt — wie Temperatur, Druck, Textur oder Schmerz — und leiten die Informationen an unser Gehirn weiter. Hier liegen auch die Talg- und Schweißdrüsen, die den Schutzfilm für die Epidermis produzieren (Tobin, 2011).

Gleitschicht Hypodermis
Die Hypodermis verbindet die Dermis mit Komponenten des Skeletts — mit Sehnen, Bändern und dem Bindegewebe, das unseren Körper zusammenhält. Die Hypodermis besteht aus wärmeisolierendem, energiereichem Fettgewebe. Das Fettgewebe wirkt wie eine Gleitschicht: Die Haut bedeckt unseren Körper nicht starr wie ein Panzer, sondern ist beweglich und lässt sich zu einem gewissen Grad verschieben. Ohne diese Eigenschaft wäre jede Massage eine Tortur. In der Hypodermis befinden sich ebenso größere Blutgefäße, Nerven und Rezeptoren, die sehr starke Reize wahrnehmen (Tobin, 2011).

6.4.2 Die Haptik-Rezeptoren

Wir nehmen taktil und haptisch wahr: haptisch, wenn wir berühren, und taktil, wenn uns etwas berührt. Verantwortlich für unsere taktile und haptische Wahrnehmung sind **Rezeptoren**, die am Ende von Nervenfasern sitzen, sowie **freie Nervenendigungen** — das sind mikroskopisch feine Äste von Nervenfasern ohne spezifische Rezeptoren. Beide befinden sich in unserer gesamten Haut und bilden ein dichtes Netzwerk (Grundwald, 2012). Rezeptoren liegen aber auch in unserem Körper, nämlich sogenannte propriozeptive Rezeptoren: Muskelspindeln, Golgische Sehnenorgane und Gelenkrezeptoren informieren uns über eigene Bewegungen, die Haltung unseres Körpers, die Lage und Stellung von Gliedmaßen und Muskeldehnungen (Halata & Baumann, 2008). Dank dieses nach innen gerichteten, kinästhetischen Sinns — auch Propriozeption genannt — können wir beispielsweise mit verschlossenen Augen eine Treppe nach oben beziehungsweise unten steigen, uns selbst zielgenau am Rücken kratzen und das Gewicht eines Objekts einschätzen.

Der Tastsinn ist äußerst komplex. Er beschränkt sich nicht wie die anderen Sinne auf ein Sinnesorgan oder eine Körperregion, vielmehr ist unser gesamter Körper ein Tastsinnesorgan. Forscher beginnen gerade erst, die sensorischen Prozesse im menschlichen Körper zu verstehen, und noch längst haben sie nicht alle beteiligten Rezeptoren und Nervenendigungen entdeckt (Nelson & Lumpkin, 2011). Der Haptik-Forscher Martin Grunwald schätzt die Anzahl der Rezeptoren in unserem Körper auf 300 bis 600 Millionen und die Anzahl der freien Nervenendigungen auf zwei Billionen (Grunwald, 2012; Wegner, 2011).

Durch die gigantische Anzahl an Rezeptoren und freien Nervenendigungen kann der Mensch vieles über seine Haut fühlen: Schmerz, Temperatur, Druck, Vibration, Berührungen, Texturen, Formen, Bewegungen und Dehnung. Registriert eine berührungssensitive (Rezeptor-)Zelle in der Haut beispielsweise einen Reiz wie Druck oder Dehnung, wandelt sie den Reiz durch chemische Prozesse in elektrische Impulse um — sogenannte Aktionspotenziale. Dieser Vorgang heißt Mechanotransduktion (Bensmaia & Yau, 2011). Nervenzellen übertragen die haptischen Signale, über Nervenfasern und das Rückenmark gelangen die Informationen blitzschnell ins Gehirn, das die ankommende Information entschlüsselt. Rezeptoren und Nervenendigungen sind hoch sensibel. Jede Reizänderung erhöht beziehungsweise senkt die Frequenz des elektrischen Signals an das Gehirn, bei konstantem Reiz sinkt die Feuerrate. Damit nehmen wir Intensität und Dauer eines Reizes wahr (Nelson & Lumpkin, 2011).

Adaptionsverhalten der Nervenfasern
Die einzelnen Rezeptoren und Nervenendigungen unterscheiden sich in ihrem Adaptionsverhalten. Adaption meint das Nachlassen der Intensität einer Empfindung bei konstantem Reiz (vgl. Meyer, 2001, S. 63). Bestimmte Nervenfasern — sogenannte Afferenten — leiten taktile und haptische Impulse an das zentrale Nervensystem weiter. Wissenschaftler unterscheiden zwei Arten von Afferenten: **RA-Afferenten** (**R**apidly **A**dapting) registrieren den Beginn und das Ende eines Reizes. Sie feuern kurze elektrische Impulse nur während der dynamischen

Phase eines Reizes. Sie erkennen Bewegungs- und Vibrationsreize (Hsiao, 2011). Wenn Sie beispielsweise mit einer 1-Cent-Münze Ihren Unterarm antippen oder mit ihr auf Ihrem Arm entlang rollen, spüren Sie das. Wenn Sie die Münze wieder von Ihrer Haut entfernen, spüren Sie das ebenso.

Bei konstantem Reiz hingegen nimmt die spürbare Intensität mit der Zeit ab. Legen Sie die Münze auf Ihren Arm, spüren Sie diese nach einigen Sekunden kaum noch. Dafür sorgen die die **SA-Afferenten** (**S**lowly **A**dapting), die während der gesamten statischen Phase elektrische Impulse senden. Bei kontinuierlicher Reizung senden sie anfangs viele Impulse, dann entspannen die Afferenten sich jedoch und verringern ihre Feuerrate, bis diese ihr ursprüngliches Niveau wieder erreicht hat (Nelson & Lumpkin, 2011).

Auflösungsvermögen der Nervenfasern

Von den Afferenten gibt es jeweils die Typen 1 und 2. **RA1- und SA1-Afferenten** registrieren auf einer kleinen, klar abgegrenzten Fläche (dem rezeptivem Feld) die eingehenden Reize. Innerhalb dieses Feldes befinden sich mehrere Zonen mit maximaler Sensitivität. Somit können wir kleinste Unterschiede fühlen und haben ein hohes räumliches Auflösungsvermögen beziehungsweise eine hohe Tastschärfe, mit der wir Formen und Texturen erkennen. Die Afferenten sind sensitiv gegenüber Kanten, Ecken, Erhebungen und Biegungen (Ballesteros & Heller, 2008; Hsiao & Yau, 2008). Besonders viele der Typ1-Afferenten liegen in unseren Fingerspitzen — etwa 100 pro Quadratzentimeter (Goodwinn & Wheat, 2008; Hsiao, 2011). Fingerkuppen sind so präzise wie ein Mikroskop: Unter Laborbedingungen erkennen wir mit unseren Fingerspitzen auf einer extrem glatten Oberfläche beispielsweise Erhebungen, die einen Mikrometer hoch sind — das sind 0,001 Millimeter. Im Alltag nehmen wir Höhenunterschiede von 30 Mikrometer wahr, also 0,03 Millimeter. Das Auge hingegen erkennt unter normalen Lichtbedingungen Unterschiede erst ab einer Größe von 0,05 bis 0,1 Millimeter — das sind 50 bis 100 Mikrometer (Müller & Grunwald, 2013). Eine erdengroße Fingerspitze könnte den Größenunterschied zwischen zwei Menschen fühlen, den Augen dagegen würde erst ein Größenunterschied zwischen einem Menschen und einer Laterne auffallen.

Afferenten des Typs 2 — **RA2- und SA2-Afferenten** — registrieren dagegen Reize auf einem größeren rezeptiven Feld und besitzen nur eine Zone maximaler Sensitivität. Typ2-Afferenten sind »fürs Grobe« zuständig und spielen keine große Rolle für die Tastschärfe (Goodwinn & Wheat, 2008). SA2-Afferenten beispielsweise registrieren Dehnungen der Haut (Hsiao, 2011).

Durch das Zusammenspiel der verschiedenen RA- und SA-Afferenten können wir die Form eines Objektes fühlen, seine Position auf unserer Haut, die Textur seiner Oberfläche, ihre Rauheit und Schlüpfrigkeit. Die Afferenten versorgen uns weiterhin mit Informationen über die dreidimensionalen Kräfte beim Berühren (Goodwinn & Wheat, 2008).

Afferenten korrespondieren mit den verschiedenen Arten von Rezeptoren in unserem Körper oder enden als abgekappte Nerven — als freie Nervenendigungen. Drei grundlegen Arten von Rezeptoren und Nervenendigungen befinden sich in unserer Haut: Nozizeptoren, Thermorezeptoren und die für die taktil-haptische Wahrnehmung wichtigen Mechanorezeptoren. Abbildung 102 zeigt die Lage der Rezeptoren in unserer Haut.

Nozizeptoren — die Schmerzmesser

Schmerzrezeptoren — auch **Nozizeptoren** (lat. *noceo* = schaden) genannt — sind freie Nervenendigungen und liegen in der Dermis. Sie warnen uns vor potenziell gefährlichen Objekten und feuern bei hartem Druck, Stichen oder Schnitten, aber auch bei giftigen Substanzen sowie bei starker Hitze und Kälte (Nelson & Lumpkin, 2011). Nozizeptoren senden kontinuierlich elektrische Impulse, solange ein Reiz sie aktiviert. Sie erfüllen nicht ihre Warnfunktion, würden sie nur einmalig feuern oder würde ihre Feuerrate nachlassen. Jeder, der sich schon einmal den Zeh am Tischbein gestoßen hat, beim Gemüseschneiden mit dem Messer abgerutscht ist oder einen Sonnenbrand hatte, weiß, dass er sich auf die Nozizeptoren verlassen kann.

Thermorezeptoren — das Körperthermometer

Thermorezeptoren sind freie Nervenendigungen (Grunwald, 2012), die uns Informationen über die Temperatur eines Objekts geben (Hsiao, 2011). Mit ihnen können wir allerdings nur feststellen, ob etwas warm oder kalt ist. Exakte Temperaturen können wir durch Berühren nicht erfassen. **Kälterezeptoren** feuern mit erhöhter Frequenz, wenn die Temperatur abfällt, und feuern langsamer, wenn die Temperatur steigt. Bei sehr hohen Temperaturen ab 49 Grad Celsius feuern sie allerdings wieder stark, was zum sogenannten Kälteparadox führt — einer vorübergehenden Kälteempfindung. **Wärmerezeptoren** reagieren hingegen auf den Anstieg der Temperatur mit einer hohen Feuerrate von elektrischen Impulsen (Schäfer, Braun & Kürten, 1988). Die Kälte- und Wärmerezeptoren sorgen in unserem Körper für ein Wohlfühlklima, indem sie uns beispielsweise mit Schüttelfrost oder Schwitzen vor zu ungesunden Temperaturen warnen. Ihr Ziel ist immer, die ideale Körpertemperatur zu wahren. Thermorezeptoren sind langsam adaptierende Rezeptoren — einen Temperaturwechsel spüren wir nur vorübergehend. Wenn wir beispielsweise im Sommer in einen Badesee springen, wird uns das Wasser anfangs extrem kalt vorkommen — nach einer Weile jedoch fühlt sich die gleiche Wassertemperatur äußerst angenehm und wärmer an.

Bei Temperaturen über 43 Grad Celsius beginnt der **Capsaicin-Rezeptor** — ein Nozizeptor — zu feuern. Wir empfinden dann nicht mehr Hitze, sondern Schmerz. Der Capsaicin-Rezeptor ist polymodal: Er reagiert sowohl auf Temperatur-Reize als auch auf saure pH-Werte und scharfe Lebensmittel. Von Letzteren hat er auch seinen Namen — das Alkaloid Capsaicin ist in scharfen Paprikaschoten enthalten. Beißen wir in solche hinein, wird uns heiß (Caterina et al., 1997; Tominaga et al., 1998).

> **!** **Beispiel: Haptische Temperatur-Illusion**
>
> Führen Sie den Tastsinn an der Nase herum. Füllen Sie drei Schüsseln mit Wasser: In die linke kommt kaltes Wasser, in die rechte heißes Wasser und in die Schüssel in der Mitte füllen Sie Wasser, das Zimmertemperatur hat. Bitten Sie eine »Versuchsperson«, ihre Hände in die äußeren Schüsseln zu tauchen — eine Hand ins kalte und eine ins heiße Wasser. Nach einer Minute soll ihre Versuchsperson nun beide Hände gleichzeitig in die Schüssel mit dem Wasser in Zimmertemperatur stecken. Ist das Wasser in dieser Schüssel heiß oder kalt? Ihre Versuchsperson wird es nicht sagen können. Die Hand, die zuvor im kalten Wasser steckte, meldet: heiß. Die Hand aus dem heißen Wasser hingegen: kalt. Die Hand ist kein Thermometer, das absolute Temperaturen misst. Unsere Haut empfindet nur relative Temperaturunterschiede: Das Wasser erscheint kälter oder wärmer, jeweils abhängig von der Temperatur des zuvor gefühlten Wassers.

Mechanorezeptoren

Wie der Name vermuten lässt, wandeln die **Mechanorezeptoren** mechanische Reize in elektrische Impulse um. Sie sind essenziell für unseren Tastsinn — ohne sie könnten wir keinen Druck, keine Vibration, keine Dehnung, keine Bewegung, keine Formen oder Texturen erfühlen. Mechanorezeptoren liegen nicht nur in den Hautschichten, sondern auch in den Gelenken, Muskeln, Sehnen und Organen (siehe Abb. 102 für die Lage der Mechanorezeptoren in der Haut).

Meissner-Körper

In der Dermis, der unbehaarten Haut nahe der Körperoberfläche, liegen die sogenannten **Meissner-Körper**. Sie sind die besten Enkodierer von Druckreizen und registrieren Bewegungen auf unserer Haut — womit sie uns beim Greifen von Objekten helfen (Nelson & Lumpkin, 2011). In diesen Rezeptoren enden schnell adaptierende RA1-Afferenten mit hohem räumlichen Auflösungsvermögen (Lederman & Klatzky, 2009). Das macht die Meissner-Körper extrem sensitiv gegenüber Druckreizen, die unsere Haut verformen. Sie registrieren bereits wenige Milligramm und 0,01 Millimeter kleine Verformungen (Grunwald, 2012; Halata & Baumann, 2008). Vibrationsreize — Druckwellen in der Luft — erkennen sie im niedrigen Frequenzbereich von 20 bis 30 Hertz (Halata & Baumann, 2008). Rund 12 Millionen Meissner-Körper befinden sich in unserer Haut (Grunwald, 2012), besonders konzentriert in haarlosen Hautregionen wie dem Zeigefinger —

dort befinden sich etwa 24 Meissner-Körper pro Quadratmillimeter Haut (Halata & Baumann, 2008). Aufgrund ihrer kleineren Finger haben Frauen eine höhere Dichte an Meissner-Körpern in den Fingerkuppen als Männer und sind im wahrsten Sinne des Wortes feinfühliger (Dinse, 2011).

Merkel-Nervenendigungen

Wenige Mikrometer unter den Meissner-Körpern liegen die **Merkel-Nervenendigungen** — das sind Nervenfasern mit Merkel-Zellen an ihren Enden (Halata & Baumann, 2008). Diese Rezeptoren reagieren sowohl auf statische als auch dynamische, sich bewegende Druckreize (Grunwald, 2012). Merkel-Zellen sind mit SA1-Afferenten verbunden — somit passen sie sich langsam an einen Druckreiz an (Lederman & Klatzky, 2009). Mit hohem räumlichen Auflösungsvermögen registrieren die Merkel-Zellen bereits leichte Berührungen. Dank ihnen erkennen wir feine Details wie Formen und Texturen (Nelson & Lumpkin, 2011). Merkel-Nervenendigungen umgeben ebenso die Haarfollikel, wo sie zusammen mit anderen Rezeptoren zur hohen Sensitivität unserer Haare beitragen (Grunwald, 2012).

Ruffini-Körper

Unter den Merkel-Nervenendigungen, in der Dermis unbehaarter Haut, liegen die **Ruffini-Körper**. Diese sind mit SA2-Afferenten verbunden und sind wenig druckempfindlich. Dafür registrieren sie langsame Dehnungen und Streckungen der Kollagenfasern in der Haut. Mit ihnen spüren wir Bewegungen auf unserer Haut. Ruffini-Körper umgeben auch die Haarfollikel und befinden sich in den Gelenken. Dort sind sie für unseren kinästhetischen Sinn unerlässlich und geben uns beispielsweise Rückmeldung über die Bewegungsrichtung sowie die Position unserer Finger (Halata & Baumann, 2008; Ledermann & Klatzky, 2009; Nelson & Lumpkin, 2011; Tobin, 2011).

Pacini-Körper

Tief in der Haut, an der Grenze zwischen Dermis und Hypodermis, befinden sich die größten der bekannten Rezeptoren: die **Pacini-Körper**. Mit schnell adaptierenden RA2-Afferenten verbunden, registrieren sie keinen konstanten Druck, reagieren aber extrem schnell und sensitiv auf Vibrationsreize von 40 bis 1.000 Hertz (Hsiao, 2011; Grunwald, 2012; Lederman & Klatzky, 2009). Pacini-Körper registrieren somit kleinste Dehnungen und Druckreize auf der Haut. Pusten Sie doch einmal leicht auf Ihre Hand — das spüren Sie dank der Pacini-Körper. Die sensitiven Pacini-Körper registrieren sogar Vibrationen aus der Umwelt — beispielsweise den Bass der Musik oder einen vorbeifahrenden Lastkraftwagen, was dem Tastsinn auch Fernsinn-Qualitäten verleiht (Grunwald, 2012). In der Handfläche liegen rund 800 Pacini-Körper und in jedem Finger etwa 350, denn Pacini-Körper spielen eine wichtige Rolle beim Erkennen von feinen Texturen. Je nach Textur entstehen zwischen Objekt und Haut kleinste Vibrationen, während wir mit den Fingern über die Oberfläche streichen (Ballesteros & Heller, 2008). Für das Hantieren mit Objekten sind die Pacini-Körper ebenso wichtig: Wenn Sie mit einem Stift über eine raue Oberfläche streifen, spüren Sie die Rauheit über die Vibrationen des Stiftes und merken ebenso, wenn der Stift in Ihrer Hand verrutscht (Hsiao, 2011).

Haare — unsere Antennen

Achzig Prozent unserer Körperoberfläche ist mit circa fünf Millionen feinster Härchen bedeckt, die meisten davon sind kaum sichtbar (Grunwald, 2012). Nur dürftige zwei Prozent unserer Haare sprießen aus der Kopfhaut (Tobin, 2011). Haare bestehen aus Hornhaut und wachsen in einem 70-Grad-Winkel aus den sogenannten **Haarfollikeln** in der Dermis. Die Haarfollikel geben dem Haar halt. Feine Blutgefäße versorgen es mit Nährstoffen und damit das Haar nicht brüchig wird, versorgen es Talgdrüsen mit Fett. Ein winziger Muskel im Follikel kann die Haare senkrecht aufstellen, zum Beispiel bei Gänsehaut. Um jedes Haarfollikel herum liegen circa 50 Rezeptoren — mehrere freie Nervenendigungen, Merkel-Zellen und Ruffini-Körper. Multipliziert mit der Anzahl aller Haare sind das 250 Millionen Rezeptoren, die allein an unsere Haare gekoppelt sind. Die Millionen Haare vergrößern die Tastoberfläche unseres Körpers enorm (Grunwald, 2012). Wie Antennen nehmen die Haare äußere Reize zuerst wahr. Schon kleinste Biegungen der Haare von weniger als einem Grad registrieren die sensiblen Rezeptoren und erkennen auch, wie schnell sich ein Objekt auf unserer Haut bewegt. Allerdings reagieren nicht alle Haare gleich stark auf Berührungen — Haare am Knie und an den Handgelenken beispielsweise sind weniger sensitiv als Haare auf dem Arm (Tobin, 2011).

Rezeptorendichte

Generell ist die Dichte an Rezeptoren und Nervenendigungen höher in Körperregionen, mit denen wir am häufigsten unsere Umwelt haptisch erkunden: in der Haut der Handinnenflächen, in unseren Lippen und der Zunge (Grunwald, 2012). Allein in jeder Hand befinden sich etwa 17.000 Mechanorezeptoren (Halata & Baumann, 2008). Das räumliche Auflösungsvermögen ist in diesen Körperregionen entsprechend höher als an anderen. Ein Maß für die Tastschärfe ist beispielsweise die Zwei-Punkt-Diskriminierung: Die Fähigkeit, zwei taktile Reizpunkte räumlich voneinander unterscheiden zu können. Die Zwei-Punkt-Schwelle gibt an, wie weit zwei Reizpunkte voneinander getrennt sein müssen, damit wir sie auch als zwei — und nicht einen — Punkt identifizieren. Auf der Zunge und den Fingerspitzen beträgt die Zwei-Punkt-Schwelle etwa 1-2 Millimeter, auf der Handinnenfläche rund 1 Zentimeter — wesentlich größer ist die Schwelle beispielsweise am Nacken mit rund 5 Zentimetern und am Rücken mit fast 7 Zentimetern (Birbaumer & Schmidt, 2010; Hsiao, 2011; von Campenhausen, 1993). Jüngere Menschen, Frauen und geübte »Fingerfühler« wie Musiker oder blinde Menschen haben eine besonders hohe Tastschärfe. Die Tastschärfe ist trainierbar, auch wenn sie im Alter abnimmt (Dinse, 2011; Dinse, Wilimzig & Kalisch, 2008).

> **Tipp: Testen Sie Ihre Tastschärfe**
>
> Sie können die Tastschärfe leicht überprüfen. Nehmen Sie eine Gabel und drücken Sie sanft die Zinken auf Ihre Haut. Fühlen Sie die Zinken auf der Zungenspitze, den Lippen und den Fingerspitzen? Fühlen Sie sie auch auf den Armen, dem Nacken und auf dem Rücken? Sie können ebenso einen Mitmenschen raten lassen: Mit geschlossenen Augen soll er erfühlen, welcher Gegenstand seinen Rücken berührt, seinen Nacken, seine Arme und zuletzt seine Fingerspitzen.

Das Zusammenspiel der Rezeptoren

Wenn wir ein Objekt — beispielsweise ein Buch wie dieses — mit unseren Händen greifen und verwenden, verarbeitet unser Gehirn eine Reihe von Informationen: über die Form, die Größe, die Textur, die Härte und Elastizität des Materials, seine Schlüpfrigkeit, die dreidimensionale Beschaffenheit, die Position in den Händen, die Lage der Ecken und Kanten sowie über die einzelnen Blätter. Ohne diese Informationen könnten wir das Buch weder in den Händen halten noch die einzelnen Seiten mit Daumen und Zeigefinger umblättern. Damit wir all diese komplexen Informationen bekommen, haben wir strategische und stereotype Handbewegungen entwickelt, mit denen wir Objekte explorieren und manipulieren (vgl. Anhang 6.3.2).

Alle Rezeptoren in unserer Haut und unserem Körper sind am Berühren und Fühlen beteiligt. Langsam adaptierende SA1-Afferenten (z.B. Merkel-Zellen) erkennen beispielsweise, ob eine Oberfläche rau ist: Feuern alle Zellen gleich stark, nehmen wir eine Oberfläche als glatt wahr. Feuern sie dagegen unterschiedlich stark aufgrund unterschiedlicher Druckreize in den einzelnen rezeptiven Feldern unsere Finger, dann steigt die wahrgenommene Rauheit. Extrem feine Texturen erkennen wir allerdings nicht, wenn wir die Oberfläche lediglich mit den Fingern berühren — dazu müssen wir mit den Fingern über die Oberfläche streichen. Pacini-Körper registrieren dabei kleinste Vibrationen, die — je nach Stärke und Intensität — Informationen über die Textur liefern. Bei den erzeugten Vibrationen spielen die einzigartigen Papillarlinien unserer Fingerabdrücke wahrscheinlich eine Rolle (Bensmaia & Yau, 2011).

Falls Ihnen das Buch aus der Hand zu rutschen droht, registrieren die schnell adaptierenden RA-Afferenten, wie sich das Buch auf Ihrer Haut bewegt — in welche Richtung und mit welcher Geschwindigkeit. Auch Ihre propriozeptiven Rezeptoren in den Muskeln, Sehnen und Gelenken registrieren, wie sich Druck und Kräfte verändern. Die propriozeptiven Rezeptoren erkennen die Position der Hände und Finger zueinander, wenn Sie das Buch in Ihren Händen halten. Falls es rutscht, können Sie blitzschnell reagieren, indem Sie Ihren Griff anpassen. Propriozeptive Rezeptoren helfen Ihnen, auch die Form und die geometrischen Eigenschaften des Buches zu erfühlen. Sie greifen das Buch, drehen und wenden es in Ihren Händen. Die Position Ihrer Hände und Finger zueinander verändert sich dabei ständig — zusammen mit den Druck-, Vibrations- und Thermorezeptoren fühlen sie die Ecken und Kanten des Buches sowie ihre Abstände zueinander. Sie fühlen die Größe des Buches, sein Gewicht, seine Oberfläche, seine Härte, seine Temperatur. Sie bekommen ein Gefühl für das Buch.

Die Rezeptoren sammeln in einem äußerst komplexen Zusammenspiel zahllose detaillierte Informationen über Objekte, die wir berühren und mit denen wir hantieren, sowie Informationen über taktile und haptische Reize aus unserer Umwelt. Das Gehirn verarbeitet und dekodiert all die Informationen des Tastsinnessystems, auf das wir jetzt einen kurzen Blick werfen.

6.4.3 Von der Haut ins Hirn

Die Signale der verschiedenen Hautrezeptoren und Nervenendigungen verarbeitet das Gehirn. Hier kommen unterschiedlichste Informationen an: beispielsweise über Hautdehnung, Druck und Vibrationen, über Bewegung sowie die Position von Objekten und deren Temperatur. Der Autopilot berechnet und extrahiert aus diesen Informationen bedeutungsvolle und relevante Muster. So nehmen wir taktile und haptische Reize wahr, können uns bewegen, mit Objekten hantieren oder sie manipulieren und identifizieren ihre geometrischen Merkmale, Oberflächen, Materialeigenschaften, Masse und Temperatur. Viele Hirnareale sind an dem komplexen Prozess beteiligt und längst sind noch nicht alle Vorgänge erforscht — stetig erscheinen neue Studien, die häufig weiterführende Fragen aufwerfen.

Die Reise der haptischen Signale
Die Impulse der Rezeptoren rasen durch Nervenstränge über das Rückenmark direkt ins Gehirn. Unterwegs senden die Neuronen ihre Informationen auch an andere Neuronen im Rückenmark, die relevantes sensorisches Feedback für die kinästhetische Wahrnehmung aufnehmen. Unverarbeitet erreichen die Informationen den Thalamus, der zwischen den beiden Gehirnhälften liegt. Der Thalamus ist die Durchgangsstation für alle sensorischen Informationen und fungiert als Schaltzentrale: Er schickt die haptischen Signale auf verschiedenen Pfaden in die jeweiligen Hirnareale, die sie verarbeiten (Tobin, 2011).

Vom Thalamus gelangen die haptischen Signale in den primären (S1) und sekundären (S2) somatosensorischen Cortex. Diese Areale der Großhirnrinde verarbeiten die haptische Wahrnehmung (Bensmaia & Yau, 2011; Hsiao & Yau, 2008).

Der S1 liegt entlang der Zentralfurche der Großhirnrinde und verarbeitet Signale der Haut, die unter anderem Textur und Rauheit betreffen, sowie Bewegungen von Objekten, ihre Geometrie und Form (Bensmaia & Yau, 2011). Die rezeptiven Felder auf unserer Haut sind bestimmten Arealen des S1 zugeordnet. Reize, die unsere Finger senden, verarbeitet der S1 beispielsweise nur in einem vorgesehenen Areal. Besonders tastsensitive Körperregionen wie die Lippen oder die Finger nehmen mehr Cortexvolumen ein als zum Beispiel der Rücken. Das somatosensorische Homunculus-Männchen spiegelt die neuronalen Beziehungen von rezeptiven sensorischen Feldern der Haut und der Größe der S1-Areale wider: Der Homunculus ist mit riesigen Händen und Fingerspitzen ausgestattet sowie mit voluminösem Mund. Hingegen beanspruchen Rücken, Beine und Arme weit weniger Platz (Bensmaia & Yau, 2011; siehe Abb. 103). Die Cortexareale des S1 sind nicht starr, sondern plastisch — sie wachsen oder schrumpfen je nach ihrer Notwendigkeit (Dinse, 2011). Die überdurchschnittliche haptische Expertise blinder Menschen schlägt sich beispielsweise in einem größeren Areal für den Zeigefinger nieder, mit dem sie Braille-Schrift lesen. Der S1 empfängt auch Signale tief aus dem Körper und verarbeitet propriozeptive Informationen von den Muskelspindeln und Gelenkorganen (Bensmaia & Yau, 2011; Hsiao & Yau, 2008; Kim & James, 2011).

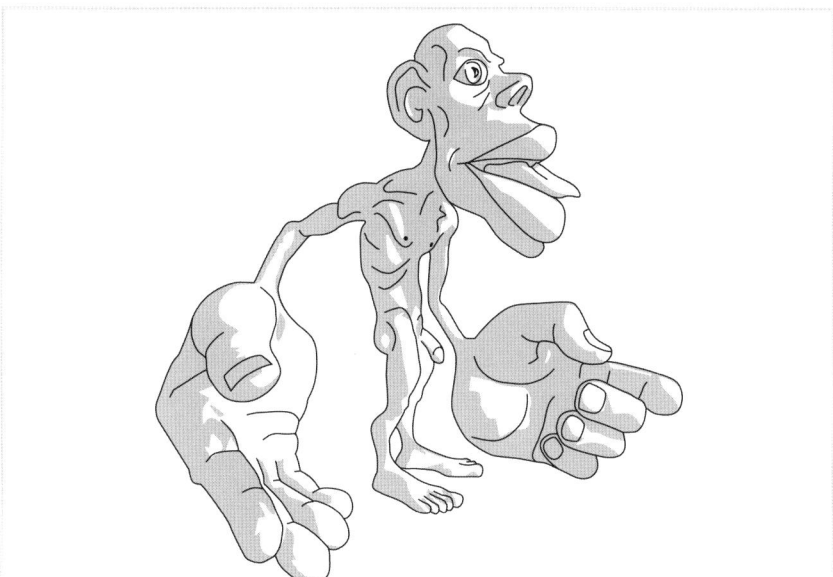

Abb. 103: Der somatosensorische Homunculus — je größer die Körperregion, desto größer das Cortexvolumen.

Vom S1 wandern die vorverarbeiteten Informationen weiter: entweder zum S2 oder zu bestimmten Arealen im Parietallappen (Scheitellappen). Der S2 liegt entlang einer seitlichen Gehirnfurche — der sylvischen Fissur. Die ankommenden Informationen aus dem S1 und dem Thalamus verarbeitet der S2 weiter. Er spielt beispielsweise eine Rolle bei der Objekterkennung und Formverarbeitung. Der S2 korrespondiert unter anderem mit dem prämotorischen Cortex und ist damit an der Planung von unseren Bewegungen beteiligt. Ebenso sendet der S2 Informationen an die Inselrinde, wo affektive, emotionale Reaktionen auf haptische Reize entstehen — beispielsweise ein spontan unangenehmes Gefühl, wenn wir eine überreife Kiwi greifen. Die Inselrinde korrespondiert wiederum mit dem Frontallappen, wo der Motorcortex liegt, der Bewegungen plant, initiiert, steuert und ausführt. An den Temporallappen sendet die Inselrinde ebenso Informationen — dieser Bereich des Gehirns spielt eine Rolle beim Erinnern und Lernen (Bensmaia & Yau, 2011; Hsiao & Yau, 2008; Kim & James, 2011; Tobin, 2011).

Areale des Scheitellappens empfangen ebenfalls Informationen aus dem S1. Der Scheitellappen verarbeitet motorische Informationen und lenkt beispielsweise die Motorik beim Greifen. Er ist aber auch am Erkennen und Verarbeiten von Objekten beteiligt — für die dreidimensionale, räumliche Auflösung (Hsiao & Yau, 2008; Kim & James, 2011).

Haptik ist komplexe Teamarbeit
Der Autopilot gleicht eingehende haptische Signale mit abgespeicherten haptischen Mustern ab. Erkennt er sie wieder, können wir beispielsweise ein Objekt identifizieren, greifen und benutzen. Die verschiedenen Hirnareale, die neben dem somatosensorischen Cortex dabei aktiv sind, zeigen, dass an der haptischen Wahrnehmung auch Hirnregionen beteiligt sind, die für unsere kognitive Leistungsfähigkeit sorgen sowie Bewegungen steuern. Das ermöglicht uns, blitzschnell auf Umweltreize zu reagieren.

Bei der haptischen Wahrnehmung spielt auch der visuelle Cortex eine Rolle — insbesondere für das räumliche Auflösungsvermögen beziehungsweise wenn wir Formen verarbeiten. Wir können uns beispielsweise ein Objekt visuell vorstellen, das wir im Dunklen erfühlen oder das sich auf unserem Körper bewegt (Bensmaia & Yau, 2011; Dinse, 2011; Hsiao & Yau, 2008; Lacey & Sathian, 2008). Ebenso fühlen wir die Beschaffenheit von Materialien nicht nur, wir können sie oft auch hören. Klopfen Sie doch einmal auf das Buch oder lauschen Sie den Vibrationen des Papiers auf Ihren Fingerspitzen, wenn Sie über das Blatt streicheln. Die haptische Wahrnehmung teilt entsprechend auch Eigenschaften mit unserem auditiven System (Bensmaia & Yau, 2011; Spence & Bremner, 2011).

Nachwort und Danksagung

Die erste Auflage von »Touch!« war nach drei Jahren Inkubationszeit umfangreicher ausgefallen als ursprünglich geplant. Ein knackiger Ratgeber sollte es werden, fokussiert auf die Themen Werbung und Verkaufsförderung. Doch je tiefer wir in die das Projekt eintauchten, desto klarer wurde uns, wie allumfassend unser Bewegungs- und Tastsinn in den gesamten Marketingprozess hineingreift. Das enge Zusammenspiel der Haptik mit unseren anderen Sinnen machte das Thema nicht weniger komplex.

Wir hielten trotzdem an unserem Anspruch fest, den aktuellen, für die Praxis relevanten Stand der Wissenschaft abzubilden — in einem förmlich explodierenden Forschungsfeld, in dem sich selbst die Wissenschaftler über manches Detail uneinig sind. In der vorliegenden zweiten Auflage sind wir unserem Anspruch treu geblieben — wir haben viele weitere Studien durchforstet und in unsere Argumentation einfließen lassen. Wir haben die Marketingwelt weiter beobachtet und neue Praxisbeispiele herausgepickt und sie eingearbeitet. Darunter finden sich auch erfolgreiche Beispiele aus unserer Beratungspraxis — diese zeigen, dass unser ARIVA-Modell und unser Prozessmodell für multisensorisches Marketing klare Orientierung im Marketingalltag geben und zuverlässig den Erfolg von Investitionen in Marketingmaßnahmen steigern.

Wir hoffen, dass es uns gelungen ist, ein lesbares, unterhaltsames und inspirierendes Werk geschaffen zu haben. Auch anderthalb Jahre nach Erscheinen der ersten Auflage von »Touch!« sind wir mehr als fasziniert von der Kraft des Haptik-Effekts und der anderen Sinne. Wir sind mehr denn je davon überzeugt: Multisensorisches Marketing ist »The Next Big Thing.«

Wir haben gründlich und gewissenhaft recherchiert. Sollte uns dennoch ein Fehler unterlaufen sein oder sollten wir einen Sachverhalt falsch dargestellt haben: Wir freuen uns über Kritik, Verbesserungsvorschläge, Feedback Anregungen und natürlich auch über Ihr Lob, wenn Ihnen »Touch!« gefallen hat. Schreiben Sie uns:

Olaf.Hartmann@Multisense-Institut.de

und/oder

Sebastian.Haupt@Multisense-Institut.de

Nachwort und Danksagung

Danke!
»Touch!« und seine zweite Auflage wären ohne Unterstützung undenkbar gewesen. Der Weg zu diesem Werk war ein gedanklicher Strom, den viele Quellen speisten.

Wir bedanken uns herzlich bei allen Interviewpartnern, Unternehmen und Agenturen, die uns bei der Recherche bereitwillig Auskunft gaben, die uns Genese und Hintergründe von Studien sowie Kampagnen erklärten und uns Bildmaterial zur Verfügung stellten.

Georg Felser danken wir herzlich für seine geleitenden Worte zur zweiten Auflage. Wir fühlen uns sehr geehrt. Christian Scheier danken wir für sein Geleitwort zur ersten Auflage, ebenso für seine kritischen Hinweise und dafür, dass er uns bei der Verlagssuche so tatkräftig unterstützt hat.

Wir danken Jutta Thyssen und Annegret Michalzik vom Haufe-Verlag für ihr Engagement und ihren Einsatz bei der Vermarktung der ersten Auflage sowie für das Vertrauen in uns, welches die zweite Auflage von »Touch!« ermöglichte. Wir danken weiterhin Hans-Peter Albrecht und Charlotte Bufler für die Idee des haptischen Knallfolien-Covers und für die grafische Umsetzung. Malte Linneweh von Achilles danken wir für die Veredelung und Produktion des Cover sowie Kerstin Boschütz vom Haufe-Verlag für die Realisierung. Unserem Lektor Peter Böke danken wir für seine kritischen Hinweise sowie Rolf Maus und Julia Willert für die tollen Grafiken. Unser Dank gilt auch Martin Volkmer für seine Noteinsätze bei der Bildbearbeitung und Cedric Mela für die QR-Code-Generierung.

Nicht zuletzt danken wir unseren Lesern der ersten Auflage, ohne die eine zweite undenkbar gewesen wäre, und allen, die »Touch!« weiterempfohlen haben. Und Ihnen, geehrter Leser, der diese zweite Auflage in seinen Händen hält, danken wir für Ihr Interesse an unserem Werk und dafür, dass Sie es sogar bis hierher lesen. Wir sind beeindruckt!

Persönliche Dankesworte der Autoren
Olaf Hartmann: An erster Stelle gilt mein persönlicher Dank meinem Co-Autor Sebastian Haupt für die großartige Zusammenarbeit. Durch sein umfangreiches Wissen, sein Sprachgefühl und seine Liebe zum Detail ist »Touch!« in der zweiten Auflage noch lesbarer, präziser und umfassender geworden, als ich es je für möglich hielt. Klaus Stallbaum danke ich für fast 20 Jahre Freundschaft, Begeisterung und Inspiration in unseren Diskussionen rund um die Wirkung haptischer Medien sowie für die spannende Zeit im Multisense Institut. Christian Scheier danke ich für seine wegweisenden Bücher, inspirierenden Vorträge und große Hilfsbereitschaft. Ohne Hans-Peter Albrecht wären mir noch heute viele

Geheimnisse wirksamer Werbung verborgen, ich hätte Howard Luck Gossage nicht schätzen gelernt und in meinem Leben auch viel weniger gelacht. Danke HP! Das ganze Touchmore-Team und speziell Sven Scharr und Ruslan Poboyko bekommen einen Sonderapplaus dafür, dass sie mir den Freiraum geben, der solch ein Buchprojekt überhaupt möglich macht. Last but not least: »Touch!« wäre niemals entstanden, wenn mir vor 25 Jahren in Brüssel nicht der für mich wichtigste Gesprächspartner, ehrlichste Kritiker und einfühlsamste Mensch der Welt begegnet wäre: Patricia, ich danke dir in tiefer Liebe!

Sebastian Haupt: Ich danke Georg Felser für den kontinuierlichen Austausch und dafür, dass er mich einst in Wernigerode mit seiner Begeisterung für die Konsumentenpsychologie infizierte. Ursula Nuber danke ich dafür, dass sie mich damals selbst die Meldung über meine Diplomstudie schreiben ließ und danach viele weitere — ohne ihre ermutigenden Worte hätte ich niemals meine Leidenschaft fürs Schreiben entdeckt. Ein großes Dankeschön geht auch an Ute und Dietrich von Buch für die vielen intensiven Gespräche und dafür, dass sie mich in die Welt der Verpackungen führten — *Creativ Verpacken* war mein Tor zum Haptik-Effekt. Olaf Hartmann danke ich für die unkomplizierte und entspannte Zusammenarbeit bei diesem Buch und dafür, dass er sein Wissen sowie seine Erfahrungen mit mir teilt. Wir sind ein großartiges Team und ich freue mich, dass wir so tolle Freunde geworden sind. Ein Dankeschön voller tiefer Liebe geht an meine Isa, die mir so viel Kraft schenkte und mir den Rücken auch diesmal freihielt. Unterstützt hat mich auch meine Mutter, wofür ich ihr liebevoll danke. Dir, Paps, danke ich ebenso — in meinem Herzen lebst du weiter. Zuletzt danke ich meinen Freunden, die mich wieder eine Weile geduldig entbehrten.

Die Autoren

Olaf Hartmann und Sebastian Haupt (Foto: Anke Dörschlen)

Olaf Hartmann ist einer der Pioniere für die Anwendung der Haptik in Werbung und Verkauf sowie ein Wegbereiter des multisensorischen Marketings in Deutschland. Seine Karriere begann Olaf Hartmann in der internationalen Werbung der Bayer AG. Er war sieben Jahre lang Referent am Institut für Betriebswirtschaft der Universität St. Gallen, schuf 1995 mit Touchmore die erste auf haptische Markenkommunikation spezialisierte Agentur in Deutschland und gründete 2009 zusammen mit Klaus Stallbaum das Multisense Institut für sensorisches Marketing.

Sebastian Haupt ist Konsumentenpsychologe. Seine Passion für das Konsumverhalten lebt er auf vielfältige Art und Weise aus: als geschäftsführender Gesellschafter des Multisense Instituts, als Berater bei Touchmore, als Wissenschaftsjournalist und Lehrbeauftragter für Marketingpsychologie. Die Faszination des sensorischen Marketings entdeckte Sebastian Haupt, als er in die Psychologie der Verpackung eintauchte.

Abbildungsverzeichnis

Abb. 1:	Jonglieren macht Spaß — Bewegung verändert die innere Haltung (Quelle: The Companies).	15
Abb. 2:	Hornbachs Hammer — geboren aus Panzerstahl, gemacht für die Ewigkeit (Quelle: Heimat).	23
Abb. 3:	Die Botschaft: Musik spielen ist einfach und macht Spaß (Quelle: DDB Singapore).	24
Abb. 4:	Mehr Umsatz mit Wackelbildern und Endlosfaltkarten (Quelle: Touchmore).	25
Abb. 5:	Die Café-Wall-Illusion — die horizontalen Linien verlaufen parallel.	26
Abb. 6:	Zeitungspapier als impliziter Code für Authentizität (Quelle: Griesson — de Beukelaer).	36
Abb. 7:	Multisensuale Verstärkung: Exponentielle Steigerung der Gehirnaktivität mit jedem zusätzlichen Sinneseindruck (nach Scheier & Held, 2012a, S. 90).	41
Abb. 8:	Runde Formen lösen andere Assoziationen aus als kantige.	44
Abb. 9:	Die Haptik ist auf lange Sicht der stärkste Zufriedenheitsfaktor (nach Barden, 2013, S. 245).	50
Abb. 10:	ARIVA — Die fünf Wirkdimensionen des Haptik-Effekts.	53
Abb. 11:	Der Haptik-Effekt erregt Aufmerksamkeit im Briefkasten (Quelle: RMG Connect).	55
Abb. 12:	Der entfaltete Innenraum lädt zum Hineinsetzen ein (Quelle: Gruner + Jahr).	56
Abb. 13:	Die interaktive Anzeige von Philips Saeco ist besonders aufmerksamkeitsstark (Quelle: Gruner + Jahr).	56
Abb. 14:	Rabatt gegen Bewegung — der Sporty-Newsletter (Quelle: Ogilvy & Mather).	58
Abb. 15:	Der Aufforderung zum Kratzen kann kaum jemand widerstehen (Quelle: gutewerbung.net).	58
Abb. 16:	Das Magnetangelspiel im Fernsehen aktiviert motorische Codes (Quelle: Followfish).	62
Abb. 17:	Flexibles Maskottchen, flexibles Produkt (Quelle: Promotion One).	64
Abb. 18:	Trennschleifer einsetzen, erleben und den Champagner genießen (Quelle: Stihl).	65
Abb. 19:	Schmirgelpapier als Code für schwere Arbeit, die auf die Leistung des Nutzfahrzeugs abfärbt (Quelle: dieckertschmidt).	66
Abb. 20:	Ein Ad-Special zum Anfassen und Riechen (Quelle: W&V).	69
Abb. 21:	Die Aufforderung zu berühren steigert die Spontankaufrate (Quelle: iStockphoto.com; Fotos: Andris Tkachenko; Kotomiti).	72

Abbildungsverzeichnis

Abb. 22:	Muskelspannung aktiviert mentale Konzepte und beeinflusst das Konsumverhalten.	73
Abb. 23:	Einmal in die Hand genommen ist das Slinky »meins« und subjektiv wertvoller (Quelle: yoyo.com).	85
Abb. 24:	Eine unangenehme Haptik beeinflusst nicht das Wertempfinden — trotz Besitzgefühls (Quelle: Learning Ressources).	87
Abb. 25:	Super-Zoom-Bilder im Onlineshop zeigen die haptischen Details und kompensieren fehlende Berührungen (Quelle: adidas.de).	101
Abb. 26:	Ein Fenster in der Verpackung ermöglicht das Berühren (Quelle: Vileda).	104
Abb. 27:	Verschiedene Formen aktivieren unterschiedliche Konzepte der sozialen Identität.	106
Abb. 28:	Die Namen sinnfreier Objekte erinnern wir dank sinnvoller Bewegungen besser (nach Kiefer et al., 2007, S. 527).	116
Abb. 29:	Das Streicheln der vermenschlichten Uhr erhöht die Kaufbereitschaft (nach Hadi & Valenzuela, 2014, S. 530).	124
Abb. 30:	Beim Trinken küsst der Verwender automatisch seinen Becher — das ist pure haptische Zuneigung (Quelle: Koziol).	125
Abb. 31:	Das Produkt aus der Ich-Perspektive gezeigt erhöht die Kaufbereitschaft (Quelle: youtube.com).	128
Abb. 32:	Haptische Etiketten fallen auf und laden zum Anfassen ein (Quelle: Superior Label).	140
Abb. 33:	Zu unebene Texturen und zu komplizierte Formen laden nicht zum Berühren ein — ebenso wenig wie zu einfache Formen oder zu ebene Texturen (nach Klatzky & Peck, 2012, S. 143).	142
Abb. 34:	Beim Betrachten fühlen wir den magnetischen Widerstand der beiden Modellautos (Quelle: youtube.com).	144
Abb. 35:	Der Löffel ist nach rechts ausgerichtet und macht die Botschaft greifbarer — wir greifen mental zum Löffel (Quelle: Brot für die Welt).	145
Abb. 36:	Autsch — das Kaktus-Exkrement verursacht schon beim Anblick Schmerzen (Quelle: adeevee.com).	147
Abb. 37:	Das Knacken der Magnum-Schokoschicht weckt haptische Assoziationen (Quelle: Unilever).	153
Abb. 38:	Der Prozess des multisensorischen Marketings.	159
Abb. 39:	Die Reward Map zeigt das explizite Basisziel und damit verknüpfte implizite Ziele (Quelle: decode Marketingberatung).	160
Abb. 40:	Die Red-Bull-Dose sendet eine Vielzahl impliziter Codes (Quelle: Red Bull).	162
Abb. 41:	Aida Cruises bedient mit »Genuss« und »Erregung« andere implizite Ziele als ihre Wettbewerber.	171
Abb. 42:	Das Welcome-Back-Mailing vor der sensorischen Optimierung (Quelle: Aida Cruises).	172

Abb. 43:	Das nach Sonnenmilch duftende Mini-Handtuch aktiviert die Genuss- und Erregungs-Momente der Reise (Quelle: Aida Cruises).	175
Abb. 44:	Das Design des Shoqbox-Lautsprechers verspricht Robustheit (Quelle: Philips).	180
Abb. 45:	Der rote Knopf von Vitasprint kodiert die Wirkung (Quelle: Pfizer).	181
Abb. 46:	Kuschelige Tassen sorgen für ein freudiges haptisches Erlebnis (Quelle: Kahla).	182
Abb. 47:	Das Flaschendesign machte Veltins zu einer einzigartigen Haptikmarke (Quelle: Veltins).	185
Abb. 48:	Apple-Verpackungen machen aus dem Auspacken eine Zeremonie (Quelle: graphis.com).	186
Abb. 49:	Eine echte Banane oder ein normales Tetrapack (Quelle: Naoto Fukasawa).	187
Abb. 50:	Die Wabenstruktur verweist auf die natürliche Quelle von Honig (Quelle: Maksim Arbuzov).	188
Abb. 51:	Am Point of Sale bilden die Fläschchen eine auffällige Bienenwabe (Quelle: Maksim Arbuzov).	188
Abb. 52:	Der Schnaps ist nicht nur im Abgang kratzig (Quelle: Ogilvy & Mather).	189
Abb. 53:	Gizehs Magnetverschluss kodiert Sicherheit und Qualität (Quelle: Gizeh).	190
Abb. 54:	Bei Globetrotter erleben nicht nur die Deko-Figuren die Produktqualität am eigenen Leib (Quelle: Globetrotter).	192
Abb. 55:	Der Kunde spürt selbst, ob die Luftmatratze bequem ist (Quelle: Globetrotter).	193
Abb. 56:	Die schwebende Bowlingkugel demonstriert die enorme Saugkraft (Quelle: Hohn Display).	194
Abb. 57:	Johnnie Walker erzeugt Gentlemen's-Club-Feeling (Quelle: display Verlags GmbH).	195
Abb. 58:	Die Marke Paula fühlt sich gut an (Quelle: Dr. Oetker).	198
Abb. 59:	Der Alarm-Deckel integriert Nescafé in die morgendliche Routine (Quelle: youtube.com).	199
Abb. 60:	Die wohlschmeckende Milch kodiert das Konzerterlebnis (Quelle: youtube.com).	200
Abb. 61:	Beim Öffnen der Streichholzschachtel erlebt der Kunde die Ladekapazität des Pick-ups (Quelle: JWT).	201
Abb. 62:	Der kleinste Luftballon der Welt wirbt für die Modellbaumesse (Quelle: Ogilvy & Mather).	202
Abb. 63:	Die Gabel-Hand bittet um Spenden für die Tafel (Quelle: Düsseldorfer Tafel).	203
Abb. 64:	Mit dem Magic Cube entfalteten die Mitarbeiter die Markenwerte (Quelle: GfK).	204

Abbildungsverzeichnis

Abb. 65:	In den Fotos zeigten sich die Mitarbeiter als stolzes Team (Quelle: GfK).	205
Abb. 66:	Die Logoloop-Endlosfaltkarte vermittelt die Botschaft auf spielerische Art und Weise (Quelle: Touchmore).	208
Abb. 67:	Die Ausziehkarte macht das Cash-Back-Prinzip der Plusrente erlebbar (Quelle: Touchmore).	209
Abb. 68:	Die Videobroschüre erklärt die Plusrente in den Händen der Kunden (Quelle: Touchmore).	209
Abb. 69:	Ein Knopfdruck und 90 Minuten später den A8 Probe fahren (Quelle: Philipp und Keuntje).	211
Abb. 70:	Die Mailing-Empfänger können bereits ohne Unterricht Beethoven spielen (Quelle: DDB Group Singapore).	212
Abb. 71:	Die haptische Veredelung macht die eigenen vier Wände fühlbar (Quelle: Achilles).	213
Abb. 72:	Die Einladung zum Tauffest tauften die Empfänger selbst (Quelle: Ogilvy & Mather; Foto: K. Koppe-Bäumer).	214
Abb. 73:	Wirtschaftsgeschichte zum Anfassen — eine Glühbirne aus dem Bayer-Kreuz (Quelle: Bayer).	216
Abb. 74:	Sportliche, originelle und hochwertige Artikel — ganz wie der echte GTI (Quelle: Volkswagen).	217
Abb. 75:	Die Artikel zeigen die dezente und moderne Markenidentität des up! (Quelle: Volkswagen).	218
Abb. 76:	Der Jever-Leuchtturm öffnet auf originelle Weise das Lieblingsbier (Quelle: Radeberger Gruppe).	219
Abb. 77:	Passanten spüren die Superkräfte des Computerspiel-Helden am eigenen Leib (Quelle: youtube.com).	221
Abb. 78:	Mit einer Kreditkarte und einer Handbewegung spenden Passanten unkompliziert und erleben sofort die Wirkung (Quelle: Kolle Rebbe).	222
Abb. 79:	Der ins Direct Mailing integrierte USB-Webkey leitet die Empfänger direkt auf die Internetseite (Quelle: Touchmore).	224
Abb. 80:	Die Hände des Betrachters basteln sich die Honda-Geschichte (Quelle: youtube.com).	225
Abb. 81:	Auf der 5-Gum-Website taucht der Betrachter in die Markenwelt ein (Quelle: 5gum.com).	225
Abb. 82:	Der Website-Besucher erlebt, wie die helfenden Hände die Tafel decken (Quelle: duesseldorfer-tafel.de).	226
Abb. 83:	Das Essenstablett wird mit dem Smartphone zum Fußballstadion (Quelle: youtube.com).	227
Abb. 84:	Das Armband bedient das Schutzbedürfnis und schlägt eine Brücke in die digitale Welt (Quelle: youtube.com).	229
Abb. 85:	Tecate-Bier hilft beim Entspannen (Quelle: gutewerbung.net).	230

Abb. 86:	Das Cover-Model schminken die Leserinnen mit den Probe-Reinigungstüchern selbst ab (Quelle: wuv.de; Foto: Caras/Neutrogena).	231
Abb. 87:	Bequem ist anders — da hilft nur der Akkusauger (Quelle: gutewerbung.net).	231
Abb. 88:	Der mächtige Gulliver tankt mit Pepsi auf (Quelle: youtube.com).	233
Abb. 89:	Dass Essen Spaß machen kann, beweist die Iglo-Werbung (Quelle: youtube.com).	234
Abb. 90:	So fühlt sich Minzgeschmack an in der Markenwelt von 5 Gum (Quelle: youtube.com).	234
Abb. 91:	Seifenblasen als emotionales Ansprache-Instrument mit Bezug zum Thema »Gas« (Quelle: Fricke inszeniert).	238
Abb. 92:	Die geschwungene Pappwand vermittelt elegant die Kernkompetenz (Fotos: J. Hempel; H. G. Esch)	239
Abb. 93:	Interaktion macht die abstrakte Arbeit der Eltern haptisch erlebbar (Quelle: Pure Perfection).	240
Abb. 94:	In den sozialen Medien verfolgten Fans die Entstehung des Hammers (Quelle: Heimat).	243
Abb. 95:	Das Zerlegen des Panzers ist harte Handarbeit (Quelle: Heimat).	243
Abb. 96:	Ein echtes Branding veredelt den Hammer und macht die Marke spürbar (Quelle: Heimat).	244
Abb. 97:	Die Präsentation am Point of Sale fällt auf und animiert zum Anfassen (Quelle: Heimat).	244
Abb. 98:	Der Künstler Dalton Ghetti verwandelt Bleistiftminen in Kunstwerke (Quelle: daltonmghetti.com).	271
Abb. 99:	Mit explorativen Prozeduren ertasten wir Objekte (nach Lederman & Klatzky, 1993, S. 31).	274
Abb. 100:	Kraft- und Feingriff sind zwei grundsätzlich verschiedene haptische Codes (nach Scheier et al., 2012, S. 82).	277
Abb. 101:	Der Kraftgriff beim Öffnen einer Ritter-Sport-Tafel ist ein impliziter Code für Alltagstauglichkeit (Quelle: Ritter Sport).	279
Abb. 102:	Die drei Hautschichten und ihre Rezeptoren.	281
Abb. 103:	Der somatosensorische Homunculus — je größer die Körperregion, desto größer das Cortexvolumen.	291

Literaturverzeichnis

Aaker, J. Vohs, K. D., & Mogilner, C. (2010). Nonprofits Are Seen as Warm and For-Profits as Competent: Firm Stereotypes Matter. Journal of Consumer Research, 37 (2), 224–237.

Ackerman, J. M., Nocera, C. C., & Bargh, J. A. (2010). Incidental Haptic Sensations Influence Social Judgments and Decisions. Science, 328 (5986), 1712–1715.

AFPA (2013). Provisionen beim Verkauf von Versicherungen und Kapitalanlagen: Mythen und Fakten. [PDF]. Verfügbar unter: http://www.afpa.at/cms12/provisionen.html [26.02.2014].

Aggarwal, P., & McGill, A. L. (2012). When Brands Seem Human, Do Humans Act Like Brands? Automatic Behavioral Priming Effects of Brand Anthropomorphism. Journal of Consumer Research, 39 (2), 307–323.

arte (2011). Das automatische Gehirn 1/2: Die Magie des Unbewussten. Online im Internt: URL: http://www.arte.tv/de/das-automatische-gehirn-12-die-magie-des-unbewussten/4308804.html (Stand 27.01.2012, Abfrage: 03.04.2013).

Ashby, M., & Johnson, K. (2002). Materials and Design. The Art and Science of Material Selection in Product Design. Oxford: Butterworth-Heinemann.

Audi (2014). Der Countdown läuft … Online im Internet: URL: http://www.audi.de/de/brand/de/vorsprung_durch_technik/content/2014/01/a8-test-drive.html (Stand: 2014, Abfrage: 13.08.2014).

Ballesteros, S., & Heller, M. A. (2008). Haptic Object Identification. In: M. Grundwald (Hrsg.), Human Haptic Perception: Basics and Applications (S. 207–222). Basel: Birkhäuser.

Barden, P. (2013). Decoded: The Science Behind Why We Buy. West Sussex: Wiley.

Barsalou, L.W. (2008). Grounded cognition. Annual Review of Psychology, 59, 617–645.

Bensmaia, S. J., & Yau, J. M. (2011). The Organization and Function of Somatosensory Cortex. In: M. J. Hertenstein, & S. J. Weiss (Hrsg.), The Handbook of Touch: Neuroscience, Behavioral and Health Perspectives (S. 161–188). New York: Springer Publishing.

Bergmann, J. (2008). Der Eigensinnige. Brand Eins, 12, 168–173.

Birbaumer, N., & Schmidt, R. F. (2010). Biologische Psychologie (7. Auflage). Berlin: Springer.

Biswas, D., Szocs, C., Krishna, A., & Lehmann, D. R. (2014). Something to Chew On: The Effects of Oral Haptics on Mastication, Orosensory Perception, and Calorie Estimation. Journal of Consumer Research, 41 (2), 261–273.

Bothe, A. (2014). King of the Road. Haptica, 6, 82–93.

Boulenger, V., Hauk, O., & Pulvermüller, F. (2009). Grasping Ideas with the Motor System: Semantic Somatotopy in Idiom Comprehension. Cerebral Cortex, 19 (8), 1905–1914.

Boulenger, V., Shtyrov, Y., & Pulvermüller, (2012). When Do You Grasp the Idea? MEG Evidence for Instantaneous Idiom Understanding. Neuroimage, 59 (4), 3502–3513.

Bower, B. (2004). The Brain's Word Act: Reading Verbs Revs up Motor Cortex Areas. Science, 165 (6), 83.

Brandmeyer, K., Pirck, P., Pogoda, A., & Althanns, L. (2011). Markenkraft zum Nulltarif: Der Trick mit den Resonanzfeldern. Wiesbaden: Gabler.

Brasel, S. A., & Gips, J. (2014). Tablets, Touchscreens, and Touchpads: How Varying Touch Interfaces Trigger Psychological Ownership and Endowment. Journal of Consumer Psychology, 24 (2), 226–233.

Briñol, P., Petty, R. E., Valle, C., & Rucker, D. D. (2007). The Effects of Message Recipients' Power Before and After Persuasion. Journal of Personality and Social Psychology, 93 (6), 1040–1053.

Burrus, B. (2014). The Argument for More Effective Short-Form Ads. Online im Internet: URL: http://www.medialifemagazine.com/the-argument-for-more-effective-short-form-ads (Stand: 23.01.2014, Abfrage: 04.03.2014).

Bushneel, E. W., & Boudreau, J. P. (1991). The Development of Haptic Perception During Infancy. In: M. A. Heller, & W. Schiff (Hrsg.), The Psychology of Touch (S. 139–161) Hillsdale, NJ: Erlbaum.

Cacioppo, J. T., Priester, J. R., & Berntson, G. G. (1993). Rudimentary Determinants of Attitudes. Arm Flexion and Extension have Differential Effects on Attitudes. Journal of Personality and Social Psychology, 65 (1), 5–17.

von Campenhausen, C. (1993). Die Sinne des Menschen: Einführung in die Psychophysik der Wahrnehmung (2. Auflage). Stuttgart: Thieme.

Caterina, M. J., Schumacher, M. A., Tominaga, M., Rosen, T. A., Levine, J. D., & Julius, D. (1998). The Capsaicin Receptor: A Heat-Activated Ion Channel in the Pain Pathway. Nature, 389 (6653), 816–824.

Chao, L. L., & Martin, A. (2000). Representation of Manipulable Man-Made Objects in the Dorsal Stream. Neuroimage, 12 (4), 478–484.

Chaplin, W. F., Phillips, J. B., Brown, J. D., Clanton, N. R., & Stein J. L. (2000). Handshaking, Gender, Personality, and First Impressions. Journal of Personality and Social Psychology, 79 (1), 110–117.

Chatterjee, P., Irmak, C., & Rose, R. L. (2013). The Endowment Effect as Self-Enhancement in Response to Threat, Journal of Consumer Research, 40 (3), 460–476.

Chehab, E. W., Yao, C., Henderson, Z., Kim, S., & Braam, J. (2012). Arabidopsis Touch-Induced Morphogenesis Is Jasmonate Mediated and Protects against Pests. Current Biology, 22 (8), 701–706.

Chen, S., & Bargh, J. A. (1999). Consequences of Automatic Evaluation: Immediate Behavior Predispositions to Approach or Avoid the Stimulus. Personality and Social Psychology Bulletin, 25 (2), 215–224.

Childers, T. L., & Jiang, Y. (2008). Neurobiological Perspectives on the Nature of Visual and Verbal Processes. Journal of Consumer Psychology, 18 (4), 264–269.

Corves, A. (2011). Die Grammatik der Gesten. Online im Internet: URL: http://dasgehirn.info/handeln/mimik-gestik-koerpersprache/die-grammatik-der-gesten (Stand: 31.08.2011, Abfrage: 08.05.2014).

Crusco, A. H., & Wetzel, C. G. (1984). The Midas Touch: The Effects of Interpersonal Touch on Restaurant Tipping. Personality and Social Psychology Bulletin, 10 (4), 512–517.

Dahlem, S. (2011). Kauf oder Nichtkauf. Tiefenpsychologische Studie zeigt, wie Werbemedien den Kaufentscheidungsprozess beeinflussen. Research & Results, 2, 52.

Demattè, L., Sanabria, D., & Spence, C. (2007). Olfactory-Tactile Compatibility Effects Demonstrated Using a Variation of the Implicit Association Test.
Acta Psychologica, 124 (3), 332–343.

Demattè, L., Sanabria, D., Sugarman, R., & Spence, C. (2006). Cross-Modal Interactions Between Olfaction and Touch. Chemical Senses, 31 (4), 291–300.

Desai, R. H., Binder, J. R., Conant, L. L., Mano, Q. R., & Seidenberg, M. S. (2011). The Neural Career of Sensory-Motor Metaphors. Journal of Cognitive Neuroscience, 23 (9), 2376–2386.

Deutsche Post (2013). Kundendialog als Erfolgsfaktor im Everywhere Commerce. [PDF]. Verfügbar unter: http://www.deutschepost.de/content/dam/dpag/images/M_m/Marktforschungsstudien/everywhere_ecommerce.pdf [23.01.2014].

Dinse, H. R. (2011). Brain Plasticity and Touch. In: M. J. Hertenstein, & S. J. Weiss (Hrsg.), The Handbook of Touch: Neuroscience, Behavioral and Health Perspectives (S. 85–119). New York: Springer Publishing.

Dinse, H. R., Wilimzig, C., & Kalisch, T. (2008). Learning Effects in Haptic Perception. In: M. Grundwald (Hrsg.), Human Haptic Perception: Basics and Applications (S. 165–182). Basel: Birkhäuser.

Ditzen, B., Neumman, I., Bodenmann, G., von Dawans, B., Turner, R. A., Ehlert, U., & Heinrichs, M. (2007). Effects of Different Kinds of Couple Interaction on Cortisol and Heart Rate Responses to Stress in Women.
Psychoneuroendocrinology. 32 (5), 565–574.

Dobbs, D. (2008). A Musician Who Performs With a Scalpel. Online im Internet: URL: http://www.nytimes.com/2008/05/20/health/20prof.html?pagewanted=all&_r=2& (Stand: 20.05.2008, Abfrage: 20.07.2014).

Dolcos, S., Sung, K., Argo, J. J., Flor-Henry, S., & Dolcos, F. (2012). The Power of a Handshake: Neural Correlates of Evaluative Judgments in Observed Social Interactions. Journal of Cognitive Neuroscience, 24 (12), 2292–2305.

Ebiquity (2013). Integrierte Kampagnen: Wirkmechanismen und Erfolgsfaktoren. [PDF]. Verfügbar unter: http://www.ebiquity.com/media/186030/ebiquity-germany-case-study-integrierte-kampagnen.pdf [30.03.2014].

Ekman, G., Hosman, J., & Lindstrom, B. (1965). Roughness, Smoothness, and Preference: A Study of Quantitative Relations in Individual Subjects. Journal of Experimental Psychology, 70 (1), 18–26.

Elder, R. S., & Krishna, A. (2010). The Effects of Advertising Copy on Sensory Thoughts and Perceived Taste. Journal of Consumer Research, 36 (5), 748–756.

Elder, R. S., & Krishna, A. (2012). The «Visual Depiction Effect» in Advertising: Facilitating Embodied Mental Simulation. Journal of Consumer Research, 38 (6), 988–1003.

Engelkamp, J., & Krumnacker, H. (1980). Imaginale und motorische Prozesse beim Behalten verbalen Materials. Zeitschrift für experimentelle und angewandte Psychologie, 27 (4), 511–533.

Erceau, D., & Guéguen, N. (2007). Tactile Contact and Evaluation of the Toucher. Journal of Social Psychology, 147 (4), 441–444.

Essick, G. K., McGlone, F., Dancer, C., Fabricant, D., Ragin, Y., Phillips, N., Jones, T., & Guest, S. (2010). Quantitative Assessment of Pleasant Touch. Neuroscience & Biobehavioral Review, 34 (2), 192–203.

Espinoza, G., & Weinstein, F. (2002). Whispers of Hope. Online im Internet: URL: http://www.people.com/people/article/0,,20138024,00.html (Stand: 23.09.2002, Abfrage: 28.04.2014).

Etzi, R, Spence, C., Zampini, M., & Gallace, A.(2016). When Sandpaper Is 'Kiki' and Satin Is 'Bouba': An Exploration of the Associations Between Words, Emotional States, and the Tactile Attributes of Everyday Materials. Multisensory Research, 29 (1–3), 133 – 155.

Fairhurst, M. T., Löken, L., & Grossmann, T. (2014). Physiological and Behavioral Responses Reveal 9-Month-Old Infants' Sensitivity to Pleasant Touch. Psychological Science, 25 (5), 1124–1131.

Faller, A., & Schünke, M. (2012). Der Körper des Menschen: Einführung in Bau und Funktion (16. Auflage). Stuttgart: Thieme.

Feldman, R. (2011). Maternal Touch and the Developing Infant. In: M. J. Hertenstein, & S. J. Weiss (Hrsg.), The Handbook of Touch: Neuroscience, Behavioral and Health Perspectives (S. 85–119). New York: Springer Publishing.

Felser, G. (2015). Werbe- und Konsumentenpsychologie (4. erweiterte und vollständig überarbeitete Auflage). Berlin: Springer.

Fenko, A., Schifferstein, H. N. J., & Hekkert, P. (2010). Looking Hot or Feeling Hot: What Determines the Product Experience of Warmth? Materials & Design, 31 (3), 1325–1331.

Fichter, A., & Freiberger, H. (2011). Schon wieder die Zielvorgaben verfehlt! Online im Internet: URL: http://www.sueddeutsche.de/karriere/banker-mit-burn-out-schon-wieder-die-zielvorgaben-verfehlt-1.1045737 (Stand: 13.01.2011, Abfrage: 26.02.2014).

Fischer, A. (2012). Motorische Markenhandlungen: Eine verhaltenswissenschaftliche Analyse des Einflusses der Handlungsausführung auf die Handlungs- und Markennamenerinnerung. Wiesbaden: Springer Gabler.

Fischer, J. D., Rytting, M., & Heslin, R. (1976). Hands Touching Hands: Affective and evaluative Effects of an Interpersonal Touch. Sociometry, 39 (4), 416–421.

Fischer, M., & Zwaan, R. (2008). Embodied Language: A Review of the Role of the Motor System in Language Comprehension. The Quarterly Journal of Experimental Psychology, 61 (6), 825–850.

Flage, D. E. (2004). George Berkeley (1685–1753). Online im Internet: URL: http://www.iep.utm.edu/berkeley/ (Stand: o. D., Abfrage: 04.07.2014).

Florack, A., Kleber, J., Busch, R., & Stöhr, D. (2013). Detaching the Ties of Ownership: The Effects of Hand Washing on the Exchange of Endowed Products. Journal of Consumer Psychology, 24 (2), 284–289.

Förster, J. (2003). The Influence of Approach and Avoidance Motor Actions on Food Intake. European Journal of Social Psychology, 33 (3), 339–350.

Frommhold, H. A. (2009). Wie Verkäufer uns geschickt manipulieren. Online im Internet: URL: http://www.bild.de/ratgeber/job-karriere/kaufen-kunden-manipulieren-psychologe-manipulation-koerperhaltung-8496164.bild.html (Stand: 04.06.2009, Abfrage: 17.08.2014).

Gallace, A., & Spence, C. (2010). The Science of Interpersonal Touch: An Overview. Neuroscience and Biobehavioral Reviews, 34 (2), 246–259.

Genschow, O., Florack, A., & Wänke, M. (2013). The Power of Movement: Evidence for Context-Independent Movement Imitation. Journal of Experimental Psychology: General, 142 (3), 763–773.

Gentaz, E., & Hatwell, Y. (2008). Haptic Perceptual Illusions. In: M. Grundwald (Hrsg.), Human Haptic Perception: Basics and Applications (S. 223–233). Basel: Birkhäuser.

GfK (2006). Innovationen — das Salz in der Suppe. [PDF]. Verfügbar unter: http://www.gfk.com/imperia/md/content/businessgrafics/ci_01_2006.pdf [05.02.2014].

Gick, B., & Derrick, D. (2009). Aero-Tactile Integration in Speech Perception. Nature, 462 (7269), 502–504.

Gobé, M. (2009) Emotional Branding: The New Paradigm for Connecting Brands to People. New York: Allworth Press.

Godfrey, A., Seiders, K., & Voss, G. B. (2011). Enough Is Enough! The Fine Line in Executing Multichannel Relational Communication. Journal of Marketing, 75 (4), 94–109.

Goldin-Meadow, S., Cook, S. W., & Mitchell, Z. A. (2009). Gesturing Gives Children New Ideas about Math. Psychological Science, 20 (3), 267–272.

González-Teuber, M., Bueno, J. C. S., Heil, M., & Boland, W. (2012). Increased Host Investment in Extrafloral Nectar (EFN) Improves the Efficiency of a Mutualistic Defensive Service. PLOS ONE, 7 (10), DOI: 10.1371/journal.pone.0046598.

Goodwin, A. W., & Wheat, H. E. (2008). Physiological Mechanisms of the Receptor System. In: M. Grundwald (Hrsg.), Human Haptic Perception: Basics and Applications (S. 93–102). Basel: Birkhäuser.

Greenwald, A. G., McGhee, D. E., & Schwartz, J. L. K. (1998). Measuring Individual Differences in Implicit Cognition: The Implicit Association Test. Journal of Personality and Social Psychology, (74) 6, 1464–1480.

Grewen, K. M., Anderson, B. J., Girdler, S. S., & Light, K. C. (2003). Warm Partner Contact is Related to Lower Cardiovascular Reactivity. Behavioral Medicine, 29 (3), 123–130.

Grohmann, B., Spangenberg, E. R., & Sprott, D. E. (2007). The Influence of Tactile Input on the Evaluation of Retail Product Offerings. Journal of Retailing, 83 (2), 237–245.

Gruner + Jahr (2011). Anders: Eine qualitative Wirkungsstudie zu Ad Specials. [PDF]. Verfügbar unter: http://ems.guj.de/fileadmin/redaktion/Media_Research/Deutsch/Print-Studien/Werbewirkung/GUJ_Adspecial_Broschuere.pdf [03.04.2014].

Grunwald, M. (2012). Haptik: Der handgreiflich-körperliche Zugang des Menschen zur Welt und zu sich selbst. In: T. H. Schmitz, & H. Groninger (Hrsg.), Werkzeug-Denkzeug: Manuelle Intelligenz und Transmedialität kreativer Prozese (S. 95–125). Bielefeld: Transcript.

Gu, Y., Botti, S., & Faro, D. (2013). Turning the Page: The Impact of Choice Closure on Satisfaction, Journal of Consumer Research, 40 (2), 268–283.

Guéguen, N., Afifi, F., Brault, S., Charles-Sire, V., Leforestier, P. M., Morzedec, A., & Piron, E. (2011). Failure of Tactile Contact to Increase Request Compliance: The Case of Blood Donation Behavior. Journal of Articles in Support of the Null Hypothesis, 8 (1), 1539–8714.

Guéguen, N., & Jacob, C. (2005). The Effect of Touch on Tipping: An Evaluation in a French Bar. International Journal of Hospitality Management, 24 (2), 295–299.

Guéguen, N., & Fischer-Lokou, J. (2003). Another Evaluation of Touch and Helping Behaviour. Psychological Reports, 92 (1), 62–64.

Gutjahr, G. (2011). Psychodynamik. Wirkung unbewusster Prozesser. In: G. Naderer, & E. Balzer (Hrsg.), Qualitative Marktforschung in Theorie und Praxis: Grundlagen, Methoden und Anwendungen (2. Auflage, S. 71–82). Wiesbaden: Gabler.

Gulledge, A. K., Gulledge, M. H., & Stahmann, R. F. (2003). Romantic Physical Affection Types and Relationship Satisfaction. American Journal of Family Therapy, 31 (4), 233–242.

Gwosdow, A. R., Stevens, J. C., Berglund, L. G., & Stolwijk, J. A. J. (1986). Skin Friction and Fabric Sensations in Neutral and Warm Environments. Textile Research Journal, 56 (9), 574–580.

Hadi, R., & Valenzuela, A. (2014). A Meaningful Embrace: Contingent Effects of Embodied Cues of Affection. Journal of Consumer Psychology, 24 (4), 520–532.

Hagen, J., & Schmitt, T. (2013). Gebt Versicherungsvertretern mehr Provision. Online im Internet: URL: http://www.handelsblatt.com/finanzen/vorsorge-versicherung/nachrichten/vermittler-lobbyist-heinz-gebt-versicherungsvertretern-mehr-provision/8761778.html (Stand: 11.09.2013, Abfrage: 27.02.2014).

Halata, Z., & Baumann, K. I. (2008). Anatomy of Receptors. In: M. Grundwald (Hrsg.), Human Haptic Perception: Basics and Applications (S. 85–92). Basel: Birkhäuser.

Haller, P., & Twardawa, W. (2011). Die Black Box der Marke: Roadshow 2011. München: Serviceplan.

Harlow, H. F. (1958). The nature of love. American Psychologist, 13 (12), 673–685.

Hartmann, O & Haupt, S. (2015). Hapticals. Multisensorische Markenbotschafter. [PDF]. Verfügbar unter: http://www.touchmore.de/whitepaper/hapticals [01.12.2015].

Hauk, O., Shtyrov, Y., & Pulvermüller, F. (2008). The Time Course of Action and Action-Word Comprehension in the Human Brain as Revealed by Neurophysiology. Journal of Physiology — Paris, 102 (1–3), 50–58.

Häusel, H.-G. (2009). Emotional Boosting: Die hohe Kunst der Verführung. München: Haufe.

Heath, R. (2012). Seducing the Subconscious: The Psychology of Emotional Influence in Advertising. New York: Wiley.

Heil, M., Koch, T., Hilpert, A., Fiala, B., Boland, W., & Linsenmair, K. E. (2001). xtrafloral Nectar Production of the Ant-Associated Plant, Macaranga Tanarius, is an Induced, Indirect, Defensive Response Elicited by Jasmonic Acid. PNAS, 98 (3), 1083–1088.

Helbig, H. B., & Ernst, M. O. (2008). Haptic Perception in Interaction with Other Senses. In: M. Grundwald (Hrsg.), Human Haptic Perception: Basics and Applications (S. 235–249). Basel: Birkhäuser.

Heller, M. A., & Clark, A. (2008). Touch as a »Reality Sense.« In: J. J. Rieser, D. H. Ashmead, F. F. Ebner, & A. L. Corn (Hrsg.), Blindness and Brain Plasticity in Navigation and Object Perception (S. 259–280). New York: Lawrence Erlbaum Associates.

Henningsen, S., Heuke, R., & Clement, M. (2011). Determinants of Advertising Effectiveness: The Development of an International Advertising Elasticity Database and a Meta-Analysis. Business Research Journal, 4 (2), 193–239.

Hertenstein, M. J., Keltner, D., App, B., Bulleit, B. A., & Jaskolka, A. R. (2006). Touch Communicates Distinct Emotions. Emotion, 6 (3), 528–533.

Holland, R. W., Hendriks, M., & Aarts, H. (2005). Smells Like Clean Spirit: Non Conscious Effects of Scent on Cognition and Behavior. Psychological Science, 16 (9), 689–693.

Hollis, N. (2007). Smelly Business: The Dollars and Scents of Brand Building. [PDF]. Verfügbar unter: http://www.mb-blog.com/images/ESOMAR%20fragrance.pdf [25.03.2014].

Hong, J., & Sun, Y. (2012). Warm It Up with Love: The Effect of Physical Coldness on Liking of Romance Movies. Journal of Consumer Research, 39 (2), 293–306.

Hornik, J. (1992). Tactile Stimulation and Consumer Response. Journal of Consumer Research, 19 (3), 449–458.

Hoyer, W. D., & Brown, S. P. (1990). Effects of Brand Awareness on Choice for a Common, Repeat-Purchase Product. Journal of Consumer Research, 17 (2), 141–148.

Hsiao, S. S. (2011). Biomechanical and Neurophysiological Basis of the Processing of Tactile Stimuli. In: M. J. Hertenstein, & S. J. Weiss (Hrsg.), The Handbook of Touch: Neuroscience, Behavioral and Health Perspectives (S. 123–142). New York: Springer Publishing.

Hsiao, S., & Yau, J. (2008). Neural Basis of Haptic Perception. In: M. Grundwald (Hrsg.), Human Haptic Perception: Basics and Applications (S. 101–112). Basel: Birkhäuser.

Hung, I. W., & Labroo, A. A. (2011). From Firm Muscles to Firm Willpower: Understanding the Role of Embodied Cognition in Self-Regulation. Journal of Consumer Research, 37 (6), 1046–1064.

Ito, T. A., Chiao, K. W., Devine, P. G., Lorig, T. S., & Cacioppo, J. T. (2006). The Influence of Facial Feedback on Race Bias. Psychological Science, 17 (3), 256–261.

Itten, J. (2009). Kunst der Farbe (gekürzte Studienausgabe). Freiburg: Christophorus.

Jones, S. E., & Yarbrough, A.E. (1985). A Naturalistic Study of the Meaning of Touch. Communication Monographs, 52 (1), 19–56.

Jostmann, N. B., Lakens, D., & Schubert, T. W. (2009). Weight as an Embodiment of Importance. Psychological Science, 20 (9), 1169–1174.

Joule, R.V., & Guéguen, N. (2007). Touch, Compliance, and Awareness of Tactile Contact. Perceptual and Motor Skills, 104 (2), 581–588.

Jüngling, T. (2008). Wie Supermärkte ihre Kunden manipulieren. Online im Internet: URL: http://www.welt.de/wirtschaft/article2073468/Wie-Supermaerkte-ihre-Kunden-manipulieren.html (Stand: 06.06.2008, Abfrage: 17.08.2014).

Kahla (2011). PAULA sahnt ab. [PDF]. Verfügbar unter: http://cdn.lifepr.de/a/db3e16cbc5173a55/attachments/0255534.attachment/filename/Pressemeldung_KAHLA+gewinnt+PromotionalGiftAward.pdf [12.08.2014].

Kahneman, D. (2011). Schnelles Denken, langsames Denken (19. Auflage). München: Siedler.

Kahneman, D., & Tversky, A. (1979). An Analysis of Decision under Risk. Econometrica, 47 (2), 263–292.

Kahneman, D., Knetsch, J. L., & Thaler, R. (1990). Experimental Tests of the Endowment Effect and the Coase Theorem. Journal of Political Economy, 98 (6), 1325–1348.

Kapandji, I. A. (2009). Funktionelle Anatomie der Gelenke: Schematisierte und kommentierte Zeichnungen zur menschlichen Biomechanik (5. Auflage). Stuttgart: Thieme.

Kaselow, S. (2010). Werbetricks: Wie uns Zahlen manipulieren. Online im Internet: URL: http://www.spiegel.de/wissenschaft/mensch/werbetricks-wie-uns-zahlen-manipulieren-a-707753.html (Stand: 31.07.2010, Abfrage: 17.08.2014).

Katz, D. (1925). Der Aufbau der Tastwelt. Leipzig: Barth.

Kaufman, D., & Mahoney, J. (1999). The Effect of Waitresses' Touch on Alcohol Consumption in Dyads. The Journal of Social Psychology, 139 (3), 261–267.

Kegel, A. (2013). Manipulation beim Einkauf. Online im Internet: URL: http://www.daserste.de/information/wissen-kultur/w-wie-wissen/sendung/einkauf-100.html (Stand: 18.06.2013, Abfrage: 17.08.2014).

Kiefer, M., Sim, E. J., Liebich, S., Hauk, O., & Tanaka, J. (2007). Experience-dependent Plasticity of Conceptual Representations in Human Sensory-Motor Areas. Journal of Cognitive Neuroscience, 19 (3), 525–542.

Kiefer, M., & Trumpp, N. M. (2012). Embodiment Theory and Education: The Foundations of Cognition in Perception and Action. Trends in Neuroscience and Education, 1 (1), 15–20.

Kiefer, M., Trumpp, N., Herrnberger, B., Sim, E. J., Hoenig, K., & Pulvermüller, F. (2012). Dissociating the Representation of Action- and Sound-Related Concepts in Middle Temporal Cortex. Brain and Language, 122 (2), 120–125.

Kiese-Himmel, C. (2007). Die Bedeutung der taktil-kinästhetischen Sinnesmodalität für die Sprachentwicklung. Forum Logopädie, 21 (3), 26–29.

Kihlstrom, J. F. (2010). Social Neuroscience: The Footprints of Phineas Gage. Social Cognition, 28 (6), 757–782.

Kim, S., & James, T. W. (2011). Hierarchical Neuronal Pathways of Haptic Object Processing. In: M. J. Hertenstein, & S. J. Weiss (Hrsg.), The Handbook of Touch: Neuroscience, Behavioral and Health Perspectives (S. 143–159). New York: Springer Publishing.

Klatzky, R. L. (2010). Touch: A Gentle Tutorial With Implications for Marketing. In: A. Krishna (Hrsg.), Sensory Marketing: Research on the Sensuality of Products (S. 33–47). New York: Routledge.

Klatzky, R. L., & Peck, J. (2012). Please Touch: Object Properties that Invite Touch. IEEE Transactions on Haptics, 5 (2), 139–147.

Kleinke, C. L. (1977) Compliance to Requests made by Gazing and Touching Experimenters in Field Settings. Journal of Experimental Social Psychology, 13 (3), 218–223.

Knutson, B., Rick, S., Wimmer, G. E., Prelec, D., & Loewenstein, G. (2007). Neural Predictors of Purchases. Neuron, 53 (1), 147–156.

Koga, K., & Iwasaki, Y. (2013). Psychological and Physiological Effect in Humans of Touching Plant Foliage Using the Semantic Differential Method and Cerebral Activity as Indicators. Journal of Physiological Anthropology, 32 (7), DOI: 10.1186/1880-6805-32-7.

Kotwica, K. A., Ferre, C. L., & Michel, G. F. (2008). Relation of Stable Hand-Use Preferences to the Development of Skill for Managing Multiple Objects From 7 to 13 Months of Age. Developmental Psychobiology, 50 (5), 519–529.

Krishna, A. (Hrsg.). (2010). Sensory Marketing: Research on the Sensuality of Products. New York: Routledge.

Krishna, A. (2012). An Integrative Review of Sensory Marketing: Engaging the Senses to Affect Perception, Judgment and Behavior. Journal of Consumer Psychology, 22 (3), 332–351.

Krishna, A, Elder, R. S., & Caldara, C. (2010). Feminine to Smell but Masculine to Touch? Multisensory Congruence and its Effect on the Aesthetic Experience. Journal of Consumer Psychology, 20 (4), 410–418.

Krishna, A, Lwin, M. O., & Morrin, M. (2010). Product Scent and Memory. Journal of Consumer Research, 37 (1), 57–67.

Krishna, A., & Morrin, M. (2008). Does Touch Affect Taste? The Perceptual Transfer of Product Container Haptic Cues. Journal of Consumer Research, 34 (6), 807–818.

Kruse, N. (2010.) Ein Bankberater packt aus. Online im Internet: URL: http://www.stern.de/wirtschaft/geld/geldanlage-ein-bankberater-packt-aus-1551331.html (Stand: 29.03.2010, Abfrage: 26.02.2014).

Labroo, A. A., & Nielsen, J. H. (2010). Half the Thrill Is in the Chase: Twisted Inferences from Embodied Cognitions and Brand Evaluation. Journal of Consumer Research, 37 (1), 143–158.

Lacey, L., & Sathian, K. (2008). Haptically Evoked Activation of Visual Cortex. In: M. Grundwald (Hrsg.), Human Haptic Perception: Basics and Applications (S. 251–257). Basel: Birkhäuser.

Lachmann, U. (2003). Wahrnehmung und Gestaltung von Werbung (2. Auflage). Hamburg: Stern.

Lamy, L., Fischer-Lokou, J., & Guéguen, N. (2010). Valentine Street Promotes Chivalrous Helping. Swiss Journal of Psychology, 69 (3), 169–172.

Lang, M. (2014). Forschung: Verführung durch Haptik: Die Tricks der Industrie. Online im Internet: URL: http://www1.wdr.de/fernsehen/ratgeber/markt/sendungen/haptik100.html (Stand: 11.04.2014, Abfrage: 17.08.2014).

Langner, T., & Fischer, A. (2011). Actions Speak Louder than Words: Starke Marken durch motorische Markenhandlungen. Transfer, 57 (4), 22–27.

Lausch, E. (1973). Wo das Lächeln erstirbt. Online im Internet: URL: http://www.zeit.de/1973/45/wo-das-laecheln-erstirbt (Stand: 02.11.1973, Abfrage 02.05.2014).

Lederman, S. J., & Klatzky, R. L. (1987). Hand Movements: A Window into Haptic Object Recognition. Cognitive Psychology, 19 (3), 342–368.

Lederman, S. J., & Klatzky, R. L. (1993). Extracting Object Properties Through Haptic Exploration. Acta Psychologica, 84 (1), 29–40.

Lederman, S. J., & Klatzky, R. L. (2009). Haptic Perception: A Tutorial. Attention, Perception & Psychophysics, 71 (7), 1439–1459.

Lee, S. H., Rotmann, J. D., & Perkins, A. W. (2014). Embodied Cognition and Social Consumption: Self-Regulating Temperature through Social Products and Behaviors. Journal of Consumer Psychology, 24 (2), 234–240.

Light, K., Grewen, K., & Amico, J. (2005). More Frequent Partner Hugs and Higher Oxytocin Levels are Linked to Lower Blood Pressure and Heart Rate in Premenopausal Women. Biological Psychology, 69 (1), 5–21.

Lindstrom, M. (2012). Brandwashed: Was du kaufst, bestimmen die anderen. Frankfurt: Campus.

Liuzzi, G., Freundlieb, N., Ridder, V., Hoppe, J., Heise, K., Zimerman, M., Dobel, C., Enriquez-Geppert, S., Gerloff, C., Zwitserlood, P., & Hummel, F. C. (2010). The Involvement of the Left Motor Cortex in Learning of a Novel Action Word Lexicon. Current Biology, 20 (19), 1745–1751.

Lochner, M. (2012). Die Macht der Marke: Wie Weltunternehmen ihre Kunden manipulieren. Online im Internet: URL: http://www.focus.de/finanzen/news/unternehmen/tid-27220/die-macht-von-cola-ibm-und-apple-wie-traditionsmarken-ihre-kunden-manipulieren_aid_814948.html (Stand: 10.09.2012, Abfrage: 17.08.2014).

Lwin, M. O., Morrin, M., & Krishna, A. (2010). Exploring the Superadditive Effects of Scent and Pictures on Verbal Recall: An Extension of Dual Coding Theory. Journal of Consumer Psychology, 20 (3), 317–326.

MacDonald, E. K., & Sharp, B. M. (2000). Brand Awareness Effects on Consumer Decision Making for a Common, Repeat Purchase Product: A Replication. Journal of Business Research, 48 (1), 5–15.

MacRury, I. (2009). Advertising. Oxon: Routledge.

Mähler, M. (2013). Studie zur Tagesschau: Im Bildersturm. Online im Internet: URL: http://sz.de/1.1839035 (Stand: 09.12.2013, Abfrage: 04.03.2014).

Mangen, A., Walgermo, B. R., & Brønnick, K. (2013). Reading Linear Texts on Paper versus Computer Screen: Effects on Reading Comprehension. International Journal of Educational Research, 58, 61–68.

Martin, B. A. S. (2012). A Stranger's Touch: Effects of Accidental Interpersonal Touch on Consumer Evaluations and Shopping Time. Journal of Consumer Research, 39 (1), 174–184.

Marquardt, O. (2013). Über 13.000 Werbebotschaften bombardieren uns täglich. Was bleibt? Online im Internet: URL: http://www.marketing-boerse.de/Fachartikel/details/1338-Ueber-13000-Werbebotschaften-bombardieren-uns-taeglich-Was-bleibt/44276 (Stand: 17.09.2013, Abfrage: 17.02.2014).

McDonald, J. W., Becker, D., Sadowsky, C. L., Jane, J. A, Conturo, T. E., & Schultz, L. M. (2002). Late Recovery Following Spinal Cord Injury: Case Report and Review of the Literature. Journal of Neurosurgery, 97 (2), 252–65.

McClure, S. M., Li, J., Tomlin, D., Cypert, K. S., Montague, L. M., & Montague, P. R. (2004). Neural Correlates of Behavioral Preference for Culturally Familiar Drinks. Neuron, 44 (2), 379–387.

Meyer, S. (2001). Produkthaptik: Messung, Gestaltung und Wirkung aus verhaltenswissenschaftlicher Sicht. Wiesbaden: DUV.

Mitchell, A. A., & Olson, J. C. (1981). Are Product Attribute Beliefs the Only Mediator of Advertising Effects on Brand Attitude? Journal of Marketing Research, 18 (3), 318–32.

Morales, A. C. (2005). Giving Firms an «E« for Effort: Consumer Responses to High-Effort Firms. Journal of Consumer Research, 31 (4), 806–812.

Müller, M. M., & Giabbiconi, C. M. (2008). Attention in Sense of Touch. In: M. Grundwald (Hrsg.), Human Haptic Perception: Basics and Applications (S. 199–206). Basel: Birkhäuser.

Müller, S., & Grunwald, M. (2013). Haptische Wahrnehmungsleistungen: Effekte bei erfahrenen und unerfahrenen Physiotherapeuten. Manuelle Medizin, 51 (6), 473–478.

Müller, T., & Schroiff, H.-W. (2013). Warum Produkte floppen: Die 10 Todsünden des Marketings. Freiburg: Haufe.

Nagano, H., Okamoto, S., & Yamada, Y. (2013). Visual and Sensory Properties of Textures that Appeal to Human Touch. International Journal of Affective Engineering, 12 (3), 375–384.

Naisbitt, J. (1982). Megatrends: Ten New Directions Transforming Our Lives. New York: Warner Books.

Naisbitt, J. (1999). High Tech — High Touch: Auf der Suche nach Balance zwischen Technologie und Mensch. Wien: Signum.

NDR (2015). Die Tricks der Verkäufer. Verführt und Verkauft! Online im Internet: URL: http://www.ndr.de/fernsehen/epg/import/Die-Tricks-der-Verkaeufer,sendung429094.html (Stand: Oktober 2015, Abfrage: 21.12.2015).

Nelson, A. M., & Lumpkin, E. A. (2011). Sensory Processes of Touch. In: M. J. Hertenstein, & S. J. Weiss (Hrsg.), The Handbook of Touch: Neuroscience, Behavioral and Health Perspectives (S. 33–58). New York: Springer Publishing.

Nickel, O. (2010). Begreifbare Versprechen. [PDF]. Verfügbar unter: http://www.multisense.net/fileadmin/templates/img/redner/redner_pdf/nickel.pdf.pdf [02.07. 2014].

Nordone, T. (2013). Micromedia: A Shortcut to Effective Advertising. Online im Internet: URL: http://popditto.com/2013/08/micromedia-a-shortcut-to-effective-advertising (Stand: 14.08.2013, Abfrage: 04.03.2014).

Nuszbaum, M., Voss, A., Klauer, K. C., & Betsch, T. (2010). Assessing Individual Differences in the Use of Haptic Information Using a German Translation of the Need for Touch Scale. Social Psychology, 41 (4), 263–274.

Ogilvy & Mather (2012). Sporty Newsletter: Der erste Newsletter, den man sich hart erarbeiten muss. Online im Internet: URL: http://www.ogilvy.de/Ogilvy-Deutschland/Ogilvy-Mather-Advertising-Frankfurt/Work/SportScheck/Sporty-Newsletter#/Ogilvy-Deutschland/Ogilvy-Mather-Advertising-Frankfurt/Work/SportScheck/Sporty-Newsletter (Stand: 2012, Abfrage: 07.03.2014).

Orth, U. R., Bouzdine-Chameeva, T., & Brand, K. (2013). Trust During Retail Encounters: A Touchy Proposition. Journal of Retailing, 89 (3), 301–314.

Ostinelli, M., Luna, D., & Ringberg, T. (2014). When Up Brings You Down: The Effects of Imagined Vertical Movements on Motivation, Performance, and Consumer Behavior. Journal of Consumer Psychology, 24 (2), 271–283.

Paciocco, J. U. (2012). fMRI Reveals the Neural Correlates of Real and Pantomimed Tool Use in Humans. [PDF]. Verfügbar unter: http://ir.lib.uwo.ca/cgi/viewcontent.cgi?article=2050&context=etd [06.05.2014].

Paivio, A. (1971). Imagery and verbal processes. New York: Holt, Rinehart & Winston.

Pascale, R., Sternin, J., & Sternin, M. (2010). The Power of Positive Deviance: How Unlikely Innovators Solve the World's Toughest Problems. Boston: Harvard Business Press.

Pauker, M. (2014). Ein Statement zum Anfassen. Werben & Verkaufen, 14, 52.

Peck, J., Barger, V. A., & Webb, A. (2013). In Search of a Surrogate for Touch: The Effect of Haptic Imagery on Perceived Ownership. Journal of Consumer Psychology, 23 (2), 189–196.

Peck, J., & Childers, T. L. (2003a). Individual Differences in Haptic Information Processing: The «Need for Touch« Scale. Journal of Consumer Research, 30 (3), 430–442.

Peck, J., & Childers, T. L. (2003b). To Have and To Hold: The Influence of Haptic Information on Product Judgments. Journal of Marketing, 67 (2), 35–48.

Peck, J., & Childers, T. L. (2006). If I touch it I Have to Have it: Individual and Environmental Influences on Impulse Purchasing. Journal of Business Research, 59 (6), 765–769.

Peck, J., & Shu, S. B. (2009). The Effect of Mere Touch on Perceived Ownership. Journal of Consumer Research, 36 (3), 434–447.

Peck, J., & Wiggins, J. (2006). It just Feels Good: Customer's Affective Response to Touch and Its Influence on Persuasion. Journal of Marketing, 70 (4), 56–69.

Peck, J., & Wiggins Johnson, J. (2011). Autotelic Need for Touch, Haptics and Persuasion: The Role of Involvement. Psychology & Marketing, 28 (3), 222–239.

Pechmann, J., & Brekenfeld, A. (2007). 5-Sense-Branding — Multisensorische Markenführung: Eine explorative Grundlagenstudie mit Empfehlungen für die Praxis. Berlin: Metadesign & Diffferent (unveröffentlicht).

Pierce, J. L., Kostova, T., & Dirks, K. T. (2003). The State of Perceived Ownership: Integrating and Extending a Century of Research. Review of General Psychology, 7 (1), 84–107.

Piqueras-Fiszman, B., Harrar, V., Alcaide, J., & Spence, C. (2011). Does the Weight of the Dish Influence our Perception of Food? Food Quality and Preference, 22 (8), 753–756.

Piqueras-Fiszman, B., & Spence, C. (2011). Do The Material Properties Of Cutlery Affect The Perception Of The Food You Eat? An Exploratory Study. Journal of Sensory Studies, 26 (5), 358–362.

Piqueras-Fiszman, B., & Spence, C. (2012). The Weight of the Container Influences Expected Satiety, Perceived Density, and Subsequent Expected Fullness. Appetite, 58, 559–562.

Philipp und Keuntje (o. D.). Test Drive Cube. Online im Internet: URL: http://www.new-is-normal.com/awards/auditestdrivecube/en/ (Stand: o. D., Abfrage: 13.08.2014).

PSI (2014). Durchbruch für die Wahrnehmung von Werbeartikeln als Werbeträger: Werbeartikelumsätze fließen erstmals in Jahresstatistik der Werbung ein. Online im Internet: URL: http://www.psi-network.de/durchbruch_fuer_die_wahrnehmung_von_werbeartikeln_als_werbetraeger_28.4462.html (Stand: 28.05.2014, Abfrage: 08.07.2014).

Pulvermüller, F., Shtyrov, Y., & Ilmoniemi, R. (2005). Brain Signatures of Meaning Access in Action Word Recognition. Journal of Cognitive Neuroscience, 17 (6), 884–892.

Raposo, A., Moss, H. E., Stamatakis, E. A., & Tyler, L. K. (2009). Modulation of Motor and Premotor Cortices by Actions, Action Words and Action Sentences. Neuropsychologia, 47 (2), 388–396.

Reader's Digest (2015). Reader's Digest European Trusted Brands 2015. [PDF]. Verfügbar unter: http://www.rdtrustedbrands.com/download.shtml [07.12.2015].

Regan, D. T. (1971). Effects of a Favor and Liking on Compliance. Journal of Experimental Social Psychology, 7 (6), 627–639.

Reinbothe, D. (2015). Positive Bilanz für Bruttowerbemarkt in 2014: Fernsehen und Kino weiter im Aufschwung. In: ZAW (Hrsg.), Werbung 2015 (S. 14–15). Berlin: edition ZAW.

Remland, M. S., Jones, T. C., & Brinkman, H. (1995). Interpersonal Distance, Body Orientation, and Touch: Effects of Culture, Gender, and Age. The Journal of Social Psychology, 135 (3), 281–297.

Ries, A., & Trout, J. (1993). The 22 Immutable Laws of Marketing: Violate Them at Your Own Risk. New York: HarperCollins.

Riskind, J. H., & Gotay, C. C. (1982). Physical Posture: Could it Have Regulatory or Feedback Effects on Motivation and Emotion? Motivation and Emotion, 6 (3), 273–298.

Rizzolatti, G., Fadiga, L., Gallese, V., & Fogassi, L. (1996). Premotor Cortex and the Recognition of Motor Actions. Cognitive Brain Research, 3 (2), 131–141.

Robatteux, K. (2012). Gewinner des Eddi 2012: ING-Diba erzielt messbar Erfolg mit gehaltenen Versprechen. Online im Internet: URL: http://www.onetoone.de/ING-Diba-erzielt-messbar-Erfolg-mit-gehaltenen-Versprechen-22307.html (Stand: 09.08.2012, Abfrage: 20.04.2014).

Roth, G. (2011). Bildung braucht Persönlichkeit: Wie Lernen gelingt (4. Auflage). Stuttgart: Klett-Cotta.

Ruth, J. A., Otnes, C. C., & Brunel, F. F. (1999). Gift Receipt and the Reformulation of Interpersonal Relationships, Journal of Consumer Research, 25 (4), 385–402.

Sander, B., Friedrichs, K., & Hunfeld, S. (2009). Markenaustauschbarkeit: Die Brand Parity Studie 2009. [PDF]. Verfügbar unter: http://www.batten-company.com/uploads/media/BBDO_Insights_11_Markenaustauschbarkeit_-_Die_Brand_Parity_Studie_2009.pdf [20.02.2014].

Schäfer, K., Braun, H. A., & Kürten, L. (1988). Analysis of Cold and Warm Receptor Activity in Vampire Bats and Mice. Pflüger Archiv — European Journal of Physiology, 412 (1–2), 188–194.

Scheier, C., & Held, D. (2012a). Wie Werbung wirkt: Erkenntnisse des Neuromarketing (2. Auflage). Freiburg: Haufe.

Scheier, C., & Held, D. (2012b). Was Marken erfolgreich macht: Neuropsychologie in der Markenführung (3. Auflage). Freiburg: Haufe.

Scheier, C., Held, D., Schneider, J., & Bayas-Linke, D. (2012). Codes: Die geheime Sprache der Produkte (2. Auflage). Freiburg: Haufe.

Schneider, W. (2007). Deutsch! Das Handbuch für attraktive Texte. Reinbek: rororo.

Schubert, T. W. (2004). The Power in Your Hand: Gender Differences in Bodily Feedback from Making a Fist. Personality and Social Psychology Bulletin, 30 (6), 757–769.

Schulz von Thun, F. (2008). Miteinander reden 1: Störungen und Klärungen. Allgemeine Psychologie der Kommunikation (46. Auflage). Reinbek: rororo.

Sethuraman, R., Tellis, G. J., & Briesch, R. A. (2011). How Well Does Advertising Work? Generalizations from Meta-Analysis of Brand Advertising Elasticities. Journal of Marketing Research, 48 (3), 457–471.

Shiv, B., Carmon, Z., & Ariely, D. (2005). Placebo Effects of Marketing Actions: Consumers May Get What They Pay For. Journal of Marketing Research, 42 (4), 383–393.

Shu, S. B., & Peck, J. (2011). Psychological Ownership and Affective Reaction: Emotional Attachment Process Variables and the Endowment Effect. Journal of Consumer Psychology, 21 (4), 439–452.

Simon, H. (2013). Preisheiten: Alles, was Sie über Preise wissen müssen. Frankfurt: Campus.

Smith, D. E., Gier, J. A., & Willis, F. N. (1982). Interpersonal Touch and Compliance with a Marketing Request. Basic and Applied Social Psychology, 3 (1), 35–38.

SM+ (2014). Markenvertrauen 2013: Ergebnisse der jährlichen SMPlus-Studie zum Vertrauen in Branchen und Marken in Deutschland. Online im Internet: URL: http://sasserathmunzingerplus.com/leistungen/studien/vertrauen/markenvertrauen-2013 (Stand: Januar 2014, Abfrage: 18.02.2014).

Spears, N., & Yazdanparast, A. (2014). Revealing Obstacles to the Consumer Imagination. Journal of Consumer Psychology, 24 (3), 363–372.

Spence, C. (2012). Managing Sensory Expectations Concerning Products and Vrands: Capitalizing on the Potential of Sound and Shape Symbolism. Journal of Consumer Psychology, 22 (1), 37–54.

Spence, C., & Bremner, A. J. (2011). Crossmodal Interactions in Tactile Perception. In: M. J. Hertenstein, & S. J. Weiss (Hrsg.), The Handbook of Touch: Neuroscience, Behavioral and Health Perspectives (S. 189–215). New York: Springer Publishing.

Spence, C., & Ngo, M. K. (2012). Assessing the Shape Symbolism of the Taste, Flavour, and Texture of Foods and Beverages. Flavour, 1, DOI: 10.1186/2044-7248-1-12.

Statista (2014a). Entwicklung der Anzahl beworbener Produkte und werbender Unternehmen in Deutschland von 2005 bis 2010. Online im Internet: URL: http://de.statista.com/statistik/daten/studie/154799/umfrage/anzahl-beworbener-produkte-und-werbender-unternehmen-seit-2005 (Stand: 2014, Abfrage: 21.02.2014).

Statista (2014b). Gesamtausgaben für Werbung und Kommunikation in Deutschland 2011 und Prognose für 2015. Online im Internet: URL: http://de.statista.com/statistik/daten/studie/246059/umfrage/ausgaben-fuer-werbung-und-kommunikation-in-deutschland (Stand: 2014, Abfrage: 21.02.2014).

Strack, F., Martin, L., & Stepper, S. (1988). Inhibiting and Facilitating Conditions of the Human Smile: A Nonobtrusive Test of the Facial Feedback Hypothesis. Journal of Personality and Social Psychology, 54 (5), 768–777.

Strohmetz, D. B., Rind, B., Fisher, R., & Lynn, M. (2002). Sweetening the Till: The Use of Candy to Increase Restaurant Tipping. Journal of Applied Social Psychology, 32 (2), 300–309.

Sun, Y., Hou, Y. & Wyer, R., S. (2015). Decoding the Opening Process. Journal of Consumer Psychology, 25 (4), 642–649.

Sutherland, R. (2010). Rory Sutherland: Der Teufel steckt doch im Detail. Online im Internet: URL: http://www.ted.com/talks/rory_sutherland_sweat_the_small_stuff?language=de (Stand: 2010, Abfrage: 24.01.2014).

Suvilehto, J. T., Glerean, E., Dunbar, R. I. M., Hari, R., & Nummenmaa, L. (2015). Topography of Social Touching Depends on Emotional Bonds between Humans. Proceedings of the National Academy of Sciences, 112 (45), 13811–13816.

SWR (2013). Die Evolution der menschlichen Hand. Online im Internet: URL: http://swrmediathek.de/player.htm?show=babfb520-e969-11e2-ae5f-0026b975f2e6 (Stand: 11.7.2013, Abfrage: 03.06.2014).

Tobin, D. J. (2006). Biochemistry of Human Skin — Our Brain on the Outside. Chemical Society Reviews, 35 (1), 52–67.

Tobin, D. J. (2011). The Anatomy and Physiology of the Skin. In: M. J. Hertenstein, & S. J. Weiss (Hrsg.), The Handbook of Touch: Neuroscience, Behavioral and Health Perspectives (S. 3–32). New York: Springer Publishing.

Tom, G., Pettersen, P., Lau, T., Burton, T., & Cook, J. (1991). The Role of Overt Head Movement in the Formation of Affect. Basic and Applied Social Psychology, 12 (3), 281–289.

Tominaga, M., Caterina, M. J., Malmberg, A. B., Rosen, T. A., Gilbert, H., Skinner, K., Raumann, B. E., Basbaum, A. I., & Julius D. (1998). The Cloned Capsaicin Receptor Integrates Multiple Pain-Producing Stimuli. Neuron, 21 (3), 531–543.

Topolinski, S., & Sparenberg, P. (2012). Turning the Hands of Time: Clockwise Movements Increase Preference for Novelty. Social Psychological and Personality Science, 3 (3), 308–314.

Vaidis, D. C., & Halimi-Falkowicz, S. G. (2008). Increasing Compliance with Request: Two Touches Are More Effective Than One. Psychological Reports, 103 (1), 88–92.

Velasco, C., Woods, A. T., Hyndman, S., & Spence, C. (2015). The Taste of Typeface. i-Perception, 6 (4), DOI: 10.1177/2041669515593040.

Walsh, G., Hennig-Thurau, T., & Mitchell, V. W. (2007). Consumer Confusion Proneness: Scale Development, Validation, and Application. Journal of Marketing Management, 23 (7–8), 697–721.

Walsh, G., & Mitchell, V. W. (2005). Consumer Vulnerability to Perceived Product Similarity Problems: Scale Development and Identification. Journal of Macromarketing, 25 (2), 140–152.

Walsh, G., & Mitchell, V. W. (2010). The Effect of Consumer Confusion Proneness on Word of Mouth, Trust, and Customer Satisfaction. European Journal of Marketing, 44 (6), 838–859.

Wang, Y., Moss, J., & Thisted, R. (1992). Predictors of Body Surface Area. Journal of Clinical Anesthesia, 4 (1), 4–10.

Wang, C., Zhu, R., & Handy, T. C. (2015). Experiencing Haptic Roughness Promotes Empathy. Journal of Consumer Psychology, DOI: 10.1016/j.jcps.2015.11.001

Wastiels, L., Schifferstein, H. N. J., Heylighen, A., & Wouters, I. (2012). Red or Rough, What Makes Materials Warmer? Materials & Design, 42, 441–449.

Webb, A., & Peck, J. (2015). Individual Differences in Interpersonal Touch: On the Development, Validation, and Use of the 'Comfort with Interpersonal Touch' (CIT) Scale. Journal of Consumer Psychology, 25 (1), 60–77.

Wegner, S. (2011). Der ganze Körper ist ein Tastsinnessystem: Interview mit Martin Grunwald, Haptik-Experte, Teil 1. Online im Internt: URL: http://www.multisense.net/vkf-pos-dialog-praxis/haptik/der-ganze-koerper-ist-ein-tastsinnessystem-teil-1/ (Stand: 2014, Abfrage: 06.05.214).

Weiss, W. J., Wilson, P. W., & Morrison, D. (2004). Maternal Tactile Stimulation and the Neurodevelopment of Low Birth Weight Infants. Infancy, 5 (1), 85–107.

Wells, G. L., & Petty, R. E. (1980). The Effects of Overt Head Movements on Persuasion: Compatibility and Incompatibility of Responses. Basic and Applied Social Psychology, 1 (3), 219–230.

Westerman, S. J., Sutherland, E. J, Gardner, P. H., Baig, N., Critchley, C., Hickey, C., Mehigan, S., Solway, A., & Zervos, Z. (2013). The Design of Consumer Packaging: Effects of Manipulations of Shape, Orientation, and Alignment of Graphical Forms on Consumers' Assessments. Food Quality and Preference, 27 (1), 8–17.

Whiteman, B. (2001). 'Moosic Study' Reveals Way of Increasing Milk Yields. Online im Internet: URL: http://www.le.ac.uk/press/press/moosicstudy.html (Stand: Juni 2001, Abfrage: 13.08.2014).

Willems, R. M., Ludovica, L., DÊ¼Esposito, M., Ivry, R., & Casasanto, D. (2011). A Functional Role for the Motor System in Language Understanding: Evidence From Theta-Burst Transcranial Magnetic Stimulation. Psychological Science, 22 (7), 849–854.

Williams, L. E., & Bargh, J. A. (2008). Experiencing Physical Warmth Promotes Interpersonal Warmth. Science, 322 (5901), 606–607.

Willis, F. N., & Hamm, H. K. (1980). The Use of Interpersonal Touch in Securing Compliance. Journal of Nonverbal Behavior, 5 (1), 49–55.

Wilson, F. R. (1999). The Hand: How Its Use Shapes the Brain, Language, and Human Culture. New York: Vintage.

WirtschaftsWoche (2014). Psychotricks der Händler: So manipulieren Supermärkte ihre Kunden. Online im Internet: URL: http://www.wiwo.de/unternehmen/handel/psychotricks-der-haendler-so-manipulieren-supermaerkte-ihre-kunden/8789036.html (Stand: 08.07.2014, Abfrage: 17.08.2014).

Wolf, J. R., Arkes, H. R., & Muhanna, W. A. (2008). The Power of Touch: An Examination of the Effect of Duration of Physical Contact on the Valuation of Objects. Judgment and Decision Making, 3 (6), 476–482.

Wolpert, D. (2011). The Real Reason for Brains. Online im Internet: URL: https://www.ted.com/talks/daniel_wolpert_the_real_reason_for_brains (Stand: Juli 2011, Abfrage: 04.05.2014).

Zajonc, R. B., Murphy, S. T., & Inglehart, M. (1989). Feeling and Facial Efference: Implications for the Vascular Theory of Emotion. Psychological Review, 96 (3), 395–416.

Zaltman, G. (2003). How Customers Think: Essential Insights into the Mind of the Market. Boston: Harvard Business.

ZAW (Hrsg.). (2013). Werbung in Deutschland 2013. Berlin: edition ZAW.

Zhu, R., & Argo, J. J. (2013). Exploring the Impact of Various Shaped Seating Arrangements on Persuasion. Journal of Consumer Research, 40 (2), 336–349.

Zmuda, N. (2009). Tropicana Line's Sales Plunge 20% Post-Rebranding. Online im Internet: URL: http://adage.com/article/news/tropicana-line-s-sales-plunge-20-post-rebranding/135735/ (Stand: Dezember 2015, Abfrage: 17.12.2015).

Zorn, P. (2011). Time Is On My Side — der Faktor Zeit in den zeitbasierten Medien. Online im Internet: URL: http://www.goethe.de/ins/mx/lp/kul/mag/med/str/de8023590.htm (Stand: August 2011, Abfrage: 04.03.2014).

Zwebner, Y., Lee, L., & Goldenberg, J. (2013). The Temperature Premium: Warm Temperatures Increase Product Valuation. Journal of Consumer Psychology, 24 (2), 251–259.

Stichwortverzeichnis

Symbole

5 Gum 225, 234
— Kaugummis 234
— TV-Spot 234
— Website 225
— Werbung 234

A

Abschminktuch 230
Action 70
Ad-Special 55, 56, 59, 60, 227
Aida Cruises 169, 170, 172, 173, 174, 175
AIDA-Formel 29, 258
ALfonds 63, 68, 156
Alte Leipziger 63
Altruismus 77, 78
Amöbe 266
Amygdala 79
Apple 17, 123, 128, 144, 185, 186, 258
Apple Mac Pro 185
Archetypen 166
Architekten 239
ARIVA
— ARIVA-Dimensionen 74, 106, 138, 171, 174, 177, 178, 183, 196, 206, 212, 214, 219, 232, 236, 242
— ARIVA-Modell 12, 18, 19, 27, 50, 51, 169, 222
Armband 228
Arocs 66, 142, 173, 174, 227
Attention 53
Audi 211, 223, 239, 240
Audi A8 211
Audi Familientag 239
Aufmerksamkeit 53
Außenwerbung 219, 220
Ausstrahlungseffekt 66, 68
Automodell 54, 239
Autopilot 11, 33, 34, 39, 92, 98, 142, 148, 152, 247

Autoteliker 92
autotelische Information 99
autotelischer NFT 91, 92, 139
autotelische Wörter 149
Axe 161, 163, 167

B

Bäckerei 35
Balance 159
Bang & Olufsen 68
Bayer 215
Bayerische Plusrente 208
Bayer-Kreuz 215
Bedeutungsmuster 39, 142, 152
Belohnungssystem 70, 75
Berliner Sparkasse 24, 69, 70, 207
Besitzgefühl 49, 68, 70, 71, 83, 84, 85, 86, 88, 89, 90, 144, 206
Besitztumseffekt 68, 83
Biermarkt 184
bittende Hand 202
Blättchen 189
Bleu de Chanel 69
Bowlingkugel 193
Brausetablette 15, 47, 52, 168
Brooklyn Bridge 232
Brot 85, 144, 221, 226, 231
Brot für die Welt 144

C

Capsaicin-Rezeptor 286
Champagner-Mailing 64, 168
CIT 81
Coca-Cola 17, 28, 32
Comfort with Interpersonal Touch (CIT) 81
Computerspiel 220, 225
Connect-to-Web-Keys 223
Consumer Confusion 254, 255
Cookie 35

Stichwortverzeichnis

Cortisol 260
Crossmedial 227
crossmediale Vernetzung 240

D
DeBeukelaer 35
Dekorationsfiguren 192
Dermis 281, 282, 285, 286, 287, 288
Destillat 39, 131, 242
Dialogmarketing 196
Differenzierung 173, 254
Direktmailings 210
Dominanz 159, 211
Dove 58, 227
Dreidimensionalität 238
Dr. Oetker 197
Duft 40, 41, 43, 155, 156
Düsseldorfer Tafel e.V. 202, 226

E
Effizienzebene 156, 157, 178, 183
Einstellung des Kunden 117
Elastizität 26, 61, 275, 289
Embodied Cognition 115, 320
Embodiment 72, 115
Embryo 259, 265, 280
Empathieneuronen 79, 146, 220
Endlosfaltkarte 203, 207
Endowment-Effekt 68, 69, 83, 84, 85, 89, 90, 99, 103, 144, 178, 207
Epidermis 281, 282
Erdgas 237
Erinnerung 59
Erlebnisfilialen 191, 192
Ethik 245, 247
EuroShop-Handelsmesse 238
evangelische Kirche 213
Event 16, 18, 195, 236
Eventmarketing 196
explorative Prozeduren 138, 273

F
Farbe 65, 104, 146, 161
Fastfood-Kette 226
Feingriff 121, 276, 278
Fernsehwerbung 14, 28, 123, 171, 232, 242, 257
Fischstäbchen 233
Flaschenöffner 218
Flensburger Pilsner 153, 156
Flock-Beschichtung 181, 197
Followfish 62, 63, 143, 144, 232
Food-Design 111
Football-Liga 232
Ford 200
freie Nervenendigungen 282, 283
Frische 71, 97, 149, 187, 249
Fruchtschnäpse 189
Fußball-WM 226

G
Gabel 127, 202, 265, 276, 289
Gehirnaktivität 21, 40, 41, 116
Geometrie 26, 275, 291
Gesellschaft für Konsumforschung (GfK) 203, 204, 252
Gesetz der Gegenseitigkeit 75, 132, 134, 135
Gesprächseinstieg 238
Geste 72, 116, 118, 123, 263, 268, 269
Gewicht 70, 107, 134, 156, 275
Giraffas 226
Gizeh 189
Gizeh-Black-Produktlinie 189
Glaubwürdigkeit 65
Globetrotter 191
Glühbirnen 215, 216
Goal Screen 226
Grifffarten 272, 276, 278
Gruner + Jahr 55, 56, 57, 59, 60, 117
GTI 216
GTI-Kollektion 216
Guggenheim Museum 232
Guinness 178
Gulliver 233
Gummibandinstrument 36, 47, 71, 156, 212

H

Haarfollikeln 288
Hand 270
Handflächen-Paradigma 119, 121
Handlungswörter 154, 267
Hapticals 134, 135, 156, 195, 196, 197, 198, 201, 203, 205, 210, 212, 214, 228, 229, 237
Haptik-Effekt 27
haptische Exploration 263, 266, 275
haptische Illusionen 26
haptische Optimierung der Touchpoints 169, 174
haptische Profilbestimmung 169, 173
haptische Profilerfassung 169, 171
haptische Qualität 94, 95, 146, 224
haptische Resonanzfeldanalyse 169, 172
haptischer Reiz 103, 206, 228, 232, 241
haptisches Element 97, 98
haptisches Mailing 28
haptisches Marketing 11, 19
Haut 279, 281, 290
Hautoberfläche 280
Hautschichten 281, 286
High Tech 16, 154, 258
High Touch 11, 16, 154, 258
Hirnforschung 30
Hirnscanner 32, 143, 149
Holzkohle 236
Homo oeconomicus 13, 29, 33
Homunculus 291
Honda 224
Honig 38, 188
Honig-Konzept 188
Honigspirale 188
Hornbach 17, 22, 59, 143, 146, 242
Hornbach-Hammer 17, 22, 59
Hypodermis 281, 282, 287

I

Iglo 233
impliziter Assoziationstest (IAT) 156
implizite Ziele 159
implizit kaufen lassen 21, 31

impulsive Kaufentscheidung 92
ING-Diba 213
instrumentelle Beschreibung 99
instrumentelle Information 100
instrumentelle Produkteigenschaften 99, 150
instrumenteller NFT 91, 93
Integrity 63
interne und externe Kommunikation 196

J

Jever 167, 218
Johnnie Walker 194

K

Kahla 181, 182, 197
Kälterezeptoren 285
Kärcher 193
Kaufbereitschaft 70
Kaufinteresse 101, 102
kinästhetische Wahrnehmung 290
Klang 25, 37, 45, 151, 152, 154, 235
Klischees 165
Knäckebrot 231
Knallfolie 229
Kongruenz 43, 97, 103, 135, 186, 188, 214, 236
Konsistenz 26, 42, 44, 45, 61, 103, 106, 110, 111, 138, 171, 179
Konsumentenverwirrtheit 255
Konzerthaus 199
Konzerthaus Dortmund 199
Konzertmilch Dortmund 199
Körperschema 262
Koziol 124
Kraftgriff 73, 119, 121, 130, 242, 276, 278
Kreditkarte 24, 47, 59, 69, 207

L

Lederhaut 281
Lenor 147, 232
Lenticular-Karten 24, 207
Logoloop-Endlosfaltkarte 24, 207

Luftballon, der kleinste der Welt 201
Luftpolsterfolie 229

M

Mac Pro 185, 186
Magnetangelspiel 143, 144, 232
magnetischer Faltwürfel 203
Magnetresonanztomografie (fMRT) 31
Magnum 152
Mailing 16, 23, 47, 54, 59, 64, 66, 71, 210, 211, 212
Mailingverstärker 71, 135, 195, 210
Manipulation 247
Markenauftritt 164
Markenebene 156, 157, 178
Markenidentität 134, 157, 158, 161, 183, 197, 206, 216
Markenkern 158, 161
Markenpositionierung 30, 37, 164, 165
Markenschema 32
Markenvertrauen 217, 254
Marketingdisziplin 177, 196
Marketingmix 46, 47, 49, 50
Massage 234, 261, 262, 282
Mechanorezeptoren 275, 285, 286, 288
Media-Mix 227
Meggle 236
Mehrzwecksauger 193
Meissner-Körper 286, 287
Mensch-Marke-Touchpoint-Analyse 137, 169, 176
mentale Simulation 127, 144, 235
Mercedes Benz 66, 143, 173, 174
Merchandise 195, 214, 215, 216, 217, 240
  – Artikel 195, 214, 215, 217
  – Kollektionen 216, 217
Merkel-Nervenendigungen 287
Merkel-Zellen 287, 288, 289
Messegeschenk 238
Messen 18, 134, 135, 236, 237
Midas-Effekt 76, 78, 80, 82, 97
Mineralwasser 44, 94
Misereor 221
Mobile Media 222, 223

Modellauto 143
Modellbaumesse Wien 201
Motorcortex 31, 59, 127, 148, 149, 267, 268, 292
Motorik 19, 27, 115, 143, 144, 260, 265, 292
motorische Fähigkeiten 261, 265
motorische Gedächtnisinhalte 115
motorische Handlung 57, 74, 75, 115, 171, 179, 181, 220, 223, 228, 235
Motorsäge 236
Motor-Startknopf 211
Multisensorik 19, 37, 42, 46
multisensorisch 21, 38, 39, 42, 154, 158
multisensorische Integration 39, 142, 153
multisensorisches Marketing 11, 12, 16, 18, 21, 27, 37, 38, 41, 46, 137, 158, 162, 163, 169, 245, 247, 248, 249, 253, 255
multisensorische Verstärkung 38
Multisensualität 43
Murmeln 116, 234
Mythen 165, 166, 167

N

Need for Touch (NFT) 16, 66, 75, 91, 92, 93, 94, 95, 96, 97, 98, 99, 100, 101, 102, 103, 138, 149, 190, 197
Nescafé 198
Neukundenpotenzial 205
Neuromarketing 21, 30, 80, 257
Neurowissenschaft 21
Neutrogena 230
NFT-Skala 91
Nivea 228, 229
Nobjects 116, 141
Nozizeptoren 285
Nutzenversprechen 52, 135, 156, 161, 162, 169, 174, 195, 229, 242
Nutzerperspektive 128, 144, 156

O

Oberhaut 281
Ogilvy & Mather 57, 189
Ohr 25
Opel 55, 59, 60, 227

opponierbarer Daumen 271
Oxytocin 78, 260, 262

P

Pacini-Körper 287, 289
Pappröhren 238, 239
Pappskulptur 239
Pappwelle 238
Paradigmenwechsel 21, 28, 31
Parfümflakons 141, 188
Pepsi 32, 232, 248
Pfandraising 202
Philips 56, 59, 114, 117, 179, 227
Philips Saeco 56, 59, 117, 227
Pick-ups 200
Pilot 34, 159, 161, 247
Planrolle 239
Plastikbecher 66, 68, 94
Playstation 220
Plexiglas 93, 99
Point of Sale 37, 71, 110, 134, 183, 190, 191
Positionierung 47, 107, 158, 159, 161, 164, 197, 216
Prämie 195, 196
Prämienpunkte 197
Preis 13, 70, 71, 82, 83, 84, 86, 89, 102, 162, 163, 188, 205, 253, 254
Preiskampf 254
Prime-Reiz 105, 107, 111
Priming-Effekt 104, 105, 114
Printwerbung 227, 228
Probefahrt 63, 200, 211
Produktnutzen 27, 36, 47, 75, 91, 102, 142, 179, 200
Projektpilot 238, 239
Promotion 195, 196, 198, 201, 220
Propriozeption 282
propriozeptive Rezeptoren 282
Protection Ad 229
Prozessmodell multisensorisches Marketing 158

Q

Qualitätsindikator 93

R

RA-Afferenten 283, 289
Radio 28, 29, 152, 153, 156, 235
Radiospot 236
Radiowerbung 14, 235
Recall 59
Red Bull 161, 162, 163
Reizverarbeitung 92
Resonanzfeld 30, 37, 66, 158, 165, 166, 167, 168, 171, 172, 173, 176, 178, 180, 188, 189, 190, 191, 207, 235, 239, 249
Rezeptoren 282, 283
Rezeptorendichte 288
Reziprozität 131, 132, 134, 135
Rückenmark 265, 283, 290
Ruffini-Körper 287, 288

S

SA-Afferenten 284
Saftverpackungen 187
Sandpapier 98, 109, 189, 274
Sandpapier-Etiketten 189
Schmirgelpapier 66, 68, 70, 142, 173, 174, 227, 274
Second Son 220
Seescheide 265
Seifenblasen 237
sensorische Codes 158, 162, 165, 168
sensorische Reize 29, 157, 164
sensorisches Resonanzfeld 166
Shoqbox 179, 180
Singapore Raffles Music College 23, 212
singuläre Gesten 268
Smart 54, 57, 68, 71, 156
somatosensorischer Cortex 290, 292
Sparkasse 47, 207
Spendengelder 202, 221
Spiegelneuron 123
SportScheck 57
Sporty-Newsletter 57
Spracherwerb 266
Standpersonal 236, 237, 238
Statistik der Umwelt 45, 155
Steinie-Flasche 184

Stihl 64, 168
Stimulanz 159
Streichhölzer 200
Superadditivität 40, 60
System 1 34
System 2 34

T

Tastschärfe 260, 284, 288, 289
Tastsinn 11, 16, 274, 275, 283, 286, 287
Taufbrief 213
Tecate 229
Temperatur 112, 113, 276
Test Drive Cube 211
Textur 70, 106, 109, 110, 111, 137, 140, 156, 274
Thermorezeptoren 276, 285, 289
Topoi 166
Touch-Hunger 258
Touchpoint-Optimierung, haptische 169, 174
Touchscreen 11, 50, 68, 89, 123, 125, 258
Toulambis 63, 264
Tu-Effekt 114, 115, 117, 121, 122, 125, 130, 207

U

Unboxing-Videos 186
Unitron 223
Unterbewusstsein 15, 33, 34, 156
Unterhaut 281
up! 216
USB-Webkeys 223

V

Value 67
Veltins 90, 184, 185
Veranstaltung 14, 236
Verhaltensökonomie 18
Verkaufsdruck 256
Verkaufsgespräch 16, 46, 130, 156, 205, 207, 256

Verkaufshilfen 15, 46, 47, 70, 90, 107, 108, 110, 114, 117, 195, 205, 206, 207
Verlustaversion 83
Verpackungen 183, 184
Vertrauenswürdigkeit 63
Vertrieb 196
Vileda 103, 138, 183
visueller Cortex 292
Vitasprint 73, 180, 181
Volkswagen 216, 217
— GTI 216
— up! 216
Vorwerk 231

W

Wackelbildkarten 207
Wackel-Elvis 240
Wahrheits-Sinn 26
Wärmerezeptoren 285
Webkey-Mailing 223
Webkeys 224
Weckdeckel 198
Wecker 198
Welcome-Back-Mailing 169, 172, 173, 174
Werbeartikel 14, 16, 133, 181, 195, 196
Werbedruck 29, 252, 253
Werbemittel 14, 75, 114, 228
Werbe- und Konsumentenpsychologie 21, 29
Werbevermeidung 29, 257
Wertschätzung 67
Wintershall 237, 238
Wintershall-Seifenblasen 238
Wirkverstärker 12, 18, 21, 46, 47

Z

Zahlungsbereitschaft 70
Zielgruppe 107, 167, 197, 200, 223, 242
Zigarettenpapier 189
Zugabe-Artikel 195
Zündholzschachtel 200